M·CHASSAGNY
MANUEL·THÉORIQUE
ET·PRATIQUE
·D'ÉLECTRICITÉ·

AF396751

MANUEL THÉORIQUE
ET PRATIQUE
D'ÉLECTRICITÉ

47363. — Imprimerie LAHURE, rue de Fleurus, 9, à Paris.

MANUEL THÉORIQUE

ET PRATIQUE

D'ÉLECTRICITÉ

PAR

M. CHASSAGNY

Professeur de Physique au lycée Janson-de-Sailly

OUVRAGE CONTENANT 276 FIGURES DANS LE TEXTE

PARIS

LIBRAIRIE HACHETTE ET Cie

79, BOULEVARD SAINT-GERMAIN, 79

1902

AVERTISSEMENT

Il existe aujourd'hui de nombreux manuels d'Électricité pratique; mais la plupart d'entre eux sont de simples recueils de formules ou de données numériques qui conviennent surtout à des lecteurs possédant déjà des connaissances théoriques très étendues.

Il m'a paru qu'entre ces formulaires techniques et les traités spéciaux d'Électricité théorique, il y avait place pour un petit livre comme celui-ci, où l'on trouvera, à côté des notions pratiques les plus importantes, les considérations théoriques qui permettent de les comprendre et de les appliquer.

Pour rendre la lecture de l'ouvrage plus facile, je n'ai fait appel qu'à des notions de mathématiques élémentaires et je me suis efforcé de présenter les lois de l'Électricité sous une forme simple en faisant précéder leur étude de quelques indications générales sur l'Énergie et ses transformations.

Ce manuel contient exactement les matières des nouveaux programmes qui vont être suivis dans nos lycées.

Il s'adresse aussi aux élèves des Écoles industrielles et des Écoles d'Arts-et-Métiers ou de Télégraphie. D'une manière générale, il pourra être utile à tous ceux qui, sans études spéciales, s'intéressent à l'Électricité, à ses applications et à ses progrès.

M. C.

MANUEL THÉORIQUE

ET PRATIQUE

D'ÉLECTRICITÉ

INTRODUCTION

L'ÉNERGIE ET SES TRANSFORMATIONS
LES UNITÉS MÉCANIQUES.

I. ÉNERGIE MÉCANIQUE

1. Principe de l'égalité de l'action et de la réaction. — Les phénomènes électriques les mieux connus, et, en particulier, tous ceux qui ont reçu une application industrielle, obéissent à deux grands principes qui dominent la Mécanique : le *principe de l'égalité de l'action et de la réaction* et le *principe de la conservation de l'Énergie.* Une brève étude de ces deux lois si importantes, qui régissent les transformations des corps et les actions qu'ils exercent sur ceux qui les entourent, s'impose donc au début d'un cours d'Électricité.

Les changements d'état d'un corps ne nous sont révélés que par le changement de ses relations avec les autres corps environnants ; c'est dire, par cela même, que *la considération d'un corps est inséparable de celle du milieu extérieur.*

Les forces qui s'exercent entre un corps et le milieu extérieur sont fort diverses. Ce peut être des actions à distance, telles que la pesanteur, les attractions et répulsions électriques et magnétiques, ou des actions au contact, telles que celles que mettent en jeu les propriétés élastiques des corps ; mais dans tous les cas elles obéissent à la loi suivante :

Si un milieu exerce sur un corps une force F, *inversement le*

*corps exerce sur le milieu une force égale et de direction oppo-
sée à F.*

Cette loi qui, je le répète, s'applique, quelle que soit la force F, a reçu le nom de *principe de l'égalité de l'action et de la réaction.*

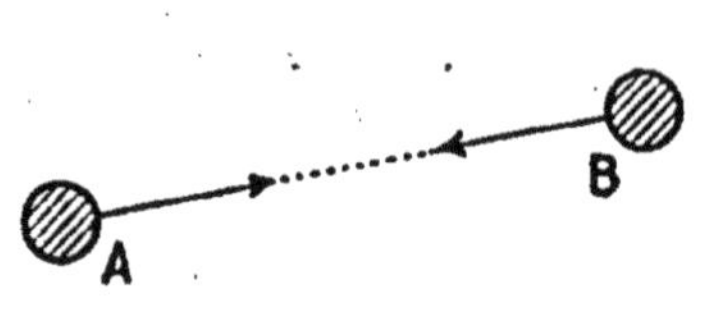

FIG. 1.

Ainsi, nous verrons plus tard que, si un corps électrisé A attire un corps B, celui-ci exerce à son tour sur le corps A une attraction égale et opposée (fig. 1).

La terre attire les corps placés à sa surface, et inversement ceux-ci attirent la terre avec une force égale et opposée.

Si un corps A touche en M un corps fixe B (fig. 2) et exerce sur lui une certaine *action* F, inversement le corps B exerce sur le corps A une *réaction* R égale directement opposée à F.

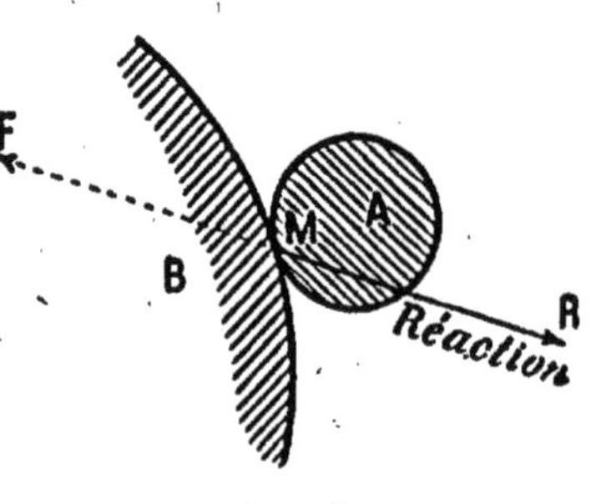

FIG. 2.

2. Travail d'une force. — La notion de travail est une de celles qui nous seront le plus utiles; en voici la définition.

Nous dirons que, *lorsque le point d'application A d'une force constante F se déplace d'une longueur d dans le sens AA', cette force effectue un travail qui est mesuré par le produit*

$$W = Fd \cos \alpha,$$

α étant l'angle des directions de la force et du déplacement (fig. 3). On peut remarquer que $d \cos \alpha$ est la projection du déplacement sur la direction de la force; en sorte que le travail peut être positif ou négatif, suivant que la force est dirigée dans le sens ou en sens inverse de la projection du déplacement.

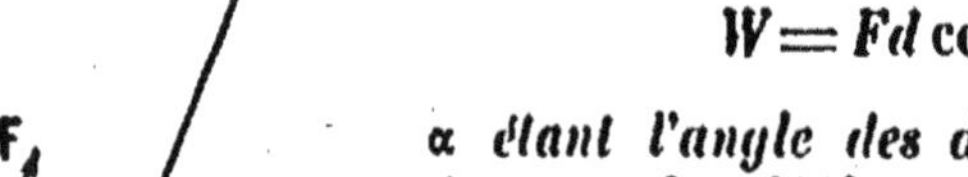

FIG. 3.

L'unité de travail, que l'on nomme *erg*, sera définie plus tard en même temps que les principales unités de la Mécanique.

La notion de travail se généralise aisément et s'étend au cas d'une force variable F dont le point d'application subit un déplacement quelconque AA' (fig. 4). En effet, décomposons le déplacement AA' en déplacements élémentaires, tels que aa', assez petits pour que l'on puisse considérer comme négligeable la variation de la force F entre a et a' (fig. 4). Le travail élémentaire correspondant au déplacement aa' sera

$$F \times aa'. \cos \alpha$$

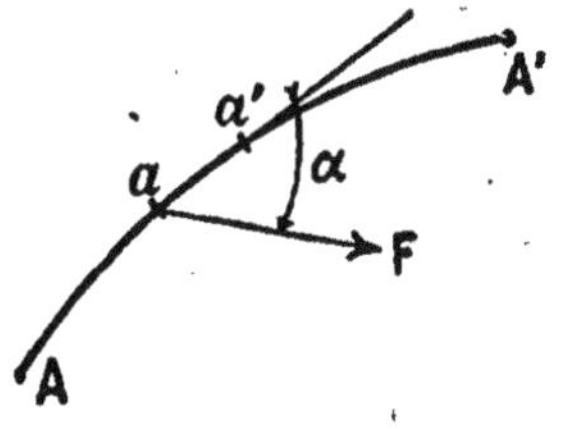

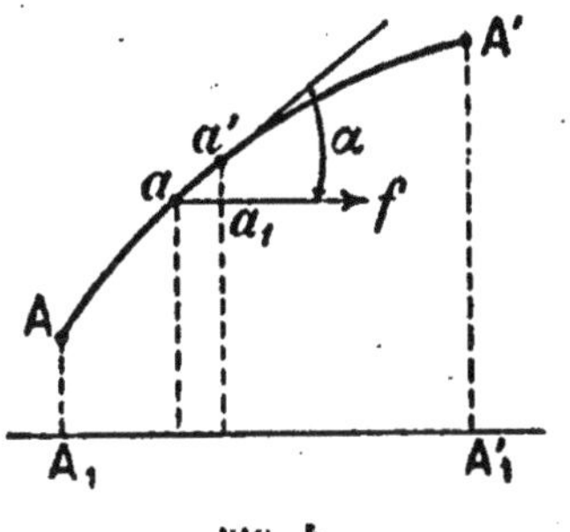
FIG. 4.

et le travail total de la force F pour le déplacement AA' sera la somme

$$\Sigma F \times aa'.\cos \alpha$$

de ces travaux élémentaires. Le calcul montre que cette somme est parfaitement déterminée.

Remarque I. — Si la force F est toujours normale au déplacement, son travail est nul, quel que soit le déplacement.

Remarque II. — Si la force F reste constante en grandeur et direction, le travail total sera égal au produit de cette force par la projection $A_1 A'_1$ du déplacement total sur la direction de la force elle-même. On a, en effet, dans ce cas (fig. 5)

$$\Sigma F.aa'.\cos \alpha = F\Sigma aa'.\cos \alpha$$
$$= F\Sigma aa_1 = F \times A_1 A'_1.$$

FIG. 5.

3. Échanges de travail entre un corps et le milieu extérieur.

— *Nous conviendrons maintenant de dire que lorsqu'un corps se déplace ou se déforme, il fournit ou emprunte du travail au milieu extérieur, selon que ses réactions sur celui-ci effectuent un travail positif ou négatif.*

Par exemple, lorsqu'on élève un poids[1] P à une hauteur h au-dessus du sol, les réactions du corps sur ceux qui l'entourent sont : 1° une attraction sur la terre; 2° une force P égale au poids du corps et appliquée à la main. Dans le déplacement considéré, le point d'application de la première est fixe, puisque

1. Le mot *poids* est employé ici dans le sens de *force.* C'est l'attraction que la terre exerce sur le corps considéré. On verra plus loin que les forces s'expriment en *dynes.*

la terre est supposée immobile. La seconde seule accomplit donc un travail qui est négatif et égal à — Ph. Par définition, le corps reçoit alors une quantité de travail égale à Ph (fig. 6).

Semblablement, lorsqu'on tend un ressort fixé à une de ses extrémités, il exerce sur les corps environnants : 1° une réaction au point fixe qui ne produit aucun travail ; 2° une réaction sur la main. Cette dernière lutte contre la déformation et produit seule un travail négatif. Dans ce cas encore, nous dirons que le ressort reçoit du travail (fig. 7).

Entre un corps et le milieu extérieur peuvent d'ailleurs s'effectuer d'autres échanges que des échanges de travail ; par exemple, des échanges calorifiques, lumineux, etc. Nous supposerons ici, jusqu'à nouvel ordre, que les actions réciproques du corps et du milieu extérieur se réduisent à des échanges de travail.

4. Énergie potentielle. — Ceci posé, si nous considérons un corps indéformable de poids P, suspendu à une hauteur h au-dessus du plancher d'une chambre et que nous utilisions la chute de ce corps à la

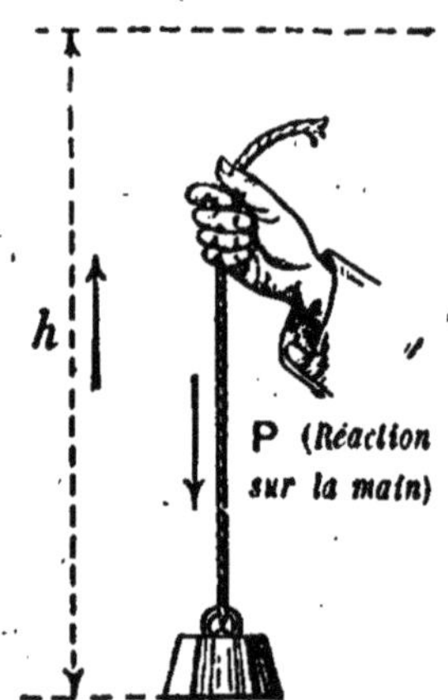

FIG. 6. — AUGMENTATION DE L'ÉNERGIE POTENTIELLE PAR SIMPLE DÉPLACEMENT.

On fournit du travail à un corps quand on le soulève.

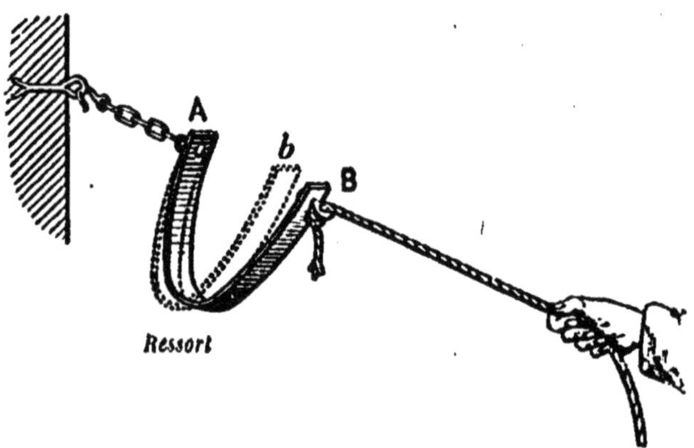

FIG. 7. — AUGMENTATION DE L'ÉNERGIE POTENTIELLE PAR DÉFORMATION.
On fournit du travail à un ressort quand on le tend.

production d'un travail, il est évident que le travail cédé au milieu extérieur serait précisément Ph.

Nous dirons alors que le corps a dans le milieu considéré une *énergie potentielle* égale à Ph.

L'énergie potentielle dépend à la fois de la position du corps et du milieu extérieur. Il est bien certain, en effet, que si, le corps gardant la même position, le plancher de la chambre se trouvait abaissé, l'énergie potentielle du corps dans le milieu ainsi modifié serait plus grande. Le terme *énergie potentielle* n'a de signification qu'autant qu'on précise le milieu fixe dans lequel se trouve le corps.

Nous appellerons donc *énergie potentielle d'un corps provisoirement fixe la valeur du travail maximum que le corps peut céder au milieu extérieur.*

Si le corps est déformable, il peut posséder sous une autre forme de l'énergie potentielle. Ainsi, un ressort tendu, un gaz comprimé dans un récipient, un gramme de poudre à canon, ont une certaine énergie potentielle qui dépend aussi du milieu extérieur et dont la définition est encore la même que celle qui précède. Nous verrons même plus tard que l'électrisation des corps n'est qu'une façon nouvelle d'augmenter leur énergie potentielle.

Il est essentiel de remarquer que, si l'on peut définir, comme nous venons de le faire, l'énergie potentielle d'un corps, on ne peut songer à la mesurer. Il faudrait, en effet, pour cela, que l'on connût celle des modifications que devrait subir le corps pour céder au milieu extérieur le plus de travail possible, et il ne saurait évidemment en être ainsi tant que les lois qui régissent les actions moléculaires à faible distance nous resteront cachées. En fait, nous n'observons et nous ne mesurons jamais que des *variations* d'énergie potentielle, pour le calcul desquelles la considération des actions d'un corps sur les corps voisins nous suffit.

La variation d'énergie potentielle d'un système entre deux états définis est déterminée. — *Considérons deux états A et A' d'un système susceptible de se modifier. Je dis que la variation qu'éprouve son énergie potentielle, quand il passe de l'un à l'autre, dépend uniquement de ces états eux-mêmes et nullement de la suite des transformations intermédiaires.*

Imaginons qu'on puisse amener le système de A en A' par deux suites différentes d'états, par deux chemins différents S et S_1, pour ainsi dire, au cours desquels les actions sur le milieu extérieur soient d'ailleurs purement mécaniques (fig. 8). La variation d'énergie potentielle du système est, dans chaque cas, égale au travail qu'il a acquis, et tout revient à montrer qu'en suivant le trajet ASA' le système reçoit un travail W égal au travail W_1 qu'il acquiert dans le trajet AS_1A'.

Supposons, en effet, qu'il n'en soit pas ainsi et que W_1 soit plus grand que W. Imprimons au système la suite des transformations ASA', puis ramenons-le à son état initial A par un trajet $A'S_1A$, *exactement inverse* de AS_1A'. Dans la suite ASA' le système aura *reçu* un travail W, et *cédé* au milieu un travail W_1, en revenant par le chemin $A'S_1A$. De telle sorte qu'on le retrouverait à son état initial, après un cycle de transformations au cours duquel le milieu aurait gagné le travail $W_1 - W$. En recommençant indéfiniment la même opération,

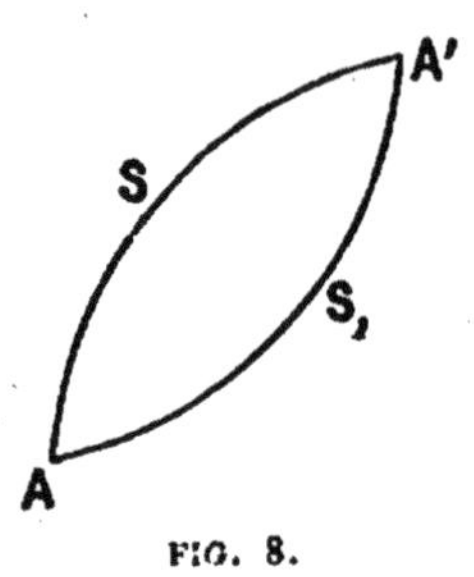

FIG. 8.

on constituerait une machine qui produirait du travail sans dépense d'aucune sorte; et cela est en contradiction formelle avec l'expérience qui a toujours conduit à l'insuccès les nombreux inventeurs qui ont tenté *la découverte du mouvement perpétuel,* c'est-à-dire, en somme, la réalisation d'une semblable machine. *L'impossibilité du mouvement perpétuel est, en ce sens, un principe expérimental que l'on doit regarder comme parfaitement établi,* et il en résulte que l'on ne peut supposer W_1 différent de W : la proposition énoncée se trouve donc démontrée.

On peut d'ailleurs donner à cette proposition la forme suivante :

L'énergie potentielle d'un système est parfaitement déterminée pour chacun de ses états dans le milieu extérieur.

Nous *admettrons*, en outre, ce à quoi d'ailleurs rien ne s'oppose, qu'elle est toujours *extrêmement grande.*

5. Énergie cinétique ou force vive. — *Considérons maintenant un corps de masse*[1] m *ayant, à un instant donné, dans un milieu fixe, une vitesse*[2] v ; *nous dirons que son énergie cinétique à cet instant dans le milieu est* $\frac{1}{2}$ mv². *Cette énergie est égale à* $\frac{1}{2}$ Σmv² *lorsque les particules du corps n'ont pas la même vitesse,*

---

1. Le mot *masse* est l'expression scientifique qui correspond au mot *poids* employé dans le langage courant : dire, par exemple, qu'un corps pèse 20 grammes équivaut à dire que sa masse est de 20 grammes.

2. La *vitesse* d'un mobile est une grandeur spéciale numériquement exprimée par le nombre de centimètres que parcourt le mobile en une seconde.

comme il arrive, par exemple, pour une roue qui tourne autour de son axe.

L'énergie cinétique d'un corps dépend du milieu dans lequel on le considère. Ainsi, l'énergie cinétique d'un corps par rapport à la terre supposée fixe est nulle, s'il est en repos à sa surface; mais elle a une valeur bien déterminée dans le système solaire, par exemple, puisque dans ce système le corps participe au mouvement de la terre.

6. Transformation réciproque de l'énergie potentielle en énergie cinétique. — *L'énergie potentielle peut se transformer intégralement en énergie cinétique dans le même milieu, et inversement.*

Toutes les fois qu'un corps se déplace ou se transforme sans que le milieu extérieur lui emprunte ni lui fournisse de travail et sans qu'il apparaisse de phénomène thermique dans la transformation, toute variation d'énergie potentielle du corps est compensée par une variation égale et contraire de son énergie cinétique. C'est là une conséquence purement mathématique des lois de la mécanique, conséquence à laquelle on donne le nom de *principe des forces vives.*

On trouvera un très net exemple de cette transformation réciproque de l'énergie potentielle en énergie cinétique dans le mouvement d'un projectile libre. Quand en lance, en effet, un corps de bas en haut, on lui fournit une certaine quantité d'énergie cinétique; mais, à partir du moment où le projectile est libre, il n'échange plus aucun travail avec le milieu extérieur et le calcul montre alors que la hauteur maxima h, atteinte par le mobile au moment où sa vitesse devient nulle, est donnée par la

relation
$$Ph = \frac{1}{2} mv^2.$$

Cette équation, dans laquelle P représente l'attraction que la terre exerce sur le projectile, m la masse de celui-ci et v sa vitesse initiale, exprime simplement que l'augmentation Ph de l'énergie potentielle du mobile équivaut exactement à la diminution $\frac{1}{2} mv^2$ de son énergie cinétique.

Pour la même raison, le projectile reprend sa vitesse initiale, lorsque, dans son mouvement de descente, il se retrouve au niveau même d'où il était parti.

C'est encore un mode de transformation analogue que présentent les oscillations d'un *pendule.* On donne ce nom à tout corps solide indéformable mobile sans frottement autour d'un axe horizontal (fig. 9). On sait que lorsque le pendule est en

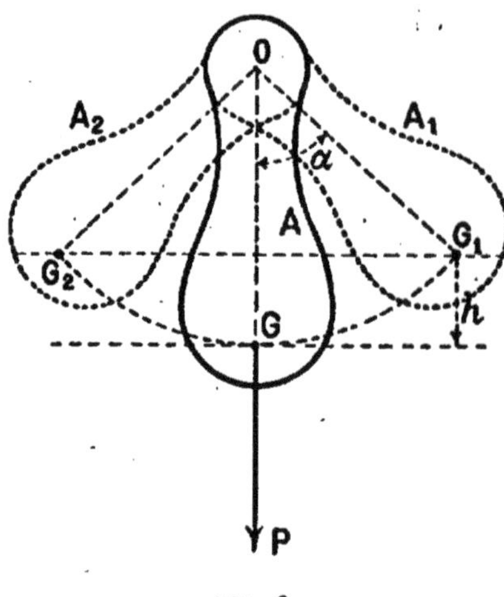

FIG. 9.

équilibre stable, son centre de gravité G se trouve dans un plan vertical passant par l'axe de suspension O et au-dessous de celui-ci. Si l'on écarte le pendule de cette position pour l'amener en A₁, on augmente son énergie potentielle, puisqu'on élève son centre de gravité. *Abandonné* alors à lui-même, le pendule revient vers sa position d'équilibre stable A, avec une vitesse croissante : en sorte que son énergie cinétique augmente, en même temps

que son énergie potentielle diminue. Si l'on désigne par $\frac{1}{2} \Sigma mv^2$ la valeur de l'énergie cinétique au moment où le pendule passe en A, le principe des forces vives nous donne d'ailleurs

$$\frac{1}{2} \Sigma mv^2 = Ph$$

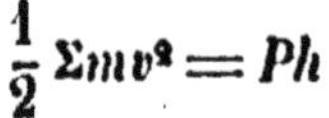

et l'on peut dire que l'énergie potentielle *Ph* s'est intégralement transformée en énergie cinétique. La transformation inverse a lieu lorsque le système passe de A en A₂ et le centre de gravité du pendule remonte en G₂ à la hauteur même d'où il était parti.

Les oscillations qu'effectue une lame élastique, encastrée par une de ses extrémités dans un étau, lorsque, après l'avoir écartée de sa position d'équilibre, on l'abandonne à elle-même, donnent évidemment un autre exemple de transformations du même genre (fig. 10).

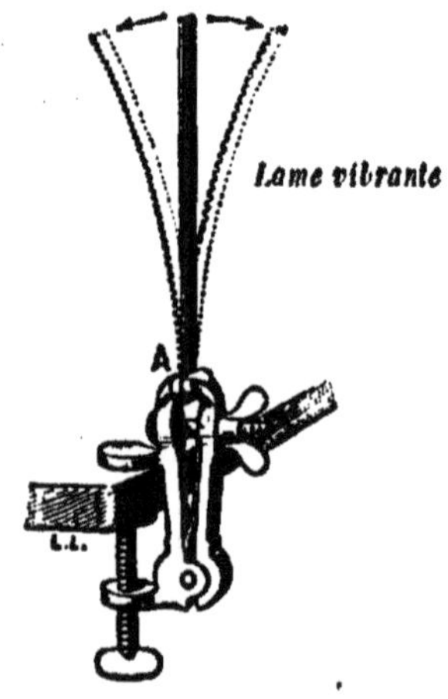

FIG. 10.

L'énergie potentielle dans les positions extrêmes est égale à l'énergie cinétique dans la position moyenne.

7. Transformation directe de l'énergie cinétique en tra-

vail. — Lorsqu'un système perd de l'énergie cinétique sans acquérir d'énergie potentielle, il fournit nécessairement du travail au milieu extérieur. Sans chercher à multiplier à ce sujet les exemples que nous rencontrerons d'ailleurs fréquemment dans ce Cours, il suffira de citer celui d'une machine munie d'un lourd volant et employée à la production d'un travail extérieur. On sait que le mouvement continue quelque temps encore après l'arrêt de la force motrice. Mais alors la vitesse du volant diminue peu à peu jusqu'à s'éteindre, et le travail fourni, dans ces conditions, par la machine est emprunté à l'énergie cinétique de ses organes.

8. Énergie totale. — Conservation de l'énergie. — Nous appellerons *énergie mécanique totale* ou simplement *énergie mécanique d'un corps dans un milieu, à un instant donné, la somme de son énergie potentielle et de son énergie cinétique à cet instant dans le milieu.*

Et nous énoncerons alors le principe suivant, auquel on a donné le nom de *principe de la conservation de l'énergie* :

L'énergie mécanique d'un système reste invariable dans toute transformation qui n'est pas accompagnée d'un phénomène thermique et au cours de laquelle il n'y a entre le système et le milieu extérieur aucune cession de travail. La réciproque de cette proposition est vraie.

Tous les faits expérimentaux obéissent à cette loi, que nous *admettrons* dès le début de ce Cours d'Électricité exactement comme on admet la loi de Lavoisier au commencement des Cours de Chimie, bien que cette seconde loi ne soit en réalité qu'une conséquence des déterminations pondérales que l'on exposera par la suite.

Nous aurons donc à appliquer bien souvent le principe de la conservation de l'énergie, et, toutes les fois qu'il y aura lieu de le faire, il faudra *commencer par définir exactement le système qui se modifie*, puis *rechercher les actions qu'il exerce sur le milieu environnant*, c'est-à-dire sur tous les corps voisins qui agissent sur lui, en ayant présents à l'esprit le principe de l'égalité de l'action et de la réaction et la définition du travail cédé que je rappelle ici :

1° Si un milieu exerce sur un corps une force F, inversement le corps exerce sur le milieu une force égale et de direction opposée.

2° Un corps cède ou emprunte du travail au milieu extérieur selon que ses actions sur celui-ci accomplissent un travail positif ou négatif.

Nous verrons plus tard comment l'expérience nous permettra de généraliser le principe de la conservation de l'énergie et d'étendre cette notion au cas où d'autres échanges que des échanges de travail peuvent exister entre le corps et le milieu.

Nous nous bornerons à montrer ici que les propriétés d'une machine simple se déduisent immédiatement de l'énoncé que nous venons de donner.

9. Application du principe de la conservation de l'énergie à l'étude du levier. — Le levier est une *machine simple*. On donne ce nom à des systèmes tels·que le levier, la poulie, le treuil, la vis, la presse hydraulique ou les pompes, que l'on interpose entre la main et les corps sur lesquels on veut exercer une force et qui ont pour effet de rendre cette force plus puissante ou plus commode à produire. Toutes ces machines restituent aux corps sur lesquels elles agissent tout le travail que leur a fourni la main.

Considérons, en effet, un levier indéformable, mobile sans frottement autour d'un axe horizontal fixe *passant par son centre de gravité.*

Si ce levier est uniquement soumis à la pesanteur, il peut être en équilibre dans une infinité de positions pour chacune desquelles son énergie est la même, puisque son centre de gravité reste fixe.

Supposons maintenant que le milieu extérieur exerce d'une façon momentanée d'autres forces sur le levier ; et supposons de plus que ce levier, étant en repos avant l'action de celles-ci, soit encore en repos, mais dans une autre position, quand elles auront cessé : son énergie n'aura pas varié, et par conséquent aucune cession de travail n'aura eu lieu entre lui et le milieu extérieur. En d'autres termes, le levier aura rendu d'un côté au milieu extérieur tout le travail qu'il aura pu en recevoir d'un autre.

La *multiplication de la force*, la *conservation du travail*, sont des caractères que l'on retrouve non seulement dans le levier, mais aussi dans toutes les autres machines simples. L'emploi de ces machines permet d'accomplir des travaux exigeant de puissants efforts; mais le travail est simplement *transformé* : on perd en chemin parcouru ce que l'on gagne en force.

10. Variation d'énergie. — *Lorsque, par suite d'un changement dans la position, la forme ou la vitesse d'un corps, le milieu extérieur lui cède du travail, l'énergie du corps augmente de la valeur du travail ainsi acquis.*

On conçoit, en effet, que, dans la transformation rigoureusement inverse, supposée possible, le corps rendra au milieu extérieur tout le travail qu'il en avait reçu. Celui-ci représentait, par conséquent, une augmentation d'énergie, d'après la définition même de cette grandeur.

En résumé, *si l'énergie d'un corps dans un état A est W et si le corps passe à un état A' où son énergie soit W', la quantité W'—W représente le travail que le corps a emprunté au milieu extérieur, et inversement.*

Je rappelle encore ici que ces diverses propositions s'appliquent seulement au cas où les actions réciproques du corps considéré et de ceux qui l'entourent sont purement mécaniques.

11. Théorème sur la stabilité de l'équilibre d'un système. — Nous avons remarqué, à propos du pendule, que sa position d'équilibre stable était celle pour laquelle son centre de gravité se trouvait dans un plan vertical passant par l'axe de suspension et au-dessous de celui-ci; c'est-à-dire, en somme, le plus bas possible.

On sait, d'autre part, que lorsqu'un récipient contient plusieurs liquides de densités différentes, ces liquides se superposent par ordre de densités décroissantes et de telle façon que leurs surfaces de séparation soient planes et horizontales. Cette disposition est évidemment celle pour laquelle le centre de gravité de l'ensemble des liquides se trouve aussi le plus bas possible.

On peut donc dire que les positions d'équilibre stable d'un système soumis à son poids, et n'ayant que des liaisons sans frottement avec le milieu terrestre, sont celles pour lesquelles la hauteur de son centre de gravité au-dessus d'un plan horizontal fixe est minima.

Cette proposition n'est qu'un cas particulier du théorème beaucoup plus général que voici :

Les positions d'équilibre stable d'un système dans un milieu fixe sont celles pour lesquelles l'énergie potentielle du système dans le milieu est minima.

La démonstration de ce théorème repose sur le principe de la conservation de l'énergie. Il n'est point nécessaire de l'exposer complètement. Je me bornerai à démontrer que lorsque l'énergie potentielle d'un système est minima, celui-ci est en équilibre. En effet, si on l'abandonne à lui-même, c'est-à-dire si le milieu extérieur ne lui fournit aucun travail, son énergie totale reste invariable; et, dans ces conditions, il ne saurait de lui-même se mettre en mouvement, puisque l'augmentation d'énergie cinétique devrait alors être compensée par une diminution égale de l'énergie potentielle, ce qui, par hypothèse, est impossible, puisque celle-ci est minima.

En dehors de ses positions d'équilibre stable, un système possède une certaine énergie potentielle qui est susceptible de se transformer en travail fourni au milieu extérieur. Il résulte de là que *les forces qui sollicitent le système tendent à faire diminuer son énergie potentielle* et, par conséquent, à la ramener vers une position d'équilibre stable.

Nous ferons de fréquentes applications de ces propositions.

2. ÉNERGIE CALORIFIQUE

12. Définition des quantités de chaleur. — Lorsqu'on met un corps A à une température t en contact avec un corps B à une température inférieure t', celui-ci s'échauffe tandis que l'autre se refroidit, et nous disons que le corps A *cède de la chaleur* à B. On sait, d'autre part, que, pour élever un corps à une certaine température T en le chauffant sur un fourneau, il faut brûler d'autant plus de combustible que la masse du corps est plus grande et la température T plus élevée.

Ainsi, à côté de la notion de *température*, l'expérience vulgaire nous apporte la notion nouvelle de *quantité de chaleur*.

La quantité de chaleur est une grandeur mesurable.

Nous pouvons dire, en effet, que, pour s'élever de t^o à t'^o, dans les mêmes conditions de pression extérieure, une masse m d'un corps déterminé exige toujours la même quantité de chaleur; et que deux masses m et m' d'un corps, dont la température s'élève, dans les mêmes conditions, de t^o à t'^o, reçoivent des quantités de chaleur respectivement proportionnelles à m et m'.

L'addition et l'égalité des quantités de chaleur sont d'ailleurs indépendantes des nombreux phénomènes calorifiques qui pourraient servir à leur définition.

Calorie. L'unité de cette nouvelle grandeur est la *calorie*. C'est la quantité de chaleur nécessaire pour porter de 0° à 1° la température de 1 gramme d'eau pure.

On mesure une quantité de chaleur en observant l'élévation de température qu'elle produit sur une masse déterminée d'eau. La quantité de chaleur est à la fois proportionnelle à cette masse d'eau et au nombre de degrés dont elle s'échauffe.

13. Équivalence de la chaleur et du travail. — Énergie calo-

rifique. — Ordinairement, pour échauffer un corps, on le met au contact d'un autre dont la température est plus élevée et que nous nommerons *source* ou *foyer calorifique*, ou bien on l'expose au rayonnement de celui-ci; mais il est cependant tels cas où la présence d'un foyer calorifique n'est pas nécessaire : ainsi, on sait depuis longtemps que la température des corps s'élève par le *frottement*, et nous étudierons tout d'abord ce phénomène sur un dispositif commode et simple imaginé par Tyndall.

Un tube de cuivre, contenant de l'éther et fermé par un bouchon de liège, peut être animé d'un rapide mouvement de

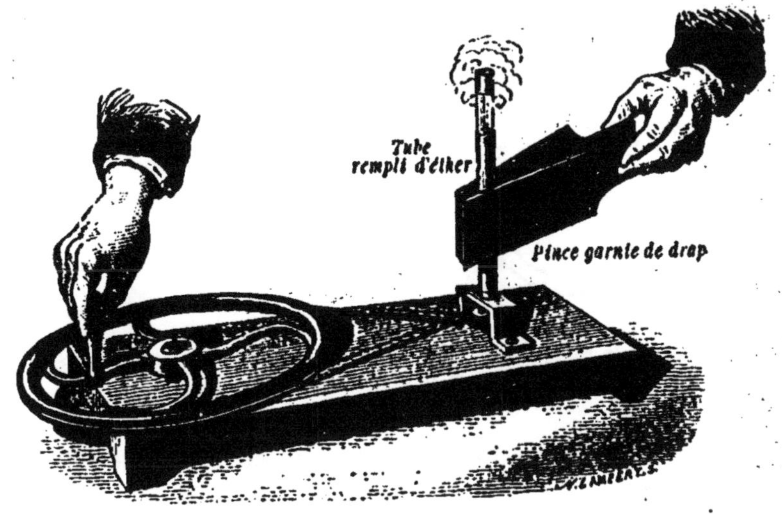

FIG. 11. — EXPÉRIENCE DE TYNDALL.
Quand on fait rapidement tourner le tube en le serrant dans la pince, le frottement dégage assez de chaleur pour volatiliser l'éther et faire sauter le bouchon.

rotation autour de son axe, à l'aide d'une roue et d'une courroie sans fin. On serre ce tube dans une large pince en bois garnie de drap; après quelques tours de roue, la chaleur dégagée par le frottement est suffisante pour vaporiser l'éther et faire sauter le bouchon (fig. 11).

Or le système roue-courroie-tube et pince, considéré au repos *avant* et *quelque temps après* l'expérience, se trouve exactement dans le même état : son énergie mécanique n'a donc pas varié, bien que le milieu extérieur lui ait fourni du travail pendant la rotation, puisque la réaction de la manivelle sur la main agissait alors en sens inverse du mouvement de celle-ci (fig. 12) : l'augmentation d'énergie qui aurait dû résulter de cette acquisition de travail a donc disparu.

D'autre part, le système s'est échauffé pendant l'expérience et, quelque temps après, la chaleur ainsi développée s'est dissipée sur les objets environnants. Ainsi donc, il se trouve que *le système considéré, après être revenu exactement à son état primitif, a emprunté du travail au milieu extérieur et lui a rendu de la chaleur.*

Le phénomène inverse se produit dans une machine à vapeur : entre deux états où les organes de la machine retrouvent la même position et la même vitesse, c'est-à-dire où leur énergie mécanique est la même, on trouve, en somme, que la machine

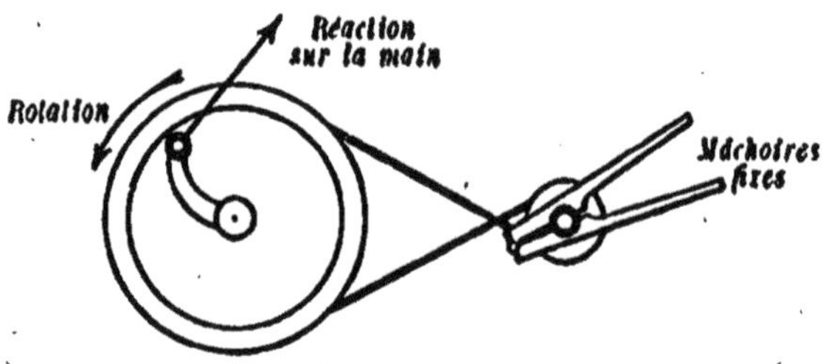

FIG. 12.

Quand on fait tourner la roue, la réaction sur la main est dirigée en sens inverse du déplacement de celle-ci et le système reçoit du travail.

a emprunté de la chaleur au milieu extérieur et lui a rendu du travail.

Ces exemples suffisent à éveiller l'idée d'une transformation de l'énergie en chaleur : nous pourrions les multiplier; mais nous nous bornerons à en citer encore un autre.

Une balle de plomb qu'on lance fortement sur un obstacle résistant s'échauffe par le *choc*. En se refroidissant, elle rend, comme dans l'expérience de Tyndall, sous forme de chaleur, le travail qu'elle avait reçu; on saisit même, dans le cas présent, la transformation intermédiaire de ce travail en énergie cinétique et de celle-ci en chaleur.

Ainsi, dans les diverses expériences que nous venons de rapporter, la production de chaleur est toujours corrélative d'une dépense de travail ou d'une perte d'énergie mécanique. Ce fait bien établi, il devient intéressant de recourir à l'expérimentation pour décider s'il y a proportionnalité entre le nombre de *calories* développées et le nombre d'ergs[1] dépensés. *Or toutes les déterminations qui ont été faites à ce sujet ont donné, pour le rapport de ces deux nombres, sinon la même valeur, du moins des valeurs voisines dont l'écart est suffisamment expliqué par les erreurs inévitables des mesures.*

Par conséquent, puisque aucun fait expérimental ne contredit cette hypothèse, nous *admettrons* que la proportionnalité de la chaleur produite au travail dépensé est rigoureuse et nous énoncerons le *principe* suivant :

14. Principe de l'équivalence de la chaleur et du travail. — *Quand un système de corps subit, dans un milieu fixe dont la température est invariable, une série de transformations quelconques, après lesquelles ses diverses parties retrouvent leur position, leur vitesse et leur température initiales : 1° si le milieu extérieur a fourni du travail au système, celui-ci lui a rendu de la chaleur ; 2° si le milieu extérieur a fourni de la chaleur au système, celui-ci lui a rendu du travail ; 3° il y a un rapport constant entre le nombre de joules[2] reçus ou fournis par le système et le nombre de calories reçues ou fournies par le milieu extérieur.*

La valeur la plus probable de ce rapport est 4,18. On le désigne ordinairement par J et on l'appelle *équivalent mécanique de la chaleur.*

Ainsi donc, il faut dépenser 4.18 joules, c'est-à-dire 41 800 000 ergs pour élever de 0° à 1° la température de 1 gramme d'eau.

Le principe que nous venons de poser nous permet de généraliser la notion d'*énergie.*

Si l'on *échauffe* un système en lui donnant q calories sans que le milieu extérieur lui emprunte du travail, on peut dire que *l'énergie du système augmente* d'une quantité qui, au point de vue mécanique, équivaut à Jq joules.

Considérons maintenant un système dans un milieu qui soit fixe et dont la température soit constante. Supposons qu'à un instant déterminé *l'énergie mécanique* du système, telle que nous l'avons définie, soit W (somme de l'énergie potentielle et de l'énergie cinétique) ; désignons par Q le nombre de calories que le système pourrait céder, au milieu extérieur, sans en recevoir de travail et en conservant la même énergie mécanique W ;

---

1. L'*erg* est l'unité de travail : c'est le travail accompli par l'unité de force, la *dyne*, dont le point d'application se déplace de 1 centimètre dans la direction même de la force.

2. Le *joule* est une *unité pratique* de travail qui vaut 10 000 000 d'ergs.

nous dirons alors que l'*énergie totale* U du système est dans ces conditions $$U = W + JQ.$$

Le terme JQ représente l'*énergie calorifique* du système à l'instant considéré. *De même que l'énergie mécanique W, l'énergie calorifique JQ est déterminée pour tout état bien défini du système et du milieu extérieur.* Cela résulte du principe de l'équivalence. En effet, si la valeur de Q était différente pour deux états *identiques* du système, et dans lesquels l'énergie mécanique W serait par suite la même, le milieu extérieur recevrait ou fournirait *uniquement* de la chaleur, dans toute transformation au cours de laquelle le système passerait d'un des états à l'autre, ce qui est manifestement en contradiction avec les deux premières parties du principe énoncé plus haut.

Il est souvent fort difficile de calculer séparément l'énergie mécanique W et l'énergie calorifique JQ : il nous suffit que leur considération nous ait permis de démontrer que l'énergie totale U est, elle aussi, déterminée pour tout état bien défini du système et du milieu.

Si u et u′ désignent les valeurs de l'énergie d'un système au début et à la fin d'une transformation, au cours de laquelle ce système a reçu q calories et w joules, la variation d'énergie u′ — u est égale à Jq + w :

Dans cette expression, les valeurs de q et de w doivent être affectées du signe + ou du signe — suivant que le système aura reçu ou fourni de la chaleur ou du travail.

15. Généralisation du principe de la conservation de l'énergie. *La variation d'énergie qu'éprouve un système au cours d'une transformation ne dépend que des états initial et final du système et nullement de la suite des modifications qu'il a subies pour passer de l'un à l'autre.* Cela résulte immédiatement de ce que l'énergie est déterminée pour chaque état particulier du système.

La généralisation du principe de la conservation de l'énergie et son extension aux transformations dans lesquelles surviennent des phénomènes thermiques sont alors immédiates.

L'énergie totale d'un système dans un milieu fixe conserve la même valeur après toute transformation au cours de laquelle le système n'a emprunté ou fourni au milieu ni chaleur, ni travail.

16. La chaleur est une forme inférieure de l'énergie. — Entre l'énergie purement mécanique et l'énergie calorifique, il existe néanmoins une différence capitale : *l'énergie mécanique est intégralement transformable en travail ou en chaleur; tandis que l'énergie calorifique n'est que partiellement transformable en travail ou en énergie mécanique.*

Ainsi, un corps pesant suspendu à une certaine hauteur, un volant animé d'une certaine vitesse, un ressort tendu, un corps électrisé, possèdent de l'énergie mécanique et peuvent la céder *presque intégralement* sous forme de travail au milieu extérieur. Mais si l'on essaie d'utiliser à la production d'un travail la chaleur que possède un corps quelconque, on trouve que le milieu reçoit toujours cette énergie calorifique, partie sous forme de chaleur même et partie seulement sous forme de travail. *Le rapport entre la quantité de chaleur réellement transformée en travail et la quantité de chaleur disponible ne peut pas dépasser une certaine valeur qui dépend uniquement des températures du corps chaud et du milieu nécessairement plus froid.*

Ainsi donc, si l'énergie mécanique peut se transformer complètement en chaleur (expérience de Tyndall, par exemple), la transformation inverse de la chaleur en travail n'est jamais que partielle : la chaleur se présente ainsi comme une forme inférieure de l'énergie.

17. Dégradation de l'énergie. — *En fait*, la transformation de l'énergie mécanique elle-même en travail n'est jamais absolument totale. Quand on utilise à la production d'un travail la chute d'un poids, par exemple, une partie de l'énergie de celui-ci se dépense dans les frottements inévitables de l'appareil, se transforme en chaleur et se trouve pratiquement perdue. De même, quand on actionne un moteur par un courant électrique, on n'utilise pas toute l'énergie développée par la génératrice du courant, car une partie de cette énergie échauffe les fils de conduction et se trouve encore perdue. Toutes les formes de l'énergie quelles quelles soient, énergie potentielle, énergie cinétique, énergie électrique, énergie chimique, possèdent ainsi une tendance singulière à prendre la forme calorifique, à se *dégrader*, pour ainsi dire, et l'on a à lutter contre cette tendance dans tous les dispositifs qui servent à la production du travail.

Dans toute transformation d'énergie non calorifique en travail, le *rendement*, c'est-à-dire le rapport entre la puissance recueillie et la puissance dépensée, n'est donc jamais rigoureusement égal à l'unité, mais il s'en rapproche d'autant plus que les appareils de transformation sont plus parfaits, ou, en d'autres termes, que la dégradation de l'énergie est plus soigneusement évitée.

3. ÉNERGIE CHIMIQUE

18. Transformation de l'énergie chimique en chaleur et en travail. — Considérons, par exemple, un système formé d'un morceau de zinc et d'un excès d'acide sulfurique étendu. Si nous venons à placer le zinc dans l'acide, nous obtenons une transformation du système en hydrogène et sulfate de zinc. Cette transformation est accompagnée d'une cession de chaleur et d'une cession de travail au milieu extérieur; en effet, le système s'échauffe pendant la réaction, et, d'autre part, l'hydrogène qui se dégage repousse l'air ambiant en fournissant un travail extérieur. Nous sommes donc en droit de dire que le système *zinc — excès d'acide sulfurique* — possède une certaine énergie potentielle que la réaction chimique fait apparaître et que, pour cette raison, on appelle simplement *énergie chimique*. Dans le cas actuel, cette énergie est évidemment proportionnelle au poids du zinc.

C'est sous la forme chimique que l'on retrouve l'énergie dans les piles et les accumulateurs, et, sous cette forme, comme sous les autres, elle peut se transformer en travail et en chaleur.

L'emploi des accumulateurs est une application directe de cette transformation. On sait en quoi consiste un accumulateur : il est formé de deux lames de plomb plongeant dans l'acide sulfurique étendu. Lorsqu'on le fait traverser par un courant électrique, la constitution des lames se modifie et, quand cesse le courant, l'appareil peut à son tour jouer temporairement le rôle d'une pile.

Dans le circuit d'une dynamo introduisons une batterie d'accumulateurs et actionnons la dynamo. Le travail que nous fournirons à celle-ci déterminera la production d'un courant électrique sous l'action duquel s'accroîtra l'énergie chimique des accumulateurs, et, en fin de compte, nous aurons transformé le travail en énergie chimique. La transformation inverse aura lieu si nous cessons d'agir sur la dynamo, car celle-ci se mettra alors à tourner sous l'action du courant produit par les accumulateurs faisant maintenant office de piles.

Si, après avoir *chargé* les accumulateurs par un courant, nous les *fermons* non plus sur la dynamo, mais sur des lampes électriques, les filaments de celles-ci seront portés à l'incandescence et nous observons ici la transformation de l'énergie chimique en chaleur.

4. ÉNERGIE ÉLECTRIQUE

19. L'énergie électrique considérée comme agent de transformation. — Il existe bien d'autres formes de l'énergie que celles que nous venons d'énumérer; mais, entre toutes, la plus précieuse est assurément celle que nous offrent les corps électrisés ou ceux qui sont susceptibles de produire de l'électricité. Pour comprendre toute l'importance de cette forme nouvelle de l'énergie, il n'est point nécessaire d'étudier dès maintenant dans leurs détails les phénomènes électriques, il suffit de jeter les yeux sur leurs applications les plus connues. Si, par exemple, nous analysons d'un peu plus près l'expérience indiquée à la fin du paragraphe précédent, nous voyons que lorsqu'une dynamo *charge* des accumulateurs ou lorsque ceux-ci actionnent à leur tour une dynamo, la transformation réciproque de l'énergie chimique en travail n'a pas lieu *directement* : dans les deux cas c'est le courant électrique qui sert d'*intermédiaire*. Semblablement, lorsqu'une dynamo actionne des lampes à incandescence, la transformation du travail en chaleur se fait encore par l'intermédiaire du courant électrique. On peut même remarquer que la production de lumière par la transformation *directe* du travail en chaleur serait presque impossible, tandis qu'elle devient très facile quand on utilise comme intermédiaire l'*énergie électrique*.

Celle-ci nous apparaît donc comme un admirable agent de transformation : *cela tient à ce que toutes les autres formes de l'énergie se convertissent avec la plus grande facilité en énergie électrique et à ce que celle-ci peut, à son tour, prendre, avec la plus grande facilité, toutes les autres formes.*

Il est d'ailleurs essentiel de remarquer que, par suite de la tendance générale de l'énergie à prendre la forme calorifique, c'est-à-dire à se *dégrader*, toutes les transformatious d'énergie sont nécessairement accompagnées d'un certain déchet, c'est-à-dire que l'*énergie utile recueillie est toujours moindre que l'énergie dépensée*. Si, par exemple, en emploie à la production d'un travail l'énergie d'une chute d'eau, on ne retrouve qu'une partie de celle-ci : le reste se perd en chaleur dans les frottements des organes de l'appareil de transformation. De même, quand on transporte l'énergie à distance en accouplant deux dynamos, une partie de l'énergie développée dans la *génératrice* se perd inutilement à chauffer les fils de conduction et l'on ne retrouve que le reste sur la *réceptrice*.

Le déchet est surtout considérable lorsqu'on transforme de la chaleur en travail, car la chaleur, avons-nous dit, est une forme inférieure de l'énergie, une sorte d'énergie de mauvaise qualité, qu'il est impossible de transformer intégralement en travail utile. On est ainsi conduit à considérer dans toutes les transformations d'énergie un facteur spécial qu'on nomme le *rendement*.

Le rendement d'un dispositif de transformation est le rapport entre l'énergie utile recueillie et l'énergie totale dépensée. Il est toujours plus petit que l'unité, mais il s'en rapproche d'autant plus que la dégradation de l'énergie est mieux évitée dans la transformation.

Les notions précédentes nous suffiront à comprendre les phénomènes électriques les plus importants ; il ne nous reste plus pour terminer cette introduction qu'à définir sommairement les principales unités mécaniques dont nous ferons usage et à donner dès maintemaint la notion d'un champ de forces, à propos du champ de pesanteur terrestre.

5. UNITÉS MÉCANIQUES

20. Unités absolues. On trouve à la base de tout système d'unités mécaniques trois unités *fondamentales* arbitraires. Celles-ci une fois adoptées, on en *dérive* les autres en les choisissant de façon à donner la plus grande simplicité aux formules de la mécanique.

Les trois unités que nous adopterons sont celles de *longueur*, de *masse* et de *temps*.

Unité de longueur. — L'unité de longueur est le *centimètre*, qui est la centième partie de la longueur à 0° d'une certaine règle de platine iridié nommée le *mètre international*.

Unité de masse. — La *masse* est l'expression scientifique qui correspond au mot *poids* employé dans le langage courant. Dire, par exemple, qu'un corps pèse 20 grammes équivaut à dire que sa masse est de 20 grammes.

Le *gramme*, qui est l'unité de masse, est la millième partie de la masse d'un certain bloc de platine iridié nommé le *kilogramme international*.

Le mètre et le kilogramme étalons sont précieusement conservés au Bureau international des poids et mesures.

Unité de temps. — L'unité de temps est la *seconde*, qui est la 86400° partie du jour solaire moyen.

Ces trois unités fondamentales forment la base du système CGS (abréviation de *centimètre-gramme-seconde*.

Unité de vitesse. — L'unité de *vitesse* est une unité dérivée égale à la vitesse d'un mobile qui parcourt d'un mouvement uniforme 1 centimètre en 1 seconde.

La vitesse de la lumière qui franchit 300,000 kilomètres à la seconde est de 3×10^{10} unités absolues de vitesse.

Unité d'accélération. — Lorsqu'une force constante agit sur un mobile, elle lui imprime un mouvement dans lequel la vitesse augmente régulièrement avec le temps et l'on choisit pour unité d'*accélération* l'accélération d'un mobile dont la vitesse augmente de 1 unité de vitesse en 1 seconde.

L'expérience indique que lorsqu'on laisse tomber un corps en chute libre dans le vide, l'attraction terrestre lui imprime un mouvement accéléré dans lequel l'accélération g est égale à 981 unités d'accélération (pour Paris).

Unité de force. — On adopte comme unité *de force*, et l'on nomme *dyne*, la force qui, agissant sur 1 gramme, lui imprimerait l'unité d'accélération.

On démontre, d'ailleurs, en Mécanique, qu'entre la valeur d'une force f et l'accélération γ qu'elle imprime à un mobile de masse m, existe la relation $f = m\gamma$.

Il résulte de cette équation que l'attraction qu'exerce la terre sur une masse de 1 gramme, attraction que nous appellerons le *gramme-poids*, est égale à 981 dynes, puisque 1 gramme en tombant librement acquiert une accélération de 981 unités.

L'attraction terrestre sur un corps de masse m, à laquelle nous réserverons le nom de *poids* du corps, sera exprimée en dynes par le produit mg.

Unité de travail. — L'unité de *travail*, d'*énergie* et de *force vive* est l'*erg* : c'est le travail d'une dyne dont le point d'application se déplace de 1 centimètre dans sa direction.

Un kilogramme-poids tombant d'une hauteur de 1 mètre effectue un travail de $9,81 \times 10^7$ ergs. On désigne ce travail sous le nom de *kilogrammètre*.

Unité de puissance mécanique. — La puissance mécanique d'un système est une grandeur particulière numériquement exprimée par le travail que ce système peut développer dans l'unité de temps. L'unité absolue de *puissance* est donc la puissance d'une machine qui développerait 1 erg en 1 seconde.

L'ancienne unité de puissance, nommée *cheval-vapeur*, était la puissance d'une machine produisant 75 kilogrammètres à la secondo. Elle valait, par conséquent, $9,81 \times 75 \times 10^7$ ou 736×10^7 unités de puissance CGS.

21. Unités pratiques.— Certaines de ces unités sont d'une petitesse extrême par rapport aux grandeurs qu'elles servent le plus habituellement à mesurer dans la pratique industrielle. Aussi, a-t-on édifié, à côté du système d'*unités absolues* que nous venons d'exposer, un système d'*unités pratiques* dont chacune est un multiple de l'unité CGS correspondante et qui sont, en général, choisies de façon à être reliées entre elles par les mêmes relations que les unités absolues.

Ainsi le *joule*, unité pratique de travail usuellement employée, équivaut à 10^7 ergs, et l'on choisit comme unité pratique de puissance le *watt*, qui est la puissance d'une machine fournissant 1 joule en 1 seconde.

Il résulte des nombres donnés au paragraphe précédent que l'ancienne unité de travail, le kilogrammètre, vaut 9,81 joules ou en nombre rond 10 joules et que l'ancienne unité de puissance, le cheval-vapeur, vaut 736 watts.

6. CHAMP DE PESANTEUR TERRESTRE

22. Intensité du champ en un point. — Il n'est pas inutile de poser dès maintenant, à propos de la pesanteur, une série de définitions qui seront plus tard étendues aux phénomènes électriques et magnétiques.

D'une manière générale, on appelle *champ de force* l'espace dans lequel se manifeste l'action d'une force déterminée. Ainsi le *champ de pesanteur terrestre* comprend tout l'espace dans lequel se fait sentir l'attraction terrestre.

Un champ de force est caractérisé par son *intensité* en chacun de ses points. En ce qui regarde le champ de pesanteur terrestre, on appelle *intensité en un point une grandeur spéciale représentée en valeur et direction par la force qui s'exerce sur l'unité de masse placée en ce point.* L'intensité est ainsi définie en chaque point par le poids d'une masse de 1 gramme. Elle est donc égale à l'accélération g de la pesanteur au point considéré et elle est, en outre, dirigée vers la terre, suivant la verticale.

Dans un espace peu étendu, quelques centaines de mètres par exemple, les verticales peuvent être regardées comme parallèles et les variations de g sont, d'autre part, assez faibles pour être négligées, en sorte que l'intensité peut être regardée comme constante en direction et en valeur dans une région restreinte du champ terrestre ; on dit alors que, dans celle-ci, le champ est *uniforme*.

C'est cette forme de champ, d'ailleurs la plus simple qui puisse se présenter, que nous considérerons ici.

23. Lignes de force. — *On appelle, en général, ligne de force d'un champ quelconque toute ligne qui, en chacun de ses points, est tangente à l'intensité du champ en ce point.* Dans le champ de la pesanteur, toute verticale est une ligne de force.

24. Différence de potentiel en deux points du champ de pesanteur terrestre. — Considérons en un point A du champ un corps de masse *m* et suppo-sons que nous amenions ce corps en un point A' plus élevé que le point A (fig. 13). Dans ce déplacement, le corps emprunte du travail au milieu extérieur et son énergie potentielle aug-mente d'autant. Ce travail ne dépend d'ailleurs que de l'état initial et de l'état final et nul-lement du chemin suivi pour aller de A en A'. La variation *w*

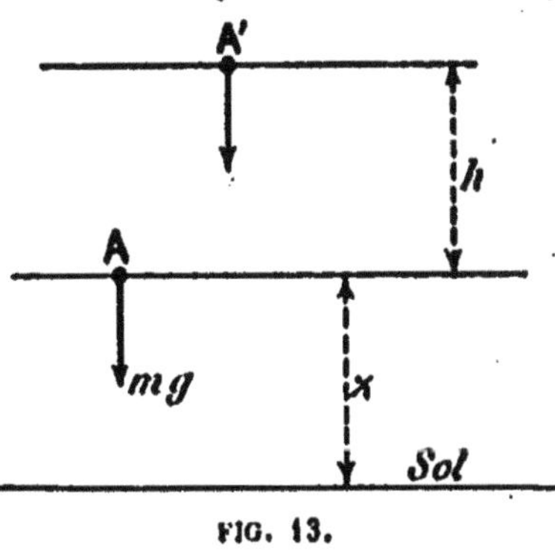

FIG. 13.

de l'énergie potentielle du corps est donc parfaitement détermi-née. Si nous posons alors

$$w = mv,$$

nous dirons que la différence de potentiel entre les points A' et A est égale à *v*.

Cette grandeur nouvelle est donc exprimée par la variation d'énergie potentielle qu'éprouve l'unité de masse transportée d'un point à l'autre.

L'énergie *w* est égale et de signe contraire au travail effectué par la réaction du corps sur le milieu extérieur. Cette réaction, qui n'est autre que le poids *mg* du corps, développe, quand celui-ci se déplace, un travail égal au produit de *mg* par la projection du déplacement sur la verticale, c'est-à-dire par la différence de niveau imprimée au corps.

Dans le cas de la figure, ce travail est égal à — *mgh*, de telle sorte que $$w = mgh.$$

La différence de potentiel entre A' et A est, par suite, égale à *gh*.

On voit par là qu'en tous les points d'un plan horizontal le potentiel a même valeur.

Il résulte de cette définition que, lorsqu'un corps de masse *m* éprouve une chute de potentiel *v*, son énergie potentielle diminue de *mv* et un travail égal se trouve fourni au milieu extérieur.

25. Potentiel en un point. — La différence de potentiel entre deux points est seule définie. Le potentiel en chaque point du champ n'est déterminé que si l'on fixe arbitrairement sa valeur en un point quelconque.

On peut, par exemple, attribuer au potentiel du sol horizontal la valeur 0; et alors le potentiel en un point A, placé à une hauteur *z* au-dessus du sol, aura pour expression

$$V = zg.$$

26. Surfaces équipotentielles. — *On désigne ainsi, en général, toute surface d'un champ de force en tous les points de laquelle le potentiel est le même.* Ces surfaces sont caractérisées par ce fait qu'on peut transporter l'unité de masse sur toute l'étendue de chacune d'elles sans lui fournir de travail. Ceci exige qu'à tout instant la force qui agit sur cette unité de masse soit normale à son déplacement, c'est-à-dire à la surface considérée elle-même. En chacun de leurs points, les surfaces équipotentielles d'un champ sont donc normales à l'intensité du champ.

Dans le cas du champ uniforme de pesanteur terrestre, les surfaces équipotentielles sont des plans horizontaux.

Tous les points qui sont au même potentiel sont donc au même niveau; et, pour cette raison, on désigne souvent les surfaces équipotentielles d'un champ quelconque sous le nom de *surfaces de niveau du champ.*

ÉLECTRICITÉ

CHAPITRE I

ÉLECTRICITÉ STATIQUE

I. PHÉNOMÈNES FONDAMENTAUX

27. Électrisation des corps par frottement. — Corps bons ou mauvais conducteurs. — On sait depuis longtemps que certaines substances, telles que l'ambre jaune (ἤλεκτρον), la résine, le verre, acquièrent, quand on les frotte avec une étoffe de drap, la propriété d'attirer les corps légers, fragments de papier, barbes de plume, etc. On dit que ces corps *s'électrisent* par le frottement, et l'on donne le nom *d'électricité* à la cause spéciale de ce phénomène (fig. 14).

Quand on les frotte en les tenant à la main, le bois, les métaux et la plupart des autres corps ne présentent aucune trace d'électrisation.

Sur le verre ou la résine, la propriété électrique reste d'ailleurs localisée aux points frottés; mais, si l'on fixe une tige de cuivre à l'extrémité d'un bâton de verre, on constate que, lorsqu'on frotte celui-ci, la tige de cuivre s'électrise dans toute sa longueur : on dit alors que le cuivre est *bon conducteur* de l'électricité, et, par contre, que l'ambre, la résine ou le verre sont des corps *mauvais conducteurs*. Des expériences analogues permettraient de reconnaître que tous les métaux, ainsi que le bois, les fils de lin ou de chanvre, l'eau, le corps humain et le sol lui-même conduisent bien l'électricité.

Si une tige métallique ne s'électrise pas quand on la frotte en la tenant à la main, c'est que l'électricité se dissipe tout aussitôt dans le sol par l'intermédiaire de la main et du corps; on peut, en effet, observer l'électrisation de la même tige en la tenant

FIG. 14. — ÉLECTRISATION D'UN BÂTON DE RÉSINE.
Un bâton de résine frotté avec une étoffe de drap acquiert la propriété d'attirer les corps légers.

par un manche fait d'une substance mauvaise conductrice, verre ou résine (fig. 15), et en la frottant avec une peau de chat :

FIG. 15. — CORPS BONS ET MAUVAIS CONDUCTEURS.
Une tige de cuivre tenue par un manche de verre s'électrise par le frottement.
Elle ne s'électrise pas si on la tient directement à la main.

elle s'électrise alors dans toute sa longueur; si on la touche ensuite du doigt, elle perd immédiatement toute l'électricité que le frottement y avait développée.

Non seulement l'électricité se répand dans toute l'étendue d'un conducteur, mais elle passe aussi d'un conducteur sur un autre par simple contact. Ainsi, pour électriser une tige de cuivre tenue à la main par un manche de verre, il suffit de la faire toucher un corps déjà électrisé.

28. Isolants. — Tous les corps s'électrisent donc par le frottement; mais, pour observer l'électrisation des corps bons conducteurs et pour maintenir l'électricité sur ceux-ci, il convient de placer entre eux et le sol un support mauvais conducteur, c'est-à-dire de les *isoler*.

Les substances isolantes les plus employées sont le verre, la gomme laque, la soie, le caoutchouc durci, le soufre, le pétrole, la paraffine.

La paraffine est un des meilleurs isolants; mais elle manque de solidité. On fabrique aujourd'hui un mélange de soufre et de paraffine, nommé *diélectrine*, assez résistant pour être travaillé au tour et poli, et qui isole extrêmement bien.

Le verre isole mal lorsqu'il est placé dans une atmosphère qui n'est pas absolument sèche, car il se recouvre alors d'une mince couche d'humidité qui rend sa surface conductrice.

On évite cet inconvénient à l'aide d'un dispositif indiqué par M. Mascart. Dans le fond d'une large bouteille de verre à moitié pleine d'acide sulfurique concentré, est implantée ou soudée une tige de verre qui passe dans le col étroit de la bouteille, mais sans toucher celui-ci. Cette tige se trouve ainsi placée dans une atmosphère rigoureusement desséchée et constitue dans ces conditions un excellent isolant. Un plateau, adapté à son extrémité supérieure recevra les corps conducteurs que l'on veut électriser (fig. 16).

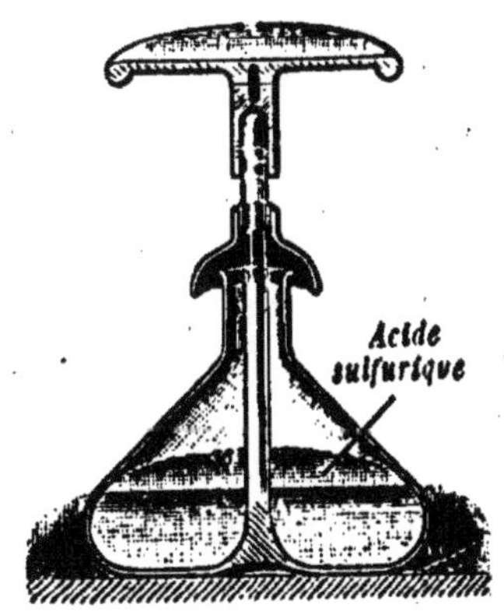

FIG. 16.

ISOLATEUR MASCART.

L'isolement est obtenu par une tige de verre maintenue dans une atmosphère desséchée par de l'acide sulfurique.

Il n'est pas inutile de faire remarquer que l'air est nécessairement un isolant, puisqu'un conducteur peut rester électrisé dans l'air. Il en est d'ailleurs de même de tous les autres gaz et vapeurs, y compris la vapeur d'eau.

20. Pendule électrique au sol. — Pour reconnaître l'électrisation d'un corps, on se sert utilement d'un pendule constitué par une petite balle de sureau très légère *a*, suspendue à une tige métallique par un long et mince fil de lin. Ce petit appareil est très sensible, parce que la moindre force horizontale suffit à écarter la balle de sureau de sa position d'équilibre. On le nomme *pendule au sol*, parce que la balle de sureau est en communication permanente avec le sol, par l'intermédiaire du fil de lin qui est conducteur et de son support métallique (fig. 17).

Le pendule au sol est *toujours attiré* par les corps électrisés qu'on lui présente; il vient au contact de ceux-ci si on les rapproche suffisamment. Si ces corps électrisés sont conducteurs,

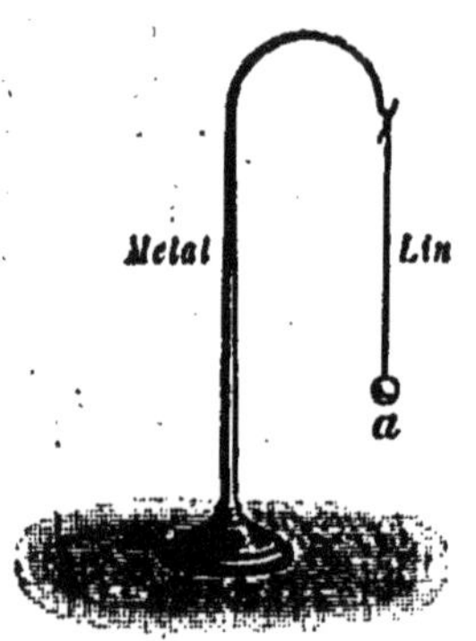

FIG. 17.

PENDULE AU SOL.

C'est une petite balle de sureau suspendue par un fil de lin à un support métallique.

ils perdent alors leur électricité, puisqu'ils se trouvent en communication avec le sol, et le pendule retombe; s'ils ne sont pas conducteurs, l'électricité ne disparaît qu'au point touché : le pendule n'en est pas moins attiré par les points voisins et la balle de sureau reste appliquée à la surface du corps électrisé.

30. Pendule isolé. Distinction de deux espèces d'électricité. — Un phénomène nouveau s'observe lorsqu'on emploie comme *électroscope* un *pendule isolé*. Celui-ci est constitué par une petite balle de sureau suspendue à l'aide d'un fil de soie à un bâton de paraffine fixé lui-même à l'extrémité d'une tige de verre recourbée (fig. 18).

Approchons de cet équipage un bâton de verre préalablement frotté avec un morceau de drap : la balle de sureau est attirée,

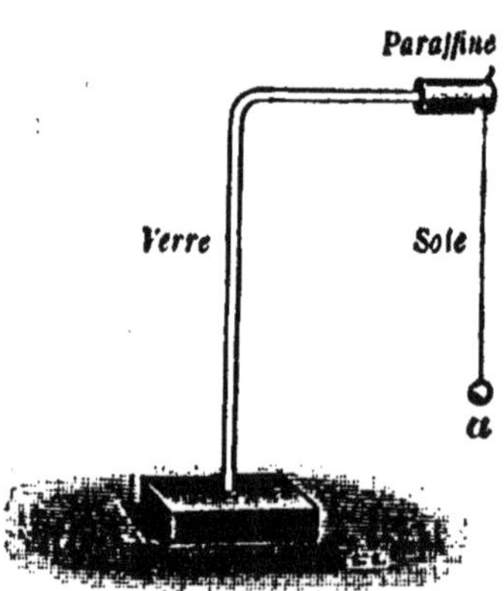

FIG. 18.

PENDULE ISOLÉ.

C'est une petite balle de sureau suspendue par un fil de soie à un support isolant.

vient toucher le bâton de verre et tout aussitôt se trouve vivement repoussée; or elle a pris au contact du verre une certaine électrisation qu'elle garde désormais et il faut conclure de là que les corps électrisés, qui attirent toujours les corps légers quand ceux-ci ne présentent d'abord aucun signe d'électrisation, les repoussent aussitôt qu'ils les ont électrisés par leur contact.

La même expérience réussit également si l'on approche un bâton de résine frotté d'un pendule préalablement neutre; mais, si l'on présente le même bâton de résine à une balle de sureau *a* électrisée tout d'abord au contact du verre, on constate que cette balle de sureau est vivement attirée (fig. 19 11). Pareillement un bâton de verre frotté attire un pendule électrisé *a'* au contact de la résine (fig. 19 I). L'état électrique du verre est donc différent de celui de la résine, puisque son action est contraire sur un même pendule électrisé. On est ainsi amené à distinguer deux sortes d'électricité et l'on qualifie de *positive* celle que prend le verre

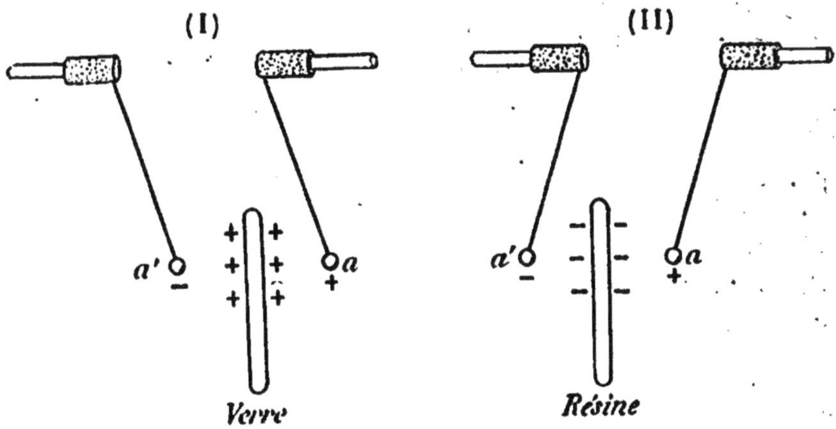

FIG. 19. — DISTINCTION DE DEUX ESPÈCES D'ÉLECTRICITÉ.
Les électricités de même nom se repoussent; celles de nom contraire s'attirent.

poli quand on le frotte avec une étoffe de drap et de *négative* celle qui se développe dans les mêmes conditions sur la résine.

Quant aux autres corps, les uns acquièrent par le frottement l'état électrique du verre, les autres celui de la résine, en sorte qu'*il n'y a que deux espèces d'électricité.*

L'expérience montre d'ailleurs que les actions que l'électrisation détermine entre les corps sont toujours réciproques ; c'est-à-dire que si le corps A attire ou repousse B avec une certaine force, inversement B attire ou repousse A avec une force égale et directement opposée.

De cet ensemble de faits résultent les conclusions suivantes :

Deux corps chargés de même électricité se repoussent et deux corps chargés d'électricité contraire s'attirent.

31. Développement simultané des deux électricités par frottement. — Lorsqu'on frotte l'un contre l'autre deux corps de nature différente, ils s'électrisent tous deux, l'un positivement, l'autre négativement. C'est là un fait d'ordre général que l'on démontre facilement en se servant de deux plateaux, l'un de verre poli, l'autre de bois recouvert de drap, munis de manches isolants (fig. 20). En frottant vivement ces plateaux et en les séparant brusquement, on trouve que tous deux sont électrisés, celui de verre positivement, celui de bois négativement.

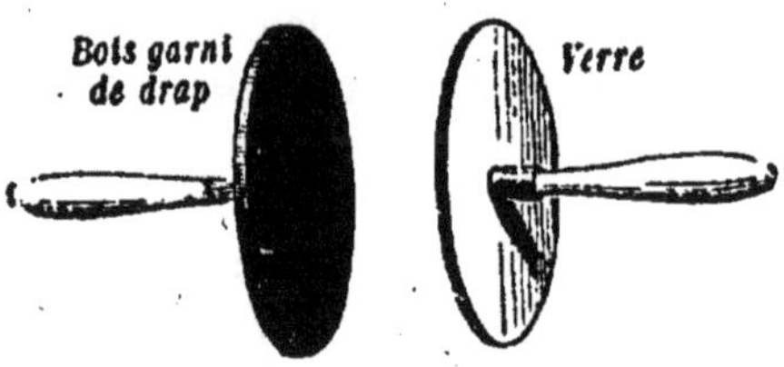

FIG. 20. — EXPÉRIENCE DE WILCKE.
Deux corps différents, montés sur des manches isolants et frottés l'un contre l'autre, s'électrisent toujours en sens contraire.

32. Électroscope à feuilles. — La répulsion qui s'exerce entre deux corps chargés de même électricité trouve une première application dans l'appareil très simple à la fois et très sensible qu'est l'*électroscope à feuilles* (fig. 21). Celui-ci se compose essentiellement d'une tige de cuivre isolée par un bloc de paraffine et à l'extrémité inférieure de laquelle sont suspendues deux feuilles étroites, longues et extrêmement minces d'aluminium ou d'or. Ces feuilles, très fragiles, sont entourées d'une cage *métallique* qui, entre autres effets, les protège contre l'agitation de l'air extérieur. Le bloc de paraffine est enchâssé dans le couvercle de la cage et celle-ci est fermée antérieurement par une glace de verre. Enfin l'extrémité supérieure de la tige de cuivre porte un petit plateau de même métal. L'électricité qu'on communique à celui-ci se répand sur les feuilles qui, très légères et très flexibles, se repoussent et s'écartent, pour retomber dans la verticale lorsqu'on touche le plateau avec le doigt.

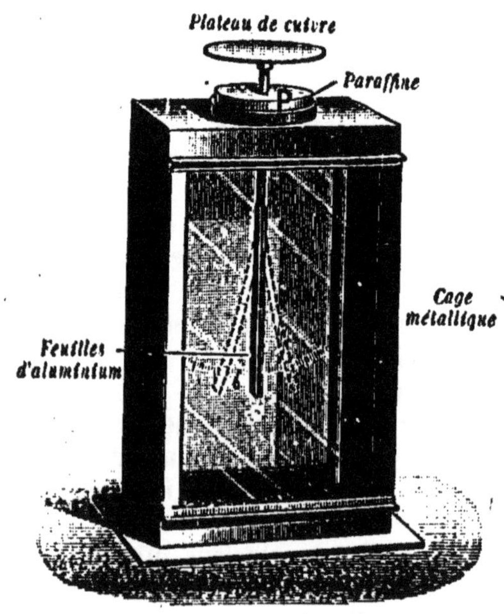

FIG. 21. — ÉLECTROSCOPE À FEUILLES.
L'électricité communiquée au plateau se répand sur les feuilles d'aluminium et oblige celles-ci à s'écarter l'une de l'autre.

On peut, à l'aide de cet appareil, s'assurer que la distinction

entre corps bons et mauvais conducteurs est loin d'être absolue.
On trouve entre eux toute une série de corps de conductibilité
médiocre dans lesquels l'électricité paraît cheminer avec plus ou
moins de difficulté. Mettons en relation par un fil de coton ciré,
long de quelques mètres, le plateau de l'électroscope avec un
conducteur isolé et électrisons celui-ci. Nous verrons, au bout
de quelques instants, les feuilles de l'électroscope s'écarter peu
à peu, ce qui montre que l'appareil ne se charge que progressivement. L'électricité se propage donc lentement dans un fil de
coton ciré. La même expérience, répétée avec un fil de cuivre,
même d'une très grande longueur, montrerait que, dans ce cas,
la propagation de l'électricité est instantanée ou du moins si
rapide qu'elle nous paraît l'être.

2. MASSES ÉLECTRIQUES
LOI DES ACTIONS ÉLECTRIQUES

**33. Définition de la masse électrique. Unités théorique
et pratique de masse.** — L'attraction ou la répulsion que deux
corps électrisés exercent l'un sur l'autre peuvent se mesurer,
comme toute autre force, soit à l'aide d'un dynamomètre, soit à
l'aide d'une balance sensible. La balance de Coulomb et l'électromètre de Lord Kelvin sont des exemples des dispositifs que
l'on utilise dans ces mesures spéciales. Considérons alors un
petit corps B isolé, électrisé d'une façon invariable et positivement par exemple. Faisons successivement agir sur lui d'autres
corps électrisés A_1, A_2, A_3,... en les plaçant à une *même* distance
de B, distance r que nous supposerons d'ailleurs considérable par
rapport aux dimensions de ces corps eux-mêmes. Désignons
par f_1, f_2, f_3,... les forces qui s'exercent respectivement dans
chaque cas sur le corps B, en considérant ces forces comme
positives ou négatives suivant qu'il s'agit de répulsion ou d'attraction : nous dirons alors que *les corps A_1, A_2, A_3,... sont chargés
de masses électriques proportionnelles aux forces f_1, f_2, f_3,... et de
même signe que celles-ci.*

Nous définissons ainsi le *rapport de deux masses* électriques;
l'expérience montre d'ailleurs que ce rapport ne dépend que de
l'état d'électrisation des corps A_1, A_2, A_3,... et nullement du corps
auxiliaire B et de sa distance. *La masse électrique est donc une
grandeur mesurable.*

L'*unité* la plus simple que nous puissions choisir, théoriquement du moins, est *la masse positive qui, agissant sur une masse*

égale, placée à 1 centimètre de distance, la repousse avec une force de 1 dyne.

Cette unité, dite *unité électrostatique absolue,* est trop petite pour les besoins industriels; aussi emploierons-nous plus fréquemment, sous le nom d'*unité pratique de masse,* ou *coulomb,* une unité incomparablement plus grande et égale à 3×10^9 unités théoriques : 1 coulomb $= 3 \times 10^9$ (CGS).

34. Addition des masses électriques. — Plaçons maintenant les corps électrisés A_1, A_2, A_3, les uns à côté des autres et toujours à la même distance r du corps auxiliaire B. Nous observerons que la force F que leur ensemble exerce sur celui-ci est égale à la somme algébrique $f_1 + f_2 + f_3$ des actions particulières de chacun d'eux, et cela quel que soit l'arrangement des corps A_1, A_2, A_3 et quels que soient même les contacts que l'on établit entre eux. Il résulte de là que cet ensemble a sur le corps B le même effet qu'une masse électrique unique égale à la somme algébrique des charges particulières. Les deux sortes d'électricité s'ajoutent donc à la façon de quantités algébriques : de là viennent les noms de *positive* et de *négative* qu'on leur a donnés.

Deux masses électriques voisines, égales et de signe contraire, n'ont aucune action en un point éloigné : on dit qu'elles se *neutralisent.*

On peut reconnaître de la sorte que, lorsqu'on frotte deux corps l'un contre l'autre, ils se chargent respectivement de masses égales de nom contraire. Il suffit pour cela de frotter les plateaux de la figure 20, puis de les séparer en les maintenant à petite distance et, en cet état, de les présenter à un *pendule au sol* : on constate alors que celui-ci reste rigoureusement immobile tandis qu'il est vivement attiré si on lui présente un seul des plateaux.

Deux conducteurs qui possèdent des charges égales et de nom contraire passent à l'état neutre quand on les fait se toucher. Leur contact est d'ailleurs toujours précédé d'une *étincelle* qui jaillit entre eux sous la forme d'un trait de feu, et nous étudierons spécialement ce phénomène un peu plus loin.

On peut montrer cette neutralisation en répétant l'expérience précédente d'une autre manière : après avoir frotté les plateaux, on met d'abord l'un d'eux sur l'électroscope; les feuilles divergent, mais retombent aussitôt lorsqu'on place ensuite le second plateau près du premier.

Le développement simultané de quantités égales d'électricité de nom contraire est un fait d'ordre général qui n'appartient pas en propre au frottement : quelle que soit la façon dont on s'y prenne, *on ne peut ni produire ni détruire une certaine masse électrique sans produire ou détruire en même temps une masse égale d'électricité contraire.*

35. Loi de Coulomb. — Cette loi régit la force qui s'exerce entre deux corps électrisés placés à une distance r, très grande par rapport à leurs dimensions; elle s'énonce ainsi :

Deux masses électriques s'attirent ou se repoussent suivant la ligne qui les joint et en raison inverse du carré de leur distance r.

Coulomb a démontré cette loi par des mesures directes effectuées à l'aide d'un dynamomètre de torsion très délicat. Elle se trouve d'ailleurs confirmée, *a posteriori*, par ses conséquences dont quelques-unes sont susceptibles de vérifications expérimentales très précises, et le calcul montre, en outre, qu'elle est la seule qui soit compatible avec ce fait rigoureusement établi que l'électricité qui charge un conducteur, en équilibre électrique, est tout entière à sa surface. Nous regarderons donc cette loi comme absolument démontrée.

Si alors on remarque que, toutes choses égales, la force f qui s'exerce entre deux masses électriques q et q' est proportionnelle à celles-ci, d'après leur définition même, et que, d'autre part, elle vaut une dyne pour deux masses égales à l'unité et placées à un centimètre de distance, on voit, somme toute, que cette force a pour expression :

$$f^{\text{(dynes)}} = \frac{q\,q'\ ^{\text{(CGS)}}}{r^2\ _{\text{(cent.)}}}.$$

Cette formule comprend à la fois la loi de Coulomb, la définition des masses électriques et le choix de leur unité.

Suivant que les masses q et q' sont de même signe ou de signes contraires, la force f est répulsive ou attractive et nous la considérerons alors comme positive ou négative.

On se rend compte, par une application immédiate de cette formule, que l'unité pratique de masse, le *coulomb*, est très considérable par rapport aux quantités d'électricité que nous développons ordinairement sur les corps.

En effet, deux corps, chargés chacun de 1 coulomb et placés à 100 mètres l'un de l'autre, se repousseraient avec une force de :

$$\frac{3^2 \times 10^{18}}{10^8}\ \text{dynes.}$$

La *tonne-poids* ayant pour valeur $9,81 \times 10^8$ dynes, on voit que cette répulsion serait égale à un peu plus de 90 tonnes.

3. DISTRIBUTION DE L'ÉLECTRICITÉ SUR LES CONDUCTEURS DENSITÉ ÉLECTRIQUE

36. Distribution sur les conducteurs. — *Dans l'état d'équilibre électrique, l'électricité qui charge un corps conducteur est tout entière à sa surface.*

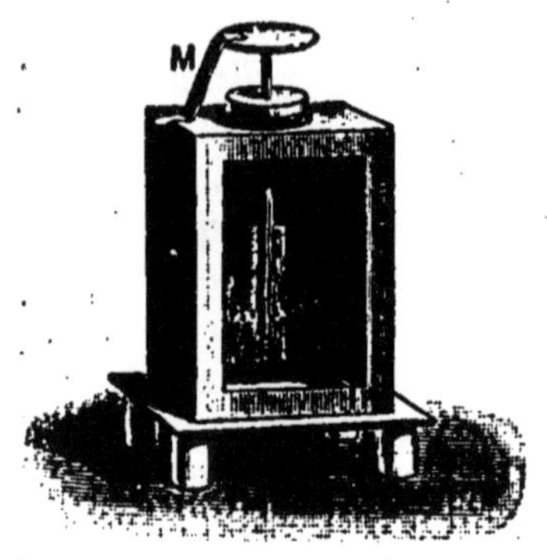

FIG. 22.

ABSENCE D'ÉLECTRICITÉ
A L'INTÉRIEUR D'UN CONDUCTEUR.
On réunit le plateau et la cage d'un électroscope par une bande d'étain et on constate que les feuilles ne divergent pas quand on électrise l'appareil après l'avoir isolé.

On peut le démontrer par les expériences les plus variées. En voici une qui est à la fois très simple et très précise.

On prend un électroscope à feuilles et on le place sur de petits blocs de paraffine qui l'isolent. On met ensuite le plateau en communication permanente avec la cage à l'aide d'une bande de papier d'étain M : l'ensemble de l'appareil constitue dans ces conditions un conducteur unique; on l'électrise alors par les procédés ordinaires et on constate que, quelle que soit la charge qu'on lui donne, les feuilles d'aluminium ne divergent pas. On en conclut qu'aucune trace d'électricité ne se porte sur la paroi interne du conducteur (fig. 22).

Il n'est pas nécessaire que la surface du conducteur soit continue pour qu'il n'y ait point d'électricité à l'intérieur. Pour le montrer, on électrise, après l'avoir isolée, une cage en treillage métallique sur la paroi de laquelle on a accroché de longues houppes de papier mince. On constate que, seules, les houppes fixées à l'extérieur divergent fortement, tandis que celles qui sont dans la cage restent immobiles.

Si on électrise un conducteur présentant une concavité très accusée, le fond de celle-ci ne recevra que des charges extrêmement petites, sinon pratiquement nulles. Plaçons, par exemple, sur un support de paraffine, un long cylindre métallique creux, fermé par un bout et électrisons-le. Puis touchons-le en un point de sa paroi interne avec une petite boule conductrice fixée à l'extrémité d'un long manche isolant : nous constaterons, au moyen de l'électroscope, que la boule, retirée du cylindre, n'emporte aucune trace d'électricité, pourvu que le point touché soit placé assez profondément.

Mais la boule s'électrise, au contraire, quand elle touche la surface externe du cylindre.

Une intéressante conséquence résulte de ces dernières expériences.

Introduisons dans un conducteur creux isolé C (fig. 23) un conducteur électrisé A et amenons-les au contact; ils constituent à ce moment un conducteur unique à l'intérieur duquel l'électricité ne réside point, en sorte que le corps A, retiré du conducteur creux, se retrouvera à l'état neutre. Sa charge *tout entière* aura passé, à l'instant du contact, sur la surface extérieure de C, quelle que fût d'ailleurs l'électrisation initiale de celui-ci. On peut de cette manière totaliser sur un même *collecteur* creux C les charges de plusieurs conducteurs A,A',A'', en les amenant successivement à toucher le fond du collecteur, où ils se *déchargent* alors complètement.

37. Mesure relative des masses électriques à l'aide de l'électroscope. — En

utilisant ce qui précède, on peut *graduer* un électroscope, c'est-à-dire déterminer comment varie la divergence des feuilles avec la masse électrique que l'on donne au plateau.

La cage métallique de l'appareil sera toujours supposée, à moins d'indications spéciales, en communication avec le sol.

On dispose sur le plateau un cylindre creux, allongé, auquel on donne des charges croissantes comme la suite des nombres entiers et on observe l'écart correspondant des feuilles (fig. 23). Pour obtenir cette variation régulière de la charge, on touche chaque fois le fond du cylindre avec une petite boule conductrice A qu'on a préalablement électrisée

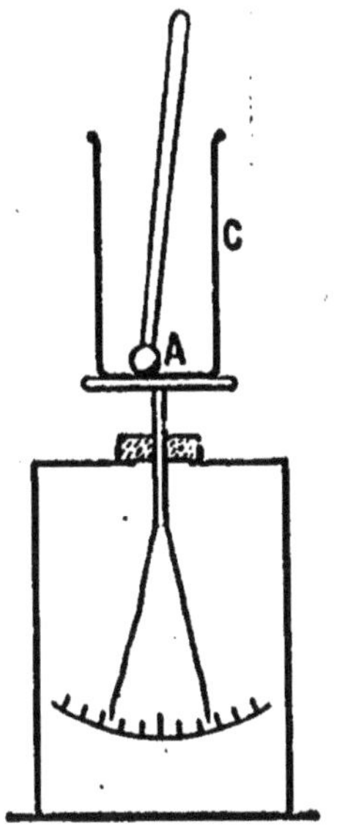

FIG. 23. — GRADUATION D'UN ÉLECTROSCOPE.

On observe les écarts des feuilles quand on communique des charges régulièrement croissantes au cylindre métallique C.

par contact avec un même point d'une grosse sphère métallique isolée et fortement chargée à laquelle la boule A emprunte évidemment chaque fois une charge constante.

Cette graduation faite, la divergence des feuilles permet une mesure relative des masses que l'on communique au cylindre. Par abréviation, nous appellerons écarts double, triple, etc., les écarts des feuilles correspondant à des charges double, triple, etc.

38. Densité électrique. — L'électrisation à la surface des conducteurs est fort irrégulière : très accusée en certaines régions, elle fait défaut en d'autres et l'on est conduit pour l'étudier commodément à définir une *densité électrique superficielle*.

Autour d'un point P d'une surface conductrice, considérons un élément de surface s et soit q la masse électrique qui le recouvre ; nous dirons alors que la *densité électrique au point* P *est exprimée par le quotient* $\frac{q}{s}$. C'est, en somme, la charge par unité de surface.

La densité électrique se détermine à l'aide du *plan d'épreuve*. On désigne ainsi un petit disque de métal D, d'un centimètre de diamètre environ, fixé à l'extrémité d'un bâton de paraffine P ou de diélectrine (fig. 24). Lorsqu'on l'applique sur un conducteur, ce petit disque se substitue momentanément à l'élément de surface qu'il recouvre et se charge lui-même de l'électricité qui s'y trouvait ; il emporte ensuite celle-ci lorsqu'on le retire bien normalement et, si on l'introduit alors dans le cylindre de l'électroscope, la charge mesurée sera évidemment proportionnelle à la densité électrique au point touché.

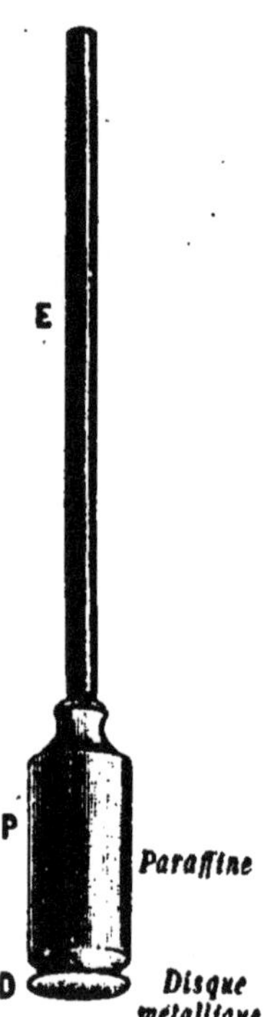

FIG. 24.
PLAN D'ÉPREUVE.
Quand on l'applique sur un conducteur électrisé, le petit disque D se charge de toute l'électricité qui se trouvait sur la surface recouverte.

On utilise souvent, pour représenter la distribution électrique, le procédé graphique que voici : en chaque point P (fig. 25) du conducteur, on élève une normale sur laquelle on porte une longueur PA proportionnelle à la densité électrique en ce point. Le lieu des points A ainsi obtenus forme une surface dont l'aspect permet de saisir d'un coup d'œil l'ensemble de la distribution électrique.

Nous verrons plus loin que la distribution électrique sur un conducteur ne dépend pas uniquement de celui-ci, mais aussi des corps électrisés qui peuvent se trouver dans son voisinage. Nous n'indiquerons ici que les résultats qui concernent les conducteurs éloignés de tout autre corps électrisé. Dans ce cas, si la charge totale varie, la densité en chaque point varie dans le même rapport et la forme de la surface représentative reste la même. D'une manière générale, l'électricité se porte plus particulièrement sur les parties saillantes des conducteurs, sa densité est relativement considérable sur les arêtes vives ou sur les pointes extérieures; elle est, au contraire, très faible dans les concavités, surtout lorsque celles-ci sont fortement accusées.

Sur un ellipsoïde, la densité électrique aux extrémités des axes est proportionnelle à la longueur de ceux-ci. Ce résultat, prévu

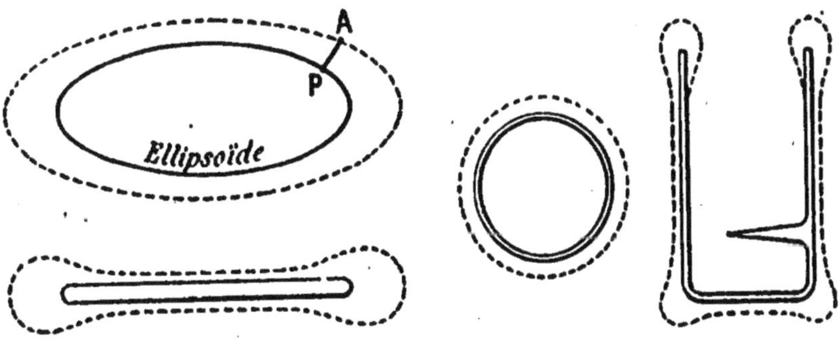

FIG. 25. — EXEMPLES DE DISTRIBUTION ÉLECTRIQUE SUR LES CONDUCTEURS.
La densité électrique est considérable sur les parties saillantes et très faible, au contraire, dans les parties creuses.

par le calcul, d'après la loi de Coulomb, est pleinement confirmé par l'expérience. La figure 25 montre la distribution électrique dans les cas les plus intéressants : elle est uniforme sur une sphère conductrice isolée et sur la partie médiane d'un disque. A une certaine profondeur, la surface interne d'un long cylindre creux, même quand elle est armée de pointes, ne présente pas trace d'électricité.

50. Pouvoir des pointes. — L'électricité n'est maintenue à la surface des conducteurs que par la résistance de l'air ambiant qui constitue lui-même un milieu isolant, mais cette résistance n'est pas indéfinie. L'expérience montre, en effet, que l'électricité, qui s'accumule sur les pointes proéminentes d'un conducteur, peut s'en échapper et se porter sur les particules d'air environnantes qui s'électrisent ainsi et sont alors vivement repoussées.

Un conducteur armé d'une pointe aiguë ne peut conserver qu'une charge minime et, s'il est en relation avec une machine qui renouvelle constamment cette charge, un flux continu d'électricité s'échappe par la pointe. Cette *décharge* du conducteur donne lieu à des phénomènes lumineux très remarquables, quand on l'observe dans l'obscurité. Suivant que la pointe laisse écouler de l'électricité positive ou de l'électricité négative on voit apparaître à son extrémité soit une large aigrette violacée, soit une petite étoile brillante.

On rend manifeste la répulsion qu'éprouvent les particules d'air électrisées en approchant une bougie d'une pointe placée

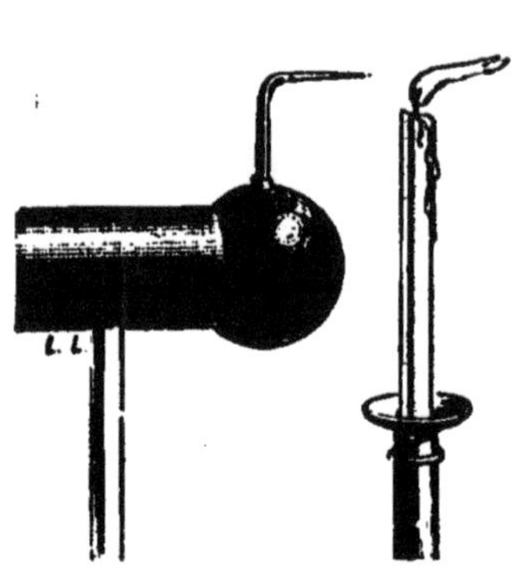

FIG. 26. — VENT ÉLECTRIQUE.
Il est produit par l'air qui s'électrise à la pointe et qui se trouve ensuite repoussé.

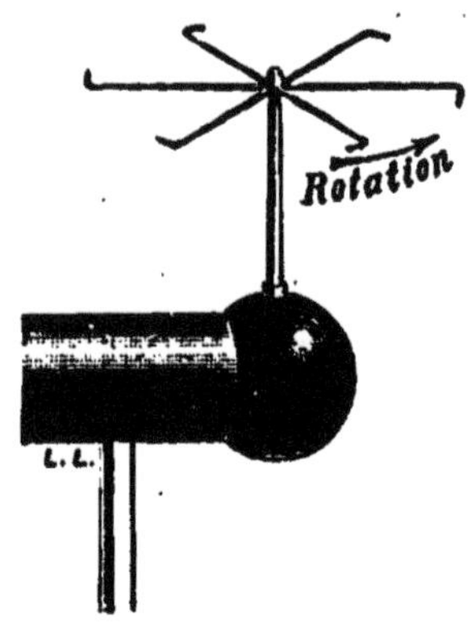

FIG. 27. — TOURNIQUET ÉLECTRIQUE.
Le mouvement des pointes est dû à la réaction sur celles-ci de l'air qu'elles ont électrisé et qu'elles repoussent.

sur le collecteur d'une machine électrique en fonctionnement : on voit alors la flamme de la bougie s'incliner comme sous l'action d'un courant d'air et parfois même s'éteindre (fig. 26).

L'air, étant repoussé par la pointe électrisée, la repousse aussi, et, si elle est mobile, la fait fuir en sens inverse. On réalise l'expérience à l'aide du *tourniquet électrique*. Sur un pivot fixé à la machine électrique est placée une chape à laquelle sont adaptés cinq ou six rayons métalliques dont les extrémités pointues se recourbent dans le même sens. Lorsqu'on actionne la machine, on voit cette sorte d'étoile tourner en sens contraire des pointes (fig. 27).

Cette faculté qu'ont les pointes métalliques de laisser s'échapper l'électricité qui les charge constitue ce qu'on appelle le *pouvoir des pointes*.

C'est probablement à un phénomène du même genre qu'est due la décharge des conducteurs électrisés par les flammes. Lorsqu'on place une bougie allumée sur le collecteur d'une machine électrique, il est impossible de charger celui-ci : l'électricité s'écoule par la flamme exactement comme si l'extrémité de celle-ci constituait une pointe extrêmement fine.

4. CHAMP ÉLECTRIQUE — POTENTIEL

40. Champ électrique. — Intensité en un point du champ. Lignes de force. — Lorsqu'on approche d'un corps électrisé un pendule isolé et électrisé lui-même, celui-ci est repoussé ou attiré. On dit alors qu'il se trouve dans un *champ électrique,* en désignant ainsi *tout espace dans lequel s'exercent des actions électriques.*

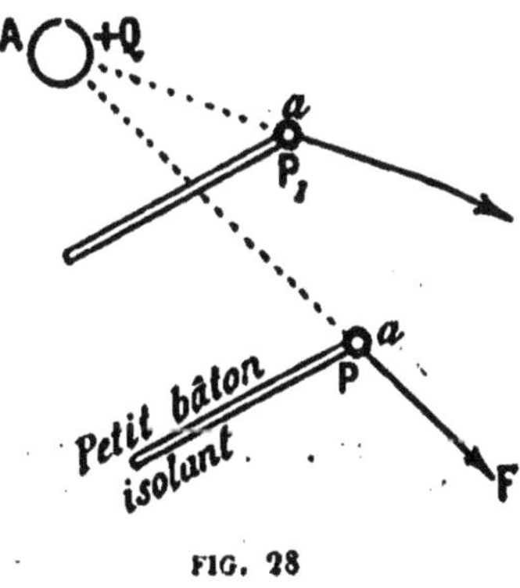

FIG. 28

Si, en un point P d'un champ électrique (fig. 28), on suppose placé un corps extrêmement petit *a*, chargé d'une masse électrique *q*, ce corps recevra une force *f*, représentée par le segment PF. Nous dirons alors que *l'intensité du champ électrique au point* P est dirigée suivant PF et *qu'elle est exprimée par le quotient* $\frac{f}{q}$ *des nombres qui mesurent la force* f *et la quantité d'électricité* q; ou, en d'autres termes, par le même nombre que la force qui agirait sur l'unité de masse électrique placée au point P.

L'intensité φ du champ, que l'on nomme aussi, quoique improprement, *force électrique au point* P, est donc une *grandeur géométrique* dont la direction et la valeur sont déterminées en chaque point du champ. Elle obéit,

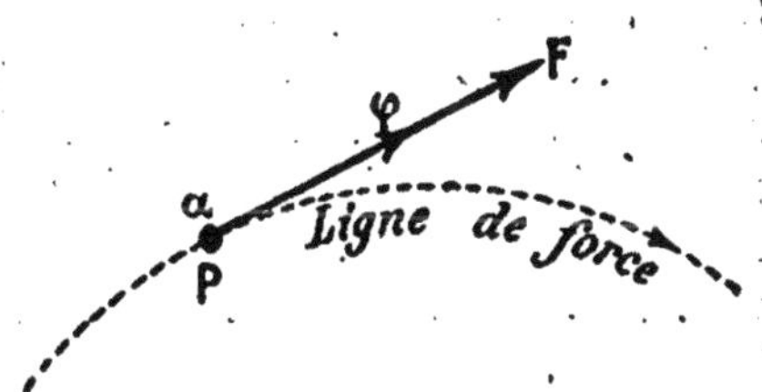

FIG. 29. — LIGNE DE FORCE.
Les lignes de force sont, en chacun de leurs points, tangentes à l'intensité du champ.

comme les autres grandeurs géométriques, aux mêmes règles de composition que les forces concourantes. C'est ainsi qu'on peut par exemple, remplacer la force électrique φ en un point par trois autres représentées par les arêtes d'un parallélépipède dont cette force φ est la diagonale.

On appelle *ligne de force toute ligne qui, en chacun de ses points P, est tangente à l'intensité φ du champ en ce point*. On convient de donner aux lignes de force un sens qui est le sens même de l'intensité du champ (fig. 29).

Si on considère la surface formée par toutes les lignes de force qui touchent un même contour fermé, on a ce que l'on appelle un *tube de force* (fig. 30).

Dans le champ d'un corps électrisé A, extrêmement petit, les lignes de force sont des droites qui rayonnent autour de A et les tubes de force sont des cônes ayant leur sommet en ce point. Cela résulte simplement de ce que la force électrique qui s'exerce entre

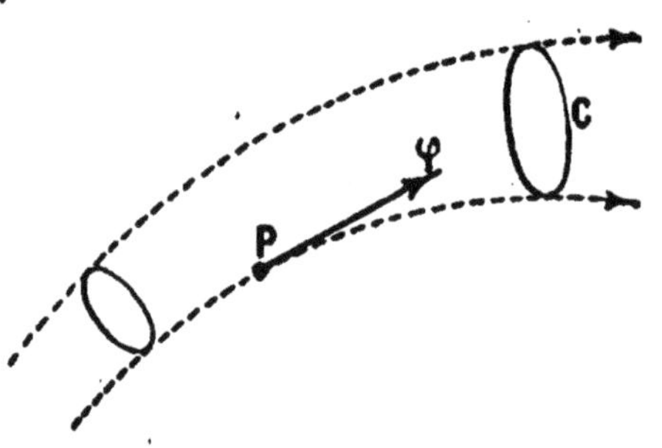

FIG. 30. — TUBE DE FORCE.
C'est la surface constituée par les lignes de force qui touchent un même contour fermé C.

A et un autre point électrisé P est dirigée suivant la ligne droite qui les joint.

Dans un champ où l'intensité aurait une direction constante, les lignes de force seraient des droites parallèles et les tubes de force des cylindres.

Voici maintenant quelques propriétés générales et, d'ailleurs, très importantes de la force électrique.

1° *La force électrique est normale en tous les points de la surface des conducteurs en équilibre électrique*. — Pour maintenir un point électrisé a en un point P du champ, où il reçoit une force f, il faut nécessairement lui imprimer d'autre part une force égale et directement opposée à f. Abandonné à lui-même, le corpuscule électrisé se mettrait en mouvement dans le sens même de f. Or, sur les conducteurs en équilibre électrique, l'électricité est tout entière à la surface. Si donc, en un point P de celle-ci (fig. 31), la force électrique f était oblique, elle aurait une composante tangentielle f_1; et, comme les conducteurs n'opposent, par définition, aucune difficulté au mouvement de l'électricité, celle qui se trouve placée au point considéré se déplacerait alors dans le sens de la composante tangentielle et par conséquent ne saurait être en équilibre. L'équilibre électrique exige donc que l'intensité du champ et par suite les lignes de force soient normales à la surface des conducteurs.

2° L'intensité du champ est nulle à l'intérieur des conducteurs en équilibre électrique. — Pour le démontrer, je m'appuierai sur le fait expérimental suivant : *quand on introduit dans un champ électrique un conducteur isolé et préalablement neutre, ce conducteur s'électrise lui-même.* Ce phénomène, qui s'observe très aisément, sera étudié plus tard sous le nom d'*influence électrique*. Je ne m'en servirai ici que pour constater l'absence de champ à l'intérieur des conducteurs électrisés.

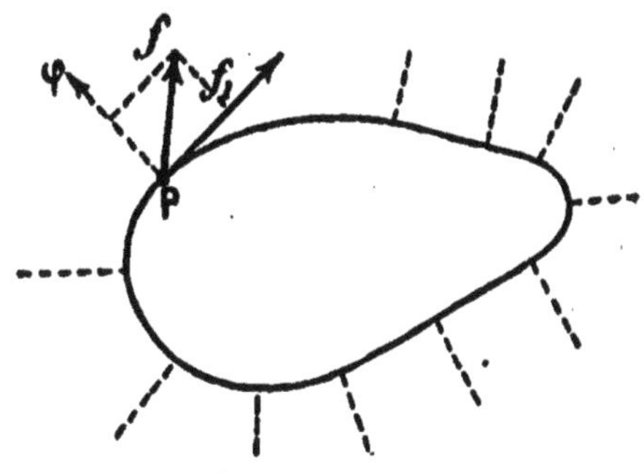

FIG. 31.

CHAMP À LA SURFACE DES CONDUCTEURS.

Les lignes de force sont normales à la surface des conducteurs.

Plaçons la cage C d'un électroscope sur des cales de paraffine et recouvrons le plateau d'un cylindre métallique C' reposant sur la cage elle-même sans toucher le plateau (fig. 32). La cage et le cylindre forment ainsi un conducteur creux, à l'intérieur duquel se trouve un autre conducteur, constitué par le plateau et les feuilles. Si nous électrisons alors la cage, nous constatons que les feuilles ne divergent pas. Nous reconnaissons par là que le conducteur intérieur ne s'est pas électrisé et, par conséquent, que le champ est nul à l'intérieur d'un conducteur creux électrisé.

FIG. 32. — ABSENCE DE CHAMP DANS LES CONDUCTEURS.

Cette absence de champ résulte de ce qu'un conducteur ne s'électrise pas par influence quand il est entouré par un autre conducteur.

L'absence d'électricité à l'intérieur des conducteurs nous apparait ainsi comme une conséquence directe de l'absence du champ.

Les propriétés que nous venons de démontrer constituent les conditions mêmes de l'équilibre électrique. Dans un champ électrique quelconque, l'électricité se dispose toujours sur les conducteurs de telle façon que la force électrique soit normale à la surface de chacun d'eux et nulle à leur intérieur. Il résulte de là que si, sans changer leurs positions respectives, on double *toutes* les masses électriques qui produisent un champ, de façon à doubler la charge de tous les conducteurs qui s'y trouvent, la nouvelle distribution sur ceux-ci restera une distribution d'équilibre. En effet, la densité électrique ayant doublé *en chaque point*, la force électrique en un point quelconque a simplement doublé sans changer de direction; elle est restée nulle à l'intérieur des conducteurs et normale à leur surface.

La réciproque de cette proposition est d'ailleurs vraie.

41. Différence de potentiel entre deux points d'un même champ électrique. — L'application de la notion de *potentiel* aux phénomènes électriques a constitué l'un des progrès les plus féconds qui aient été réalisés dans leur étude, et, bien que cette notion ait déjà été définie à propos de la pesanteur, il importe de l'exposer à nouveau avec quelques détails. Nous ferons pour cela appel aux diverses considérations touchant l'énergie qui ont été développées au début de cet ouvrage.

Examinons tout d'abord un cas très simple. — Supposons que le champ électrique soit produit par un seul conducteur A chargé d'une masse électrique Q, positive par exemple; et considérons un *système* constitué par ce conducteur A et par un corpuscule a, placé au point P du champ et chargé d'une masse électrique q, assez petite pour ne pas modifier ce champ (fig. 28). Supposons encore, pour fixer les idées, que cette masse q soit positive.

Dans ce cas, le corpuscule se trouvera soumis à une force telle que F qui tendra à l'éloigner du conducteur A, et, pour le maintenir en P, il faudra nécessairement que le milieu extérieur au système considéré imprime à ce corpuscule électrisé une force égale et directement opposée à F, de telle sorte que cette force F elle-même sera précisément la *réaction* que le corpuscule exerce sur le milieu extérieur.

Imaginons maintenant que nous déformions le système Aa (comme nous ferions d'un ressort) et que nous amenions le corpuscule électrisé de P en P_1, sans toucher d'ailleurs au conducteur A. Si le point P_1 est plus près de ce dernier que le point P, la réaction sur le milieu extérieur aura, somme toute, accompli un travail négatif et l'énergie potentielle du système considéré se trouvera augmentée d'autant. On a démontré d'ailleurs que cette augmentation d'énergie ne dépend que des états initial et final du système : elle reste, par conséquent, la même quel que soit le trajet suivi de P en P_1 et sa valeur w se trouve donc parfaitement déterminée entre les points considérés ; elle est d'ailleurs égale et de signe contraire au travail de la force P pendant ce déplacement.

Si nous posons $$w = qv,$$

nous dirons alors que la différence de potentiel entre les points P_1 et P est v. *La différence de potentiel entre deux points P_1 et P d'un champ électrique est donc exprimée par le même nombre que la variation d'énergie potentielle qu'éprouve le système produisant le champ, lorsque l'unité de masse électrique passe de P en P_1.* Elle est égale et de signe contraire au travail de la force électrique pendant ce déplacement.

Si le corpuscule électrisé a revenait de P_1 en P, il restituerait évidemment au milieu extérieur le travail w que lui avait fourni celui-ci pour l'amener de P en P_1.

42. Le potentiel est constant à la surface et dans l'intérieur d'un même conducteur en équilibre électrique. — Si les deux points P et P_1 sont tous deux sur la surface d'un même conducteur, on peut amener la masse électrique q de l'un à l'autre, en suivant la surface, et, comme dans ce trajet la force qui agit sur la masse q est constamment normale au déplacement de celle-ci, le travail fourni au système reste nul.

Si le point P est sur la surface extérieure du conducteur et le point P_1 à l'intérieur, on peut aller de l'un à l'autre en restant à l'intérieur du conducteur lui-même, c'est-à-dire en suivant un trajet le long duquel la force est constamment nulle : le travail fourni au système est encore dans ce cas égal à zéro.

Il n'y a donc aucune différence de potentiel dans toute l'étendue d'un même conducteur.

On voit sans peine que les considérations précédentes s'appliquent aussi lorsque le champ est produit par l'action de plusieurs corps électrisés. Dans ce cas encore, la différence de potentiel entre deux points déterminés est déterminée elle-même, et, sur chacun des conducteurs qui se trouvent dans le champ, le potentiel a une valeur particulière et constante.

Il est bien clair que, la différence de potentiel entre deux points étant seule définie, la valeur absolue du potentiel en un point n'est pas déterminée; elle ne le devient que si on fixe arbitrairement cette valeur pour un point quelconque du champ. Or on doit considérer la terre comme un conducteur indéfini dans toute l'étendue duquel le potentiel est le même. Il est particulièrement simple, et, d'après ce qui précède, on a le droit d'attribuer au potentiel terrestre la valeur zéro. Cette convention faite, le terme *potentiel en un point* acquiert une signification : c'est la différence de potentiel qui existe entre ce point et un point quelconque du sol.

Le potentiel V d'un conducteur est la différence constante de potentiel entre un point quelconque du conducteur et un point quelconque du sol.

Si on met en communication plusieurs conducteurs chargés à des potentiels différents, ils ne constituent plus qu'un conducteur unique sur toute l'étendue duquel le potentiel a même valeur et dont la charge est égale à la somme algébrique de celles que possédaient les divers conducteurs avant d'être réunis.

Quand, par un fil métallique, on relie au sol un conducteur électrisé, le potentiel sur celui-ci devient immédiatement égal à zéro.

43. Unité absolue et unité pratique de potentiel. — La relation $w = qv$ fixe l'unité *électrostatique absolue* de potentiel : elle est telle qu'en passant d'un point à un autre où le potentiel est supérieur d'une unité, l'unité absolue de masse électrique emprunte au milieu extérieur un travail de 1 *erg*.

La même relation sert aussi à définir l'unité *pratique* de potentiel, qu'on nomme le *volt*. Celle-ci est telle qu'en s'élevant de 1 *volt*, 1 *coulomb* emprunte au milieu extérieur un travail de 1 *joule*.

Par contre, en tombant de 1 volt, 1 coulomb céderait le même travail de 1 joule au milieu extérieur.

Comme le joule vaut 10^7 ergs et le coulomb 3.10^9 (CGS), on voit, par la formule $w = qv$, que 1 volt vaut $\dfrac{1}{3.10^2}$ unités électrostatiques (CGS) de potentiel.

44. Surfaces équipotentielles. — On appelle *surface équipotentielle* le lieu des points du champ où le potentiel est le même. A chaque valeur du potentiel correspond une surface équipotentielle particulière et *toutes ces surfaces sont traversées normalement par les lignes de force.* En effet, on peut transporter une petite masse électrique q sur toute une même surface équipotentielle sans dépenser de travail; il faut donc que la force électrique qui agit sur cette petite masse soit à tout instant normale à son déplacement (fig. 33).

Les surfaces des conducteurs sont des surfaces équipotentielles. En tout point du champ, l'intensité est normale à la surface équipotentielle qui passe en ce point et elle est dirigée du côté des potentiels décroissants, car, si l'unité de masse se déplace vers ceux-ci, la force électrique accomplit alors un travail positif, ce qui exige qu'elle ait la même orientation que le déplacement considéré.

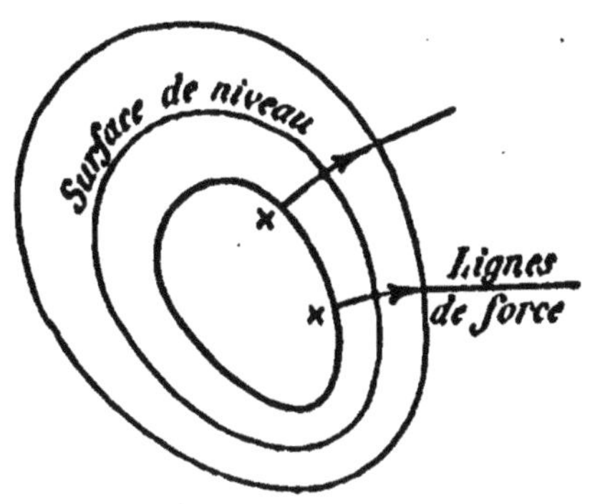

FIG. 33. — SURFACES DE NIVEAU.
Les surfaces de niveau ou surfaces équipotentielles sont normales aux lignes de force.

45. Énergie d'un système de corps électrisés.

— Si une masse électrique très petite q est amenée du sol jusque sur un conducteur dont le potentiel est V, l'énergie de celui-ci augmente de qV. *L'électrisation des corps nous apparaît ainsi comme un moyen particulier d'augmenter leur énergie potentielle.* On peut sans difficulté trouver une expression de celle-ci.

1° Considérons tout d'abord le cas d'un seul conducteur A, chargé d'une masse électrique Q, au potentiel V. Si l'on met ce corps en communication avec le sol, son potentiel passe à la valeur 0 et toute trace d'électrisation disparaît. D'après les considérations précédentes, cette décharge est accompagnée d'une cession d'énergie au milieu extérieur; et, sans qu'il soit nécessaire d'étudier dès maintenant sous quelle forme s'offre l'énergie ainsi fournie, il nous suffira de dire qu'elle est égale à la diminution d'énergie potentielle du conducteur A, ou au travail des forces électriques quand le potentiel diminue de V.

Or, dans le cas qui nous occupe, l'intensité en un point quelconque du champ est proportionnelle à la charge Q du conducteur, puisque le champ est uniquement produit par celle-ci : le travail nécessaire pour faire passer l'unité de masse électrique du sol sur le conducteur lui-même, c'est-à-dire, en somme, le potentiel de celui-ci, sera donc aussi proportionnel à la charge Q, de telle sorte que, pendant la décharge, ce potentiel diminuera régulièrement en même temps que la charge elle-même. Si les premières parties de celle-ci, qui passent dans le sol, tombent d'un potentiel V, les dernières tombent du potentiel zéro et il est alors facile de voir que la diminution d'énergie potentielle W est la même que si la masse entière Q avait subi une chute de potentiel égale à $\frac{V}{2}$. Elle a donc pour valeur :

$$W = \frac{1}{2} QV.$$

·C'est cette expression que nous appellerons par la suite *énergie du conducteur électrisé*.

2° Considérons maintenant le cas où le champ est dû à l'action de plusieurs conducteurs électrisés $A, A_1, A_2...$, respectivement chargés des masses $Q, Q_1, Q_2...$, aux potentiels $V, V_1, V_2...$. Nous pouvons imaginer que l'on décharge ces conducteurs en maintenant au même instant leurs charges proportionnelles aux valeurs initiales $Q, Q_1, Q_2...$, de telle sorte que sur chacun d'eux le potentiel diminue régulièrement avec la charge correspondante. Dans ce cas, le raisonnement précédent reste applicable à chacun des conducteurs en particulier et l'énergie fournie au milieu extérieur quand tous les potentiels s'annulent, c'est-à-dire, en somme, l'énergie W du système des conducteurs électrisés, est égale à la somme de leurs énergies respectives; on a donc

$$W = \frac{1}{2} \Sigma QV.$$

Nous exposerons, après l'étude des batteries, la vérification expérimentale de ces formules.

46. Capacité électrique. — Lorsque, dans l'électrisation d'un système de conducteurs fixes, les charges de chacun d'eux doublent ou triplent en même temps, il en est de même du potentiel en un point quelconque du champ et on peut alors dire que sur chaque conducteur en particulier le potentiel V est proportionnel à la charge correspondante Q. La relation $Q = CV$, qui traduit cette proportionnalité, définit une grandeur nouvelle C, que l'on nomme la *capacité électrique du conducteur* considéré.

D'après la relation précédente, l'unité absolue de capacité serait la capacité d'un conducteur qui, sous un potentiel de 1 unité électrostatique, posséderait l'unité de charge électrostatique.

L'unité pratique de capacité se nomme le *farad* : c'est la capacité d'un conducteur qu'une charge de 1 *coulomb* porte au potentiel de 1 *volt*. Comme le coulomb et le volt valent respectivement 3×10^9 (CGS) et $\frac{1}{300}$ (CGS), on voit que le farad vaut 9×10^{11} unités électrostatiques de capacité. Mais cette unité pratique est beaucoup trop grande pour être d'un usage commode dans les applications et dans les mesures électriques courantes; on exprime le plus habituellement les capacités en *microfarads*.

Le microfarad, qui est ainsi la véritable unité usuelle de capacité, est la millionième partie du farad :

$$1 \text{ microfarad} = 10^{-6} \text{ farad}.$$
$$1 \text{ microfarad} = 9 \times 10^5 \text{ unités électrostatiques}.$$

Il est essentiel de remarquer que la capacité d'un conducteur ne se trouve définie que s'il s'électrise de telle façon que son potentiel varie proportionnellement à sa charge. C'est ce qui arrive, en particulier, lorsque le conducteur est seul dans le champ et la capacité ne dépend alors que de la forme extérieure du conducteur. C'est ce qui arrive encore lorsque celui-ci appartient à un système de conducteurs électrisés dont les charges varient constamment dans le même rapport. Nous trouverons par la suite divers exemples de ce cas, et nous reconnaîtrons alors que la capacité d'un conducteur ne dépend plus uniquement de sa forme extérieure, mais aussi de l'ensemble des autres conducteurs qui se trouvent dans le champ et de leur mode d'électrisation.

47. Analogies avec la pesanteur. — Il n'est pas inutile de se reporter maintenant au paragraphe 24 et de s'assurer que les considérations que nous avons développées sur le champ électrique ne sont qu'une extension de celles qui ont été exposées à propos du champ terrestre dû à la pesanteur. Les définitions de l'*intensité du champ* et du *potentiel en un point* sont les mêmes dans les deux cas à cela près qu'elles se rapportent à la masse électrique dans l'un et à la masse matérielle dans l'autre.

Comme l'intensité de la pesanteur est, en un même lieu, constante et toujours dirigée suivant la verticale, le champ terrestre est *uniforme*; ses surfaces équipotentielles sont des plans horizontaux et la différence de potentiel entre deux points est proportionnelle à leur différence de niveau. Quand un corps tombe, il passe d'un potentiel à un autre moins élevé. C'est par analogie que l'on appelle souvent *surfaces de niveau électrique* les surfaces équipotentielles d'un champ électrique et que l'on emploie l'expression *chute de potentiel* quand l'électricité passe d'un potentiel à un autre moindre.

On peut même établir à propos de la pesanteur une formule analogue à celle qui donne l'énergie d'un conducteur électrisé

$$W = \frac{1}{2} QV.$$

Considérons, en effet, un cylindre vertical ayant sa base sur le sol et contenant une masse M d'un liquide, dont le niveau s'élève d'une hauteur H au-dessus de sol (fig. 34). Le potentiel U à ce niveau est égal à gH et on peut dire qu'il est proportionnel à la quantité de liquide elle-même. D'autre part, si on enlevait du cylindre une très petite masse m pour la ramener au niveau du sol, le travail fourni au milieu extérieur serait mgH, c'est-à-dire mU. L'écoulement du liquide sur le sol pourra donc être employé à la production d'un travail; mais si les premières parties du liquide tombent d'un potentiel gH, les dernières tombent d'un potentiel zéro, et, pendant la décharge, le potentiel

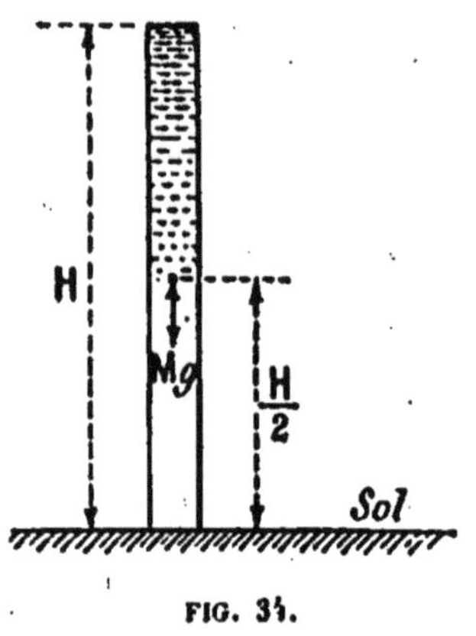

FIG. 34.

au niveau décroît d'ailleurs régulièrement avec la quantité de liquide. Au surplus, la diminution totale d'énergie potentielle du cylindre ne dépend que des états initial et final : elle est la même, soit que le liquide s'écoule lentement, soit que le cylindre tombe d'un coup. Or, dans ce dernier cas, elle s'évalue très facilement; elle est, en effet, égale au produit du poids Mg du cylindre par la chute $\frac{H}{2}$ de son centre de gravité, On a donc :

$$W = \frac{1}{2} MgH = \frac{1}{2} MU.$$

Cette formule rappelle immédiatement l'expression $W = \frac{1}{2} QV$ qui représente l'énergie d'un conducteur chargé d'une masse Q, au potentiel V.

Lorsqu'on met en communication, par leur partie inférieure, plusieurs récipients contenant un même liquide à des niveaux différents, celui-ci se dispose de telle façon que les surfaces libres dans les divers récipients soient sur un même plan horizontal. Comme la quantité de liquide reste la même, le niveau final est évidemment compris entre les niveaux primitifs extrêmes.

D'autre part, quand on réunit par un fil métallique plusieurs conducteurs électrisés, le potentiel acquiert sur tous une même valeur moyenne intermédiaire entre les potentiels primitifs extrêmes, sans que, d'ailleurs, la masse électrique totale varie.

Il convient de rapprocher ces deux faits et de remarquer que, dans l'un des cas comme dans l'autre, l'état d'équilibre final est celui pour lequel l'énergie potentielle du système est minima.

48. Expression mathématique du potentiel en un point d'un champ électrique. — Je ferai en premier lieu la remarque suivante : *Le potentiel en tout point infiniment éloigné d'un champ électrique est nul.*

En effet, en *tous* les points infiniment éloignés, la force électrique est insensible et le potentiel a même valeur puisqu'on peut alors amener d'un point à l'autre une masse électrique sans lui fournir de travail. Or le sol est un conducteur indéfini, dans toute l'étendue duquel le potentiel est constant, même dans les régions les plus lointaines, et il résulte de là qu'en tout point infiniment éloigné la valeur du

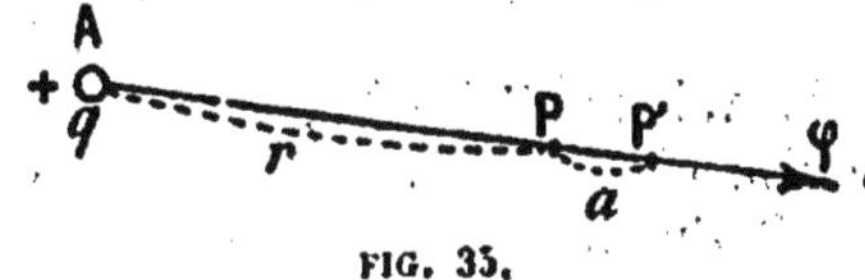

FIG. 35.

potentiel ne saurait différer de celle du sol, qui, par convention, est égale à zéro.

Je considère en second lieu le cas le plus simple : celui où le champ est produit par un seul corpuscule placé en A (fig. 35) et chargé d'une quantité q d'électricité, positive, par exemple. Je dis alors qu'en un point P, situé à une distance r de A, le potentiel V a pour valeur $V = \dfrac{q}{r}$.

Je le montrerai en appliquant à cette expression la définition du potentiel et en retrouvant ainsi la valeur de la force électrique au point P : on sait que cette dernière est la force que la masse q exerce sur l'unité d'électricité positive placée en P ; elle est dirigée suivant AP et égale à $\dfrac{q}{r^2}$.

L'expression $V = \dfrac{q}{r}$ indique tout d'abord que les surfaces équipotentielles du champ sont des sphères de centre A, dont les lignes de force sont par suite des rayons. De plus, la masse q

étant supposée positive, le potentiel décroît quand le point P s'éloigne : la force électrique φ au point P est donc dirigée dans le sens AP, puisqu'elle doit être normale à la surface de niveau qui passe en P et tournée vers les potentiels décroissants. Supposons alors que l'unité de masse électrique passe du point P à un point P' *infiniment voisin*, situé à la distance $r + a$ sur la ligne AP. La force électrique φ effectue pendant ce déplacement un travail φa, qui est d'autre part égal et de signe contraire à la variation de potentiel (§ 41).

On a donc

$$\varphi a = -\left(\frac{q}{r+a} - \frac{q}{r}\right).$$

Simplifiée, cette relation s'écrit

$$\varphi = \frac{q}{r(r+a)},$$

et, comme a a été supposé infiniment petit par rapport à r, elle se réduit, en somme, à

$$\varphi = \frac{q}{r^2}.$$

La valeur attribuée au potentiel nous permet donc de retrouver la direction et la grandeur de la force électrique en tout point du champ ; elle s'annule d'autre part lorsque la distance r est infiniment grande. L'expression $V = \frac{q}{r}$ est donc bien celle qui convient au potentiel au point P.

J'aborderai maintenant le cas général où le champ est produit par un système quelconque de corps électrisés. Je les supposerai décomposés en corpuscules et je désignerai par q_1, q_2, q_3... les masses électriques respectives de ceux-ci et par r_1, r_2, r_3,... leurs distances à un même point P du champ (fig. 36). On peut considérer la force électrique au point P comme la résultante de celles qui sont relatives aux divers corpuscules, en sorte que si l'*unité d'électricité* se déplace de P en P' le travail W de la force électrique totale sera la somme des travaux des forces électriques particulaires. Or ces derniers sont égaux et de signe contraire aux variations correspondantes du

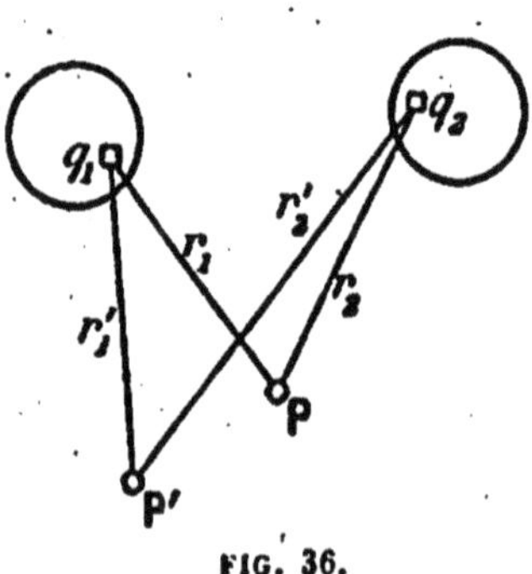

FIG. 36.

vaux des forces électriques particulaires. Or ces derniers sont égaux et de signe contraire aux variations correspondantes du potentiel. Si l'on désigne par r'_1, r'_2, r'_3 les distances des corpuscules considérés au point P', on aura donc

$$W = - \left(\frac{q_1}{r'_1} - \frac{q_1}{r_1} \right) - \left(\frac{q_2}{r'_2} - \frac{q_2}{r_2} \right) - \left(\frac{q_3}{r'_3} - \frac{q_3}{r_3} \right) - \cdots$$

D'autre part si V et V' sont les valeurs du potentiel général aux points P et P', on aura aussi

$$W = - (V' - V).$$

Pour que ces deux relations soient satisfaites dans tous les cas, il faut que l'on ait

$$V = \frac{q_1}{r_1} + \frac{q_2}{r_2} + \frac{q_3}{r_3} + \cdots$$

$$V' = \frac{q_1}{r'_1} + \frac{q_2}{r'_2} + \frac{q_3}{r'_3} + \cdots$$

On reconnaît ainsi que dans un champ électrique quelconque le potentiel en un point P aura pour expression

$$V = \Sigma \frac{q}{r}.$$

Nous ferons par la suite de nombreuses applications de cette formule et elle nous servira dès maintenant à traiter la question suivante.

49. Potentiel d'une sphère conductrice éloignée de tout autre corps électrisé. — La charge Q que possède cette sphère étant tout entière à sa surface, le potentiel en son centre a pour valeur $\frac{Q}{R}$, R désignant le rayon de la sphère.

Celle-ci étant conductrice, le potentiel est constant et conserve la même expression $V = \frac{Q}{R}$ dans toute l'étendue de la sphère.

D'autre part, si on appelle C la capacité de celle-ci, on a, entre sa charge Q et son potentiel V, la relation $V = \frac{Q}{C}$. En comparant ces deux expressions du potentiel, on voit que la capacité C de la sphère est mesurée par le même nombre que son rayon. Les grandeurs électriques étant exprimées en unités absolues, le rayon devra l'être en centimètres.

Proposons-nous, par exemple, de chercher le rayon d'une sphère qui, chargée de 1 coulomb, aurait un potentiel de 1 volt, c'est-à-dire dont la capacité serait 1 farad.

Nous avons vu que

$$1 \text{ coulomb} = 3 \times 10^9 \,(CGS)$$

$$1 \text{ volt} = \frac{1}{3 \times 10^9} \,(CGS).$$

e rayon cherché, exprimé en centimètres, sera donné par l'équation

$$\frac{1}{3 \times 10^9} = \frac{3 \times 10^9}{R} \,; \quad \text{on obtient ainsi} \quad R = 9 \times 10^{11} \text{ centimètres.}$$

Le kilomètre valant 10^5 centimètres, la longueur trouvée est égale à 9 millions de kilomètres. Ces nombres suffisent à montrer combien est considérable la capacité de 1 farad. Celle de la terre n'en est qu'une faible partie. En effet, le rayon terrestre étant de 6 300 kilomètres, la capacité de la terre, mesurée en farads, vaut $\frac{6,3 \times 10^8}{9 \times 10^{11}}$ farad. Cette fraction est égale à 7 dix-millièmes de farad.

Exprimée en microfarads (millionièmes de farad), la capacité terrestre a pour valeur 700 microfarads.

50. Mesure relative du potentiel d'un conducteur. — Il ne saurait être question d'aborder dès maintenant le problème de la mesure des potentiels dans toute sa généralité, car l'étude des instruments qui servent d'ordinaire à ces mesures ne pourra se faire utilement qu'après celle des lois de l'influence. Je veux simplement montrer que les considérations développées jusqu'ici permettent d'obtenir une détermination relative du potentiel d'un conducteur quelconque.

Voici tout d'abord une importante remarque. — Lorsqu'on joint deux conducteurs électrisés par un fil métallique long et fin, leur charge totale reste constante et se distribue de telle façon qu'ils soient au même potentiel, mais *la charge empruntée, dans ces conditions, par le fil de communication est toujours très petite.*

Il suffit, pour s'en assurer, d'enrouler ce fil à l'extrémité d'une baguette isolante de manière à lui conserver son électrisation et de l'introduire en cet état dans le cylindre de l'électroscope à feuilles. On constatera alors facilement que la quantité d'électricité qui recouvre ce fil est extrêmement minime par rapport à celle qui reste sur les conducteurs. Elle ne saurait, par conséquent, avoir qu'une action négligeable dans le champ.

Il résulte immédiatement de là que *la distribution nouvelle sur les deux conducteurs et, par suite, leurs charges respectives sont indépendantes des points par lesquels ils ont été mis en communication.*

Cette importante propriété se vérifie de la façon suivante :

Au cylindre de l'électroscope *a* (fig. 37), on attache l'une des extrémités d'un fil métallique fin et flexible dont l'autre extrémité, tenue par une longue baguette isolante, est ensuite promenée sur toute la surface d'un conducteur électrisé A. On vérifie dans ces conditions que, quel que soit le point P touché sur le conducteur, ce point fût-il au fond d'une cavité superficielle où la densité électrique est nulle, la divergence des feuilles de l'électroscope n'en reste pas moins invariable, ce qui indique que l'instrument conserve alors une charge constante.

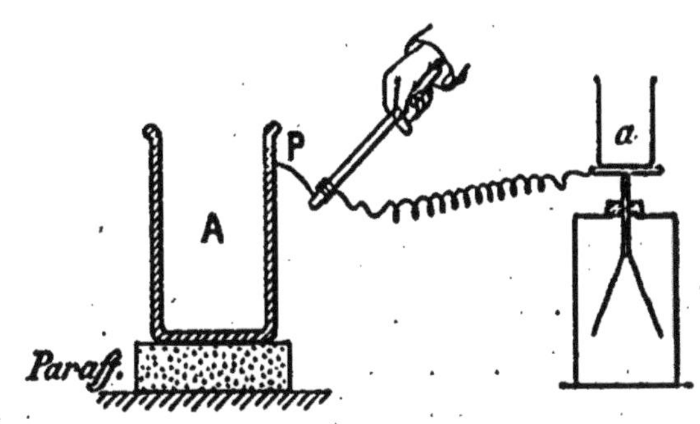

FIG. 37. — MESURE RELATIVE DU POTENTIEL.

Un électroscope mis en communication lointaine avec un conducteur électrisé A prend une charge constante proportionnelle au potentiel du conducteur et indépendante du point P où aboutit le fil de jonction.

Considérons maintenant un conducteur électrisé A, au potentiel V, et appartenant à un champ électrique quelconque. Disposons, dans une région assez lointaine pour que l'intensité de ce champ y soit insensible, un conducteur auxiliaire isolé *a*, *dont la capacité c soit très faible par rapport à celle de* A. Si nous réunissons par un fil fin les deux conducteurs, ils se mettront au même potentiel; et comme, par hypothèse, la charge q empruntée par *a* n'est qu'une faible fraction de celle de A, ce potentiel conservera encore sensiblement la valeur V.

D'autre part, comme le conducteur *a* est placé en dehors du champ où figure A, son potentiel V est uniquement dû à sa propre charge q et se trouve, en outre, proportionnel à celle-ci :

on a donc
$$q = cV.$$

On peut, par conséquent, dire que *les potentiels de divers conducteurs sont proportionnels aux charges respectives que prend un même conducteur de faible capacité quand on le met successivement en communication lointaine avec chacun d'eux.*

Ce conducteur auxiliaire joue, dans ces conditions, un rôle tout à fait analogue à celui d'un tube de verre vertical communiquant avec la partie inférieure d'un réservoir contenant de l'eau et faisant office d'indicateur de niveau.

Nous verrons un peu plus loin que, *lorsque la cage métallique de l'électroscope est au sol*, la capacité c de l'instrument est définie. On peut donc utiliser celui-ci comme indicateur de niveau électrique. Les potentiels des conducteurs avec lesquels on le mettra en relation lointaine seront proportionnels aux charges que prendra l'électroscope et mesurés, au point de vue relatif, par la divergence des feuilles. En outre, ils seront positifs ou négatifs suivant le signe de l'électricité qu'empruntera l'instrument, signe que nous apprendrons plus tard à reconnaître facilement.

Il n'est pas inutile de remarquer, au sujet de la formule $q = cV$. que, si la capacité c du conducteur auxiliaire était connue, la mesure *absolue* du potentiel V se trouverait ramenée à celle de la charge q. C'est ce qui arrive notamment quand on choisit pour conducteur auxiliaire une petite sphère dont la capacité propre est, comme on l'a vu, exprimée par le même nombre que son rayon. *Le potentiel d'un conducteur serait mesuré par le même nombre que la charge d'une sphère de rayon 1 mise en communication lointaine avec lui.* Cette charge pourrait, en principe du moins, se déterminer à l'aide d'une balance ou de tout autre dynamomètre sensible.

51. Mesure de la capacité d'un conducteur. — Cette mesure repose, en somme, sur les propriétés mêmes que nous venons d'exposer.

Considérons un conducteur A placé dans des conditions telles que sa charge augmente toujours en raison directe de son potentiel, de façon que sa capacité C soit bien définie. Électrisons-le et soit Q la quantité d'électricité qui le porte au potentiel V, on aura

$$Q = CV.$$

Mettons ce conducteur en communication *lointaine* avec un conducteur auxiliaire *de capacité connue C'* et primitivement à l'état neutre. La charge Q se répartira sur les deux conducteurs qui prendront le même potentiel V''. Le premier conservera une charge Q_1, *égale à CV''*, tandis que la charge Q_2 du second sera égale à $C'V'$ et on aura

$$Q_1 + Q_2 = Q, \quad \text{c'est-à-dire} \quad V'(C + C') = VC.$$

Cette relation s'écrit $C = C' \dfrac{V'}{V - V'}$, et on voit ainsi que la mesure *absolue* de C se ramène à la détermination *relative* des potentiels V et V', que l'on peut effectuer comme il a été dit au paragraphe précédent.

On peut employer comme conducteur auxiliaire soit une sphère conductrice de grand rayon, soit, mieux encore, un des étalons de capacité qui seront décrits à propos des condensateurs.

5. THÉORÈME DE GAUSS ET SES APPLICATIONS

52. Flux de force à travers une surface. — Gauss a énoncé un élégant théorème qui permet de relier étroitement certaines des propriétés de l'équilibre électrique. Bien que ce théorème ne soit pas, à proprement parler, indispensable dans une étude élémentaire des phénomènes électriques, il nous paraît cependant intéressant de l'exposer pour les importantes conséquences qui s'en déduisent et que l'expérience vérifie d'ailleurs complètement.

Définissons d'abord ce qu'il faut entendre par *flux de force à travers une surface fermée.*

Considérons dans un champ électrique une surface fermée idéale Σ (fig. 38) et soit *s* un de ses éléments entourant le point P; soit, d'autre part, PN la partie de la normale qui est dirigée *vers*

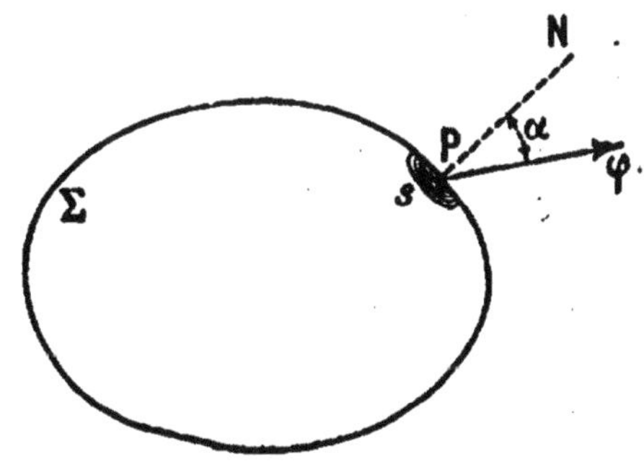

FIG. 38.

l'extérieur de la surface et φ le segment qui représente l'intensité du champ au même point. Nous dirons alors que le *flux de force qui sort de l'élément s du côté où se trouve la normale est mesuré par le produit de la surface s et de la projection de l'intensité φ sur la direction* PN. Cette grandeur nouvelle a ainsi pour expression

$$s \, \varphi \cos \alpha,$$

en désignant par α l'angle de la direction PN avec celle du segment φ.

D'après cette définition, le flux de force est donc *positif* ou *négatif*, ou, comme on dit quelquefois, *sortant* ou *entrant*, suivant que l'intensité du champ au point P est dirigée vers l'extérieur ou vers l'intérieur de la surface fermée considérée. Le flux de force total à travers celle-ci est la somme algébrique de flux de force à travers tous les éléments superficiels en lesquels on peut la décomposer et le calcul montre que la valeur de ce flux est parfaitement déterminée.

Ceci posé, voici comment s'énonce la première partie du théorème de Gauss :

Le flux de force total à travers toute surface fermée qui ne renferme aucune masse électrique est nul.

En effet, supposons d'abord que la surface Σ soit convexe et que le champ soit produit par un point unique A, chargé d'une masse *q* d'électricité positive, par exemple (fig. 59). Les lignes de force étant alors des rayons issus de A, un cône de force excessivement étroit découpera sur la surface Σ deux éléments *s* et *s'*. Soit APP' le rayon de force moyen. L'intensité du champ a la même direction en P et en P', de telle sorte qu'étant, à l'un des points, tournée vers l'extérieur de la surface, elle est, à l'autre, tournée vers l'intérieur. Les flux de force qui traversent les éléments s et s' sont donc de signe contraire ; je vais montrer qu'ils sont, en outre, égaux en valeur absolue.

En effet le flux à travers l'élément s est égal à $\varphi s \cos \alpha$. D'après la définition même de l'intensité φ, la valeur de celle-ci au même point est $\frac{q}{r^2}$, en désignant par r la distance AP. Le flux considéré a donc pour expression

$$\frac{q}{r^2} s \cos \alpha.$$

Du point A comme centre, décrivons des sphères ayant pour rayons, l'une la distance AP, l'autre l'unité. Soient σ et ω les surfaces des éléments que le cône

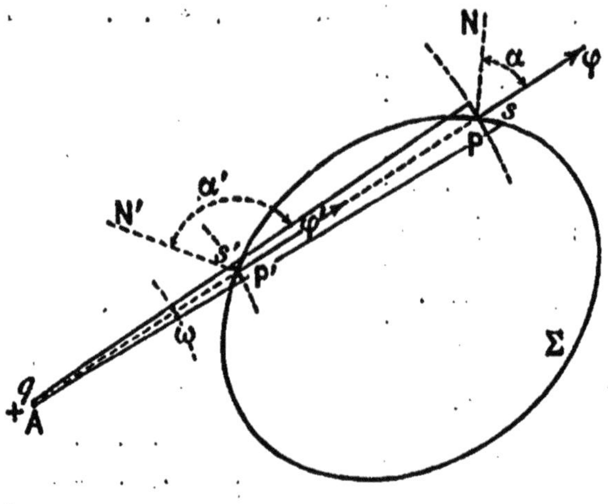

FIG. 39.

étroit de force intercepte respectivement sur ces deux sphères (on sait que la valeur de ω définit l'*angle solide* du cône) ; ces éléments σ et ω sont proportionnels aux carrés des rayons correspondants.

On a donc

$$\omega = \frac{\sigma}{r^2}.$$

D'un autre côté, la surface σ peut être regardée comme la projection de l'élément superficiel s sur un plan normal à la direction du rayon moyen AP et on a, par conséquent, $\sigma = s \cos \alpha$.

Le flux de force considéré est alors égal à $q \omega$. Cette valeur ne dépend que de q et de ω : on obtiendrait donc la même valeur, au signe près, pour le flux qui traverse s'. La somme algébrique de ces deux flux est donc nulle.

Or la surface Σ étant fermée peut être décomposée par des cônes ayant pour sommet le point P en couples d'éléments analogues aux précédents. La somme des flux de force, nulle pour chacun des couples, le sera aussi pour la surface totale. Le théorème est donc démontré pour un seul point électrisé A.

Si le champ est produit par un ensemble de corps électrisés extérieurs à la surface Σ, on peut les supposer décomposés en corpuscules électrisés et la force électrique totale au point P sera la résultante des forces électriques développées par chacun de ceux-ci. La projection de cette résultante sur la direction de la normale PN est d'ailleurs égale à la somme des projections des composantes, c'est dire par cela même que le flux résultant est égal à la somme des flux afférents aux divers corpuscules électrisés; comme pour chacun de ces derniers le flux à travers la surface entière est nul, il en sera de même du flux total.

On verrait sans peine que, si la surface Σ était concave, la même conclusion s'appliquerait encore, en raison de ce fait qu'un rayon issu de A rencontrerait alors la surface en un nombre pair de points et qu'on pourrait encore associer les éléments superficiels par paires, pour chacune desquelles le flux serait nul.

Voici maintenant la seconde partie du théorème de Gauss.

Lorsqu'une surface fermée Σ entoure un système de corps électrisés dont a

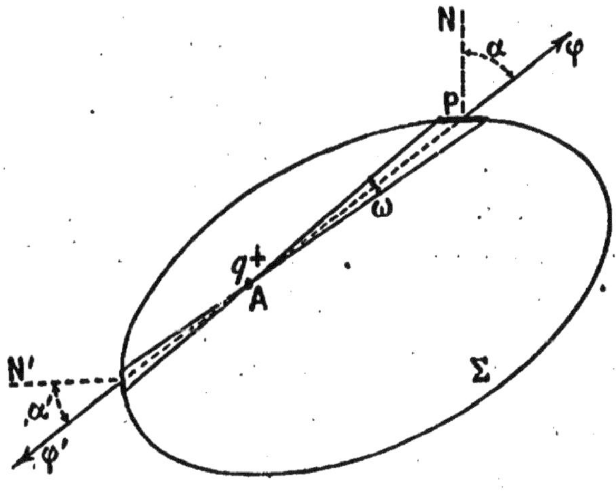

FIG. 40.

somme algébrique des charges est Q, *le flux de force total à travers cette surface est égal à* 4π Q.

Considérons tout d'abord le cas d'un seul point électrisé A (fig. 40), possédant une masse électrique q, positive, par exemple, et placé dans la surface Σ supposée convexe. Un cône étroit entourant un rayon de force tel que AP découpera sur celle-ci un élément s qui sera toujours traversé par un flux positif, puisqu'en tout point de la surface l'intensité du champ sera tournée vers l'extérieur. Le même raisonnement que précédemment montrerait que ce flux est égal à $\varphi \omega$, de sorte que, pour la surface entière, le flux total sera $\Sigma \varphi \omega$ ou $\varphi \Sigma \omega$. Or la somme des angles solides ω qui correspondent aux divers éléments de la surface fermée est mesurée par la surface de la sphère de rayon 1, ayant le point A pour centre; elle est donc égale à 4π; et le flux total a, par conséquent, pour expression $4\pi q$.

Le théorème une fois démontré pour un seul point A, on peut l'étendre, comme dans la première partie, à un système quelconque de corps électrisés et à toute surface fermée.

Si nous supposons enfin qu'il y ait des corps électrisés à la fois au dedans et au dehors d'une surface fermée, le flux total à travers celle-ci sera la somme des flux de force qui correspondent aux masses électriques extérieures et aux masses intérieures. Or le premier est nul; le second est égal à 4π Q, si l'on désigné par Q la somme algébrique des masses entourées par la surface considérée.

On peut donc donner au théorème de Gauss l'énoncé tout à fait général que voici :

Le flux de force à travers une surface fermée quelconque est égal à la quantité totale Q d'électricité qu'elle contient multipliée par le facteur constant 4π.

53. Applications. — Formule de Coulomb. — *La force électrique en un point infiniment voisin d'un conducteur en équilibre électrique est égale à la densité superficielle μ en ce point, multipliée par le facteur constant 4π.*

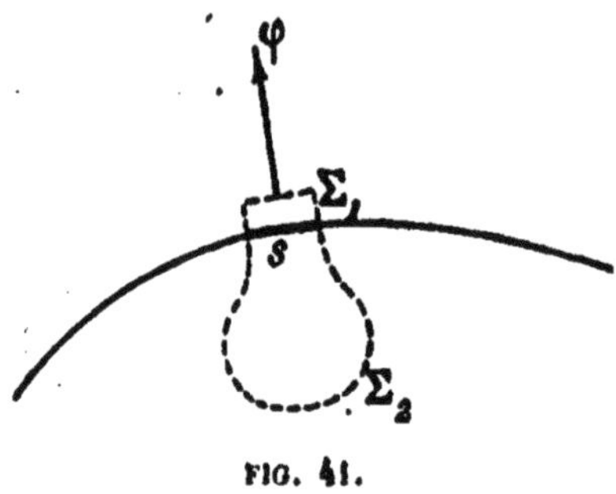

FIG. 41.

Soit q la charge d'un élément s de la surface du conducteur (fig. 41). Menons le tube de force circonscrit à cet élément et limitons-le à une surface de niveau infiniment voisine du conducteur. Comme la force électrique est normale en tout point de la surface de celui-ci, ce tube de force constituera, en somme, un petit cylindre Σ_1. Considérons, en outre, une surface Σ_2, tout entière dans le conducteur et limitée au contour de l'élément s lui-même. L'ensemble de Σ_1 et Σ_2 constitue une surface fermée qui renferme une masse électrique q et à laquelle nous appliquerons le théorème de Gauss.

Le flux à travers Σ_2 est nul, puisque l'intensité du champ est nulle dans le conducteur; le flux à travers la surface latérale du cylindre Σ_1 est aussi nul, puisque la force est dirigée dans cette surface latérale elle-même; en sorte que le flux total à travers la surface fermée $\Sigma_1 \Sigma_2$ se réduit à celui qui traverse la base supérieure du cylindre Σ_1. Cette base étant égale et parallèle à l'élément s, le flux correspondant a pour valeur la surface s multipliée par l'intensité φ du champ au point P. On a donc, d'après le théorème de Gauss

$$\varphi s = 4\pi q, \quad \text{c'est-à-dire} \quad \varphi = 4\pi \frac{q}{s},$$

et comme $\dfrac{q}{s}$ n'est autre que la densité superficielle μ au point considéré, on a finalement

$$\varphi = 4\pi \mu.$$

Cette formule, due à Coulomb, montre que partout où la densité superficielle est nulle, à l'intérieur des conducteurs, par exemple, la force électrique est aussi nulle. Nous avons vu, par ailleurs, que l'expérience nous avait déjà conduits à la même conclusion.

54. Propriétés des tubes de force. — Nous avons attribué aux lignes de force un sens qui est celui de la force électrique elle-même. Comme celle-ci est toujours dirigée vers les potentiels décroissants, une ligne de force va toujours d'une région où le potentiel est plus élevé à une région où le potentiel est plus faible; une ligne de force ne peut, par conséquent, être une courbe fermée, ni aboutir à des points où le potentiel est le même; elle commence toujours dans une région où il y a de l'électricité positive et finit dans une autre où il y a de l'électricité négative.

1. *Éléments correspondants.* — Considérons un tube de force excessivement étroit rencontrant deux conducteurs A et A' (fig. 42) et soient s et s' les éléments correspondants que ce tube découpe sur leur surface. *Si entre les*

*deux conducteurs le tube de force n'a rencontré aucune autre masse élec-
trique, les charges q et q' des deux éléments correspondants sont égales et de
signe contraire.*

Pour le démontrer, constituons une surface fermée Σ en associant à celle du
tube de force deux autres portions de surface Σ_1 et Σ_2 entièrement comprises
dans l'intérieur des conducteurs et limitées respectivement aux contours des
éléments s et s'. Le flux total à travers cette surface fermée Σ est nul; en
effet, il est d'abord nul pour Σ_1 et Σ_2 puisqu'il n'y a pas de champ dans les
conducteurs; et, d'autre part, il est aussi nul pour la surface latérale du tube
de force puisque la force électrique lui est tangente. Il faut donc, d'après le

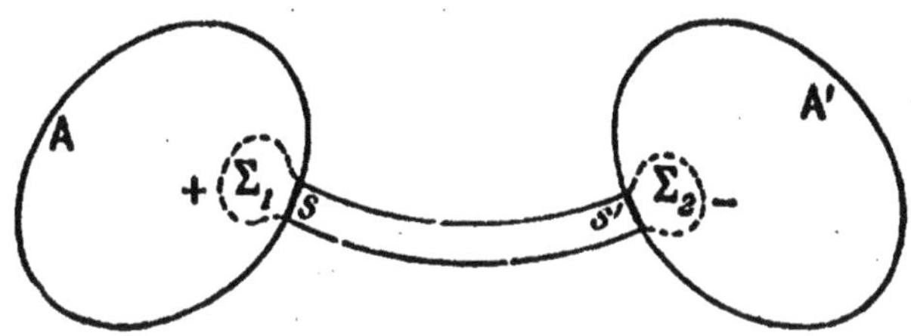

FIG. 42.

théorème de Gauss, que la somme algébrique des masses électriques contenue
dans la surface fermée Σ soit égale à O. On a donc, comme il avait été énoncé :

$$q + q' = 0.$$

II. *Le flux de force à travers une section quelconque d'un même tube de force
qui ne rencontre aucune masse électrique est constant.*

Remarquons tout d'abord que nous n'avons défini le signe du flux de force
qui traverse un élément superficiel que dans le cas où celui-ci appartient à
une surface fermée. Lorsqu'il s'agit d'une section de tube de force, il est naturel
d'attribuer une direction constante à la normale à cette section, par exemple
celle du tube de force lui-même. Dans ce cas, le flux à travers toutes les sections a le même signe. Je dis, de plus, qu'il conserve la même valeur.

Considérons d'abord un tube de force très étroit (fig. 43). Soient s et s_1 les
surfaces de deux sections. Désignons par φ et φ' les intensités respectives du
champ et par α et α' les angles qu'elles font avec les normales correspondantes :
Il faut démontrer que $\qquad \varphi s \cos \alpha = \varphi' s_1 \cos \alpha'.$

Le flux de force à travers la surface fermée Σ constituée par le tube de force
limité aux deux sections est nul d'après le théorème de Gauss, puisque cette
surface ne contient pas d'électricité. Or le flux est nul à travers la surface
latérale, puisque la force électrique lui est tangente; il faut donc que la
somme des flux à travers les sections soit aussi nulle. On a donc :

$$\varphi s \cos \alpha_1 + \varphi' s_1 \cos \alpha' = 0,$$

et, comme α est le supplément de α_1,

$$\varphi s \cos \alpha = \varphi' s_1 \cos \alpha',$$

ce qui démontre la proposition. Celle-ci subsiste d'ailleurs évidemment pour un
tube de force large.

Une conséquence intéressante découle de cette propriété des tubes de force :
c'est que, *si dans un champ électrique l'intensité a une direction constante, elle
conserve aussi même valeur.* En effet, les lignes de force étant parallèles, les
tubes de force sont des cylindres et, le flux à travers leur section droite σ

étant invariable, il faut nécessairement que la force électrique le soit aussi puisque la relation précédente se réduit alors à $\varphi \sigma = \varphi' \sigma$.

La même propriété des tubes de force nous montre encore que, *si l'on trace les lignes de force d'un champ, l'intensité de celui-ci sera maxima dans les régions où ces lignes de force seront le plus resserrées.*

Lorsqu'un tube de force rencontre deux conducteurs, le flux de force naît brusquement sur l'un d'eux pour s'éteindre brusquement sur l'autre, après avoir conservé sur tout le trajet du tube une valeur constante. Cela rappelle la constance du *flux* d'eau d'un ruisseau, lorsque dans le lit de celui-ci ne se trouvent ni sources, ni fuites, et c'est à cette comparaison qu'est empruntée l'expression de *flux* de force.

La force électrique cesse brusquement sur une ligne de force dès que celle-ci pénètre dans un conducteur, mais il n'en est pas ainsi pour les corps isolants. Cela tient, d'une part, à ce que l'électricité ne se déplace pas assez facilement

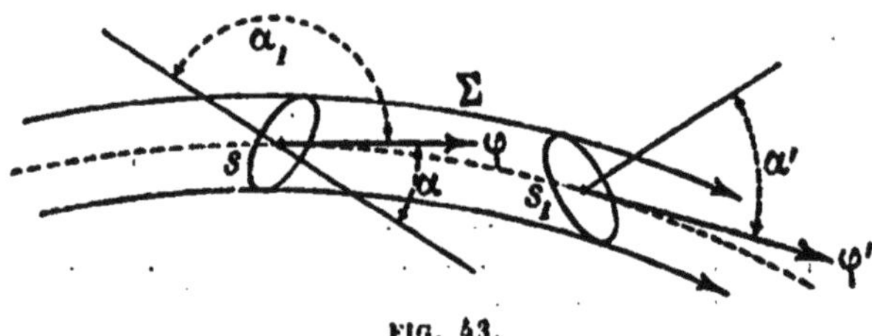

FIG. 43.

à leur surface pour prendre une distribution d'équilibre et, d'autre part, à ce qu'elle chemine même au dedans de ces corps. L'intérieur des corps isolants est ainsi le siège d'un champ électrique, et, pour rappeler cette propriété, on leur donne souvent le nom de *diélectriques*. Lorsqu'un tube de force rencontre un diélectrique, il pénètre dans celui-ci et le flux à travers une section varie alors en raison directe des masses électriques qui se trouvent sur le trajet du tube. Ce flux peut ainsi naître et s'accroître ou s'éteindre peu à peu dans un isolant électrisé, exactement comme le ferait un cours d'eau dans le lit duquel se trouveraient des sources ou des fuites.

55. Propriétés des couches sphériques homogènes — *La force électrique produite par une couche sphérique homogène en tout point de son intérieur est nulle; en tout point extérieur, elle est la même que si toute la charge Q était concentrée au centre.*

Remarquons tout d'abord que, par raison de symétrie, l'intensité du champ aux divers points d'une même sphère Σ concentrique à la couche est normale à la sphère et conserve en outre la même valeur φ; en sorte que, si r désigne le rayon de la sphère Σ, le flux de force qui traversera celle-ci sera égal à sa surface entière multipliée par φ, c'est-à-dire à $4\pi r^2 \varphi$.

Si la sphère Σ est à l'intérieur de la couche, elle ne contient pas d'électricité et le flux de force qui la traverse est alors nul, ce qui exige que φ soit nul. La première proposition se trouve ainsi démontrée.

Si la sphère Σ est extérieure à la couche, elle renferme la charge totale Q de celle-ci et on a, d'après le théorème de Gauss :

$$4\pi r^2 \varphi = 4\pi Q, \qquad \text{c'est-à-dire} \qquad \varphi = \frac{Q}{r^2}.$$

La force électrique φ à une distance r du centre de la couche est donc la même que celle qui serait produite par une charge Q placée en ce centre même, ce qui démontre la seconde proposition.

Comme conséquence immédiate, on peut dire que le potentiel d'une couche sphérique homogène en tout point de son intérieur est constant, et qu'en tout point extérieur il est le même que si la charge totale était concentrée au centre.

8. INFLUENCE ÉLECTRIQUE

56. Modification de la distribution électrique sous l'action des corps extérieurs. — Lorsqu'on approche un corps électrisé du plateau d'un électroscope, on voit les feuilles diverger bien avant que celui-ci n'ait touché le plateau; cette expérience suffit à montrer qu'on peut développer de l'électricité sur les corps en les amenant simplement dans le voisinage d'autres corps électrisés, c'est-à-dire, en somme, en les plaçant dans un champ électrique. C'est à ce mode d'électrisation qu'on a donné le nom d'*influence électrique*.

Nous l'étudierons d'abord pour les corps conducteurs.

I. Isolons par deux blocs de paraffine un cylindre conducteur BB' (fig. 44) et approchons ensuite de l'une de ses extrémités un

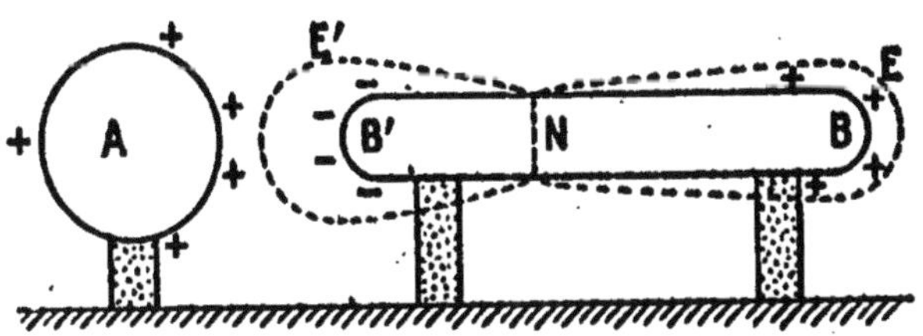

FIG. 44. — INFLUENCE SUR UN CONDUCTEUR ISOLÉ.
Le conducteur isolé BB', introduit dans un champ électrique, se charge positivement du côté des potentiels faibles et négativement du côté des potentiels élevés.

corps électrisé quelconque, une sphère métallique A, isolée et chargée positivement, par exemple. Nous reconnaîtrons alors, à l'aide d'un plan d'épreuve, que deux plages d'électricités contraires EE' se sont formées sur le cylindre BB'; la moins étendue et aussi la plus voisine de A est négative, tandis que la plus éloignée est positive. Ces deux plages sont séparées par une *ligne neutre* N, tout le long de laquelle la densité électrique est nulle. Les quantités d'électricités contraires ainsi développées sont d'ailleurs égales, car, si l'on éloigne la sphère conductrice A, le cylindre BB' revient de nouveau à l'état neutre.

L'emploi du plan d'épreuve et de l'électroscope permet d'ailleurs de mesurer la densité aux divers points du cylindre et on reconnaît ainsi qu'elle est maxima aux extrémités, c'est-à-dire dans la région la plus rapprochée et dans la région la plus éloignée de la sphère A.

Quant au signe des plages électrisées EE', on l'obtiendrait simplement en chargeant d'abord fortement l'électroscope avec de l'électricité positive et en constatant ensuite que la divergence des feuilles augmente ou diminue suivant qu'on ajoute à la charge de l'électroscope *un peu* d'électricité empruntée à l'aide du plan d'épreuve soit à la plage E, soit à la plage E'.

La figure 44, où l'on a utilisé le mode de représentation graphique indiqué à propos de la distribution électrique, représente l'ensemble de ces résultats.

Bien que la surface du conducteur BB' soit recouverte d'électricités contraires, le potentiel n'en a pas moins la même valeur dans toute son étendue; on le vérifierait en promenant sur toute la surface de BB' l'extrémité d'un fil métallique fin attaché d'autre part au plateau d'un électroscope éloigné. Quel que soit le point touché, fût-il dans la plage négative ou sur la ligne neutre, la divergence des feuilles reste invariable : l'instrument conserve une charge constante. Cette charge est positive, dans l'exemple considéré, puisque, lorsque l'électroscope communique avec le cylindre BB', leur ensemble forme un conducteur unique, soumis à l'influence de A, et dont l'extrémité éloignée, chargée d'électricité positive, est constituée par l'électroscope lui-même.

On peut donc dire que le potentiel d'un conducteur isolé augmente quand il passe d'une région du champ à une autre où le potentiel est plus élevé.

II. Mettons maintenant le conducteur BB' au sol par un point quelconque (fig. 45). L'influence de la sphère A s'exerce alors

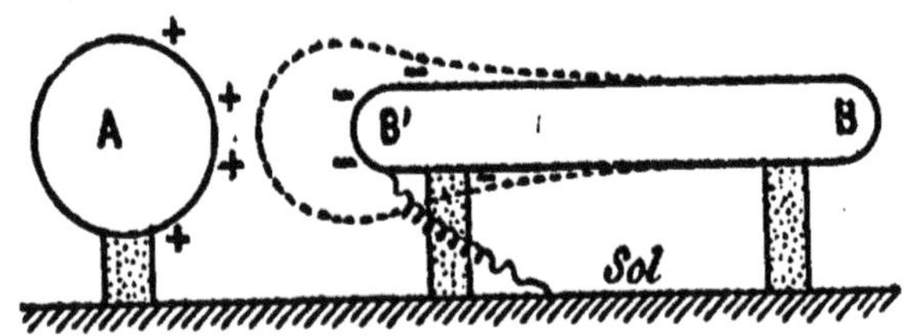

FIG. 45. — INFLUENCE SUR UN CONDUCTEUR AU SOL.
Le conducteur au sol BB', introduit dans un champ où le potentiel est positif, se charge négativement.

sur un vaste conducteur formé du cylindre BB' lui-même et de la terre : l'électricité positive est repoussée dans les parties éloignées, c'est-à-dire rejetée dans le sol; et le cylindre, *quel que soit le point touché*, conserve uniquement de l'électricité négative. L'étude de sa distribution montre que l'électricité se trouve alors accumulée vers l'extrémité B′ et qu'en particulier sa densité est très faible sinon nulle en B.

III. Si, maintenant, on rompt la communication entre le cylindre et le sol et qu'on éloigne ensuite la sphère électrisée, le cylindre reste chargé négativement, mais la quantité d'électricité qui le recouvre se répand sur toute sa surface en s'accumulant légèrement aux deux extrémités (fig. 46).

Il résulte de là un moyen de charger un conducteur BB′ par influence. On approche de lui un corps électrisé A ; on met alors le conducteur BB′ au sol et on rompt tout aussitôt la communication avec la terre. On éloigne alors le corps inducteur A et le conducteur BB′ reste chargé d'électricité contraire à celle que possédait l'inducteur.

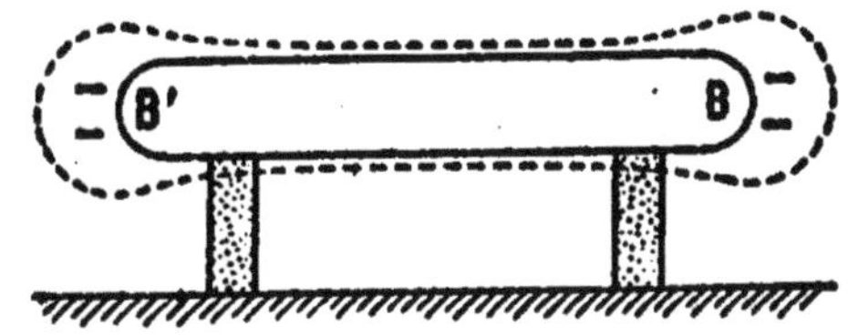

FIG. 46.

CHARGE D'UN CONDUCTEUR PAR INFLUENCE.

On introduit le conducteur dans un champ électrique ; on le met momentanément en relation avec le sol et on l'éloigne ensuite : il est alors électrisé.

Tels sont les phénomènes généraux de l'influence sur les corps conducteurs, phénomènes dont l'importance est évidemment capitale dans toutes les questions d'électricité statique.

57. Théorème de Faraday. — Un cas particulièrement important de l'influence électrique est celui où le corps induit entoure complètement le corps inducteur.

I. Considérons un long cylindre métallique B isolé et mis en communication avec le plateau de l'électroscope (fig. 47). Approchons de ce cylindre un conducteur A, électrisé positivement, par exemple, et tenu par un manche isolant. Nous verrons tout aussitôt les feuilles de l'instrument diverger : cette divergence augmentera peu à peu si nous introduisons progressivement le corps A dans le cylindre ; mais elle deviendra constante lorsque l'inducteur se trouvera plongé assez avant et elle restera alors invariable, quelle que soit la façon dont on déplace l'inducteur dans le cylindre.

Dans ces conditions, le conducteur induit constitué par le cylindre et l'électroscope s'est chargé, d'après le mode d'influence décrit plus haut, d'électricité négative sur les parties les plus voisines de l'inducteur, c'est-à-dire sur la surface interne du cylindre et d'une quantité égale d'électricité positive sur les parties les plus éloignées, c'est-à-dire sur la surface extérieure et sur l'électroscope; l'expérience précédente montre que *cette distribution extérieure est indépendante de la position de l'inducteur, pourvu que celui-ci soit plongé assez avant dans le cylindre.*

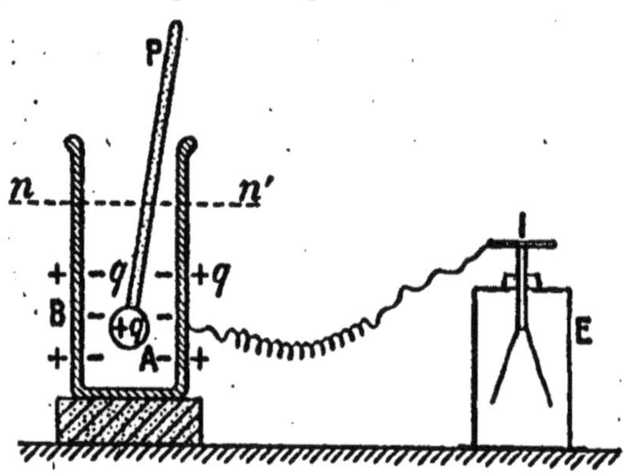

FIG. 47. — THÉORÈME DE FARADAY.
La divergence des feuilles de l'électroscope reste invariable quand on déplace le corps électrisé A à l'intérieur du cylindre conducteur B.

II. En second lieu, *la masse d'électricité induite est égale à la masse inductrice.* On observe, en effet, que, si on touche le fond du cylindre avec le conducteur A, la divergence des feuilles ne change pas. Or, grâce à ce contact, le corps A et le cylindre ne constituent plus qu'un seul conducteur à l'intérieur duquel il ne saurait y avoir d'électricité. Il faut donc que la charge positive $+q$ de A ait été neutralisée par une charge négative exactement égale recouvrant la surface intérieure du cylindre. Le contact effectué, la surface extérieure et l'électroscope restent chargés d'une masse positive $+q$.

III. Le fait que la divergence des feuilles est la même avant et après le contact, c'est-à-dire soit qu'il n'y ait pas d'électricité à l'intérieur, soit qu'il y ait la masse inductrice $+q$ et la masse induite $-q$, montre que l'ensemble de ces deux dernières n'a aucune action extérieure. Par conséquent, *la plage induite intérieure est toujours distribuée de façon à annuler les actions de la masse inductrice en tout point situé dans l'épaisseur même du cylindre ou à l'extérieur de celui-ci. La distribution extérieure est par suite une distribution d'équilibre.*

L'ensemble de toutes ces conséquences, très importantes les unes et les autres, constitue le *théorème de Faraday.* Elles ne conviennent en toute rigueur qu'au cas où le conducteur induit entoure complètement l'inducteur; mais, en pratique, elles se trouvent à très peu près applicables lorsque celui-ci, sans être entièrement enveloppé, est placé dans une cavité profonde du conducteur induit.

On peut répéter avec le cylindre de Faraday les autres expériences sur l'influence, et la charge du cylindre par influence s'obtient de la même façon que précédemment : l'inducteur étant plongé dans le cylindre, on touche celui-ci avec le doigt; l'électricité positive disparaît dans le sol, les feuilles de l'électroscope retombent et le cylindre reste chargé intérieurement d'une masse négative égale à la masse inductrice; si on retire alors le corps inducteur A, cette charge passe à l'extérieur et les feuilles retrouvent exactement la même divergence qu'au début, mais, cette fois, sous l'action d'électricité négative.

Les mêmes phénomènes s'observent lorsque, au lieu d'employer un conducteur A, on provoque l'influence à l'aide d'un bâton de verre ou de résine frotté.

58. Explication théorique. — L'une des parties du théorème de Faraday découle immédiatement du théorème de Gauss. En effet, considérons un conducteur B entourant complètement un corps A chargé d'une masse électrique $+q$; et imaginons une surface Σ entièrement tracée dans l'épaisseur même de B. Comme le champ est nul en tout point de celle-ci, le flux de force à travers Σ est aussi nul et, par conséquent, il doit en être de même de la quantité totale d'électricité contenue dans cette surface. Il faut donc que la masse inductrice $+q$ soit exactement compensée par une masse $-q$ induite sur la face interne du conducteur B.

59. Influence sur les corps mauvais conducteurs. — Un corps mauvais conducteur, exposé pendant quelque temps dans un champ électrique, finit par s'électriser; mais les phénomènes sont moins nets qu'avec les corps conducteurs. Les isolants semblent se comporter comme le ferait un ensemble de très petits conducteurs isolés les uns des autres et tout d'abord à l'état neutre, chacun d'eux se chargeant d'électricité positive du côté où les lignes de force se dirigent et d'électricité négative du côté où elles arrivent (fig. 48).

Si l'influence dure peu de temps, ce mode d'électrisation disparaît avec le champ inducteur; si elle est prolongée, l'électrisation du corps isolant persiste quand on détruit le champ inducteur et ce corps se comporte alors comme s'il était chargé positivement d'un côté et négativement de l'autre. Il est bien clair en effet que, sur une masse électrique placée du côté B', les actions des masses positives, qui sont plus proches que les masses négatives, domineront, tandis que l'inverse se produira du côté B.

On peut citer, à l'appui de cette manière de concevoir l'électrisation des isolants, l'expérience suivante qui est due à Faraday.

Dans une cuve de verre contenant de l'essence de térébenthine rectifiée pénètrent deux pointes métalliques dont l'une

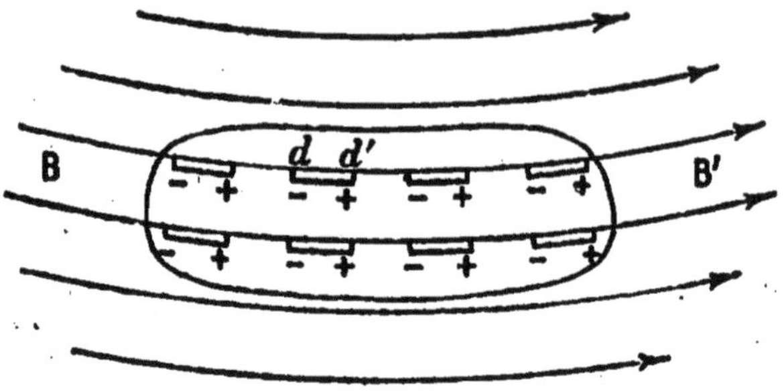

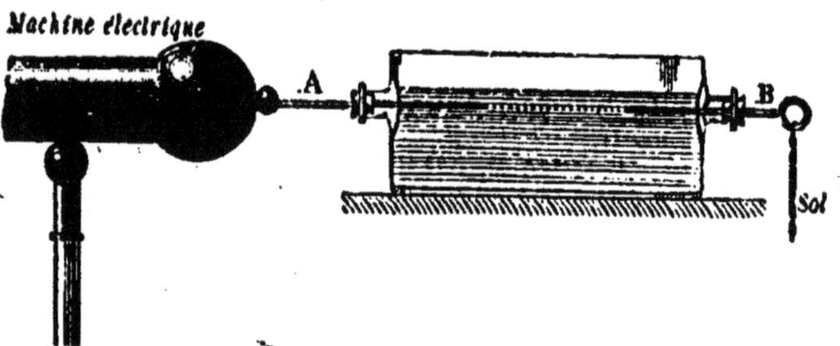

FIG. 48. — ÉLECTRISATION DES ISOLANTS.

Quand on introduit un isolant dans un champ électrique, les *particules* de l'isolant s'électrisent positivement du côté des potentiels faibles, négativement du côté opposé.

communique avec le collecteur d'une machine électrique, tandis que l'autre est en relation avec le sol (fig. 49). De petits fragments de soie blanche flottent dans le liquide. Quand la machine

FIG. 49. — PHÉNOMÈNES D'INFLUENCE DANS LES MAUVAIS CONDUCTEURS.

La cuve contient de l'essence de térébenthine dans laquelle flottent des fragments de soie. Aussitôt que la machine fonctionne ces fragments se placent bout à bout et forment une chaîne entre les deux pointes métalliques A et B.

fonctionne, ces fragments de soie se disposent bout à bout suivant la ligne qui joint les deux pointes et forment ainsi une sorte de chaîne. Si l'on rompt cette chaîne avec une baguette de verre, on éprouve une certaine résistance et le même arrangement se rétablit aussitôt. Dans les conditions de l'expérience, il existe certainement un champ électrique intense d'une pointe à l'autre; on voit donc que les fragments de soie se sont disposés suivant les lignes de force, exactement comme se disposent les grains de limaille de fer dans le champ d'un aimant. Cet arrangement ne persiste d'ailleurs pas quand la machine a cessé de fonctionner et les fragments de soie se dispersent alors d'eux-mêmes.

Comme nous l'avons déjà dit, les forces électriques peuvent s'exercer au dedans et au travers des corps isolants. Si l'on remplissait de pétrole le cylindre de Faraday, il n'y aurait rien de changé dans les phénomènes décrits, ni au point de vue de la distribution électrique, ni au point de vue de la quantité d'électricité induite.

60. Influence sur l'inducteur lui-même. — Variation de la capacité. — Lorsque l'influence est produite par un conducteur électrisé, les modifications qu'elle détermine dans le champ électrique réagissent nécessairement sur la distribution du corps inducteur lui-même et voici à ce sujet une très importante proposition.

I. *Le potentiel d'un corps conducteur électrisé diminue en valeur absolue quand on en approche un autre conducteur primitivement à l'état neutre et diminue plus encore quand le conducteur approché est en communication permanente avec le sol.*

En effet, soit A le conducteur qu'une charge Q porte au potentiel V. Considérons un système constitué par ce conducteur et par un autre B non électrisé et très éloigné. Que ce dernier soit isolé ou en relation avec le sol, il n'entre pas dans le calcul de l'énergie potentielle du système dont la valeur est simplement égale à $\frac{1}{2}QV$.

Si nous approchons le conducteur B en le maintenant par un manche isolant, il se recouvre de deux plages électriques; et, comme la plage de nom contraire à l'inducteur est plus rapprochée de celui-ci que celle de même nom, le corps induit B sera, somme toute, attiré par A. Dès lors, quand on approche les deux corps, la réaction sur la main accomplit un travail positif : le système fournit donc du travail et son énergie potentielle diminue; comme celle-ci reste égale à la moitié du produit de Q par le potentiel de A, il faut par conséquent que ce potentiel diminue aussi.

Si le corps B est en communication permanente avec le sol, la plage induite de même nom que la charge inductrice disparaît; il est alors évident que, toutes choses égales, l'attraction qu'exerce le corps A est plus forte que précédemment; par conséquent la diminution d'énergie potentielle du système, pour un même déplacement de B, sera aussi plus grande, et, dans les mêmes conditions, le potentiel du corps A devra diminuer davantage.

Ces propositions se vérifient très simplement. On met l'électroscope en communication lointaine avec un conducteur A. La divergence des feuilles indique alors en valeur relative le potentiel de celui-ci. On constate que cette divergence diminue au fur et à mesure qu'on approche du conducteur A un conducteur isolé et qu'elle diminue plus encore lorsqu'on en approche un corps B maintenu au sol.

II. *La capacité d'un corps conducteur A est parfaitement définie lorsqu'il n'y a autour de lui que des conducteurs fixes primitivement à l'état neutre ou en communication permanente avec le sol.*

Dans ce cas, en effet, les charges de ceux-ci sont uniquement dues à l'influence de la charge de A et croissent proportionnellement à cette dernière. Par suite, le potentiel en un point quelconque du champ et par conséquent sur le conducteur A lui-même augmente en raison directe de sa charge; et nous avons vu que c'est là la condition même pour que sa capacité soit bien définie (§ 46).

Cette remarque nous permet d'énoncer sous une autre forme la propriété que nous venons de démontrer.

Dire que le potentiel V d'un conducteur possédant une charge constante Q diminue quand on en approche un autre conducteur en communication avec le sol, c'est dire que, dans les mêmes conditions, *sa capacité augmente*, puisque le produit CV est constamment égal à Q.

Nous verrons par la suite toute l'importance de cette proposition.

7. APPLICATIONS DES PHÉNOMÈNES D'INFLUENCE

Nous allons maintenant appliquer les considérations développées sur l'influence à l'explication de quelques phénomènes et à l'étude détaillée de plusieurs appareils électriques.

61. Attraction des corps légers. Pendule isolé et pendule non isolé. — Lorsqu'on approche un corps électrisé A d'un pendule, celui-ci s'électrise à son tour par influence. S'il est isolé, il se recouvre de deux plages de nom contraire et l'action qu'il subit dans le champ est la différence des forces qui s'exercent sur chacune d'elles : la force attractive domine parce que la plage contraire à la charge de A est la plus voisine de celle-ci ; le pendule est donc attiré, mais cette attraction ne devient sensible qu'à une faible distance.

Si le pendule est au sol, l'électricité induite de même nom que la charge du corps A disparaît et l'attraction de celui-ci est évidemment plus grande ; de telle sorte que, pour reconnaître si un corps est électrisé, un pendule non isolé est plus sensible qu'un pendule isolé. Mais un pendule au sol ne permet pas de déterminer le signe de la charge de ce corps : quel que soit ce signe, le pendule est toujours attiré, tandis qu'un pendule chargé d'électricité négative, par exemple, sera attiré ou repoussé, suivant qu'on lui présentera un corps chargé d'électricité positive ou négative.

62. Écrans électriques. — Nous avons vu (§ 57) qu'un corps électrisé A, entouré d'un conducteur non isolé B, est sans aucune action à l'extérieur de celui-ci, qui constitue de la sorte un véritable *écran* pour les forces électriques. L'expérience montre que, dans la pratique, pour annuler en un point P le champ produit par un corps A, il n'est nullement besoin d'envelopper complètement celui-ci par l'écran conducteur ; il suffit d'interposer entre le point P et le corps A une plaque conductrice suffisamment large et en communication avec le sol.

Approchons, par exemple, du plateau d'un électroscope un bâton d'ébonite frotté A ; les feuilles de l'instrument divergent aussitôt sous l'action de l'électricité dont elles se chargent par influence ; mais elles retombent immédiatement si on interpose entre le bâton A et le plateau une large toile métallique tenue à la main. Le bâton A induit, sur la face de cette toile qui est tournée vers lui, une couche positive qui se distribue de façon à neutraliser l'action de A de l'autre côté de la toile.

Lorsqu'on voudra empêcher deux corps électrisés d'agir l'un sur l'autre, il suffira donc d'interposer entre eux une large plaque ou une toile métallique en communication avec le sol.

63. Électroscope à feuilles. — Lorsqu'on approche un corps chargé positivement, par exemple, du plateau de l'électroscope à feuilles, que nous avons déjà maintes fois employé, les feuilles divergent immédiatement : le plateau, plus voisin, se charge d'électricité négative et les feuilles elles-mêmes d'électricité positive. Pour reconnaître si un corps est électrisé, il n'est donc nullement besoin de l'amener au contact du plateau ; il suffit de l'en approcher.

La cage métallique qui entoure l'appareil a un double rôle.

Elle protège d'abord les feuilles, à la façon d'un écran, contre toute action électrique du voisinage et, en second lieu, elle augmente la sensibilité de l'instrument. En effet, l'électricité qui charge les feuilles induit, sur les parois latérales internes de la cage, de l'électricité de nom contraire qui réagit à son tour sur les feuilles elles-mêmes et contribue à augmenter leur écart.

Il est facile de voir que, *quelles que soient les circonstances dans lesquelles on emploie l'électroscope, la divergence des feuilles indique toujours la différence entre leur potentiel et celui de la cage.* Suivant que cette différence est positive ou négative, les feuilles sont elles-mêmes chargées positivement ou négativement.

Reprenons, en effet, l'expérience du § 56. Isolons l'électroscope en maintenant la cage en communication avec le plateau par une petite bande de papier d'étain (fig. 50). Si nous l'électrisons alors, positivement par exemple, les feuilles ne divergent pas et cette expérience peut être interprétée en disant que les feuilles restent immobiles quand elles sont au même niveau électrique que la cage. À l'aide d'un petit bâton isolant, écartons maintenant la bande d'étain de façon à supprimer la communication entre la cage et le plateau : les feuilles restent encore au zéro; le plateau et la cage sont chargés d'électricité positive et au même potentiel. Si, dans ces conditions, nous touchons l'un ou l'autre avec le doigt, nous établissons entre le plateau et la cage une différence de potentiel qui est positive ou négative suivant que nous avons touché la cage ou le plateau et les feuilles divergent immédiatement[1]. On s'explique ainsi que, lorsque la cage métallique est au sol, c'est-à-dire au potentiel zéro, l'écart des feuilles indique le potentiel du plateau. Il n'est pas inutile de remarquer que, dans ce cas, la capacité du système constitué par le plateau et les feuilles est définie (à de petits changements de forme près) et que, par conséquent, la charge

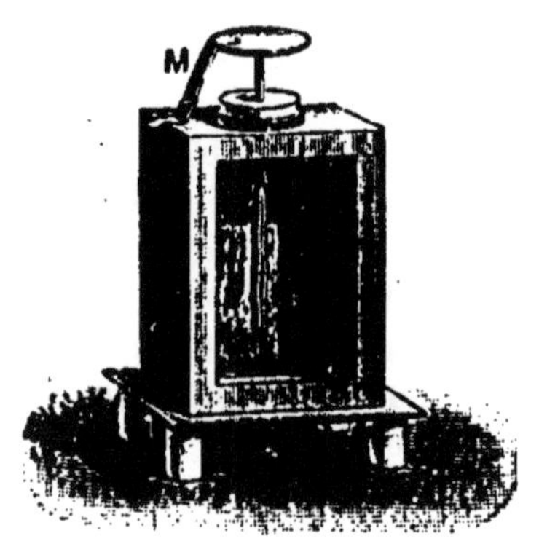

FIG. 50.
ÉLECTROSCOPE EMPLOYÉ COMME ÉLECTROMÈTRE.

La divergence des feuilles repère les différences de potentiel *entre le plateau et la cage*. Elle est nulle si le plateau et la cage sont au même niveau électrique.

---

1. Je dois cette expérience à M. P. Garbe.

acquise par ce système est alors proportionnelle à son potentiel ; aussi emploierons-nous toujours l'électroscope en mettant sa cage en communication avec le sol.

Pour reconnaître le signe de l'électricité que possède un corps, chargeons positivement, par exemple, le plateau de l'électroscope en utilisant l'influence produite par un bâton de paraffine ou d'ébonite frotté. Le potentiel du plateau est alors positif et les feuilles divergent. Si nous approchons un corps chargé positivement, l'électricité du plateau est repoussée dans les feuilles ; en d'autres termes, le potentiel augmente sur le plateau et les feuilles s'écartent davantage.

Si, au contraire, nous approchons un corps chargé négativement, le potentiel diminue sur le plateau et les feuilles se rapprochent. Il peut même arriver, si la charge du corps étudié est suffisante, que le potentiel du plateau devienne nul, puis négatif. On voit alors les feuilles arriver au contact, puis diverger à nouveau. Cette expérience suffit à montrer qu'il ne faut point approcher trop rapidement de l'électroscope le corps étudié : on s'exposerait, dans le cas où ils seraient chargés d'électricité contraire, à n'apercevoir que la divergence finale et, par conséquent, à conclure faussement à des électrisations de même nom.

64. Électromètre de Gaugain. — L'électromètre de Gaugain ne porte qu'une seule feuille f, en regard de laquelle se trouve

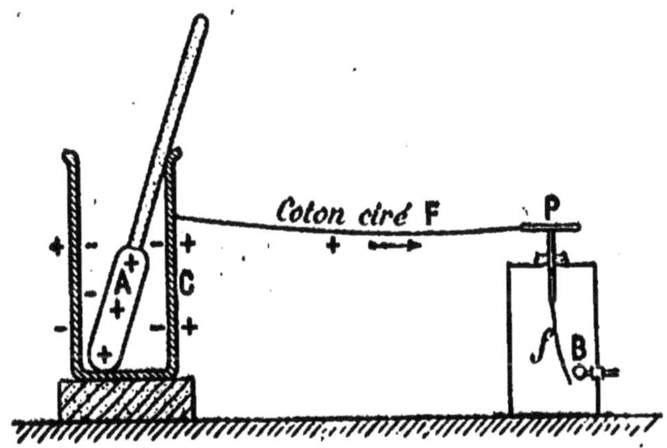

FIG. 51. — ÉLECTROMÈTRE DE GAUGAIN.
La charge du corps A est proportionnelle au nombre des contacts de la feuille f et de la boule métallique B qui communique avec le sol.

une petite boule de laiton B portée par une tige conductrice fixée à la paroi de la cage (fig. 51). Lorsqu'on charge progressivement le plateau de l'instrument, la feuille d'aluminium se charge aussi, induit de l'électricité de nom contraire sur la boule et se trouve alors attirée peu à peu par celle-ci. Dès que la charge du plateau est suffisante, la feuille vient toucher la boule et retombe aussitôt : la charge du plateau s'est, par ce contact, écoulée dans le sol.

On peut, à l'aide de cet instrument, mesurer, en unités arbitraires, il est vrai, la charge électrique d'un corps quelconque, conducteur ou non. Pour cela on met le plateau P de l'électromètre en communication par un long fil de coton ciré avec un cylindre creux isolé C. Si on introduit un corps électrisé A dans celui-ci, la surface extérieure de ce cylindre se recouvre d'une charge qui, d'après le théorème de Faraday, est égale à celle du corps A et qui s'écoule *lentement* dans le fil de coton ciré, médiocre conducteur. Le plateau de l'électromètre se charge alors peu à peu et la feuille vient de temps en temps toucher la boule de laiton. A chaque contact, une quantité déterminée d'électricité s'écoule dans le sol, en sorte que le nombre de contacts est proportionnel à la masse électrique introduite dans le cylindre.

63. Électromètre à quadrants de Lord Kelvin. — L'électroscope ordinaire, quand on l'emploie comme électromètre, est assez peu sensible : il faut généralement une cinquantaine de volts pour imprimer un écart appréciable aux feuilles.

Lord Kelvin a construit un appareil qui permet de mesurer avec précision des potentiels plus faibles.

La pièce principale de cet instrument est constituée par quatre secteurs métalliques dont l'ensemble forme une sorte de boîte cylindrique plate coupée par deux sections diamétrales à angle droit (fig. 52, I). Les secteurs opposés $s_1 s_3$, $s_2 s_4$, communiquent et les deux paires de secteurs sont portées à des potentiels *constants*, égaux et de signe contraire, $+ V''$ et $- V''$. On les met pour cela en relation avec les deux pôles d'une pile, formée d'un grand nombre d'éléments identiques et dont le milieu est au sol (fig. 52, II). Dans cette boîte peut se déplacer une aiguille horizontale en aluminium, taillée en forme de 8 et suspendue par deux fils de cocon parallèles. La tige de suspension $t\,t'$ traverse l'aiguille, et son extrémité inférieure, qui est en platine, plonge dans un verre contenant de l'acide sulfurique concentré. C'est par l'intermédiaire de celui-ci que l'on porte l'aiguille au potentiel V qu'il s'agit de mesurer.

En orientant convenablement la *suspension bifilaire*, on s'arrange de façon que, si l'aiguille est au potentiel zéro, ses axes de symétrie soient précisément dirigés, comme le montre la figure (II), suivant les sections diamétrales de la boîte des secteurs qui l'enveloppe. Dans ces conditions, quand on porte l'aiguille à un potentiel V, positif par exemple, elle est attirée par les secteurs négatifs $s_2 s_4$, repoussée par les secteurs positifs $s_1 s_3$ et le calcul montre qu'elle est sollicitée à tourner dans le sens de la flèche par une force qui est proportionnelle au potentiel V lui-même. L'aiguille tourne donc et s'arrête dès que cette force est compensée par la torsion du bifilaire. Or le calcul montre aussi que cette dernière est proportionnelle à l'angle de torsion, pourvu que celui-ci soit petit; de telle sorte que, somme toute, le potentiel V se trouvera proportionnel à l'angle dont tourne l'aiguille quand elle passe du potentiel zéro au potentiel V.

Si l'aiguille était chargée négativement, la rotation aurait lieu en sens inverse. L'angle d'écart se mesure par la méthode de Poggendorff, en visant

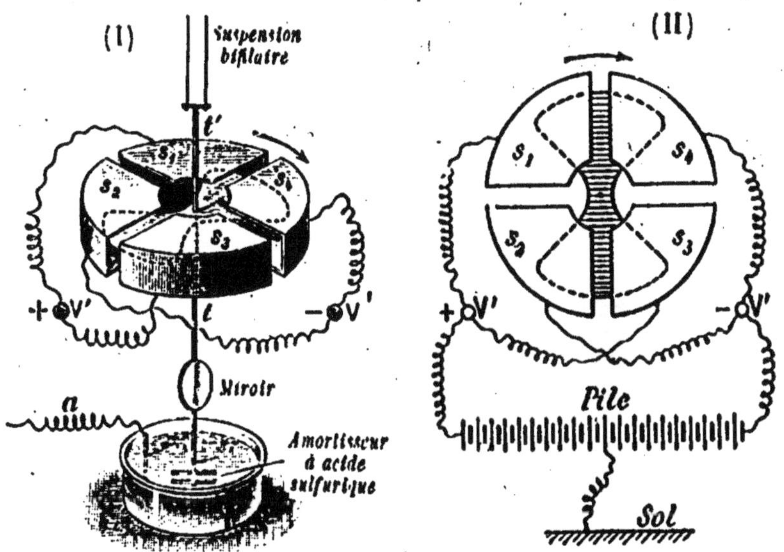

FIG. 52. — DISPOSITIF DE L'ÉLECTROMÈTRE À QUADRANTS.

Les deux paires de secteurs opposés sont portées à des potentiels égaux et contraires. La déviation de l'aiguille d'aluminium supportée par le bifilaire est proportionnelle au potentiel de cette aiguille.

dans un miroir plan, fixé sur la tige de suspension de l'aiguille, les divisions d'une échelle horizontale et en notant celles qui, dans les deux positions d'équilibre de l'aiguille, coïncident avec le réticule de la lunette.

Ce procédé double la sensibilité de l'instrument puisque la rotation imprimée à un rayon réfléchi correspondant à un rayon incident de direction constante est double de l'angle de rotation du miroir.

L'appareil est enfermé dans une cage métallique qui sert d'écran électrique et aux parois intérieures de laquelle les secteurs sont fixés par des supports isolants (fig. 53). L'acide sulfurique a un double rôle : il amortit par sa viscosité les oscillations de l'aiguille, et, en desséchant l'air contenu dans la cage, il rend plus parfait l'isolement de l'aiguille et des secteurs.

Il est bon de remarquer que tous ces instruments ne donnent que des mesures relatives. Pour obtenir des indications absolues, il faut d'abord déterminer leur *constante*, c'est-à-dire le rapport entre le potentiel V et l'angle d'écart observé. Cette opération se fait en mettant l'aiguille en communication avec l'un des pôles d'une pile étalon dont l'autre pôle est au sol. On trouvera au paragraphe 141 la description de quelques-uns de ces étalons de potentiel.

La sensibilité de l'électromètre de Lord Kelvin est d'ailleurs proportionnelle au potentiel V des secteurs opposés. Dans les modèles usuels, l'aiguille dévie nettement pour un dixième de volt.

66. Électromètre capillaire de M. Lippmann. — Ce très remarquable instrument est surtout employé comme appareil de zéro, c'est-à-dire pour vérifier l'égalité de deux potentiels.

Il se compose essentiellement d'un tube de verre vertical A (fig. 54) terminé à sa partie inférieure par une pointe très effilée et très légèrement

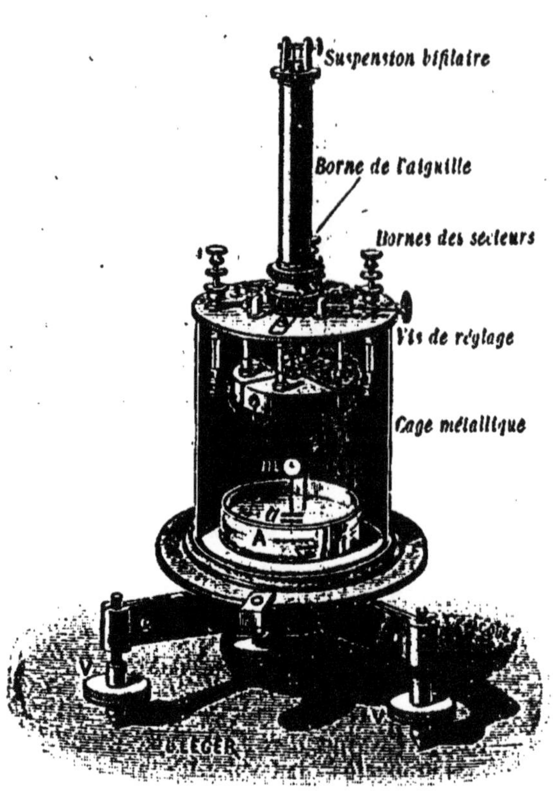

FIG. 53. — ÉLECTROMÈTRE À QUADRANTS.

Les secteurs, supportés par des colonnettes de verre, se trouvent placés dans une cage métallique dont l'intérieur est desséché par de l'acide sulfurique. Les mouvements de l'aiguille d'aluminium sont amortis par des fils de platine *a* fixés sur l'axe de l'aiguille et immergés dans l'acide sulfurique.

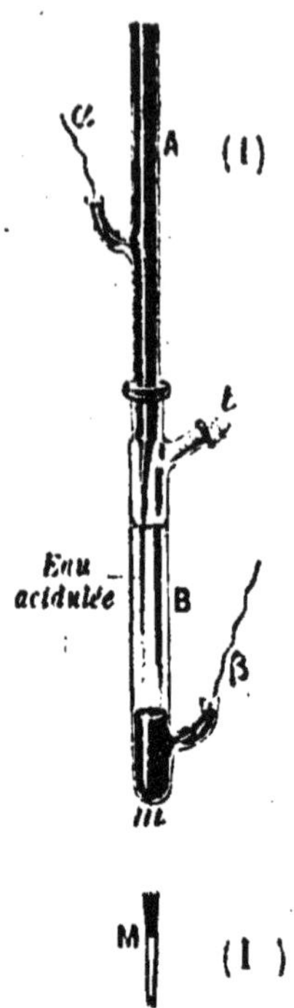

FIG. 54. — TUBE DE L'ÉLECTROMÈTRE CAPILLAIRE.

Toute différence de potentiel entre les masses mercurielles qui communiquent avec les fils α et β entraîne un déplacement du niveau mercuriel dans la pointe capillaire.

conique. Celle-ci plonge dans une éprouvette B contenant de l'eau acidulée par l'acide sulfurique et dans le fond de laquelle se trouve une couche de mercure *m*. Le tube A renferme lui-même du mercure qui pénètre par son poids dans la pointe capillaire (fig. 54, II). La surface de séparation de cette colonne mercurielle et de l'eau acidulée présente, par conséquent, une très forte courbure et le mercure se trouve soutenu par la pression capillaire qui résulte de cette forte courbure. De petits fils de platine α et β sont soudés dans le tube A et dans le fond de l'éprouvette B. Lorsqu'on met ces fils en contact, les

masses mercurielles se trouvent nécessairement au même potentiel : le point
où s'arrête alors le niveau dans la tige capillaire est le zéro de l'instrument.

Si, maintenant, on vient à introduire entre les fils une différence de potentiel, on constate que le niveau se déplace au-dessus ou au-dessous de zéro suivant le sens de cette différence. Cela tient, comme l'a montré M. Lippmann, à ce que la tension superficielle de la surface *mercure-eau acidulée* varie avec la différence de potentiel des masses mercurielles, en sorte que, pour chaque valeur de celle-ci, le niveau s'arrête dans une région plus ou moins étroite de la pointe capillaire.

L'arrêt du niveau au zéro marque toujours l'égalité de potentiel des deux masses mercurielles.

La figure 55 représente l'ensemble de l'appareil. Les déplacements de la surface capillaire sont observés à l'aide d'un microscope horizontal L, muni d'un réticule que l'on fait coïncider avec le zéro. Le tube A communique avec un réservoir F qu'on peut élever ou abaisser de façon à augmenter ou à diminuer la colonne mercurielle dans le tube. On peut ainsi promener le mercure dans la pointe et même le faire couler par celle-ci. On procède toujours à cette opération avant de se servir de l'instrument, parce que celui-ci n'obéit bien que

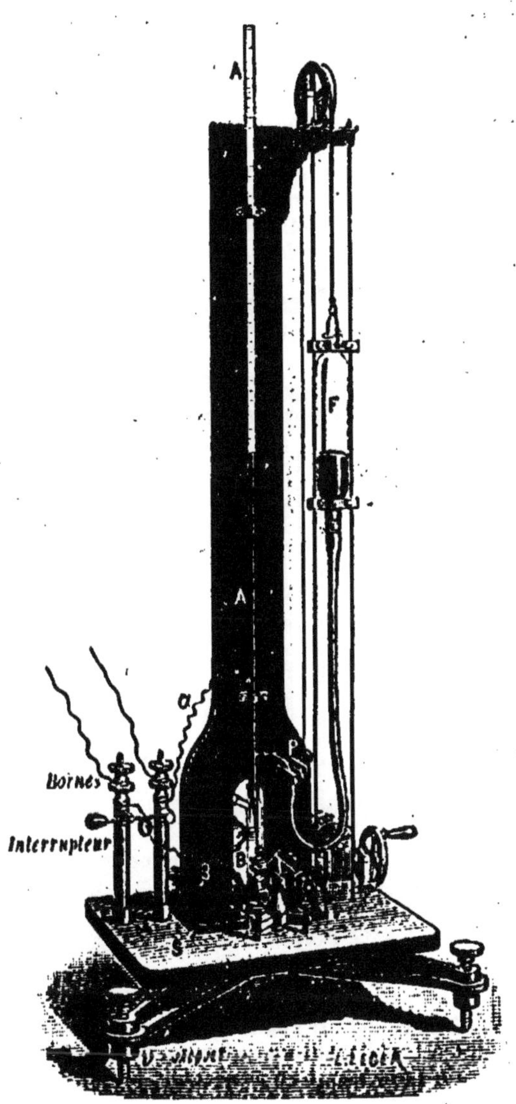

FIG. 55. — ÉLECTROMÈTRE CAPILLAIRE.

Les déplacements du niveau dans la pointe s'observent à l'aide d'un microscope L. La cuvette latérale F que l'on peut élever ou abaisser permet de faire couler un peu de mercure par la pointe avant de mettre l'appareil en action.

si la surface du mercure est bien nette et si la pointe capillaire est bien mouillée intérieurement par l'eau acidulée.

Les modèles courants ont une colonne mercurielle de 50ᵐ à 1ᵐ et sont facilement sensibles au $\frac{1}{10000}$ de volt.

La capacité relativement considérable de ces instruments en restreint d'ailleurs l'usage en électricité statique où les charges mises en jeu sont d'ordinaire assez faibles.

67. Électromètre-balance. — Le principe de cet appareil a été donné par Lord Kelvin. MM. Abraham et Lemoine en ont réalisé un modèle simplifié que représente la figure 56 et qui est destiné à la mesure des potentiels compris entre 1000 et 100000 volts.

La source, au potentiel V qu'il s'agit de déterminer, communique par une tige à crochet avec un *large* plateau de laiton P″ supporté par une colonne iso-

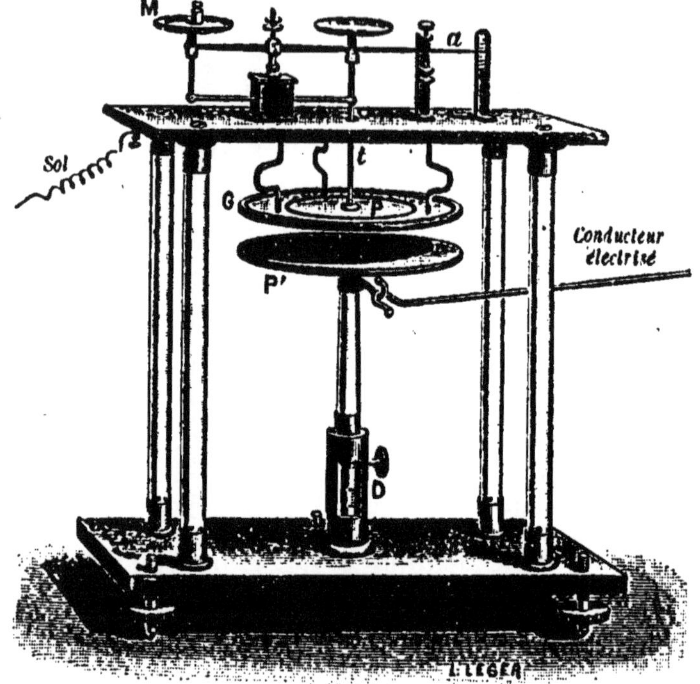

FIG. 56. — ÉLECTROMÈTRE BALANCE.

Le conducteur dont il s'agit de mesurer le potentiel est mis en relation avec un plateau P″ et la valeur absolue du potentiel s'obtient en déterminant à quelle distance il faut placer P″ pour que le plateau P, qui est au sol, soit attiré avec une certaine force.

lante en verre et au-dessus duquel se trouve un autre plateau P, parallèle et plus petit, suspendu à l'un des bras d'une petite balance de Roberval et communiquant avec le sol.

Le plateau inférieur, électrisé, induit une charge de nom contraire sur le plateau supérieur et attire celui-ci avec une force qui, toutes choses égales, est proportionnelle au carré de V. On comprend, en effet, que, si le potentiel V devient double, les charges des plateaux doublent elles-mêmes et leur attraction mutuelle devient alors quatre fois plus forte.

Le disque supérieur est entouré dans son plan d'un anneau métallique G, appelé *anneau de garde*, qui est aussi mis en relation avec le sol, et grâce auquel la distribution électrique sur le disque lui-même est uniforme.

Le calcul permet d'obtenir aisément la valeur de la force verticale qui, dans ces conditions, agit sur le fléau de la balance. On trouve que, si r désigne le rayon du plateau supérieur, celui-ci est attiré par le plateau inférieur, supposé à la distance d, avec une force F qui est égale à

$$F = \frac{V^2 r^2}{8 d^2}.$$

L'anneau de garde est fixé à la table qui porte la balance par des tiges en *cuivre doux* qui fléchissent aisément et permettent un réglage facile sur le plateau P.

Le rayon de ce dernier est de 5 cm. 95. Il a été calculé de façon que l'attraction soit de 5 gr.-poids pour une différence de potentiel de 100 volts et un écart de 1 cent. entre les plateaux.

La colonne qui supporte le plateau attirant peut s'élever ou s'abaisser au moyen d'une crémaillère, et elle est munie d'une graduation qui donne, pour chacune de ses positions, la valeur de l'écart d.

Pour faire une détermination, on met d'abord le disque inférieur au sol; on équilibre la balance et on place une surcharge de 5 gr., par exemple, de l'autre côté du plateau P. Puis on porte le disque inférieur au potentiel à mesurer et on le soulève alors progressivement jusqu'à ce que la balance bascule. La formule donnée plus haut montre que, dans ces conditions, le potentiel V sera proportionnel à l'écart d; et, si on tient compte des dimensions adoptées pour l'appareil, on voit facilement que l'on aura

$$V = 10\,000\ d.$$

68. Mesure du potentiel en un point d'un champ électrique. — Lorsqu'il s'agit d'un conducteur d'assez grande capacité, il suffit, pour obtenir son potentiel, de le mettre par un fil fin en communication avec un électromètre et d'observer l'indication de celui-ci. Mais, s'il s'agit de déterminer le potentiel en un point de l'air, cette méthode n'est plus applicable.

Pour expliquer le procédé dont on fait alors usage, revenons à l'expérience du § 56 qui nous a montré l'absence d'électricité sur les feuilles de l'électroscope lorsque celles-ci sont au même potentiel que la cage. Il suit de là que si, en un point de l'air, on dispose un système analogue de deux feuilles très légères en communication lointaine avec un électromètre et qu'on charge ensuite peu à peu celui-ci d'électricité convenable, les feuilles retomberont lorsque leur potentiel aura précisément la même valeur que le potentiel du champ au point où elles se trouvent et il suffira de noter à ce moment l'indication de l'électromètre. En fait, au lieu d'opérer ainsi, on dispose l'expérience de façon que l'appareil se charge automatiquement : il suffit pour cela de remplacer les feuilles par une pointe extrêmement fine. L'électricité qu'induit le champ sur cette pointe s'écoule par celle-ci, jusqu'à ce que l'électricité contraire qui reste sur l'électromètre ait porté celui-ci au potentiel qui règne à l'extrémité de la pointe.

L'essentiel est d'employer une pointe d'autant plus fine que le potentiel à mesurer est moindre. On obtient de bons résultats avec une flamme ou mieux encore à l'aide d'un écoulement d'eau. Au point considéré on amène l'extrémité d'un long tube de verre très étroit adapté à la partie inférieure d'un réservoir d'eau isolé, qui est mis en relation avec l'électromètre. On fait écouler l'eau goutte à goutte jusqu'à ce que l'appareil indique la déviation maxima et celle-ci mesure précisément le potentiel à l'orifice d'écoulement (fig. 57).

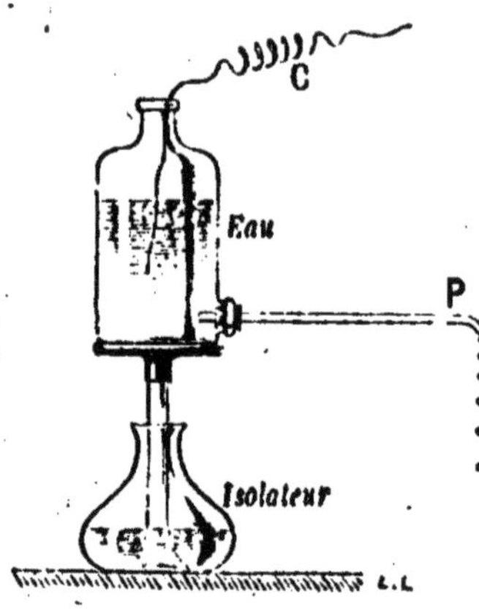

FIG. 57.

MESURE DU POTENTIEL EN UN POINT DE L'AIR.

La déviation de l'électromètre qui communique avec le réservoir d'eau indique le potentiel à l'orifice du tube d'écoulement.

8. MACHINES ÉLECTRIQUES

69. Électrophore. — Cet appareil permet d'obtenir, pour ainsi dire indéfiniment, de petites quantités d'électricité. Il se compose d'un disque de résine ou de paraffine S coulé dans un moule de métal M. Une pointe p, fixée dans le fond du moule, dépasse légèrement la surface supérieure du disque isolant (fig. 58).

Lorsqu'on frotte celui-ci à l'aide d'une peau de chat, il s'électrise négativement et l'électricité pénètre peu à peu dans les couches superficielles du diélectrique où elle réside dès lors presque indéfiniment. On applique sur le disque ainsi électrisé un plateau conducteur muni d'un manche isolant; ce plateau se trouve alors en communication avec le sol par l'intermédiaire de la pointe qui le touche et du moule.

Dans ces conditions, l'électricité négative du disque induit sur lui de l'électricité positive qui reste localisée sur la face inférieure du plateau, et, quand on soulève ensuite celui-ci en le tenant par le manche isolant, il reste chargé d'électricité positive.

Si petite que soit cette charge, on peut néanmoins, en répétant l'opération, porter un conducteur à un potentiel très élevé. Il suffit pour cela d'associer à l'appareil un long cylindre conducteur isolé, dans lequel on décharge le plateau. On sait que, dans ces conditions, le plateau cède sa charge entière, quel que soit l'état électrique du cylindre; en sorte que la charge de celui-ci augmente régulièrement à chaque voyage du plateau.

Il est intéressant de remarquer que l'influence qui se produit sur le moule contribue à conserver l'électrisation du disque

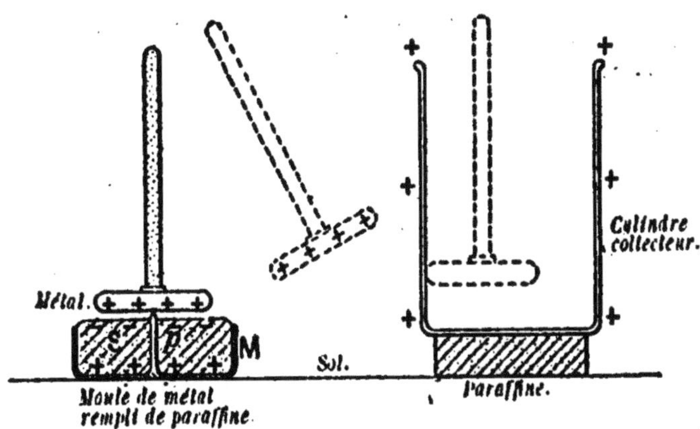

FIG. 58. — ÉLECTROPHORE ET SON COLLECTEUR.

Le plateau de métal se charge par influence d'électricité positive quand on l'applique sur le disque de paraffine et cède ensuite entièrement sa charge au collecteur quand on l'amène à toucher la surface interne de celui-ci.

isolant. En effet, ce moule métallique est au sol et se trouve chargé, sur la face qui touche le disque, d'électricité positive qui réagit sur l'électricité contraire de l'isolant et la maintient sur celui-ci.

70. Organes essentiels d'une machine électrique. — L'ensemble du dispositif que nous venons de décrire constitue une *machine électrique*. On désigne ainsi des appareils qui transforment le travail en énergie électrique et on y trouve toujours trois organes principaux : une *source*, un *transporteur* et un *collecteur*. Le transporteur emprunte à la source une certaine charge électrique et la dépose dans le collecteur d'où il ressort à l'état neutre, prêt pour un nouveau transport. L'énergie potentielle électrique du collecteur augmente ainsi peu à peu et il est bien clair que l'on retrouve sous cette forme l'équivalent du travail fourni au transporteur pour l'amener de la source sur le collecteur.

Dans le cas de l'électrophore, la source est constituée par le disque de paraffine, le transporteur est le plateau et le collecteur le cylindre lui-même. On voit aisément que le transporteur, chargé d'électricité positive, est, pendant son voyage, repoussé par la charge de même nom du collecteur et attiré, d'autre part, par la charge contraire de la source : il faut donc lui fournir du travail pour l'amener jusque dans le collecteur et ce travail est d'ailleurs d'autant plus grand que le potentiel de celui-ci est déjà plus élevé.

Lorsque le transporteur d'une machine électrique fournit à chaque voyage une charge constante au collecteur, comme c'est ici le cas, on dit que la machine est à *addition*; mais, si la charge du transporteur s'accroît par le jeu même de la machine, on dit que celle-ci est à *multiplication*.

Faire la théorie d'une machine électrique, c'est déterminer celles de ses parties qui constituent les trois organes principaux et leur mode de fonctionnement. Pour simplifier cette étude dans la mesure du possible, je décrirai tout d'abord les formes les plus ordinaires du transporteur, du collecteur et des sources dans les machines usuelles.

Transporteur. — Le transporteur est toujours constitué par une bande annulaire de 15 à 20 centimètres de large, appartenant à un grand disque de verre qui tourne autour de son axe. Cette bande annulaire se charge *d'une façon continue* en un point de sa course et transmet ensuite sa charge au collecteur placé plus loin.

Collecteur. — Le corps qu'il s'agit d'électriser est mis en communication par une tige métallique avec le collecteur. Celui-ci, dont la forme rappelle de plus ou moins près un cylindre de Faraday, se compose d'un conducteur recourbé C, dont les branches, armées intérieurement de pointes, enserrent le plateau transporteur (fig. 59 et 60). Lorsque l'électricité apportée par le plateau arrive dans le collecteur, elle induit sur celui-ci une quantité égale d'électricité de même nom qui se porte à la surface extérieure et une masse égale d'électricité contraire qui s'écoule par les pointes, se répand sur le plateau transporteur et neutralise la couche électrique qui le recouvrait. Tout se passe alors comme si, en traversant le collecteur, le transporteur lui avait simplement abandonné sa charge.

Si l'une des faces seulement du plateau est électrisée, le collecteur ne possède qu'une seule rangée de pointes tournées vers cette face.

Sources. — Les sources sont de deux sortes : à *frottement* ou à *influence*.

Les premières sont constituées simplement par des coussins

fixes qui frottent constamment sur le plateau. On en met d'ordinaire deux, en regard l'un de l'autre, de sorte que les faces du transporteur s'électrisent toutes deux.

Les sources à influence sont constituées par un conducteur S, en communication avec le sol et armé d'une rangée de pointes tournées vers le plateau. En regard de ces pointes, et de l'autre côté du plateau, se trouve disposée une plage électrique fixe E

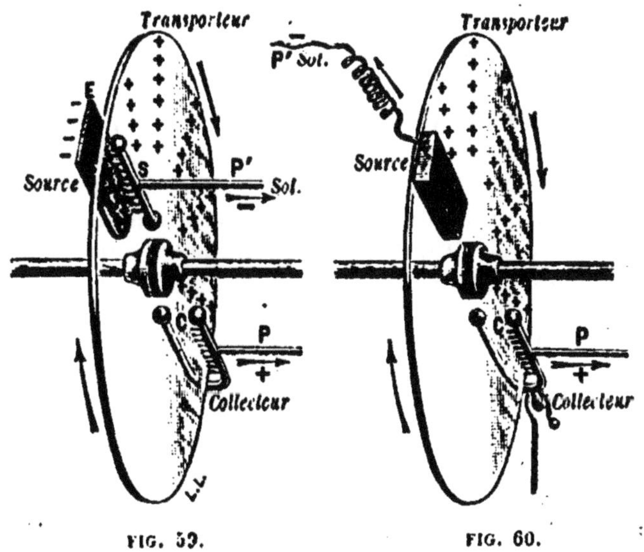

FIG. 59. — DISPOSITIF D'UNE MACHINE À INFLUENCE.

source est constituée par une plage constamment électrisée E qui induit à travers le plateau transporteur un peigne métallique en communication avec le sol. Ce peigne verse sur le plateau de l'électricité contraire à celle de la plage.

FIG. 60. — DISPOSITIF D'UNE MACHINE À FROTTEMENT.

La source est constituée par des coussins qui communiquent avec le sol et qui chargent par frottement le plateau transporteur. Celui-ci dépose ensuite sa charge dans un conducteur recourbé armé intérieurement de pointes.

qui, à travers l'isolant, induit le conducteur S, repousse l'électricité de même nom dans le sol et oblige l'électricité contraire à s'écouler des pointes sur le plateau. Si celui-ci était fixe, l'équilibre serait promptement atteint; mais il n'en est plus ainsi lorsque le plateau en tournant entraîne l'électricité qui le recouvre et les pointes versent alors un flux continu d'électricité sur le transporteur.

Dans quelques machines, la plage inductrice E est constant et la charge du collecteur croît proportionnellement au nombre de tours du plateau : la machine est alors à *addition*.

Dans certaines autres, la plage inductrice E se renforce par le jeu même de la machine : les charges entraînées à chaque tour vont alors en augmentant et la machine est à *multiplication*.

71. Pôles de la machine électrique. — Une machine, quelle qu'elle soit, ne saurait fournir au collecteur une certaine charge électrique sans produire par ailleurs une quantité égale d'électricité contraire.

Dans le cas d'une source à frottement, si le plateau de verre et par suite le collecteur se chargent positivement, les coussins s'électrisent négativement : on peut alors, à volonté, recueillir l'une ou l'autre des électricités. En mettant les coussins au sol, le collecteur isolé donnera de l'électricité positive ; en mettant le collecteur à la terre et en isolant les coussins, ceux-ci fourniront de l'électricité négative. Le collecteur et les coussins constituent alors ce qu'on nomme les *pôles* de la machine.

Toute machine électrique a donc deux pôles entre lesquels le jeu de la machine établit une différence de potentiel.

Dans le cas d'une source à influence, il est facile de voir que, l'un d'eux étant le collecteur, l'autre est le conducteur S qui porte le *peigne* disposé en regard de la plage inductrice E (fig. 60).

72. Limite de la charge. — Que la machine soit à addition ou à multiplication, la différence de potentiel entre les pôles ne semble pas, théoriquement du moins, avoir d'autre limite que la valeur pour laquelle une étincelle jaillirait entre eux. Mais, en pratique, il n'en est pas ainsi. Les pertes d'électricité par défaut d'isolement ou à travers l'air croissent, en effet, rapidement avec le potentiel et la limite de charge est atteinte lorsque ces pertes arrivent à compenser exactement le débit de la machine. Cette limite dépend évidemment des conditions atmosphériques, de l'état de la machine et de sa vitesse de rotation, mais elle est déterminée pour un régime donné et l'on doit considérer que, toutes choses constantes, la machine établit entre ses pôles une différence de potentiel invariable.

Nous allons maintenant décrire les principales machines usuelles.

73. Machine de Ramsden. — Cette machine, que représente la figure 61, est une machine à addition dont la source est à frottement. Le plateau transporteur, actionné par une manivelle, tourne entre deux paires de coussins F, en cuir rembourré, disposés sur un diamètre vertical. On met d'ordinaire ces coussins en communication avec le sol par la chaînette D.

Les peignes des collecteurs sont placés aux extrémités du diamètre horizontal et communiquent avec un grand conducteur isolé par des pieds de verre. Les deux faces du plateau se chargent positivement par le frottement des coussins, aban-

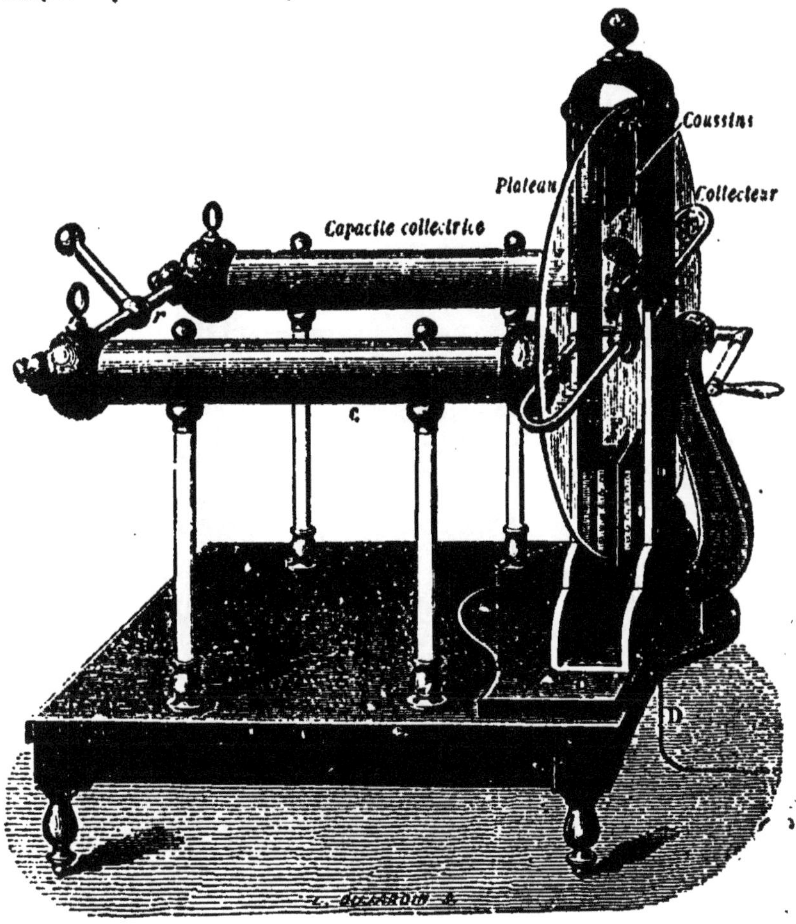

FIG. 61. — MACHINE DE RAMSDEN.

Elle reproduit le dispositif d'une machine à frottement, à cela près que l'électrisation du plateau transporteur est produite par une double paire de coussins F.

donnent leur charge au collecteur en passant devant les peignes et se présentent toujours neutres aux coussins. Ceux-ci sont appliqués sur le plateau par un ressort; on les enduit, pour adoucir le frottement, d'une substance pulvérulente, telle que le bisulfure d'étain ou or mussif, que l'on fait adhérer avec un peu de suif. L'expérience montre d'ailleurs que, si le contact est bien assuré, la pression des coussins sur le plateau n'influe pas sur le débit de la machine.

74. Machine de Carré. — C'est une machine à addition dont la source est à influence. Le transporteur est constitué par un

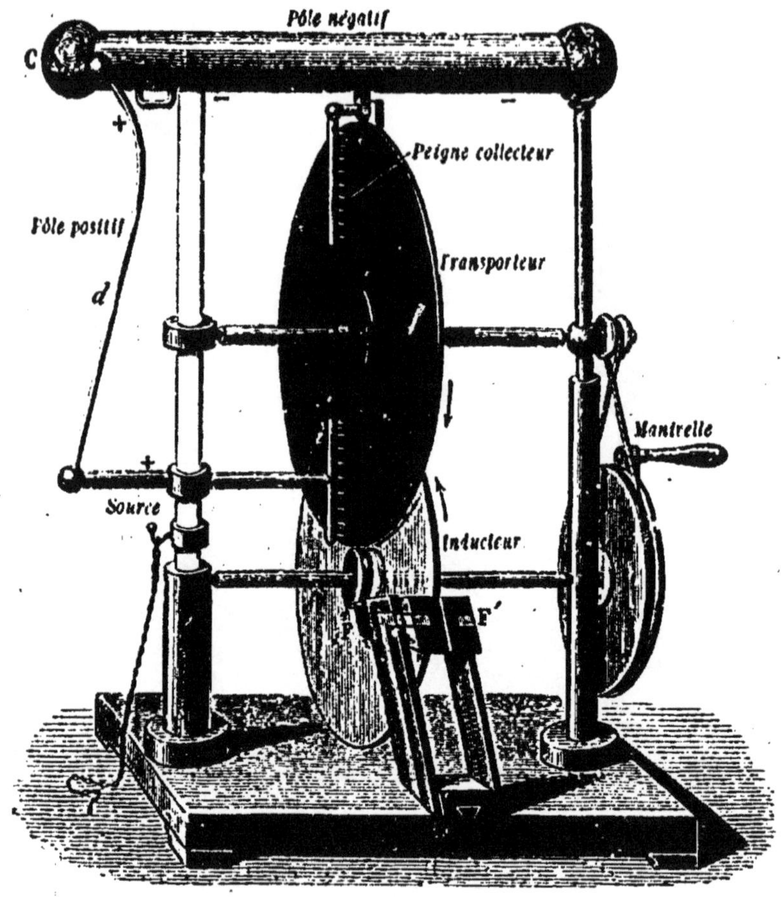

FIG. 62. — MACHINE DE CARRÉ.

C'est une machine à addition et à influence. La plage inductrice est constituée par un plateau de verre qui s'électrise par frottement entre deux coussins et qui agit à travers le transporteur sur le peigne i.

plateau d'ébonite que l'on actionne à l'aide d'une manivelle (fig. 62). L'un des pôles est le conducteur isolé C qui communique avec le peigne collecteur. L'autre est la tige métallique d en relation avec le peigne i, qui joue le rôle de source. La plage électrisée fixe qui induit ce peigne, à travers le transporteur, est constituée par un plateau de verre qui tourne entre deux coussins FF' et qui se maintient ainsi chargé positivement. Le transporteur emprunte donc à la source de l'électricité négative qu'il apporte au pôle négatif C, tandis que la tige d se charge positivement.

Lorsque la machine fonctionne, des étincelles éclatent entre les deux pôles C et c, pourvu que la distance de ceux-ci soit inférieure à la distance explosive qui correspond à la limite de charge (§ 72).

75. Machine de Wimshurst. — C'est une machine à multiplication dont la source est à influence. Les figures 65 et 64 en représentent une vue d'ensemble et une projection horizontale. Elle se compose de deux plateaux identiques en verre P et P' qui tournent en sens inverse et qui font office de transporteurs. Les collecteurs pp', armés intérieurement de pointes, sont placés aux extrémités du diamètre horizontal et embrassent les deux plateaux. Sur ceux-ci frottent de petits balais en fils métalliques, fixés aux extrémités de deux conducteurs diamétraux C et C' croisés et inclinés d'environ 60° sur l'horizon. Ces conducteurs sont montés sur le support en bois de la machine et, par conséquent, en communication mauvaise avec le sol.

Cette machine est, en réalité, un ensemble de quatre machines simples, composées chacune d'une source, d'un transporteur et d'un peigne collecteur. Pour en rendre l'explication plus claire, nous la supposerons construite avec deux cylindres concentriques tournant en sens inverse et nous en représenterons une section normale à l'axe (fig. 65).

Supposons que, pour une raison quelconque, la plage P de l'un des plateaux, qui se trouve comprise entre le balai b et le peigne p, soit chargée positivement. Elle induira alors, à travers les plateaux, l'extrémité du conducteur C' qui se trouve en regard et cette influence aura un double effet. En premier lieu, le balai b' versera, pendant la rotation, sur la plage P' du second plateau, de l'électricité négative qui se trouvera ensuite arrêtée par le peigne p'; et, en second lieu, le balai b'_1 versera sur la plage P'_1 de l'électricité positive qu'arrêtera plus tard le peigne p'_1. A leur tour, les plages électrisées P' et P'_1 induiront à travers les plateaux le conducteur C et leurs actions s'ajouteront pour faire écouler de l'électricité négative par le balai b_1 et de l'électricité positive par le balai b, c'est-à-dire, en somme, pour électriser la plage P_1 et pour *augmenter la charge initiale* de la plage P.

On voit donc que, lorsque la machine fonctionne, les quatre

secteurs de 120°, P P'P, P'₁ se trouvent constamment électrisés, deux à deux de signe contraire. Chaque secteur de l'un des plateaux induit, à travers le verre, le petit balai de fils métalliques

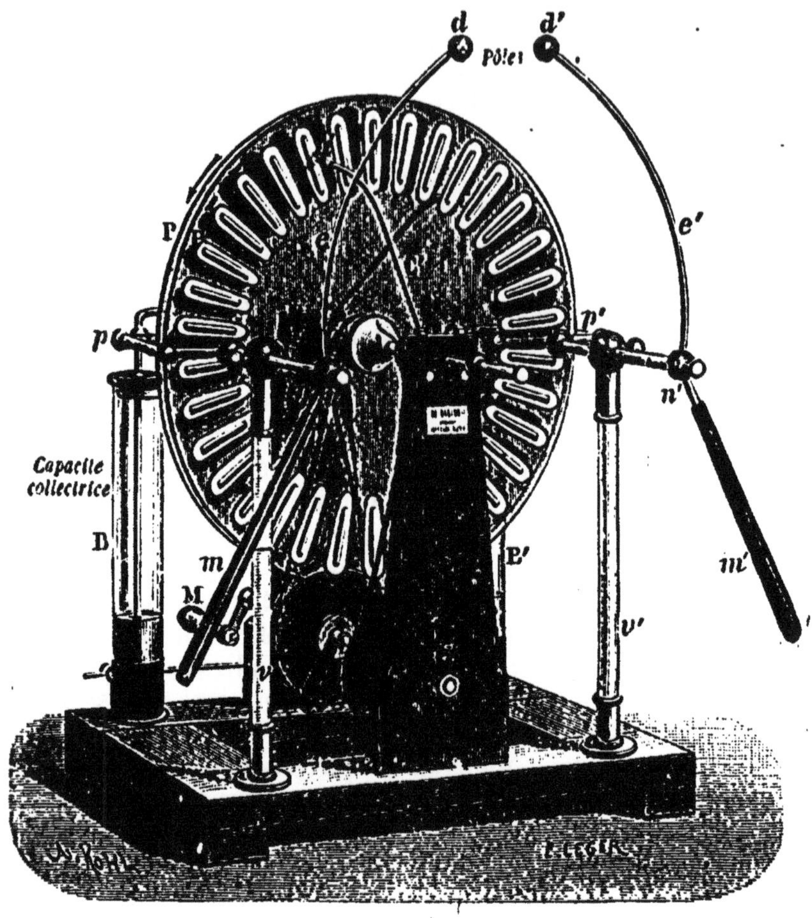

FIG. 63. — MACHINE DE WIMSHURST.
C'est une machine à multiplication qui se compose, en réalité, de quatre machines simples à influence dont les sources sont les petits balais métalliques qui frottent sur les plateaux transporteurs. Ceux-ci tournent en sens inverse et chacun d'eux fait office d'inducteur pour l'autre.

qui se trouve en regard et qui fait alors office de source en versant sur l'autre plateau de l'électricité contraire que celui-ci transmet ensuite au collecteur correspondant.

Chacun des conducteurs polaires se trouve ainsi chargé par une paire de deux machines simples dans lesquelles on retrouve

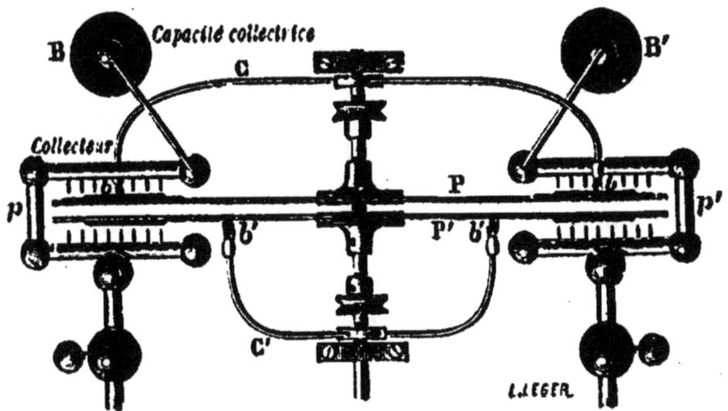

FIG. 64. — PROJECTION HORIZONTALE D'UNE MACHINE DE WIMSHURST.
Les collecteurs communiquent avec de petites bouteilles de Leyde B et B' qui font
office de capacités polaires.

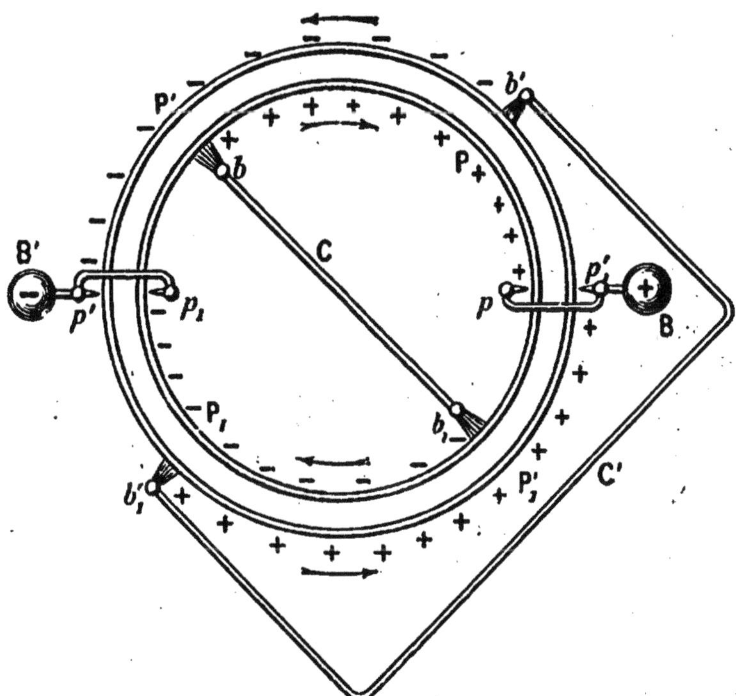

FIG. 65. — DISPOSITION SCHÉMATIQUE DE LA MACHINE DE WIMSHURST.
La machine est supposée formée de deux cylindres concentriques tournant en sens
inverse. Les balais et les collecteurs sont disposés comme dans la machine
ordinaire.

le dispositif ordinaire de la source à influence. Comme l'association de ces machines est telle que la charge des plages inductrices s'accroît automatiquement par le jeu même de l'appareil, il en est aussi de même du débit de chacune des sources : la machine de Wimshurst est donc une machine à multiplication.

Amorcement de la machine. — Pour expliquer le fonctionnement de cette machine, il suffit donc d'admettre la présence d'une petite quantité d'électricité sur l'un des plateaux; si faible que soit cette charge initiale, la machine s'amorcera parce que les balais de fils qui servent de sources *touchent* les plateaux eux-mêmes et laissent par conséquent, sous la moindre influence, de l'électricité s'écouler sur ceux-ci. Pour provoquer l'amorcement, il suffit alors de faire tourner la machine et de présenter à l'un des balais, à travers les plateaux, un bâton d'ébonite ou de verre frotté. La machine commence aussitôt à fonctionner, en produisant un bruissement particulier et bientôt des étincelles éclatent entre les branches métalliques *d* et *d'* qui sont reliées aux deux pôles (fig. 65).

Dans les modèles ordinaires, les plateaux de verre sont munis extérieurement de bandes d'étain disposées dans le sens des rayons; dans ces conditions, la machine s'amorce d'elle-même après quelques tours. L'explication de ce fait se trouve vraisemblablement dans les phénomènes d'électrisation qui se produisent au contact des métaux. Nous verrons, en effet, plus loin que deux métaux différents, préalablement neutres et simplement mis en contact, sont chargés d'électricités contraires quand on les sépare. Dès le premier tour des plateaux, les bandes d'étain qui ont touché les balais se trouvent donc électrisées et il suffit d'admettre une dissymétrie, inévitable d'ailleurs, dans la charge des quatre plages, pour s'expliquer l'amorcement de la machine.

76. Machine de Holtz. — La machine de Holtz est une machine à multiplication et à influence. Sous sa forme la plus simple, elle se compose essentiellement d'un plateau de verre fixe et d'un plateau de verre mobile, tournant autour de son axe, à une faible distance du premier (fig. 66). Le plateau fixe porte aux extrémités d'un diamètre horizontal deux larges fenêtres. Sur l'un des bords de celles-ci est collée une bande de carton mince munie d'une pointe tournée en sens inverse de la rotation du plateau mobile. Il faut considérer qu'en réalité le plateau fixe sert uniquement de support isolant à ces bandes de carton.

Les collecteurs polaires A et D sont constitués chacun par un

conducteur horizontal placé à la hauteur des fenêtres et armé
de pointes dirigées vers le plateau mobile.

Pour amorcer la machine, on réunit les collecteurs en poussant les tiges polaires; puis on électrise l'une des bandes de
papier en appliquant sur elle une plaque d'ébonite frottée que
l'on glisse entre les plateaux. Quelques tours de manivelle suf-

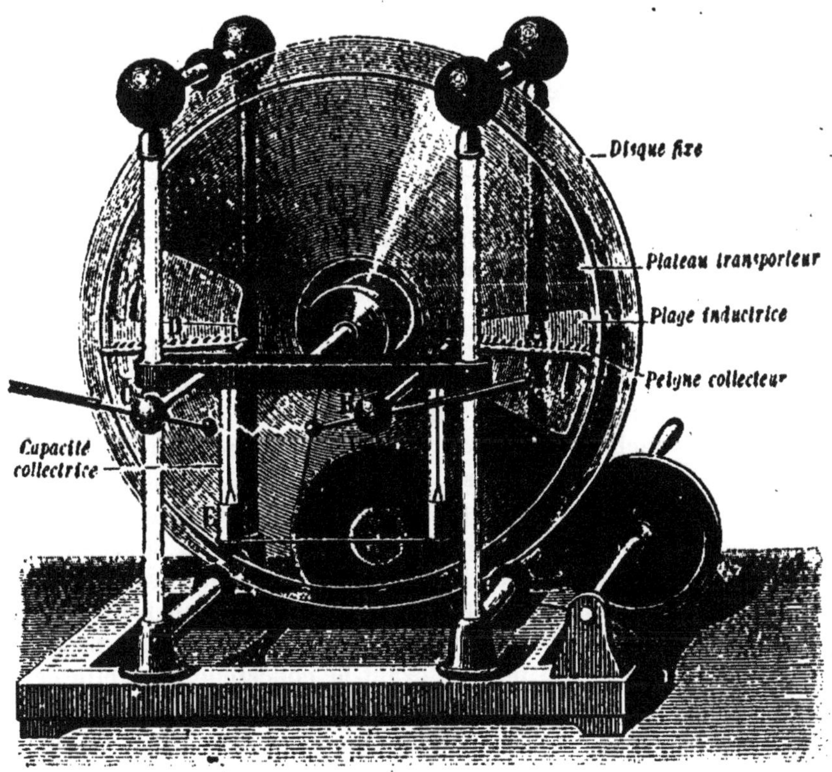

FIG. 66. — MACHINE DE HOLTZ.

C'est une machine à multiplication que l'on peut regarder comme un ensemble de
deux machines simples à influence associées de façon que le collecteur de l'une
fasse office de source pour l'autre.

fisent alors à amorcer la machine, surtout si l'on a eu soin de
la dessécher en plaçant au-dessous d'elle un petit fourneau à
charbon de bois.

Une fois l'amorcement obtenu, on peut séparer les collecteurs
en retirant les tiges polaires et des étincelles éclatent alors entre
les extrémités de celles-ci.

Lorsque la machine fonctionne, les moitiés supérieure et inférieure du plateau mobile sont chargées d'électricités contraires ; en sorte qu'en passant devant chacun des collecteurs le plateau transporteur abandonne sa charge et prend une charge contraire, au lieu d'être simplement neutralisé comme dans les autres machines que nous venons d'étudier. On peut alors considérer la

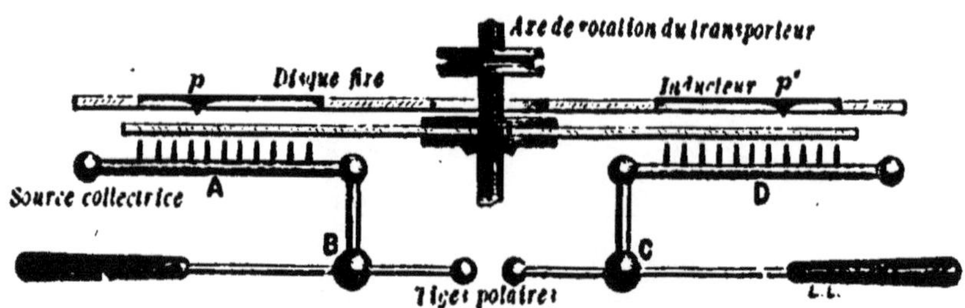

FIG. 67. — PROJECTION HORIZONTALE DE LA MACHINE DE HOLTZ.
Les inducteurs sont des bandes de carton électrisées disposées en regard des peignes et portées par un plateau fixe.

machine de Holtz comme un ensemble de deux machines simples associées de telle façon que le collecteur de l'une fasse en même temps office de source pour l'autre.

Il est très facile d'expliquer l'action de ces *sources collectrices* si l'on tient compte de ce fait que, quand la machine débite, les bandes de papier possèdent respectivement des charges de même signe que les collecteurs qui se trouvent en regard. Considérons, en effet, le collecteur positif D, par exemple (fig. 67) ; sa rangée de pointes laisse écouler sur le plateau mobile une quantité d'électricité négative qui est précisément égale à la charge positive amenée dans le même temps devant le collecteur. Or cette dernière comprend non seulement la charge positive du plateau, mais aussi la charge permanente de la bande de papier p' ; en sorte que le flux d'électricité négative qui sort des pointes collectrices est supérieur à la charge positive du plateau. Celui-ci se trouve par conséquent électrisé négativement à sa sortie du collecteur positif (fig. 68).

On voit ainsi que le fonctionnement de la machine exige simplement l'électrisation en sens contraire des deux bandes de papier. L'amorcement s'explique très simplement : les tiges polaires étant au contact et l'une des bandes p se trouvant électrisée, négativement par exemple, le peigne qui se trouve en regard de celle-ci répand de l'électricité positive sur la moitié inférieure du plateau mobile, tandis qu'une quantité égale d'électricité négative, refoulée dans l'autre peigne, sort par celui-ci et charge négativement la moitié supérieure. Ainsi chargé le plateau transporteur induit à son tour les bandes de papier et les actions de ses deux moitiés s'ajoutent alors pour appeler de l'électricité négative sur la pointe de p' et de l'électricité positive sur la pointe de p. Ces charges s'écoulent petit à petit par ces pointes et les charges contraires qui restent sur les bandes elles-mêmes se trouvent renforcées d'autant. La bande de papier p' ne tarde donc pas à s'électriser positivement et la machine s'amorce.

D'ailleurs l'influence persistante des charges qui recouvrent le plateau maintient et augmente l'électrisa-

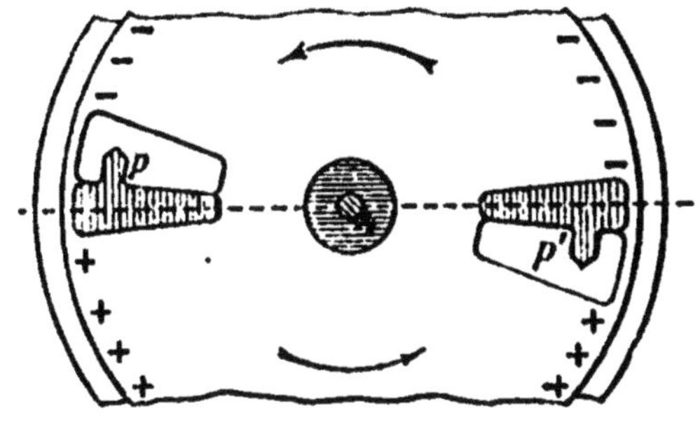

FIG. 68.

ÉLECTRISATION DE LA MACHINE DE HOLTZ.

Quand la machine fonctionne, la moitié supérieure du plateau et la bande p sont chargées négativement, tandis que la bande p' et la moitié inférieure du plateau possèdent des charges positives.

tion des deux bandes de papier, en sorte que le débit de la machine s'active par le jeu même de celle-ci : c'est le caractère des machines à multiplication.

77. Débit et puissance d'une machine électrique. — L'expérience montre que la rotation d'une machine électrique exige un effort plus grand quand elle est amorcée que lorsqu'elle ne l'est pas. La différence de travail extérieur fourni dans ces conditions est employée à augmenter l'énergie électrique des collecteurs et se dépense par la suite dans les décharges qui surviennent entre eux.

La différence de potentiel maxima qu'une machine permet d'établir entre ses pôles se mesure par la plus grande longueur d'étincelle qui peut jaillir entre ceux-ci. Avec les machines de Wimshurst ou de Holtz on obtient facilement une distance explosive de 20 centimètres, ce qui correspond à une dénivellation électrique de 100 000 volts; mais cette limite dépend, d'ailleurs, de l'isolement des collecteurs et elle est notablement plus faible lorsqu'on les relie aux armatures d'une batterie parce que les pertes électriques de celles-ci s'ajoutent alors à celles de la machine elle-même.

Le *débit* d'une machine, c'est-à-dire la quantité d'électricité I

qu'elle met en jeu par seconde, est, pour des plateaux de même diamètre, beaucoup plus grand dans les machines à influence que dans les machines à frottement. On le mesure en notant le temps que la machine met à charger à un potentiel connu une batterie de capacité connue. Si, par exemple, la machine porte, en t secondes, à un potentiel de V volts, une capacité de C microfarads, la charge Q qu'elle fournit en ce temps est de $CV \cdot 10^{-6}$ coulombs et le débit de la machine est exprimé par le nombre

$$I = \frac{CV \cdot 10^{-6}}{t}.$$

L'énergie recueillie en t secondes par la batterie est égale au travail dépensé pour actionner la machine et elle a pour valeur $\frac{1}{2} QV$, c'est-à-dire $\frac{1}{2} CV^2 \cdot 10^{-6}$ joules; la puissance de la machine sera par conséquent de $\dfrac{CV^2 \cdot 10^{-6}}{2t}$ watts.

Nous décrirons par la suite, sous le nom de *piles* ou de *dynamos*, des machines qui fournissent de l'électricité à un potentiel bien moindre que celles que nous venons d'étudier, mais qui, en revanche, ont un débit beaucoup plus grand.

78. Réversibilité des machines à influence. — La force qu'il faut développer pour faire tourner une machine amorcée est employée à vaincre les résistances qu'apportent au mouvement du plateau transmetteur la répulsion du collecteur et l'attraction de la source; on peut donc prévoir que si, par un artifice quelconque, on maintenait la dénivellation électrique entre les collecteurs, la machine tournerait en sens inverse lorsqu'on cesserait d'agir sur la manivelle. C'est ce que l'expérience vérifie complètement. En réunissant par de gros fils métalliques les collecteurs d'une machine de Wimshurst à ceux d'une autre, on voit, en effet, la première se mettre à tourner dès qu'on actionne la seconde et réciproquement. On peut ainsi recueillir sur la machine réceptrice une partie, au moins, de l'énergie dépensée pour animer la machine génératrice, et cela, quelle que soit la longueur des fils de jonction; cette expérience donne un premier exemple de transport électrique de l'énergie. Nous décrirons plus tard les conditions dans lesquelles ce mode de transmission du travail est devenu industriel.

9. CONDENSATION

79. Modification de la capacité électrique des corps conducteurs. — Diverses circonstances peuvent modifier la capacité électrique d'un conducteur. En premier lieu, elle varie quand on change la surface de celui-ci. On le montre aisément par l'expérience suivante : sur le plateau de l'électroscope à feuilles on place un petit cylindre métallique contenant une chaînette et on électrise l'instrument dont le potentiel est alors indiqué par l'écart des feuilles. Or si l'on soulève, à l'aide d'un bâton isolant, l'une des extrémités de la chaînette de manière à augmenter la surface du conducteur électrisé, on voit les feuilles se rapprocher. Comme la charge ne change pas, cette diminution de potentiel est nécessairement corrélative d'une augmentation de la capacité.

En second lieu, nous avons démontré (§ 60) que la capacité d'un conducteur est plus grande lorsqu'on place près de lui

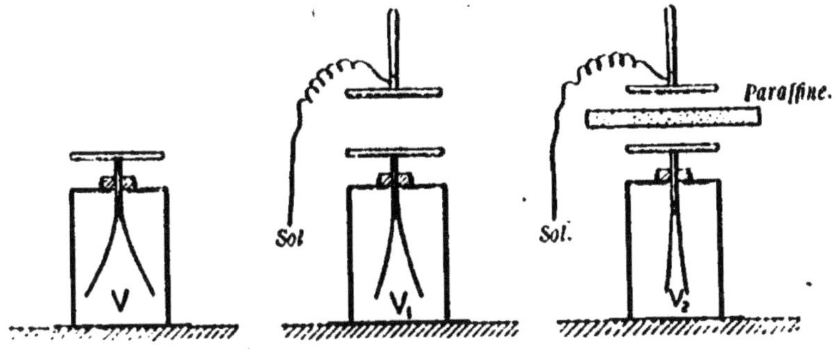

FIG. 69. — PRINCIPE DE LA CONDENSATION.
Le potentiel d'un conducteur isolé et électrisé diminue et sa capacité augmente quand on en approche un conducteur au sol et quand on introduit une lame isolante entre ces deux conducteurs.

un autre conducteur en communication avec le sol ; nous l'avons vérifié en constatant que les feuilles de l'électroscope, préalablement électrisé, divergent moins quand on en approche un plateau métallique tenu à la main. Cet accroissement de capacité est d'ailleurs d'autant plus considérable que les plateaux sont plus voisins.

Une troisième circonstance, enfin, peut influer sur la valeur de la capacité.

Reprenons l'électroscope électrisé et, à une certaine distance au-dessus de lui, plaçons un second plateau en communication avec le sol. La capacité de l'électroscope, dans ces conditions, est déjà plus grande que si ce second plateau n'existait pas; mais elle augmente encore si, entre les deux plateaux, on vient à glisser une lame isolante, en verre, paraffine ou ébonite, dont on a tout d'abord constaté l'état de parfaite neutralité. On voit, en effet, l'écart des feuilles diminuer (fig. 69) et reprendre sa valeur primitive dès qu'on retire la lame diélectrique. L'introduction de celle-ci a donc produit le même effet qu'un rapprochement du plateau auxiliaire et cet effet est, au surplus, d'autant plus marqué que la lame isolante est plus épaisse.

Ces diverses expériences suffisent à indiquer comment doit être construit un *condensateur*, c'est-à-dire un conducteur de grande capacité. Sur un large carreau de vitre, on colle deux feuilles d'étain de même dimension en laissant autour d'elles une large bande de verre qu'on vernit ensuite à la gomme laque pour obtenir un meilleur isolement. Ces deux feuilles d'étain se nomment les *armatures* du condensateur; l'une d'elles sera en communication permanente avec le sol; l'autre constituera, à proprement parler, le *collecteur* de grande capacité.

On retrouve un dispositif analogue dans la bouteille de Leyde qui est la forme la plus usuelle du condensateur.

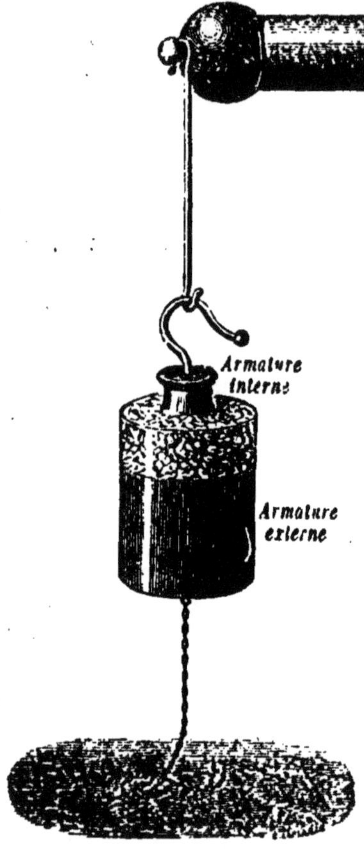

FIG. 70.

CHARGE D'UNE BOUTEILLE DE LEYDE.

L'armature externe est mise en communication avec le sol et l'armature interne avec l'un des pôles de la machine électrique.

C'est une bouteille en verre tapissée intérieurement et extérieurement de feuilles d'étain jusqu'à une certaine distance du goulot. L'armature intérieure communique avec une tige de cuivre recourbée qui passe à travers le bouchon et se termine par un bouton. Dans les bouteilles à goulot étroit, la feuille d'étain intérieure qui serait difficile à coller est remplacée par des feuilles de clinquant ou de la limaille dont on emplit la bouteille. La partie supérieure de celle-ci, où le verre est nu, est, ainsi que le bouchon, vernie à la gomme laque.

Pour charger la bouteille, on met l'armature externe au sol soit en la tenant à la main, soit en la faisant communiquer avec la terre par une chaînette. Puis on réunit l'armature intérieure à l'un des pôles d'une machine électrique dont l'autre pôle est à la terre (fig. 70). La bouteille est chargée si aucune étincelle n'éclate quand on sépare la tige de la bouteille du conducteur polaire.

80. Pouvoir inducteur spécifique d'une substance isolante. — *Le pouvoir inducteur spécifique d'une substance est le rapport entre la capacité d'un condensateur dont les armatures sont séparées par une lame de cette substance et celle d'un condensateur de même forme à lame d'air.* Ce rapport est de 2 pour le soufre, de 5,5 pour le verre et d'environ 8 pour le mica; c'est d'ailleurs ce dernier corps qui paraît avoir le pouvoir inducteur spécifique le plus élevé.

L'existence du pouvoir inducteur spécifique conduit, en dernière analyse, à admettre que deux masses électriques exercent l'une sur l'autre des forces différentes suivant les milieux dans lesquels elles se trouvent; mais que, dans chaque cas cependant, ces actions restent proportionnelles aux masses elles-mêmes et en raison inverse du carré de leur distance. Les conséquences de cette hypothèse se déduisent sans difficulté.

Considérons, en effet, deux masses électriques q et q' placées dans l'air à une distance r; la force f qui agit entre elles est égale à $\dfrac{qq'}{r^2}$. Mais si, au lieu d'être dans l'air, les mêmes masses se trouvent dans un milieu isolant différent leur action mutuelle f' n'est plus la même et, comme elle reste néanmoins proportionnelle à q et q' et en raison inverse de r^2, on peut la représenter par l'expression $f' = \dfrac{1}{K}\dfrac{qq'}{r^2}$, où K désigne un coefficient constant particulier au milieu isolant considéré. Il résulte de là que, plusieurs conducteurs voisins étant en équilibre électrique dans l'air, la distribution électrique sur chacun d'eux ne changera pas si l'on suppose que leur ensemble soit noyé dans un autre milieu isolant. En tout point du champ l'intensité conservera, en effet, la même direction et se trouvera simplement multipliée par le coefficient $\frac{1}{K}$; elle restera donc nulle à l'intérieur des conducteurs et normale à leur surface.

Le travail nécessaire pour transporter l'unité de masse électrique d'un point à un autre du champ variera dans le même rapport que l'intensité du champ elle-même et il en sera, par suite, de même de la différence du potentiel entre ces deux points. En d'autres termes, en tout point du champ le potentiel se trouvera multiplié par $\frac{1}{K}$. Si dans l'air un des conducteurs possédait la charge Q et le potentiel V, il conservera au sein de l'isolant la même charge Q sous le potentiel $\frac{V}{K}$.

Et, d'autre part, la capacité de ce conducteur se trouvait définie dans le premier cas, elle le sera aussi dans le second et, en désignant par C et C' les valeurs respectives de cette grandeur,

$$\text{on aura alors} \qquad Q = CV \quad \text{et} \quad Q = C'\frac{V}{K}$$

et, par conséquent, $C' = KC$.

La capacité de chacun des conducteurs aura donc varié, elle aussi, dans un rapport constant, mais en sens inverse de la force électrique. C'est ce rapport constant K que l'on nomme le *pouvoir inducteur spécifique* du milieu isolant. On le mesure, entre autres manières, en déterminant le rapport des capacités d'un même condensateur suivant que ses armatures sont séparées par la substance diélectrique étudiée ou simplement par de l'air.

81. Électroscope condensateur. — Nous avons dit que, lorsque la cage d'un électroscope ordinaire est au sol, la divergence des feuilles mesure en valeur relative le potentiel du plateau, et par suite de tout conducteur en communication métallique avec celui-ci. Dans la pratique il faut un potentiel de 50 volts au moins pour déterminer un écart sensible des feuilles, en sorte que l'instrument ne permet pas de reconnaître l'électrisation d'un corps dont la différence de niveau électrique avec le sol est moindre que 50 volts. L'électroscope condensateur de Volta est destiné à observer l'électrisation des corps qui, tout en étant à de très faibles potentiels, peuvent fournir de grandes quantités d'électricité. Sa sensibilité, pour cet usage, est de beaucoup supérieure à celle de l'appareil ordinaire. Il se compose d'un électroscope à feuilles muni d'un large plateau sur lequel on peut en placer un autre de même diamètre. Les faces des plateaux qui se trouvent en regard sont recouvertes d'un vernis isolant; en sorte que si l'on met le plateau supérieur au sol, en le touchant avec le doigt, par exemple, le système forme un condensateur dont le plateau inférieur constitue le collecteur. La capacité C de celui-ci est, dans ces conditions, relativement grande, parce que les armatures, séparées seulement par des couches de vernis, sont très rapprochées (fig. 71).

L'armature supérieure étant au sol, mettons le collecteur en communication avec un corps, dont le potentiel v soit insensible aux feuilles, mais qui puisse fournir de notables quantités d'électricité sans que ce potentiel varie. Dans ces conditions, les feuilles resteront au zéro, mais le plateau de l'électroscope prendra une charge égale à Cv.

Supprimons maintenant la communication entre ce plateau et le corps électrisé et enlevons le plateau supérieur. La charge de l'électroscope reste la même; mais sa capacité c, quand il est seul, est beaucoup moindre que lorsqu'il se trouvait au voisinage immédiat d'une armature métallique au sol. Le potentiel du plateau collecteur doit donc augmenter considérablement. Sa nouvelle valeur V sera donnée par la relation :

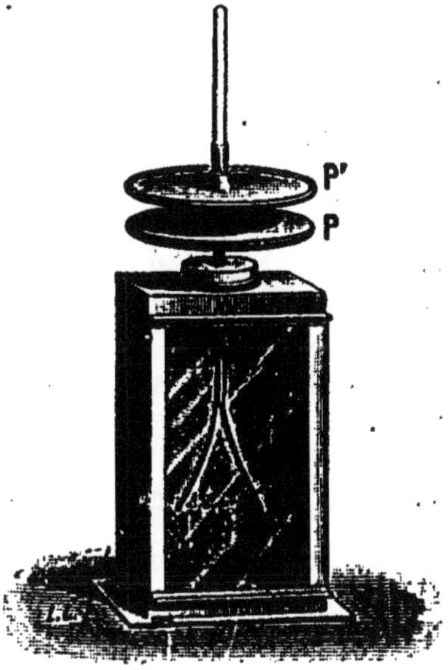

$$cV = Cv.$$

Cette valeur V peut alors se trouver assez grande pour déterminer une divergence notable des feuilles et l'électrisation du corps au potentiel constant v est ainsi mise en évidence.

FIG. 71.

ÉLECTROSCOPE CONDENSATEUR.

Il est destiné à observer l'électrisation des corps qui, tout en étant à de très faibles potentiels, peuvent fournir de grandes quantités d'électricité.

82. Condensateur fermé et sphérique. — On donne le nom de *condensateurs fermés* à ceux dans lesquels l'armature collectrice est complètement entourée par celle qui est mise à la terre. Dans ces conditions, toute charge Q donnée à la première appelle sur la face interne de l'autre une charge précisément égale et contraire — Q. La bouteille de Leyde est un condensateur à peu près fermé.

Nous étudierons d'abord le condensateur fermé, à lame d'air, sous sa forme la plus simple, celle où les armatures sont des sphères concentriques, et nous étendrons ensuite aux autres les résultats généraux auxquels nous aurons été conduits.

Expression de la capacité. — Désignons par R et R' les rayons respectifs de l'armature interne et de l'armature externe (fig. 72). Supposons celle-ci mise à la terre, c'est-à-dire au potentiel 0 et

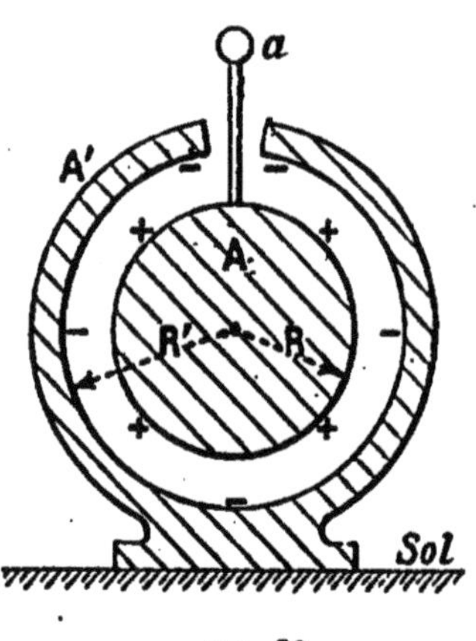

FIG. 72.

soit alors Q la charge de l'armature collectrice interne. En tout point de cette dernière le potentiel a la même valeur V qu'en son centre; on a donc, d'après l'expression générale du potentiel,

$$V = \frac{Q}{R} - \frac{Q}{R'}$$

ou encore

$$V = Q\,\frac{R' - R}{RR'}.$$

La capacité C du condensateur, étant définie par la relation $Q = CV$, se trouve alors exprimée par $C = \dfrac{RR'}{R' - R}$.

Si la différence e des rayons est extrêmement petite par rapport aux rayons eux-mêmes, on peut substituer à la valeur précédente l'expression suivante qui en diffère extrêmement peu

$$C = \frac{R^2}{e}.$$

Cette dernière peut d'ailleurs se mettre sous la forme $C = \dfrac{S}{4\pi e}$. en désignant par S la surface des armatures qui est alors sensiblement la même et qui est égale à $4\pi R^2$.

Remarques. — I. Si l'armature collectrice était seule, sa capacité serait numériquement égale à son rayon. Quand elle fait partie du condensateur, sa capacité a pour valeur $\dfrac{R^2}{e}$; on voit donc que la présence de l'armature externe mise à la terre a pour effet d'augmenter cette grandeur dans le rapport $\dfrac{R}{e}$.

II. Si la lame diélectrique du condensateur était constituée par une substance dont le pouvoir inducteur spécifique fût K, la capacité serait égale à

$$\frac{KS}{4\pi e}.$$

III. Le calcul montre que la même expression s'applique aussi à un condensateur de forme quelconque, formé par deux armatures, de même surface S, appliquées de part et d'autre d'une lame isolante d'épaisseur constante et extrêmement petite e.

Ainsi la capacité d'un condensateur de 1 mètre carré, dont les armatures seraient séparées par une lame de verre ($K = 5,5$) de 1 millimètre d'épaisseur, vaudrait en unités électrostatiques

$$\frac{5,5 \times 10^4}{4 \times 3,14 \times 0,1}.$$

Comme le microfarad vaut 9×10^5 unités électrostatiques (§ 46), la capacité du même condensateur, exprimée en microfarads, serait égale à

$$\frac{1}{9 \times 10^5} \cdot \frac{5,5 \times 10^4}{4 \times 3,14 \times 0,1} \qquad \text{soit } \frac{1}{20} \text{ de microfarad environ.}$$

IV. L'état d'un champ électrique ne change pas lorsqu'on augmente d'une même quantité le potentiel en tous ses points. Dès lors si, au lieu d'être à la terre, l'armature externe d'un condensateur était au potentiel V_1 et l'armature interne au potentiel V_2, on obtiendrait la charge Q de celle-ci en multipliant simplement la capacité c par la différence $V_2 - V_1$ des potentiels.

On aurait ainsi :

$$Q = \frac{KS}{4\pi e}(V_2 - V_1)$$

83. Capacité d'un condensateur de forme quelconque. — Le calcul qui établit la formule $C = \dfrac{S}{4\pi e}$ dans le cas d'un condensateur a lame d'air, de forme quelconque et d'épaisseur uniforme, repose sur la formule de Coulomb démontrée au § 53.

Remarquons que les deux armatures constituent des surfaces équipotentielles. Les lignes de force du champ qu'elles comprennent entre elles leur sont normales et peuvent, par conséquent, être considérées comme parallèles dans une portion restreinte de ce champ; ce qui revient à dire que l'intensité de celui-ci a une valeur constante (§ 51, II). D'après la définition même du potentiel, cette valeur est égale au quotient de la différence de potentiel des deux armatures par leur distance e. En désignant par μ la densité à la surface de l'armature collectrice et par V l'excès de son potentiel sur celui de l'autre armature, on a alors, d'après la formule de Coulomb :

$$\frac{V}{e} = 4\pi\mu.$$

Cette formule montre que la distribution électrique est uniforme sur les armatures, et, dans ces conditions, on obtiendra la charge Q de l'armature collectrice en multipliant sa surface S par la densité μ. On retrouve ainsi la formule

$$Q = \frac{S}{4\pi e} V$$

qui montre que la capacité du condensateur considéré a pour valeur $\frac{S}{4\pi e}$. Un condensateur de mêmes dimensions, et dont les armatures seraient séparées par une lame de pouvoir inducteur spécifique K, aurait pour capacité $\frac{KS}{4\pi e}$.

84. Énergie d'un condensateur chargé. — Nous avons montré au § 45 que l'énergie W d'un système de conducteurs électrisés avait pour expression la moitié de la somme des produits de leurs charges respectives par leurs potentiels; c'est-à-dire que l'on a :

$$W = \frac{1}{2} \Sigma QV.$$

Appliquée à un condensateur dont l'une des armatures est au sol et dont l'autre possède la charge Q et le potentiel V, cette expression se réduit à :

$$W = \frac{1}{2} QV.$$

En remplaçant la charge Q par sa valeur CV on peut aussi écrire :

$$W = \frac{1}{2} CV^2.$$

On voit donc que l'énergie potentielle d'un condensateur chargé est représentée par le demi-produit de sa capacité par le carré de son potentiel.

Il existe pratiquement pour chaque bouteille de Leyde une limite que cette énergie ne saurait dépasser, parce que les charges contraires des armatures s'attirent à travers le verre et peuvent, quand elles sont trop fortes, se neutraliser en se frayant un passage à travers la lame isolante elle-même. Quand on veut obtenir de puissants effets de décharge, on *associe* alors plusieurs condensateurs, soit en *surface*, soit en *cascade*, et on constitue ainsi des *batteries*.

85. Batteries en surface. — Ce mode d'association consiste à relier entre elles, d'une part les armatures internes, de l'autre les armatures externes. Les modèles ordinaires de batteries en surface comprennent quatre ou neuf grandes bouteilles de Leyde à large goulot, nommées *jarres*, installées dans une caisse à compartiments doublés de feuilles d'étain. Les armatures externes communiquent ainsi entre elles. Quant aux armatures internes, elles sont toutes reliées par de grosses tiges de laiton à un anneau A (fig. 73).

Pour charger la batterie, on met la caisse en communication avec le sol par une chaînette et on relie l'anneau au pôle d'une machine électrique. Chacune des bouteilles se charge alors comme si elle était seule parce que les armatures externes mises

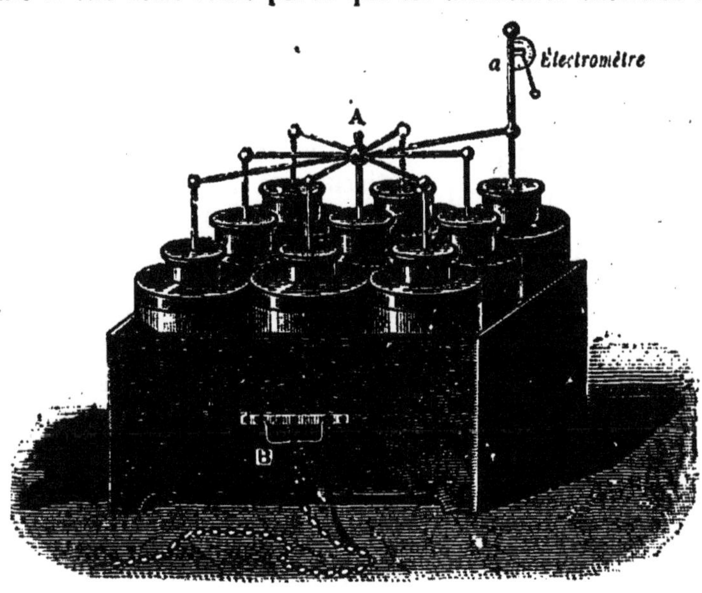

FIG. 73. — BATTERIES EN SURFACE.
Toutes les armatures internes sont reliées entre elles par de grosses tiges de laiton. Les armatures extérieures communiquent entre elles par un revêtement en papier d'étain qui tapisse la caisse de la batterie.

à la terre constituent de véritables écrans électriques. Dès lors, la capacité de la batterie est la somme de celles des jarres; si celles-ci sont identiques entre elles, l'énergie de la batterie portée au potentiel V s'exprimera donc par

$$W = \frac{1}{2} ncV^2 \qquad \text{ou encore par} \qquad W = \frac{1}{2} nqV,$$

en appelant c la capacité commune des jarres, n leur nombre et q la charge de chacune.

Condensateurs étalons. — On retrouve le même mode d'association dans les condensateurs étalons que l'on emploie à la mesure des capacités. Ils sont constitués par des feuilles de mica superposées. Sur chacune des faces de ces lames on a collé une feuille d'étain ou déposé chimiquement une mince couche d'argent. Toutes les feuilles métalliques d'ordre pair communiquent entre elles et constituent l'armature collectrice, tandis que les feuilles d'ordre impair sont reliées entre elles et mises à la terre.

On peut, à l'aide de ce dispositif, obtenir sous le volume ordinaire d'un livre un condensateur ayant une capacité de 1 microfarad, alors qu'un condensateur sphérique à lame de verre, de 1 millimètre d'épaisseur, devrait avoir un rayon de 1 m. 28 pour présenter la même capacité.

86. Batteries en cascade. — Ce mode d'association consiste à ranger les bouteilles à la file en faisant communiquer l'armature externe de l'une avec l'armature interne de la suivante. L'armature externe de la dernière bouteille est mise à la terre tandis que l'armature interne de la première fait office de collecteur et se trouve reliée au pôle de la machine électrique quand on veut charger la batterie (fig. 74). Si on donne ainsi à cette armature une charge q, cette charge appelle par influence une charge $-q$ sur l'armature externe de la première bouteille et refoule une charge $+q$ sur l'armature interne de la seconde. Celle-ci agit à son tour de la même façon sur la bouteille suivante; en sorte que toutes les bouteilles se trouvent individuellement chargées de la même manière : leur

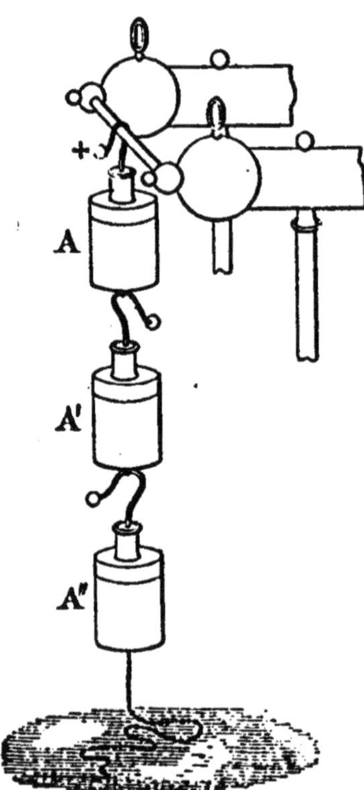

FIG. 74.

BATTERIE EN CASCADE.

Les bouteilles sont rangées à la file et l'armature interne de l'une communique avec l'armature externe de la précédente.

armature interne possédant une charge q, leur armature externe une charge $-q$. Si la capacité c des bouteilles est la même, la différence de potentiel V qui règne entre les armatures de chacune est aussi la même et a pour valeur $V = \dfrac{q}{c}$.

Dès lors l'armature externe de la dernière bouteille étant au sol, l'armature interne de cette bouteille et, par suite, l'armature externe de la précédente se trouvent au potentiel V; l'armature interne de celle-ci et l'armature externe de la suivante sont alors au potentiel $2V$ et ainsi de suite jusqu'à l'armature interne de la première bouteille qui se trouve au potentiel nV. On emploie ce mode d'association quand on veut avoir une charge à un potentiel qu'une bouteille seule ne pourrait supporter sans danger de rupture pour la lame isolante.

Quand on applique à ce système la formule qui donne l'énergie, on voit que les armatures intermédiaires, possédant des charges totales nulles, n'interviennent pas dans l'expression de l'énergie qui se réduit alors à :

$$W = \frac{1}{2}\, qnV.$$

Comparée à celle qui donne l'énergie d'une batterie en surface, cette formule montre immédiatement que, si on a n bouteilles identiques possédant une même charge q, on conserve leur énergie totale quand on les associe soit en surface, soit en cascade; c'était d'ailleurs facile à prévoir, en raison de ce fait que les charges contraires qui se trouvent sur les armatures de chacune n'ont aucune action extérieure.

Cependant les effets produits par la décharge des deux batteries ne sont pas absolument identiques, bien que l'énergie dépensée soit la même. Lorsqu'on met l'armature interne de la batterie en surface en communication avec le sol, la charge nq tombe d'un potentiel V; mais, lorsqu'on décharge de la même façon la batterie en surface, la charge q tombe du potentiel nV, tandis que les armatures intermédiaires se déchargent sur elles-mêmes. Les effets produits peuvent différer entre eux, tout comme ceux qu'on obtient en laissant tomber 100 kilogrammes de 1 mètre de hauteur ou 1 kilogramme de 100 mètres de haut.

87. Décharge des condensateurs. — On peut ramener un condensateur à l'état neutre, soit par des *décharges successives*, soit par *une décharge brusque*.

88. Décharges successives. — Ce premier procédé, qui n'a d'ailleurs que peu d'intérêt pratique, consiste à isoler le condensateur et à mettre alternativement ses armatures en communication avec le sol. Chacun des contacts entraîne une petite décharge électrique et la différence de potentiel entre les armatures diminue ainsi progressivement jusqu'à devenir nulle.

On étudie facilement ce mode de décharge sur un condensateur sphérique à lame d'air (fig. 72). Supposons tout d'abord que l'armature interne A de rayon R soit portée au potentiel V par une charge Q. L'autre armature A', supposée au potentiel 0, se trouve alors recouverte intérieurement d'une charge —Q et la valeur du potentiel de A est, dans ces conditions :

$$V = \frac{Q}{R} - \frac{Q}{R'}.$$

Isolons le condensateur en le plaçant sur un disque de paraffine et touchons avec le doigt la tige a. Une charge q disparaît dans le sol, le potentiel devient nul sur l'armature A, tandis que A' conserve la même charge totale et

on a $\qquad \dfrac{Q - q}{R} - \dfrac{Q}{R'} = 0 \qquad$ ou encore $\qquad V - \dfrac{q}{R} = 0.$ (1)

La distribution s'est d'ailleurs modifiée sur l'armature extérieure. Intérieurement, il ne reste qu'une charge $(Q - q)$ égale et contraire à celle de l'armature interne, tandis qu'une charge $— q$ se porte sur la face externe de l'armature A'. Si on touche celle-ci, cette charge disparaît à son tour, de telle sorte qu'après cette double opération, le potentiel de l'armature externe est de nouveau égal à 0, tandis que celui de l'armature interne a pour valeur :

$$V' = \frac{Q - q}{R} - \frac{Q - q}{R'}.$$

Combinée avec les précédentes cette relation donne :

$$V' = V \frac{R}{R'}.$$

Chacun des doubles contacts réduira donc la différence de potentiel entre les armatures dans le rapport $\dfrac{R}{R'}$. Le voltage décroîtra donc en progression géométrique et pourra devenir aussi petit qu'on le voudra. La formule (1) montre d'ailleurs que les charges enlevées iront en décroissant suivant la même loi.

On obtiendrait le même résultat en touchant alternativement l'armature interne et l'armature externe avec un conducteur isolé ; celui-ci emprunterait à la première une certaine quantité d'électricité qui serait ensuite neutralisée par la charge égale et contraire appelée sur la face externe de la seconde.

On réalise pratiquement ce mode de décharge à l'aide de l'appareil que représente la figure 75 et que l'on nomme *carillon électrique*. Une petite balle de métal est suspendue par un fil entre deux timbres dont l'un est fixé sur l'armature interne d'une bouteille de Leyde et dont l'autre est monté sur une colonne en relation métallique avec l'armature externe. Lorsque la bouteille est chargée, la petite balle est tout d'abord attirée par le timbre de l'armature interne au contact duquel elle s'électrise ; elle est alors repoussée et se neutralise en touchant le timbre de l'armature externe. Elle effectue ainsi entre les deux timbres une série d'oscillations après chacune desquelles la charge de la bouteille se trouve diminuée.

89. Décharge brusque. — L'armature externe d'un condensateur étant mise à la terre, le condensateur se décharge brusquement si on y met à son tour l'armature interne et toutes deux passent alors à l'état neutre.

On obtient évidemment le même résultat, du moins pour les condensateurs fermés, lorsqu'on met les deux armatures en communication métallique : les charges qu'elles possèdent, étant rigoureusement égales et contraires, se neutralisent alors exactement. On se sert pour cela d'un conducteur formé de deux branches articulées que l'on tient quelquefois par des manches de verre (fig. 76) ; on appuie l'une d'elles contre l'armature externe du condensateur et on approche l'autre de l'armature interne ; un peu avant le contact éclate une étincelle et le condensateur se trouve déchargé.

90. Charge résiduelle. — Le plus souvent, cependant, l'électrisation n'a pas entièrement disparu après cette première étincelle. En attendant quelques instants, on peut en tirer une seconde, une troisième, de plus en plus

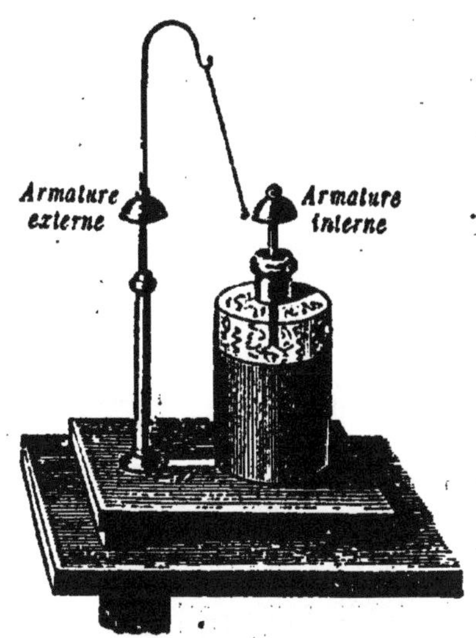

FIG. 75. — CARILLON ÉLECTRIQUE.

Lorsque la bouteille est chargée, la petite balle suspendue entre les deux timbres oscille de l'un à l'autre et décharge progressivement les armatures.

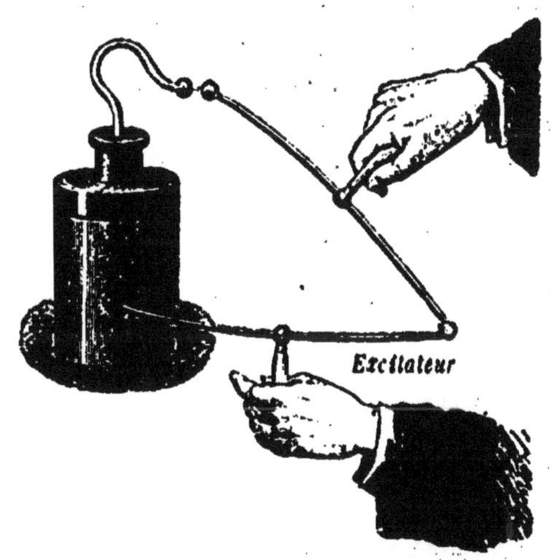

FIG. 76. — DÉCHARGE INSTANTANÉE D'UNE BOUTEILLE DE LEYDE AVEC L'EXCITATEUR.

On applique l'une des branches contre l'armature externe et on approche l'autre de l'armature interne : un peu avant le contact éclate une étincelle et la bouteille se trouve déchargée.

petites d'ailleurs. Ces charges résiduelles tiennent à ce que l'électricité pénètre dans les couches superficielles de la lame isolante. On le démontre à l'aide d'une bouteille de Leyde démontable, dont la lame isolante est constituée par un verre tronconique que l'on peut facilement détacher des pièces métalliques qui s'appliquent sur ses deux faces et qui constituent les armatures (fig. 77).

On charge la bouteille à la façon ordinaire, puis on l'isole, on la démonte et on décharge séparément ses deux armatures qui

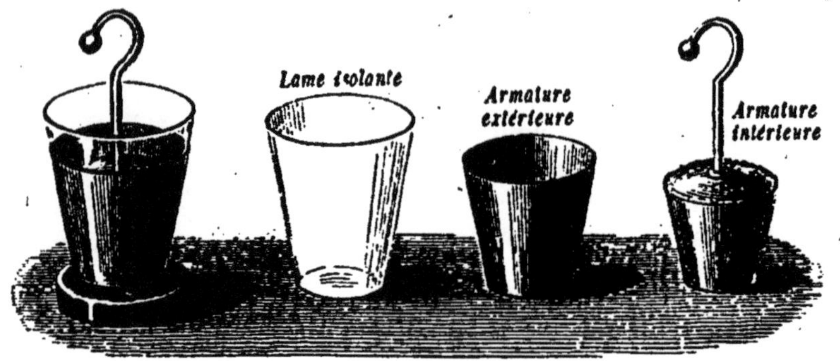

FIG. 77. — BOUTEILLE DE LEYDE DÉMONTABLE.
On charge la bouteille, on la démonte; on décharge séparément les armatures; on remonte ensuite la bouteille et on constate qu'elle donne encore des étincelles.

ne donnent que de faibles étincelles. On remonte alors la bouteille et on constate qu'on peut en tirer une étincelle presque aussi forte que celle qu'on aurait eue tout d'abord. Il est donc bien manifeste que la majeure partie de l'électricité réside à la surface ou dans les couches superficielles du diélectrique et on comprend ainsi que la décharge complète ne puisse s'obtenir du premier coup.

91. Bouteille de Lane. — C'est une bouteille de Leyde disposée de façon à permettre de mesurer le débit d'une machine électrique. On réunit par une chaînette l'un des pôles de celle-ci avec l'armature interne tandis que l'autre pôle de la machine et l'armature externe communiquent avec le sol (fig. 78). Sur le support de la bouteille est, d'autre part, montée une tige qui est en relation métallique avec l'armature externe et qui porte un bouton n qu'on peut plus ou moins rapprocher de l'armature interne. Lorsque la machine débite, la différence de potentiel entre les armatures augmente peu à peu : dès qu'elle a atteint une valeur suffisante, une étincelle jaillit entre les deux boutons m et n et la bouteille se décharge; d'autres étincelles éclatent ensuite qui, pour une même distance explosive, correspondent chacune au passage dans le sol d'une même quantité d'électricité; en sorte que le débit de la machine est proportionnel au nombre des étincelles qui se sont produites pendant l'unité de temps.

La bouteille de Lane permet aussi de mesurer la charge donnée à une batterie; il suffit pour cela d'isoler la bouteille et de l'installer comme intermé-

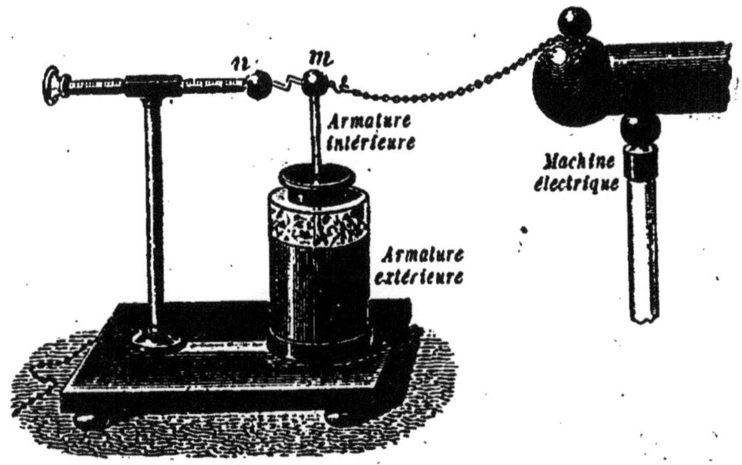

FIG. 78. — BOUTEILLE DE LANE.

Le débit d'une machine électrique mise en relation avec l'armature interne de la bouteille est proportionnel au nombre d'étincelles qui éclatent entre cette armature *m* et le bouton *n* qui communique avec l'armature externe et avec le sol.

diaire, en reliant son armature interne avec la machine et son armature externe avec la batterie. La charge acquise par celle-ci est encore proportionnelle au nombre des étincelles.

92. Transformation de l'énergie électrique en chaleur. —

Lorsqu'on réunit les armatures d'une batterie fortement chargée aux pôles d'une machine de Wimshurst, par exemple, on voit celle-ci se mettre en mouvement. L'énergie potentielle de la batterie se trouve ainsi transformée en travail. Elle peut aussi se transformer directement en chaleur. Lorsqu'on provoque, en effet, la décharge d'un condensateur en réunissant ses armatures par un conducteur qui comprend un fil métallique fin, celui-ci s'échauffe et peut même être fondu et volatilisé.

L'expérience montre, et on expliquera d'ailleurs plus tard (§ 120) que, si ce conducteur de jonction est formé de fils très gros et de fils très fins, les premiers ne s'échauffent sensiblement pas et la *presque totalité de la chaleur fournie par la décharge reste localisée dans les fils fins*. On met ce fait en évidence de plusieurs manières. La figure 79 montre, par exemple, le dispositif expérimental qui permet d'obtenir *la volatilisation d'un fil d'or*. On se sert pour cela d'un *excitateur universel* formé de deux tiges métalliques, montées à charnière sur des pieds de verre et entre lesquelles on tend un cordon de soie affilé d'or *ab*. Quand

on provoque à travers celui-ci la décharge d'une forte batterie, la
soie reste à peu près intacte, mais le fil d'or est volatilisé et sa

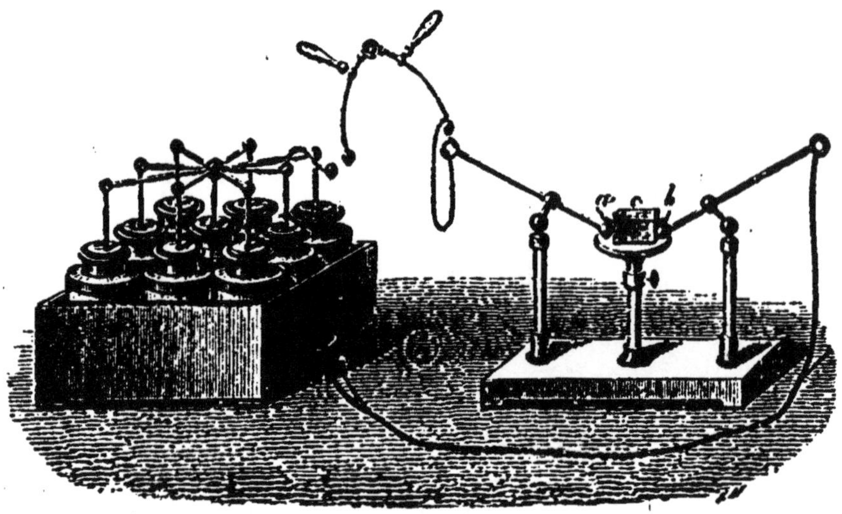

FIG. 79. — TRANSFORMATION DE L'ÉNERGIE ÉLECTRIQUE EN CHALEUR.
Lorsqu'on décharge une batterie à travers un fil d'or fin, celui-ci est volatilisé et
laisse une trace noirâtre sur une carte de papier c préalablement disposée près
de lui.

vapeur, en se condensant, vient former une traînée noirâtre sur
une carte en papier c préalablement disposée contre le fil.

L'expérience du *portrait de Franklin* est une application du

FIG. 80. — EXPÉRIENCE DU PORTRAIT DE FRANKLIN.
Cette expérience montre la volatilisation d'une feuille d'or sous l'action d'une
décharge électrique.

même phénomène. Une feuille d'or extrêmement mince est
appliquée sur une bande de papier découpée qui représente ordinairement le portrait de Franklin. De l'autre-côté de la décou-

pure on place une feuille de papier blanc. Le tout, isolé par deux larges rubans de soie, est ensuite serré entre deux planchettes. Deux bandes d'étain a et b, qui touchent les bords opposés de la feuille d'or, permettent de diriger à travers celle-ci la décharge d'une batterie. La feuille d'or se volatilise et sa vapeur forme sur le papier blanc placé de l'autre côté de la découpure un dépôt brun qui reproduit le dessin (fig. 80).

93. Vérification de la formule des batteries. — La mesure du dégagement calorifique produit par la décharge permet d'obtenir une précieuse vérification expérimentale de la formule qui donne l'énergie potentielle d'une batterie. Nous avons vu que, si on désigne par C la capacité de celle-ci, par V la différence de potentiel qui règne entre ses armatures, la charge Q de la batterie est égale à CV, et son énergie W est exprimée par le produit $\dfrac{CV^2}{2}$.

En remplaçant dans cette expression le potentiel V par sa valeur $\dfrac{Q}{C}$, on obtient la formule

$$W = \frac{Q^2}{2C}.$$

qui donne l'énergie de la batterie en *joules*, quand la charge Q est exprimée en *coulombs* et la capacité C en *farads*. La quantité de chaleur mise en jeu étant proportionnelle à l'énergie dépensée, le nombre n de calories développées par la décharge s'obtiendra en divisant W par l'équivalent mécanique de la chaleur, c'est-à-dire par 4,18. On aura ainsi

$$n = \frac{Q^2}{4,18 \times 2C}.$$

Pour vérifier cette relation, on opérera avec une batterie en surface constituée par des jarres identiques. La capacité C de la batterie sera, dans ces conditions, proportionnelle au nombre de jarres associées. La charge Q se mesurera à l'aide d'une bouteille de Lane, et, quant au dégagement calorifique, on en obtiendra la valeur relative par la longueur d'un même fil de fer fin fondu par la décharge. En variant les conditions de l'expérience, on trouve que, toutes choses égales, les longueurs de fil fondu sont proportionnelles au carré de la charge et en raison inverse du nombre des jarres, comme le veut la formule précédente.

91. Thermomètre de Riess. — On peut aussi mesurer la chaleur produite en dirigeant la décharge à travers une spire formée d'un fil de platine très fin et logée à l'intérieur d'un ballon de verre. L'air contenu dans celui-ci s'échauffe au moment de la décharge et subit alors une brusque augmentation de pression. Dans le dispositif de Riess (fig. 81), cet accroissement de pression.

FIG. 81. — THERMOMÈTRE DE RIESS.

La chaleur développée par une décharge électrique dans la spirale de platine *ab* est mesurée par la dénivellation qui survient dans un petit manomètre en communication avec le ballon de verre dans lequel est logée la spirale.

qui est proportionnel à la chaleur dégagée, se mesure par le déplacement du niveau liquide dans un petit·manomètre à eau en relation avec le ballon. L'appareil est porté par une planchette que l'on peut incliner de façon à faire varier la sensibilité.

Dans le dispositif de M. Mascart, le ballon est mis en relation avec une capsule manométrique qui inscrit la variation de pression sur un tambour tournant recouvert de noir de fumée.

10. EFFETS LUMINEUX DE LA DÉCHARGE ÉLECTRIQUE

95. Divers aspects de la décharge. — La décharge électrique à travers l'air et les gaz est toujours accompagnée d'un phénomène lumineux dont l'aspect est fort différent suivant les conditions de l'expérience : dans l'air à la pression ordinaire, on obtient des *étincelles*, des *aigrettes* ou des *effluves*; dans les gaz raréfiés on observe soit les apparences si remarquables des *tubes de Geissler*, soit celles des *tubes de Crookes*.

96. Décharges dans l'air ordinaire. Étincelle. — Lorsqu'on rapproche deux conducteurs qui, sur leurs parties superficielles les plus voisines, sont chargés d'électricités contraires, une étincelle jaillit entre eux, quand l'attraction mutuelle de leurs charges surpasse la résistance de la couche d'air qui les sépare. Des quantités égales d'électricités contraires se neutralisent alors à travers

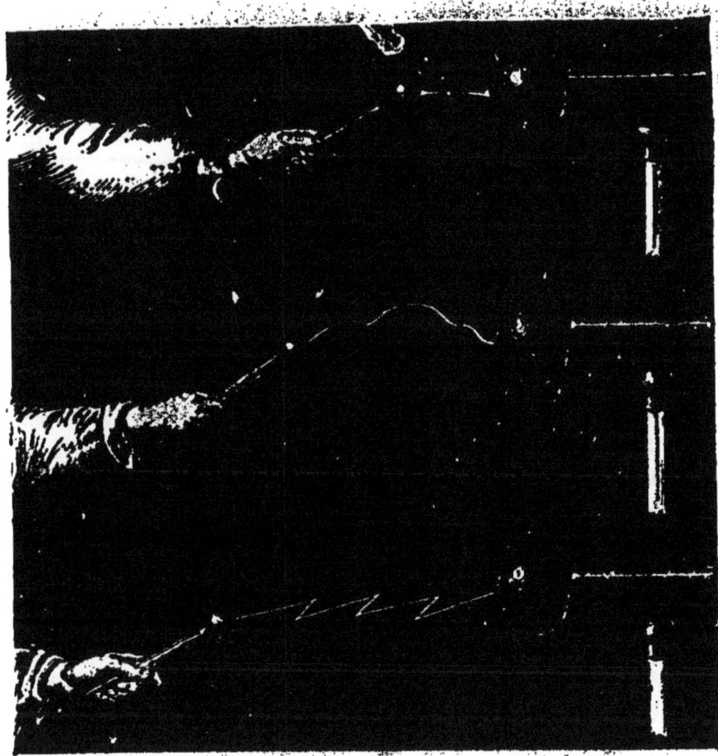

FIG. 82. — DIVERS ASPECTS DE L'ÉTINCELLE ÉLECTRIQUE.
L'étincelle est rectiligne quand sa longueur ne dépasse pas 4 à 5 centimètres. Elle est ramifiée, puis brisée pour de plus grandes distances explosives.

l'air, et le potentiel s'égalise sur les deux conducteurs, comme s'ils avaient été mis en communication momentanée.

Les divers aspects de l'étincelle ont été fixés par la photographie instantanée. Lorsque sa longueur ne dépasse pas 4 à 5 centimètres, l'étincelle est rectiligne (fig. 82); au delà, elle a la forme d'une courbe irrégulière présentant des ramifications très déliées et, pour les grandes distances explosives, elle offre l'apparence d'un zigzag; ce sont ces dernières formes que l'on observe généralement dans les éclairs orageux.

La durée de l'étincelle est toujours extrêmement faible : inappréciable, quand l'étincelle éclate entre les pôles d'une machine, elle ne dépasse jamais quelques cent-millièmes de seconde dans la décharge des plus fortes batteries.

La longueur de l'étincelle, c'est-à-dire la *distance explosive*, varie légèrement avec la forme des conducteurs et croît, d'ailleurs, un peu plus rapidement que leur différence de potentiel, comme le montre le tableau suivant qui résume les recherches de plusieurs expérimentateurs :

DISTANCE EXPLOSIVE EN CENTIMÈTRES	DIFFÉRENCE DE POTENTIEL EN VOLTS	
	Entre deux plans.	Entre deux sphères de 1^{cm} de rayon
0,1	4 500	4 500
0,5	17 000	16 500
1	30 000	25 000
5		45 000
10		55 000

On voit, par ces quelques nombres, que les différences de potentiel augmentent d'autant moins vite que la distance explosive est plus grande; il paraît donc assez vraisemblable que celles qui produisent les éclairs orageux ne sont pas hors de proportion avec celles qu'on peut obtenir avec une bonne machine électrique.

La capacité des conducteurs paraît être sans influence sur la longueur de l'étincelle; mais l'éclat et le bruit de celle-ci augmentent avec cette capacité, c'est-à-dire, en somme, avec la quantité d'électricité mise en jeu dans la décharge. Ainsi, lorsqu'une machine de Holtz ou de Wimshurst débite régulièrement, si l'on écarte de quelques centimètres les collecteurs, des étincelles très grêles se succèdent rapidement entre eux. Cela tient à ce que les capacités polaires sont faibles; mais, si on augmente celles-ci en mettant les collecteurs en relation avec les armatures internes de deux petites bouteilles de Leyde dont les armatures extérieures communiquent ensemble ou avec le sol, les étincelles se succèdent plus rarement pour la même distance explosive, mais apparaissent, en revanche, plus éclatantes et plus bruyantes.

L'étincelle est très longue et très ramifiée lorsqu'elle éclate dans un intervalle parsemé de corpuscules conducteurs. On réalise ordinairement l'expérience avec la *bouteille de Leyde étincelante* (fig. 85), dont l'armature extérieure, au lieu d'être continue, est formée d'une couche de vernis sur laquelle on a semé de la limaille de cuivre. Sous le fond de la bouteille est collée une feuille d'étain que l'on met au sol par une chaînette.

L'armature interne s'accroche à la machine électrique et se recourbe de telle façon que la bouteille puisse se décharger d'elle-même. On observe alors à travers les grains de limaille une belle étincelle très ramifiée.

Les nuages étant constitués par des amas de fines goutte-lettes d'eau ou de petits cristaux de glace, il est fort possible que la grande longueur des éclairs orageux soit due à un phéno-mène de ce genre.

Lorsqu'elle s'effectue dans cer-taines conditions, la décharge électrique sous forme d'étincelle est *oscillante*. C'est là un fait très important que je me borne à signaler ici. Son étude et celle des très remarquables applica-tions qui s'y rattachent trouve-ront mieux leur place après la description des phénomènes d'in-duction.

97. Aigrettes. — Lorsqu'un conducteur est trop fortement chargé, l'électricité s'échappe d'elle-même dans l'air et forme des aigrettes faiblement lumi-neuses qui apparaissent sur les parties saillantes du conducteur.

L'aigrette positive s'épanouit en une gerbe violacée peu visible, rattachée au conducteur par un pédicule plus brillant (fig. 84).

L'aigrette négative se réduit à une sorte de petite étoile bril-lante. Ce sont ces mêmes aigrettes que l'on aperçoit sur les peignes collecteurs des machines de Holtz ou de Wimshurst lors-que celles-ci fonctionnent dans un lieu obscur.

98. Effluves. — Lorsque la décharge électrique se produit entre deux conducteurs rapprochés, et recouverts sur leurs faces en regard d'une mince couche isolante d'émail ou de verre, on n'obtient plus d'étincelle mais une lueur violette et homogène

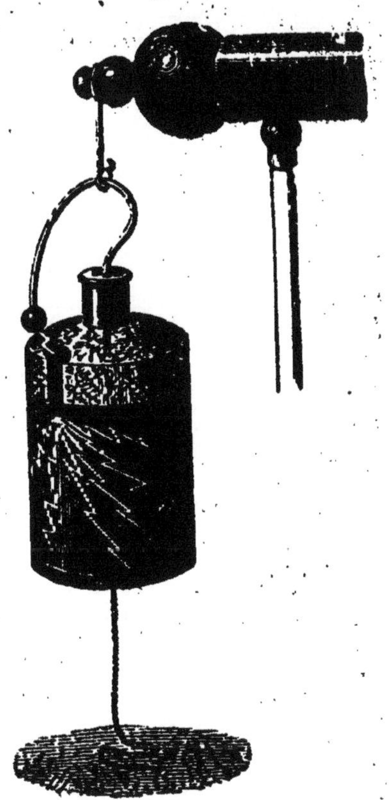

FIG. 83.
BOUTEILLE DE LEYDE ÉTINCELANTE.
Cette bouteille, dont l'armature externe est constituée par un semis de limaille de cuivre, sert à montrer que l'étin-celle est très ramifiée lorsqu'elle éclate dans un milieu parsemé de corpuscules conducteurs.

qui paraît remplir l'intervalle des conducteurs quand on les observe dans l'obscurité. C'est à cette forme de décharge étalée qu'on a donné le nom d'*effluve*.

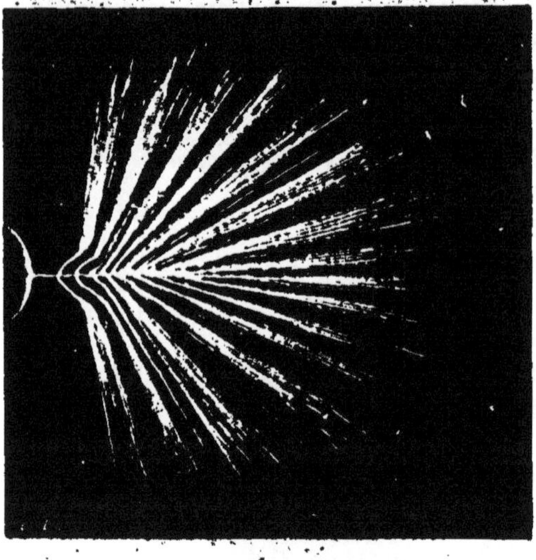

M. Berthelot a imaginé un appareil à effluves extrêmement simple qui a rendu à la Chimie d'inappréciables services. Je le décrirai sommairement ici, bien qu'on l'actionne ordinairement non avec une machine électrique, mais avec une bobine de Ruhmkorff.

Il se compose de deux tubes en verre mince, concentriques et ne laissant entre eux qu'un faible intervalle (fig. 85). Le tube intérieur est rempli d'acide

FIG. 84. — ASPECT DE L'AIGRETTE POSITIVE.
Lorsque l'électricité positive s'échappe d'un conducteur trop fortement chargé, elle produit une large aigrette violacée et pâle. L'aigrette négative se réduit à une sorte de petite étoile brillante.

sulfurique. tandis que le tube extérieur est en partie immergé dans une éprouvette à pied contenant aussi de l'acide sulfurique. Ces deux masses d'acide sont mises en communication par des fils métalliques avec les pôles de la bobine ou ceux de la machine électrique et elles constituent les conducteurs recouverts de verre entre lesquels se produit l'effluve. Les gaz que l'on veut soumettre à l'action de celle-ci sont conduits par le tube *a* dans l'espace annulaire où se fait la décharge et ressortent ensuite par le tube *b*.

99. Décharge dans les gaz raréfiés. — Les aspects que présente la décharge dans les gaz raréfiés sont des plus remarquables et dépendent beaucoup moins de la nature du gaz que de sa pression. On peut les étudier au moyen de l'*œuf électrique*: on nomme ainsi un ballon ovoïde en verre épais muni de deux garnitures métalliques. L'une de celles-ci porte un robinet qui permet de faire le vide dans le ballon; l'autre laisse passer, à travers une boîte à cuir, une tige de laiton terminée en boule, que l'on peut de la sorte rapprocher ou éloigner d'une tige semblable implantée dans la garniture opposée. C'est entre ces deux boules que l'on provoque la décharge, en mettant les garnitures en communication avec les pôles d'une machine électrique.

Quand on raréfie progressivement l'air dans le récipient, on constate tout d'abord que la distance explosive y est plus grande, à potentiel égal, que dans l'air ordinaire. On voit ensuite les étincelles se ramifier et former, quand la décharge passe, une

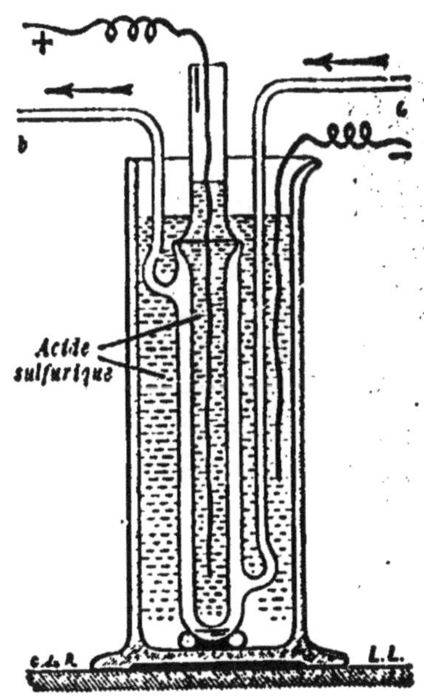

FIG. 85.

APPAREIL A EFFLUVES DE M. BERTHELOT.

Les gaz que l'on veut soumettre à l'action de l'effluve sont conduits par le tube *a* dans l'espace annulaire où elle se produit et ressortent par le tube *b*.

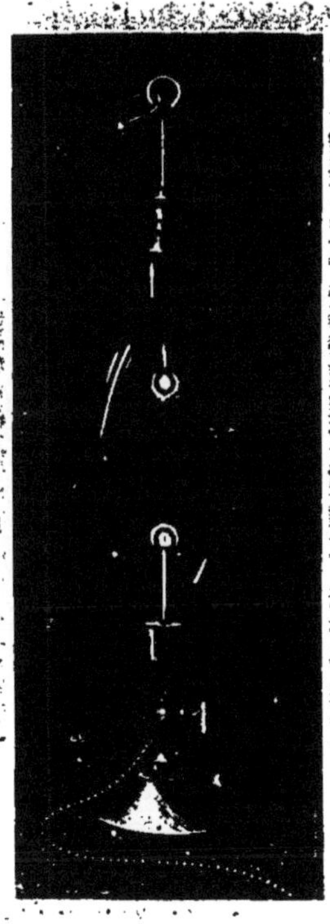

FIG. 86.

ŒUF ÉLECTRIQUE.

Les décharges électriques qui éclatent dans un gaz raréfié à la pression de quelques millimètres de mercure forment une lueur continue qui semble partir du pôle positif et dont la couleur dépend de la nature du gaz.

gerbe de lignes fines et faiblement lumineuses qui vont d'une boule à l'autre. Si l'on réduit la pression à 2 millimètres de mercure environ, la décharge donne une *lueur* continue qui semble partir du pôle positif, alors que le pôle négatif reste encore enveloppé d'une auréole violacée (fig. 85). Cette lueur est rose avec l'air, blanche avec le gaz carbonique, bleu-violet avec l'hydrogène; examinée au spectroscope, elle donne les raies caractéristiques de ces gaz et il faut en conclure que, sur le passage de la décharge, ils sont portés à l'incandescence.

100. Tubes de Geissler. — Si l'on raréfie plus encore le gaz renfermé dans l'œuf électrique, la lueur cesse d'être continue et semble alors composée d'une série de *strates* alternativement brillantes et obscures. On retrouve cet aspect dans les tubes de Geissler. On nomme ainsi des tubes de verre, fermés à la lampe, et remplis de gaz ou de vapeur sous une pression de

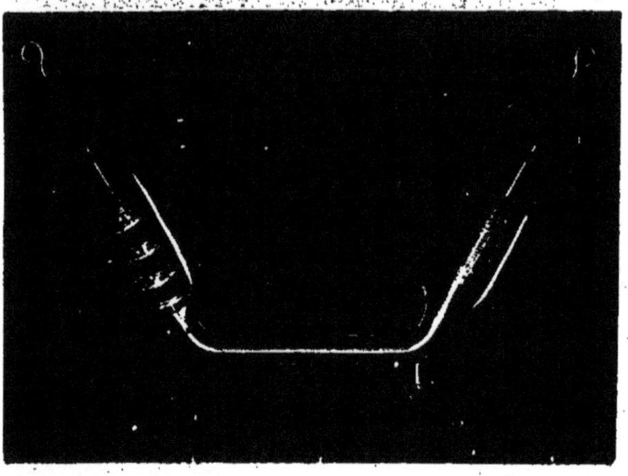

FIG. 87. — TUBE DE PLÜCKER.

Les décharges électriques qui éclatent dans un tube contenant un gaz à la pression de quelques dixièmes de millimètre donnent des *strates* dans les parties larges du tube et une lumière plus vive dans les parties étroites.

quelques dixièmes de millimètre seulement. Deux fils de platine soudés aux extrémités de chaque tube permettent d'y faire passer des décharges électriques (fig. 87). Les parties larges sont alors le siège de stratifications peu lumineuses; les parties très étroites sont occupées par une lumière plus vive dont la couleur dépend de la nature du gaz. Ces tubes sont utilisés, sous le nom de *tubes de Plücker*, pour l'étude spectrale des gaz incandescents. Le spectre de raies brillantes fourni par un gaz déterminé varie, comme il était à prévoir, avec l'énergie des décharges qui le traversent et, à mesure que celle-ci augmente, devient à la fois plus riche et plus pur.

Un autre phénomène s'observe, d'ailleurs, dans ces appareils : le verre du tube peut devenir lumineux ou fluorescent; les verres d'urane notamment prennent pendant les décharges une belle coloration verte.

101. Tubes de Crookes. — Ce sont d'autres aspects encore qui apparaissent, lorsque, comme l'a fait Crookes, on pousse la raréfaction jusqu'au millième de millimètre. Les lueurs qui remplissaient le tube disparaissent alors complètement et on n'observe plus qu'une belle phosphorescence verte sur la paroi du tube opposée au pôle qui amène l'électricité négative et que l'on appelle *cathode*. Tout se passe comme si la surface de cette électrode émettait normalement des rayons rectilignes particuliers, à la rencontre desquels le verre devient fluorescent et dont la direction est d'ailleurs indépendante de la position de l'*anode*, c'est-à-dire du pôle qui conduit l'électricité positive.

C'est ainsi qu'en prenant pour cathode un petit miroir convexe en aluminium, on obtient dans la région opposée une plage fluorescente à peu près circulaire, et si le tube porte plusieurs fils de platine soudés que l'on puisse séparément relier au pôle positif de la machine électrique ou de la bobine, on observe, dans ces conditions, que cette

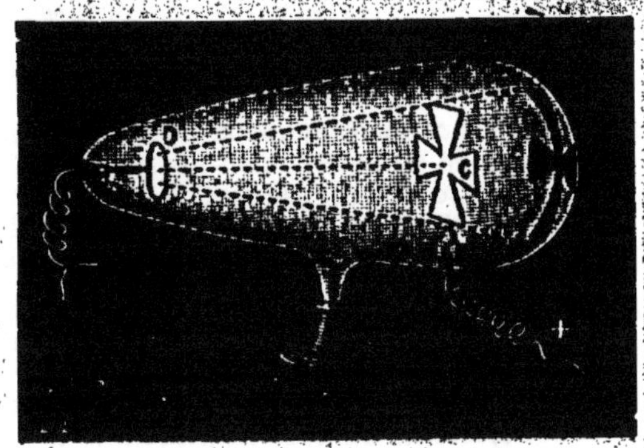

FIG. 88. — TUBE DE CROOKES.

Les *rayons cathodiques* sont produits par des décharges qui éclatent dans un gaz raréfié à quelques millièmes de millimètre. Ils partent normalement de la cathode, ne traversent pas les métaux et rendent le verre fluorescent.

plage lumineuse reste invariable, quel que soit le point où aboutit l'anode. En plaçant sur le trajet de ces rayons, qu'on nomme *rayons cathodiques*, une plaque d'aluminium taillée en croix, on les arrête, du moins en partie, et l'ombre de la croix se détache alors sur la surface illuminée (fig. 88).

102. Rayons cathodiques. — Ces phénomènes ont été l'objet, en ces derniers temps, de très intéressantes recherches. Il paraît établi que *les rayons cathodiques ne sont autre chose que des particules de matière, probablement d'hydrogène, chargées d'électricité négative et animées de vitesses considérables.*

Leur caractère *matériel* résulte d'une ancienne expérience de Crookes : un petit moulinet, formé de deux lames de mica et pouvant rouler sur deux tubes de verre formant rails est installé dans le tube même où se produisent les rayons; lorsque le bombardement cathodique frappe les ailes du moulinet, celui-ci est entraîné de la cathode vers l'anode.

L'*électrisation* des rayons cathodiques a été mise en évidence par M. Perrin en constatant qu'un cylindre de Faraday, placé dans le tube où se produisent les rayons, s'électrise quand ceux-ci viennent se décharger à l'intérieur du cylindre.

Quand on approche un aimant d'un tube de Crookes, la plage illuminée par les rayons se déplace dans un sens ou dans l'autre suivant la direction des lignes de force rencontrées par les rayons. M. Perrin a montré, d'ailleurs, que les rayons cathodiques étaient attirés par une charge électrique positive, repoussés par une charge négative. Cette sensibilité des rayons cathodiques à l'action du champ magnétique et du champ électrique s'explique assez bien dans l'hypothèse où ces rayons seraient des particules matérielles chargées d'électricité négative et animées d'une grande vitesse.

Ajoutons enfin que les rayons cathodiques sont susceptibles de produire des réactions chimiques qui sont toujours des réductions; c'est ainsi que des oxydes métalliques, déposés à la surface du verre, sont ramenés à l'état métallique. C'est là une des raisons qui font admettre la présence de l'hydrogène dans les rayons cathodiques.

Des mesures quantitatives effectuées par des méthodes très diverses ont montré qu'à poids égal les particules matérielles des rayons cathodiques transportent 1000 fois plus d'électricité que dans le phénomène de l'électrolyse.

Les rayons cathodiques ne traversent pas le verre, mais ils traversent l'aluminium sous une faible épaisseur. En profitant de cette propriété, M. Lénard a pu les étudier en dehors du tube qui les produit.

M. Lénard a constaté que, sous la pression atmosphérique, les gaz se comportent comme un milieu trouble : les rayons s'y éteignent après quelques centimètres de parcours. Les gaz raréfiés sont, au contraire, transparents pour les rayons cathodiques et ceux-ci se propagent même dans le vide absolu, alors qu'ils ne se produiraient plus eux-mêmes dans ces conditions.

103. Rayons X ou rayons Rœntgen. — En prenant comme cathode un petit miroir concave, on peut concentrer les rayons cathodiques sur un petit obstacle placé au centre du miroir, une lame de platine, par exemple. La destruction des rayons cathodiques est alors accompagnée d'un phénomène très complexe de transformation d'énergie. En premier lieu, la lame de platine s'échauffe fortement; en second lieu, elle devient le centre d'émission de radiations particulières, découvertes par M. Rœntgen, qui leur a donné le nom de *rayons X*. Ces rayons jouissent de propriétés extrêmement remarquables : ils rendent fluorescents les écrans recouverts de platino-cyanure de baryum; ils impressionnent les plaques photographiques comme les rayons lumineux; mais, à la différence de ceux-ci, ils se propagent toujours en ligne droite, sans jamais se réfléchir ni se réfracter. Ils traversent difficilement les métaux, mais très bien, au contraire, le verre, l'air et aussi un certain nombre de substances opaques pour la lumière, comme le bois, le papier, la chair.

De là résultent quelques applications, aujourd'hui très vulgarisées, de ces rayons.

Si on interpose la main entre un tube producteur de rayons X et un écran de verre recouvert de platino-cyanure de baryum, on aperçoit sur l'écran une ombre légère de la main, dans laquelle se détache en plus noir l'ombre du squelette lui-même. Les os sont, en effet, beaucoup moins transparents que la chair pour les rayons X.

Un dispositif analogue permet de photographier le squelette de la main. Pour cela, on enferme dans un châssis une plaque sensible au gélatino-bromure; on applique la main sur le châssis et on expose le tout aux radiations d'un tube de Crookes (fig. 89). Une pose de quelques secondes suffit à impressionner la plaque qu'on développe ensuite par les procédés ordinaires. La figure 90 montre une épreuve ainsi obtenue. Ce procédé constitue une méthode d'exploration du corps humain qui rend aujourd'hui de grands services à la chirurgie.

Les tubes que l'on emploie aux recherches radiographiques ont la forme que représente la figure 89. La cathode est un petit miroir sphérique en aluminium au centre duquel se trouve une petite lame de platine portée par une tige de même métal qui sert d'anode. La partie de cette lame que frappent les rayons cathodiques et qui émet les rayons X est, pour ainsi dire, un point, et cette circonstance contribue à donner aux images radiographiques une grande netteté.

On peut actionner ces tubes avec une machine électrostatique; mais, dans la pratique, on les relie presque toujours aux pôles d'une bobine de Ruhmkorff donnant de 10 à 15 centimètres d'étincelle.

Les rayons Rœntgen ne sont point déviés par l'action d'un champ magnétique

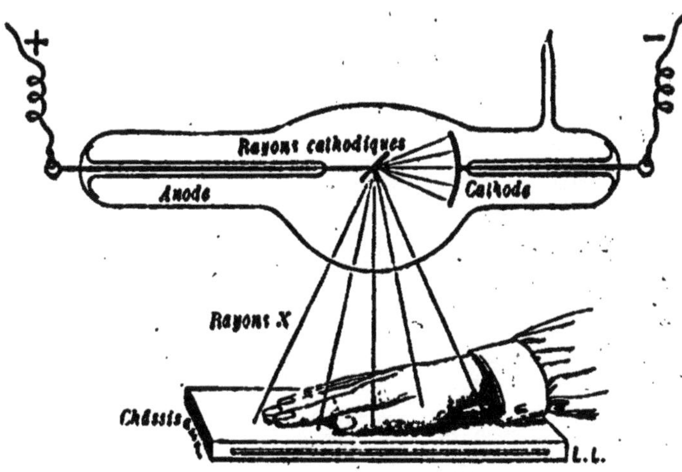

FIG. 89. — PRODUCTION ET APPLICATION DES RAYONS X.

Tout obstacle frappé par des rayons cathodiques émet des *rayons X*, qui se propagent à travers certains milieux sans subir de réfraction et qui impressionnent les plaques photographiques.

ni d'un champ électrique. Ils ne sont point eux-mêmes électrisés; mais ils ont la remarquable propriété de décharger les corps électrisés. M. Perrin a étudié ce dernier phénomène et en a donné l'explication. Il a montré que, lorsqu'un gaz est traversé par un faisceau de rayons X, ce gaz *s'ionise*, c'est-à-dire se sépare en particules chargées d'électricités contraires. Si le gaz est dans un champ électrique, les particules électrisées obéissent aux actions électrostatiques, se déplacent suivant les lignes de force et viennent, par conséquent, aboutir aux corps électrisés qu'elles déchargent.

104. Rayons de Becquerel. — Substances radioactives. — M. H. Becquerel a découvert que l'*uranium* et ses composés émettent spontanément des rayons qui impressionnent les plaques photographiques même à travers les corps opaques, qui déchargent les corps électrisés et qui sont déviés par l'action d'un champ magnétique. M. et Mme Curie ont extrait du minerai qu'on nomme la *Pechblende*, et d'où l'on retire d'ailleurs l'uranium, deux corps nouveaux, auxquels ils ont donné les noms de *Radium* et de *Polonium*, qui possèdent à un degré 100 000 fois plus grand que l'uranium les mêmes propriétés radioactives que celui-ci. Enfin, M. Debierne a découvert aussi dans la Pechblende un quatrième corps analogue aux précédents qu'il a appelé *Actinium*.

Tous ces corps agissent comme des égalisateurs de potentiel. Un fragment de radium placé entre deux plaques, l'une de zinc, l'autre de cuivre, réunies par un fil conducteur, détermine la production d'un courant continu, exactement comme si ces plaques étaient réunies par un liquide conducteur, ainsi qu'elles le sont dans une pile de Volta.

L'intensité des radiations émises dépend uniquement de la quantité de corps radioactif, à quelque état que soit d'ailleurs celui-ci, elle est la même que le corps soit isolé, mélangé ou combiné.

Les radiations elles-mêmes ne sont pas homogènes : une partie chargée d'électricité négative et sensible à l'action magnétique rappelle les rayons cathodiques; l'autre non électrisée et non sensible à l'aimant se rapproche des rayons X. C'est à cette dernière que les substances radioactives doivent leurs

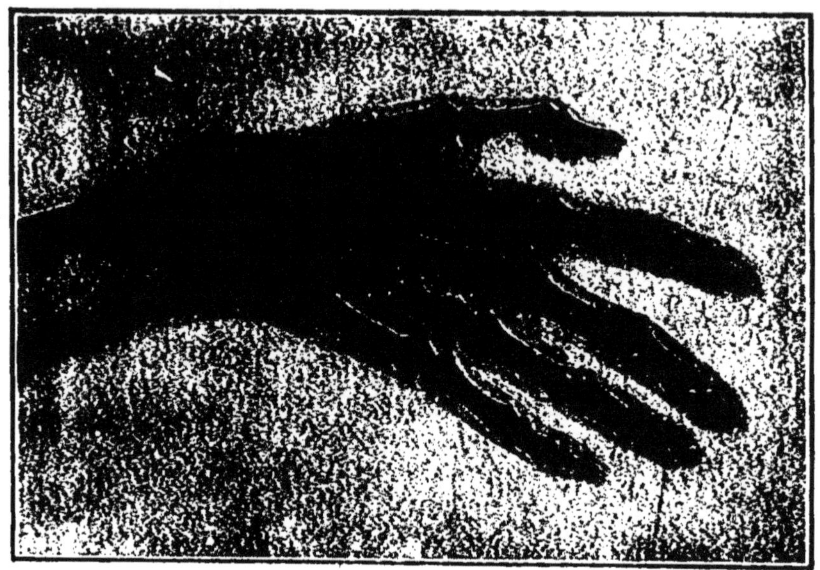

FIG. 90. — RADIOGRAPHIE DE LA MAIN.
Cette épreuve positive montre que les os de la main sont beaucoup moins transparents pour les rayons X que les tissus qui les enveloppent.

propriétés de décharger les corps électrisés et de jouer le rôle d'égalisateur de potentiel.

On connaît aujourd'hui un certain nombre d'autres circonstances qui déterminent l'émission de rayons analogues aux précédents. C'est ainsi que les rayons X et la lumière ultra-violette elle-même, frappant une plaque métallique, provoquent de la part de celle-ci l'émission de rayons chargés négativement, de même nature que les rayons cathodiques. Si cette plaque est tout d'abord chargée d'électricité négative, elle se décharge ainsi sous l'action de la lumière ultra-violette.

105. L'électricité ne traverse pas le vide absolu. — Lorsqu'un tube de Crookes a fonctionné pendant un certain temps, on constate qu'il devient plus difficile à actionner. Il semble que les parois du tube ont, par un phénomène d'ailleurs inexpliqué, absorbé une partie du gaz, déjà si raréfié, que contenait le tube, et que la décharge électrique en soit devenue moins facile. La preuve en est qu'on peut remettre le tube en état en y laissant rentrer, par un procédé quelconque, une petite quantité de gaz. On voit

donc que, si l'électricité traverse, en général, plus aisément les gaz raréfiés que l'air ordinaire, ce phénomène a cependant une limite : les gaz trop raréfiés deviennent extrêmement résistants.

En poussant suffisamment le vide dans un tube dont les électrodes arrivaient à un millimètre l'une de l'autre, M. Gassiot a pu le rendre assez résistant pour n'être pas traversé par des étincelles qui franchissaient 15 centimètres dans l'air ordinaire.

II. EFFETS MÉCANIQUES, CHIMIQUES ET PHYSIOLOGIQUES DE LA DÉCHARGE ÉLECTRIQUE

106. Effets mécaniques. — Lorsqu'une forte décharge électrique traverse un corps solide mauvais conducteur, elle provoque généralement sur son passage la rupture de ce corps. L'expérience la plus saisissante que l'on puisse faire à cet égard est celle du *perce-verre* (fig. 91). Sur les faces d'une lame de verre s'appuient les extrémités de deux grosses tiges de laiton terminées en pointe. On fait passer entre ces tiges l'étincelle d'une puissante machine de Holtz. Le verre est recouvert de vaseline pour empêcher que l'étincelle ne contourne la lame. La décharge traverse alors celle-ci et la perce en pulvérisant en

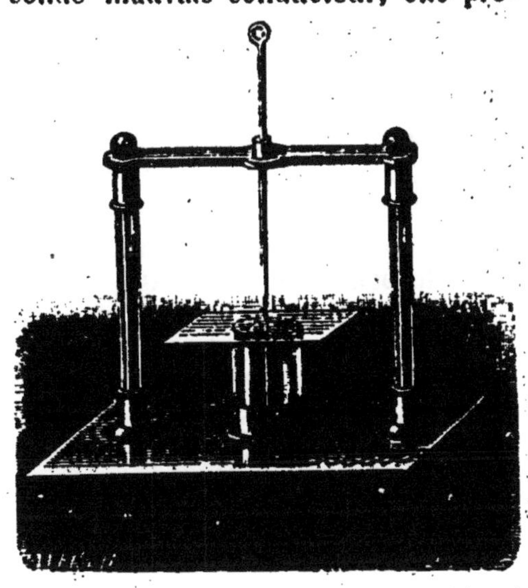

FIG. 91. — PERCE-VERRE.
La décharge d'une machine de Holtz entre les pointes métalliques qui s'appuient sur la lame de verre suffit à percer cette lame.

quelque sorte le verre sur son passage. On reconnaît à cela que le trajet suivi par l'étincelle a été le siège d'un violent ébranlement du verre.

107. Effets chimiques. — Un très grand nombre de réactions chimiques peuvent se produire sous l'action de la décharge électrique telle que nous venons de l'étudier.

Ainsi, on provoque la détonation des mélanges explosifs dans l'eudiomètre, en y faisant éclater une seule étincelle.

On peut dire, à la vérité, que, dans ces conditions, cette étincelle n'agit que par la haute température qu'elle développe sur son passage; mais il semble bien que, dans d'autres cas, elle ait une action propre. Ainsi, sous l'action d'une longue suite d'étincelles électriques, le gaz ammoniac se décompose, tandis que l'oxygène et l'azote, préalablement mélangés, se combinent et forment du peroxyde d'azote. Ces deux réactions ne sont, d'ailleurs, jamais complètes et se trouvent l'une et l'autre limitées par les réactions inverses.

La décharge électrique sous forme d'effluves est utilisée pour transformer l'oxygène en ozone. Le même phénomène se produit près des machines électriques en fonctionnement; on sent presque toujours, en effet, autour de celles-ci l'odeur caractéristique de l'ozone.

108. Effets physiologiques. — Lorsqu'on tire avec le doigt une étincelle du plateau de l'électrophore, on ressent l'impression d'une légère piqûre au point touché par l'étincelle. La quantité d'électricité mise en jeu, dans ce cas, est toujours très faible. Lorsque la charge est plus forte, on éprouve en outre une brusque commotion. Si, par exemple, on prend à la main la panse d'une bouteille de Leyde chargée et qu'on approche l'autre main du bouton de l'armature interne, on reçoit, au moment où jaillit l'étincelle, une violente secousse dans les bras et dans les épaules. Cette commotion est seulement désagréable quand on la provoque avec une bouteille de Leyde; elle deviendrait dangereuse avec les batteries. L'étincelle que donnent celles-ci suffit aisément à foudroyer des animaux de petite taille, tels que des oiseaux ou des lapins.

CHAPITRE II

ÉLECTRICITÉ ATMOSPHÉRIQUE

109. Électrisation permanente de l'atmosphère. — Chacun sait aujourd'hui que certains météores, les *éclairs orageux* et les *aurores boréales*, par exemple, ont pour cause l'électrisation de l'atmosphère; mais ces phénomènes ne sont que des manifestations accidentelles d'un état, en quelque sorte, permanent. L'atmosphère terrestre est, en effet, toujours électrisée.

Ainsi, lorsqu'on expose en plein air un électroscope à feuilles dont la tige est armée d'une longue pointe très effilée (fig. 92), on constate que les feuilles s'écartent progressivement et on reconnaît, d'ailleurs, que leur charge est *généralement positive* : une quantité égale d'électricité négative s'écoule alors par la pointe et la divergence des feuilles cesse d'augmenter lorsque leur potentiel est égal à celui qui règne à l'extrémité de la pointe (§ 68).

Cette expérience nous montre qu'en un point placé au-dessus du sol, le potentiel est généralement positif, et elle nous permettrait de constater aussi qu'il atteint des valeurs de plus en plus grandes à mesure qu'on s'élève dans l'atmosphère.

Pour mesurer d'une façon plus précise ces diverses valeurs, on utilise le dispositif qui a été expliqué au § 68. On remplace la pointe métallique par un long tube effilé qui laisse écouler goutte à goutte un mince filet d'eau à l'endroit où l'on veut prendre le potentiel. Le réservoir d'eau auquel est adapté ce tube repose sur un support très isolant et on le met par l'intérieur en communication avec un électromètre à quadrants. Dès que l'écoulement commence, l'aiguille de cet appareil se met en mouvement et finit par s'arrêter dans une position qui indique la valeur du potentiel à l'orifice du tube.

Lorsqu'on poursuit pendant quelque temps des déterminations de ce genre, on reconnaît bientôt que le potentiel en un même point de l'air éprouve souvent, et sans cause apparente, des variations considérables d'un instant à l'autre. Il n'est donc point possible de déduire de ces mesures des données numériques définitives. Je me bornerai à indiquer les résultats d'ensemble qui paraissent le mieux établis.

Le potentiel croît à partir du sol, à peu près proportionnellement à la hauteur, mais avec une rapidité très différente, suivant l'état hygrométrique de l'atmosphère et aussi suivant les circonstances locales.

En plaine, les surfaces équipotentielles sont des plans horizontaux et' la variation du potentiel reste le plus généralement comprise entre 10 et 1000 volts par mètre. Relativement faible par les ciels couverts et sans pluie, elle atteint ses valeurs les plus considérables lorsque le temps est très sec ou par les jours d'orage.

Au-dessus d'un sol accidenté, les surfaces de niveau suivent le relief de celui-ci; mais elles se rapprochent les unes des autres dans les points culminants et s'écartent, au contraire, dans les endroits encaissés, comme le fond d'une cour ou d'une allée. D'ailleurs, à mesure qu'on s'élève, les inégalités dues aux aspérités du sol s'effacent peu à peu et disparaissent tout à fait à quelques centaines de mètres; de telle sorte qu'à une hauteur suffisante les surfaces équipotentielles sont encore horizontales.

En somme, les choses se passent près du sol comme au voisinage d'un conducteur électrisé négativement.

Il est jusqu'ici assez difficile de préciser les causes de l'électrisation permanente de l'air. Certains physiciens pensent que la terre possède une charge *négative* qu'elle ne peut pas perdre puisqu'elle est isolée dans l'espace. Quelques-uns cherchent l'origine de l'électricité atmosphérique dans les courants d'induction que la rotation diurne du champ magnétique terrestre développerait dans les couches supérieures de l'atmosphère qui ont, comme tous les gaz raréfiés, une con-

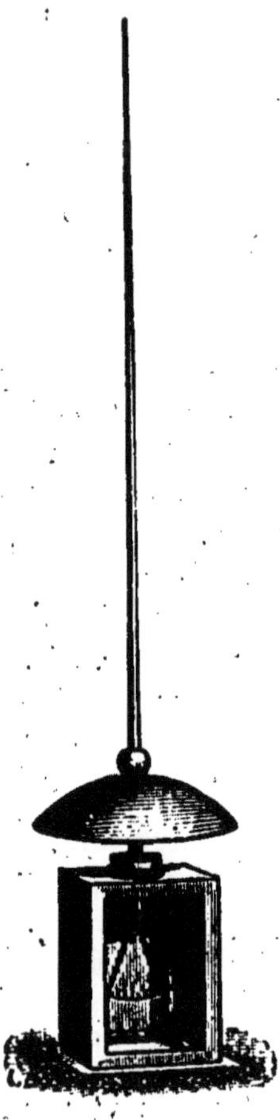

FIG. 92.
ÉLECTRISATION PERMANENTE DE L'ATMOSPHÈRE.

Les feuilles d'un électroscope armé d'une longue pointe et élevé au-dessus du sol se chargent positivement, ce qui montre que le potentiel de l'air croît avec l'altitude.

ductibilité relative. D'autres savants attribuent, avec beaucoup de raison, un rôle capital à l'action de la lumière solaire ultra-violette sur les aiguilles de glace des cirrus. Sous cette action, celles-ci doivent perdre de l'électricité négative et conserver elles-mêmes une charge positive qu'elles céderont à l'air ambiant en s'évaporant.

110. Aurores polaires. — Ces phénomènes lumineux extrêmement remarquables apparaissent fréquemment dans les régions polaires et probablement en même temps dans les deux hémisphères. Ils offrent l'aspect d'immenses arcs lumineux qui

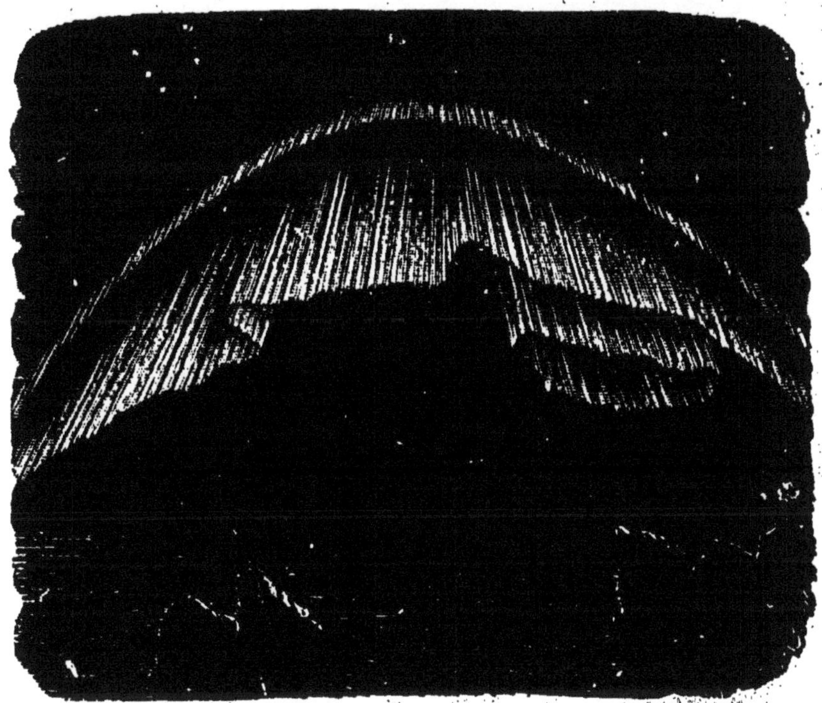

FIG. 93. — AURORE POLAIRE.
Ces météores sont probablement dus à la décharge positive des hautes régions de l'atmosphère.

dardent leurs rayons vers la terre (fig. 93). On connaît depuis longtemps les perturbations que ces météores exercent sur les aiguilles aimantées et ce fait laisse supposer qu'ils sont dus à un courant électrique produit par la décharge sur le sol de l'électricité positive des hautes régions de l'atmosphère. Cette électricité s'écoule à travers un air raréfié qu'elle rend incandescent, et ainsi s'expliquent les lueurs violacées que présentent les aurores boréales, lueurs qui rappellent de très près celles que donne la décharge électrique dans un tube de Geissler contenant de l'air sous faible pression.

111. Phénomène des orages. Éclair. Foudre. — La nature électrique du phénomène des orages fut nettement démontrée par Franklin à l'aide d'une expérience restée célèbre. En 1781, il lança dans la plaine de Philadelphie un cerf-volant muni d'une pointe métallique et attaché à une longue corde de chanvre qu'on maintenait par un cordon de soie isolant. Le cerf-volant fut dirigé vers un nuage orageux; une pluie fine ayant mouillé la corde de chanvre, celle-ci devint conductrice et on put tirer de son extrémité de longues étincelles.

En observant pendant un jour d'orage l'appareil de la figure 92, on reconnaît que certains nuages sont électrisés positivement, d'autres négativement. Quand deux nuages électrisés en sens inverse se trouvent à une distance convenable, une étincelle éclate entre eux, qui constitue l'*éclair*. On appelle plus spécialement *foudre* un éclair qui jaillit entre un nuage et le sol; le *tonnerre* est le bruit que produisent ces décharges.

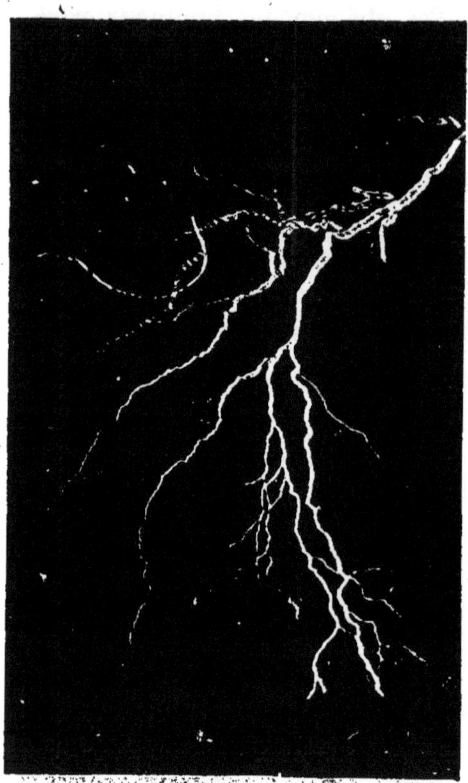

FIG. 91.

PHOTOGRAPHIE D'UN COUP DE FOUDRE.

Le sillon lumineux principal est accompagné de nombreuses et fines ramifications.

Les éclairs franchissent parfois des distances considérables, 15 à 20 kilomètres. A première vue, ils offrent l'aspect d'un trait de feu en zigzags; mais les photographies qui en ont été obtenues par divers expérimentateurs montrent que leur forme est toujours beaucoup plus complexe, car le sillon lumineux principal est accompagné de nombreuses et fines ramifications (fig. 94).

Cet aspect rappelle celui des étincelles longues et ramifiées que l'on obtient dans l'expérience de la bouteille étincelante (§ 96). On peut induire de là que les nuages doivent être considérés comme des amas de particules conductrices ayant chacune une charge électrique propre et maintenues en suspension dans un milieu sinon isolant, du moins peu conducteur. Cette hypothèse expliquerait assez bien que certains nuages puissent se charger négativement. Si nous supposons, en effet, un nuage ainsi constitué, introduit dans le champ électrique terrestre dont les lignes de force sont, comme on l'a vu plus haut, dirigées de haut en bas, ce nuage subira l'influence du champ et s'électrisera négativement à la partie supérieure et positivement à la partie inférieure, et, si celle-ci vient alors à se résoudre en pluie, le nuage restera chargé négativement.

Ce ne sont là assurément que des hypothèses. L'importance des phénomènes électriques en météorologie paraît aujourd'hui tellement complexe qu'il est difficile de dire à ce sujet quelque chose de bien certain.

Nous ne percevons jamais le bruit du tonnerre que quelques secondes après la lumière de l'éclair; cela tient à ce que le son met un certain temps à franchir la distance qui nous sépare de l'endroit où se produit la décharge. On sait que les ondes sonores se propagent avec une vitesse de 340 mètres par seconde, tandis que la lumière nous arrive, pour ainsi dire, instantanément; on voit donc qu'on peut apprécier l'éloignement des nuages orageux par le temps qui s'écoule entre l'apparition de l'éclair et le coup de tonnerre qui le suit.

Le roulement prolongé du tonnerre tient à la grandeur des éclairs. L'air est, en effet, ébranlé simultanément sur une longueur de plusieurs kilomètres, et par suite, à des distances différentes de l'observateur; en sorte que l'oreille ne reçoit que successivement les ondes sonores qui proviennent des divers points du trajet suivi par la décharge. La réflexion de ces ondes sonores sur les obstacles placés à la surface du sol ou sur les nuages eux-mêmes peut encore prolonger le bruit du tonnerre.

Lorsque la forme de l'éclair se rapproche d'un arc de cercle ayant pour centre l'observateur, les ondes sonores arrivent en même temps à l'oreille et produisent l'effet d'une détonation violente et brusque. C'est d'ordinaire ce qui se passe quand la foudre tombe sur le sol : le sillon lumineux est alors à peu près vertical et ses divers points sont, par conséquent, à des distances sensiblement égales d'un observateur quelque peu éloigné.

112. Effets de la foudre. — Les effets de la foudre sont, à l'intensité près, les mêmes que ceux de l'étincelle des batteries électriques. Elle peut, en effet, échauffer des barres métalliques jusqu'à les fondre ou même les volatiliser; elle enflamme les substances combustibles; elle brise ou disloque les corps mauvais conducteurs, tels que les arbres ou les murs; enfin, elle tue ou paralyse les êtres vivants, tantôt en déterminant des lésions graves et tantôt sans lésion apparente.

Lorsque la foudre tombe, elle frappe d'ordinaire les objets les plus élevés, le sommet des arbres ou le faîte des édifices; il est donc prudent de ne pas s'abriter, pendant un orage, sous un arbre, surtout s'il est isolé au milieu d'une plaine. D'ailleurs, une personne peut être victime de la foudre sans être directement atteinte par elle. En effet, avant que la foudre n'éclate, tous les points du sol sont fortement chargés par influence, négativement par exemple. Au moment où l'éclair jaillit, le sol est ramené à l'état neutre, et une personne située dans le voisinage du point frappé par la foudre se trouve alors dans les mêmes conditions que si elle recevait brusquement une charge positive égale à sa charge négative antérieure; de là une commotion qui peut entraîner la mort. Ce phénomène est ordinairement désigné sous le nom de *choc en retour* : l'explication précédente est celle qu'on en donne habituellement; il se peut qu'il y en ait d'autres.

113. Paratonnerre de Franklin. —Le paratonnerre inventé par Franklin pour protéger les édifices contre la foudre se compose d'une tige en fer de 8 à 10 mètres de long installée au faîte de l'édifice. Cette tige se termine à son extrémité supérieure par une pointe en platine ou en cuivre doré et se trouve mise en communication avec le sol par un gros câble de fil de fer (fig. 95).

Dans ces conditions, si un nuage orageux, chargé positivement, par exemple, passe au-dessus du paratonnerre, il agit par influence sur celui-ci; l'électricité négative, qui afflue alors vers la pointe, s'en échappe d'une façon continue et neutralise peu à peu le nuage. Le potentiel s'égalise progressivement entre le nuage et le sol, et toute étincelle devient ainsi impossible entre eux. Le paratonnerre exerce, par conséquent, un effet préventif contre la foudre; cependant, il se peut évidemment que l'arrivée de l'orage soit trop soudaine pour que cet effet soit tout à fait efficace : dans ce cas, l'étincelle éclatera malgré la pointe ; mais la décharge frappera de préférence le paratonnerre, qui est la partie la plus exposée de l'édifice, et l'électricité s'écoulera dans le sol par le câble, sans causer de grands dommages.

Le paratonnerre protège donc réellement, et dans tous les cas, les points situés dans son voisinage. On admet, dans la pratique, sans que, d'ailleurs, il y ait rien de bien certain à cet égard, que le rayon de la zone protégée est égal au double de la longueur de la tige.

Il résulte de l'explication qui précède que, pour bien fonctionner, un paratonnerre doit être en communication parfaite avec le sol. Le mieux est d'employer un câble assez gros dont l'extrémité plonge dans l'eau d'un puits, ou se trouve, pour le moins, reliée à une large plaque de fer enterrée dans un sol humide. — Il est d'ailleurs indispensable que le paratonnerre communique avec les grosses pièces métalliques de l'édifice, afin que l'électricité mise en jeu par influence dans ces pièces puisse se dissiper facilement. Enfin, si plusieurs paratonnerres doivent être installés sur le même bâtiment, il sera bon de les relier par des tiges métalliques de façon que les uns puissent suppléer à une mauvaise conduction possible des autres. On se rend facilement compte qu'un paratonnerre qui communique mal avec la terre est non seulement inutile mais dangereux.

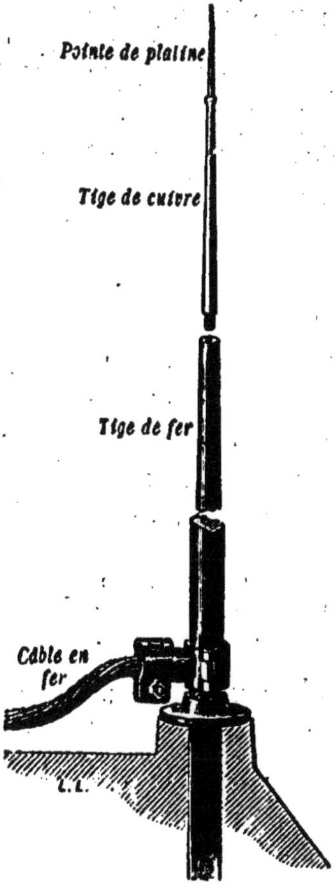

FIG. 95.

PARATONNERRE DE FRANKLIN.

Grâce au pouvoir des pointes, le paratonnerre affaiblit le potentiel des nuages orageux qui passent au-dessus de lui.

114. Paratonnerre Melsens. — Le principe de ce dispositif, que l'on emploie aujourd'hui concurremment avec celui de Franklin, repose sur la théorie des écrans électriques (§ 62). Cette théorie indique que, pour soustraire un corps à toute influence électrique extérieure, il suffit de l'entourer d'une enceinte conductrice en communication avec le sol, et l'expérience montre, d'ailleurs, qu'il n'est point nécessaire que cette enceinte soit continue : un réseau de fils métalliques à mailles assez larges suffit pour obtenir une efficace protection.

Dès lors, on pourra garantir un édifice contre les effets de la foudre en l'enveloppant d'une sorte de cage conductrice formée de barres métalliques, les unes verticales, les autres horizontales, étroitement reliées entre elles et en parfaite communica-

FIG. 96. — PARATONNERRE MELSENS.

L'édifice est protégé par une sorte d'*écran électrique* constitué par un réseau de tiges métalliques qui communiquent avec le sol.

tion avec la terre. Bien entendu, on disposera ces barres de façon qu'elles suivent les ornements de la façade sans en altérer le caractère architectural (fig. 96).

Comme pour le paratonnerre de Franklin, et pour les mêmes raisons, il sera bon de mettre en relation avec la cage conductrice extérieure les grosses pièces de fer de l'édifice ainsi que les canalisations de gaz ou d'eau qui y pénètrent. Enfin on augmente peut-être encore l'efficacité du paratonnerre en plaçant, de distance en distance, sur le faîte de l'édifice, des gerbes de petites pointes métalliques.

Ce mode de protection a été appliqué à l'hôtel de ville de Bruxelles et à un certain nombre de constructions parisiennes.

CHAPITRE III

PROPRIÉTÉS DU COURANT ÉLECTRIQUE

I. LOIS DE OHM

115. Courant électrique. — Intensité. — Unité d'intensité.
— Nous avons vu que, si l'on actionne avec une vitesse constante une machine électrique de Wimshurst, par exemple, il arrive un moment où les pôles de la machine perdent, par défaut d'isolement ou autrement, autant d'électricité qu'ils en reçoivent; ce qui revient à dire que leurs charges respectives n'augmentent plus et qu'ils présentent, par conséquent, une différence de potentiel invariable. Si, dans ces conditions, l'un d'eux se trouve en communication métallique avec le sol, l'autre conserve un potentiel constant.

Un phénomène analogue se produit lorsqu'on relie les deux pôles de la machine par un fil *peu conducteur*; il finit par s'établir, pour une vitesse de rotation déterminée, un régime permanent dans lequel la différence de niveau électrique entre les pôles, c'est-à-dire entre les extrémités du fil, garde toujours la même valeur. Dans ces conditions, les électricités de nom contraire développées par la machine se recombinent, du moins en partie, à travers le fil de communication, et cette neutralisation a évidemment lieu entre quantités égales dans des temps égaux. On dit alors que le fil de communication est parcouru par un *courant électrique continu.*

On doit remarquer que les phénomènes de décharge à travers un corps conducteur, qui sont, d'ailleurs, de même ordre que celui qui nous occupe, s'expliquent tout aussi bien, soit que l'on suppose le conducteur parcouru par un flux d'électricité positive dirigé vers les charges négatives, c'est-à-dire vers les faibles potentiels, soit qu'on le suppose traversé par un flux égal d'électricité négative dirigé vers les charges positives, c'est-à-dire vers les potentiels élevés. Pour fixer les idées, *nous conviendrons d'appeler sens du courant le sens du flux positif,* et nous dirons qu'un conducteur entre les extrémités duquel il règne une différence constante de niveau électrique est le siège d'un courant continu dirigé dans le sens des potentiels décroissants.

Nous nommerons intensité du courant une grandeur spéciale numériquement exprimée par la quantité d'électricité ainsi transportée par seconde.

L'*unité pratique d'intensité*, à laquelle on a donné le nom d'*ampère*, est l'intensité d'un courant continu qui transporterait un *coulomb* par seconde.

Courant alternatif. — Lorsque la différence de potentiel entre les extrémités d'un conducteur, au lieu de rester constante, subit des variations périodiques, on dit que le conducteur est parcouru par un courant *périodique*.

En particulier, le courant est *alternatif* lorsque cette différence de niveau électrique prend, à des intervalles de temps égaux, des valeurs égales et de signe contraire.

116. Courant continu. — **Lois de Ohm.** — Pour étudier les lois du courant continu, nous disposerons l'expérience comme le représente la figure 97. L'un des pôles P d'une machine

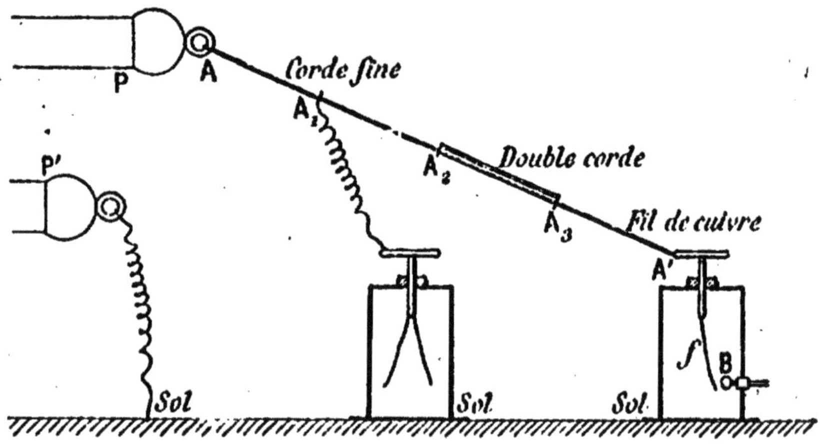

FIG. 97. — VÉRIFICATION DES LOIS DE OHM.

La différence de potentiel aux extrémités d'un conducteur parcouru par un courant continu est proportionnelle à l'intensité du courant, à la longueur du conducteur et en raison inverse de la section de celui-ci.

électrique est en communication *métallique* avec le sol; l'autre pôle P' est relié par un cordon faiblement conducteur au plateau d'un *électromètre de Gaugain*, semblable à celui qui a été décrit au § 64. De A en A₂, le cordon a une longueur de 2 mètres; il est constitué par un gros fil de coton ciré, provenant d'un même écheveau. De A_2 en A_3, sur une distance de 1 mètre, on a doublé ce même fil; enfin la partie A_3A' est faite de 1 mètre de fil de cuivre fin.

Actionnons maintenant la machine avec une vitesse constante et supposons que le pôle P soit positif, par exemple. Le cordon de jonction sera alors parcouru par un courant dirigé de A vers A', et le flux électrique se déversera dans le sol par l'intermédiaire de l'électroscope de Gaugain. Le régime permanent ne tardera pas à s'établir et l'on s'en apercevra à ce que la feuille f de l'électroscope viendra toucher, à intervalles réguliers, la boule B qui communique avec le sol. Le nombre de ces contacts par minute mesurera alors l'intensité du courant. Voici maintenant les diverses expériences qui permettent d'établir les lois de ce courant continu.

I. *Constance de l'intensité dans les diverses sections.* — Mettons, par un fil métallique fin, un point quelconque A_1 du cordon en communication avec le plateau d'un électroscope ordinaire dont la cage est au sol. Nous reconnaîtrons que les feuilles de celui-ci s'écartent et conservent une divergence invariable. Nous en concluons que, lorsque le conducteur AA' de la figure est parcouru par un courant constant, le potentiel a en chacun de ses points une valeur déterminée; il n'y a donc accumulation d'électricité nulle part le long de ce conducteur, ce qui revient à dire que *la quantité d'électricité, qui, dans un même temps, traverse les diverses sections, est la même.*

II. *La chute de potentiel entre les extrémités du conducteur est proportionnelle à sa longueur et en raison inverse de sa section.* — L'expérience montre que la valeur du potentiel en chaque point de la corde de coton est d'autant moindre que le point est plus rapproché de A'. Nous avons d'ailleurs vu comment la divergence des feuilles de l'électroscope permet de repérer le potentiel en unités arbitraires. Déterminons alors celui-ci, de mètre en mètre, le long du conducteur AA', et soient V, V_1, V_2, V_3, V'' les valeurs qui correspondent aux points A, A_1, A_2, A_3, A', situés, comme on l'a dit plus haut, à des distances respectives de 1 mètre.

En comparant ces diverses valeurs, nous reconnaîtrons, en premier lieu, que
$$V - V_2 = 2\,(V - V_1).$$

Cette relation suffit à nous montrer que, *lorsqu'un conducteur homogène et de section invariable, tel que AA_2, est parcouru par* *un courant d'intensité constante, la différence de potentiel qui règne entre deux de ses points est proportionnelle à la distance qui les sépare.*

En comparant, en second lieu, les différences de niveau électrique entre A_1A_2 et A_2A_3, c'est-à-dire entre des conducteurs de même nature, de même longueur, mais de section double l'une de l'autre, on trouve que

$$V_2 - V_3 = \frac{V_1 - V_2}{2}.$$

Il résulte immédiatement de là que, *lorsqu'un même courant traverse des conducteurs de même nature, de même longueur, mais de sections différentes, tels que A_1A_2 et A_2A_3, la différence de niveau électrique qui règne entre leurs extrémités est en raison inverse de leurs sections.*

III. *La chute de potentiel entre les extrémités d'un conducteur dépend, toutes choses égales, de sa nature.* — Il suffit, pour s'en convaincre, de comparer les valeurs de cette chute aux extrémités des conducteurs A_1A_2 et A_3A', dont l'un est en coton et l'autre en cuivre. Ces conducteurs ont même longueur; on peut leur donner des sections équivalentes et on constate pourtant que la différence de potentiel $V_3 - V'$, qui existe aux extrémités du fil de cuivre, est, pour tout dire, sensiblement nulle alors que, sur le fil de coton, la différence $V_1 - V_2$ se mesure aisément à l'électroscope.

IV. *La chute de potentiel entre les extrémités d'un conducteur est proportionnelle à l'intensité du courant qui le parcourt.* — Supposons que, dans le régime régulier que nous venons d'étudier, la feuille f de l'électromètre de Gaugain vienne toucher n fois par minute la boule métallique B fixée à la cage. Comme, à chacun des contacts, une même quantité d'électricité s'écoule dans le sol, l'intensité du courant sera mesurée en unités arbitraires par le nombre n.

Faisons maintenant tourner la machine plus vite, mais toujours régulièrement : un nouveau régime permanent s'établira dans lequel on observera n' contacts par minute à l'électroscope de Gaugain. Le potentiel prendra aux divers points du conducteur AA' de nouvelles valeurs et deviendra, par exemple, V'_1 au point A_1. On vérifiera alors que :

$$\frac{n'}{n} = \frac{V'_1}{V_1}.$$

Le potentiel aura donc varié tout le long du conducteur dans le même rapport que l'intensité du courant. On déduit de là que *la chute de potentiel, aux extrémités d'un conducteur déterminé, est en raison directe de l'intensité du courant qui traverse celui-ci.*

L'ensemble de ces divers résultats porte le nom de *lois de Ohm.*

117. Expression algébrique des lois de Ohm. Résistance d'un conducteur. — On peut aisément résumer toutes les lois précédentes dans une formule simple. Considérons, en effet, un conducteur *homogène*, cylindrique, de longueur l, de section s; supposons, en outre, qu'il soit traversé par un courant d'intensité I, et qu'alors règne entre ses extrémités une différence de potentiel $V - V'$ (fig. 98). On

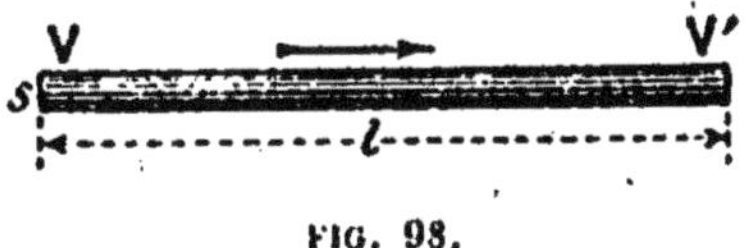

FIG. 98.

voit immédiatement que toutes les propriétés du courant continu que nous avons énoncées se traduisent par la relation

$$V - V' = \rho \frac{l}{s} I,$$

dans laquelle ρ désigne un coefficient qui dépend uniquement de la nature du conducteur.

L'expression $\rho \frac{l}{s}$, qui ne dépend que de la forme et de la nature du conducteur, est une caractéristique de celui-ci; on lui donne le nom de *résistance électrique du conducteur* et on la désigne par R.

Les lois du courant continu sont ainsi résumées par les formules :

$$V' - V = RI \quad \text{et} \quad R = \rho \frac{l}{s}.$$

Unité de résistance. — D'après cela, la résistance électrique est une grandeur qui est particulière à chaque conducteur et dont *l'unité pratique*, qu'on appelle *ohm*, *est la résistance d'un conducteur qui, parcouru par un courant de 1 ampère, présenterait entre ses extrémités une différence de potentiel de 1 volt.*

Diverses déterminations, dont la description sortirait du cadre de cet ouvrage, ont établi que l'ohm *était pratiquement représenté par la résistance, à la température de 0°, d'une colonne de mercure de 1 millimètre carré de section et de 106,3 centimètres de longueur.*

On trouvera plus loin (§ 301) l'indication d'un procédé de mesure, très simple d'ailleurs, qui permet d'évaluer en ohms la résistance d'un conducteur quelconque.

118. Résistance spécifique ou résistivité. — La relation $R = \rho \dfrac{l}{s}$ montre que le coefficient ρ est numériquement exprimé par la résistance d'un conducteur homogène, cylindrique, ayant un centimètre de longueur et 1 centimètre carré de section. Ce coefficient caractérise la substance qui constitue le conducteur : on lui donne le nom de *résistance spécifique* ou de *résistivité*. En vue des applications pratiques, il est commode de l'exprimer soit en millionièmes d'ohm (*microohms*), soit en millions d'ohm (*mégohms*), par centimètre de longueur et centimètre carré de section.

Le tableau suivant donne les résistivités de quelques-unes des substances dont nous parlerons le plus fréquemment :

	Résistivités			Résistivités.
Argent.	1,46	microohms.	Charbon des cornues. . .	0,07 ohms.
Cuivre. . . .	1,60	—	Solution saturée de { sel marin .	6,10 —
Zinc.	5,61	—	sulfat. zinc.	55,00 —
Platine . . .	9,04	—	— cuivre.	37,00 —
Fer.	9,70	—	Acide azotique à 36° B. .	2,10 —
Plomb. . . .	19,14	—	Verre ordinaire (environ).	70 mégohms.
Maillechort .	20,89	—	Papier.	3 000 —
Mercure. . .	94,07	—	Ébonite.	28 000 —

On reconnaît sur ce tableau que, à dimensions égales, les fils de fer ont une résistance à peu près six fois plus grande que les fils de cuivre.

On voit, en outre, que les solutions salines ont des résistances spécifiques considérables. On calculera aisément que, pour offrir la même résistance qu'un fil de cuivre de 1 mètre de longueur et de 1 millimètre carré de section, une colonne de sulfate de cuivre dissous devrait, pour une hauteur de 1 centimètre, présenter une section d'environ 20 décimètres carrés.

2. COURANTS DÉRIVÉS. LOIS DE KIRCHOFF

119. Courants dérivés. — Supposons qu'un conducteur BB' comprenne plusieurs branches qui, bifurquant en A, se rejoignent en A', et imaginons qu'il soit parcouru par un courant continu d'intensité I (fig. 99). Un régime constant s'établira, dans lequel la chute de potentiel entre les points A et A' restera invariable. Le flux électrique se partagera, en A, entre les diverses branches, pour se retrouver intégralement en A'.

Désignons alors par i_1, i_2, i_3... les intensités des courants qui circulent respectivement dans les conducteurs dérivés, dont les résistances sont r_1, r_2, r_3... et soient d'autre part V et V_1 les valeurs du potentiel en A et en A'. La somme des intensités partielles sera égale à l'intensité totale et on aura ainsi :

$$I = i_1 + i_2 + i_3 + \ldots = \Sigma i. \quad (1)$$

D'ailleurs, si l'on considère individuellement les trajets dérivés, on voit

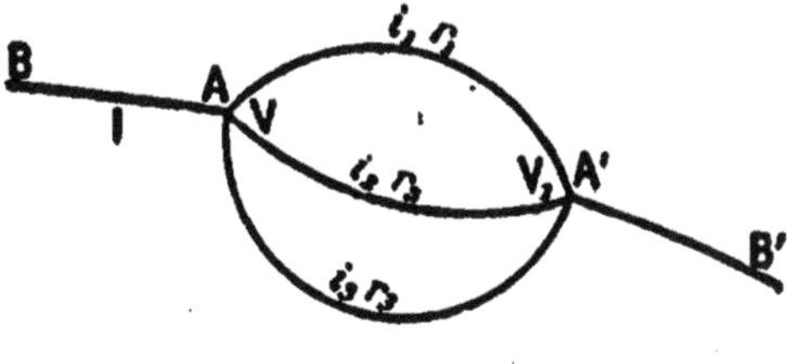

FIG. 99.

que la chute constante de potentiel qui règne entre leurs extrémités A et A' est, pour chacun d'eux, égale au produit de la résistance r par l'intensité i du courant correspondant. On a donc :

$$V - V_1 = i_1 r_1 = i_2 r_2 = i_3 r_3 = \ldots \quad (2)$$

Ces deux relations traduisent les lois des courants dérivés, auxquelles on a donné le nom de *Lois de Kirchoff*.

Elles permettent de calculer aisément la résistance R du conducteur formé par l'ensemble des trajets dérivés réunis par leurs extrémités A et A'. Cette résistance est définie par la relation

$$V - V_1 = RI.$$

Or, si l'on porte dans l'égalité (1) les valeurs de i_1, i_2, i_3,... que l'on tire des égalités (2), on obtient :

$$I = (V - V_1)\left(\frac{1}{r_1} + \frac{1}{r_2} + \frac{1}{r_3} + \cdots\right).$$

La comparaison de cette formule avec la précédente donne immédiatement :

$$\frac{1}{R} = \frac{1}{r_1} + \frac{1}{r_2} + \frac{1}{r_3} + \cdots$$

On appelle ordinairement *conductance* d'un corps l'inverse de sa résistance. La relation que nous venons d'obtenir montre alors que *la conductance totale d'un faisceau de conducteurs est égale à la somme de leurs conductances particulières.*

3. TRANSFORMATION DE L'ÉNERGIE ÉLECTRIQUE EN CHALEUR OU EN TRAVAIL

120. Actions calorifiques des courants. Loi de Joule. — Nous avons vu qu'une masse électrique de Q *coulombs*, susceptible d'éprouver une chute de potentiel de V *volts*, représentait une énergie potentielle de QV *joules*. Lorsque la chute se produit, cette énergie peut être acquise par le milieu extérieur, soit sous forme de chaleur, soit sous forme de travail : l'échauffement d'un fil fin par une décharge électrique, la rotation d'une machine de Wimshurst sous l'action de l'électricité développée par une autre, sont des exemples de ces deux genres de transformation. Or, dire qu'un conducteur est parcouru par un courant continu, c'est dire que l'électricité y passe d'une façon *continue* d'un potentiel à un autre et, par conséquent, que ce conducteur est le siège d'une transformation *continue* de l'énergie électrique en énergie calorifique ou mécanique. L'incandescence d'un filament de charbon dans les lampes électriques et la rotation d'une dynamo sous l'action des courants (§§ 296 et 245) sont des applications immédiates de ces phénomènes.

Pour obtenir les relations qui régissent ces transformations, supposons tout d'abord que le courant qui traverse le conducteur ne fournisse au milieu extérieur aucun travail. C'est le cas qui se produit lorsque le conducteur ne comprend aucun moteur susceptible de se déplacer sous l'action du courant, ni aucun liquide qui puisse changer de nature par le passage de l'électricité.

Soit alors $(V - V')$*volts* la différence de potentiel qui règne entre les extrémités du conducteur de résistance R*ohms*, quand il est parcouru par un courant de I*amp.*. Les lois de Ohm donnent tout d'abord :
$$V - V' = RI.$$

Or, d'après la définition même de l'unité d'intensité, la masse électrique qui circule en t secondes est de It coulombs. En éprouvant la chute de potentiel $V - V'$, elle fournit donc une énergie de W joules, qui a pour valeur :
$$W = (V - V')It \qquad \text{et, par conséquent,} \qquad W = RI^2t.$$

Il résulte de là que le courant développe en t secondes dans le conducteur un nombre q de calories qui, d'après l'équivalence de la chaleur et du travail, est donné par la relation :
$$q = \frac{RI^2t}{4,18}.$$

On voit donc que *la chaleur dégagée par un courant électrique dans un conducteur est proportionnelle au temps, à la résistance du conducteur et au carré de l'intensité du courant.*

L'ensemble de ces résultats est connu sous le nom de *lois de Joule*.

Si le rayonnement n'existait pas, la température d'un fil conducteur traversé par un courant s'élèverait indéfiniment. Mais, en fait, la température maxima du fil est celle pour laquelle le gain de chaleur provenant du courant est égal à la perte par rayonnement.

Les lois de Joule nous expliquent que, lorsqu'un même flux électrique parcourt une suite de conducteurs de même nature, mais de diamètres très différents, les plus étroits s'échauffent beaucoup plus que les autres.

L'emploi des câbles de cuivre dans les installations électriques d'éclairage ou de transport de force a pour but d'éviter la perte d'une trop grande partie de l'énergie motrice en dehors des appareils où elle doit être utilisée. En raison de sa faible résistance spécifique, le cuivre est, en effet, de tous les métaux communs, celui qui, à diamètre égal, s'échauffe le moins. On admet, dans la pratique, que les fils de cuivre peuvent supporter 5 à 6 ampères par millimètre carré de section, lorsqu'ils sont nus, et 2 ou 3 seulement lorsqu'ils sont recouverts d'une enveloppe isolante qui diminue le rayonnement.

121. Lois du courant lorsque le milieu extérieur reçoit du travail. — Considérons maintenant le cas où, dans un conducteur AA', se trouve intercalé un appareil quelconque M, susceptible de fournir du travail quand il est traversé par un courant et désignons par R la résistance totale du conducteur, y compris celle de l'appareil M lui-même (fig. 100). Supposons qu'entre les extrémités A et A' du conducteur on puisse établir une différence de potentiel constante que nous appellerons E. Lorsque l'appareil M est au repos, l'énergie électrique est entièrement transformée en chaleur et l'intensité I du courant est donnée par la relation

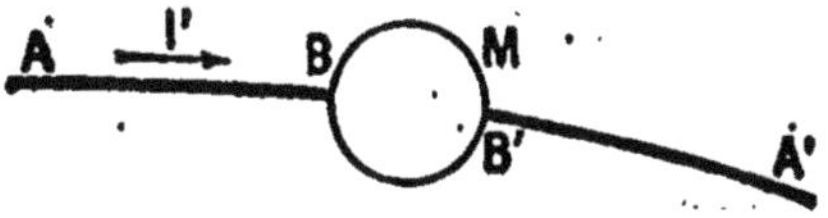

$$E = RI.$$

FIG. 100.

Mais, si l'appareil fonctionne et fournit un travail de w joules par seconde, l'intensité I' du courant est nécessairement moindre. On en calculera la valeur en écrivant que l'énergie électrique EI', que développe le courant en une seconde, se retrouve partie à l'état de chaleur dans le conducteur et partie à l'état de travail fourni. On a ainsi $EI' = RI'^2 + w$.

L'expérience montre d'ailleurs que, dans ces conditions, il s'établit entre les bornes BB' de l'appareil M une chute de potentiel supplémentaire e, dirigée dans le sens du courant et qui s'ajoute à celle qu'entraîne la résistance même de l'appareil. Il résulte de là que l'on peut regarder le travail fourni par le moteur comme équivalent à celui que développe l'électricité qui circule dans le conducteur en subissant une chute de potentiel égale à e : on peut ainsi écrire

$$w = eI'.$$

La relation précédente devient alors

$$E - e = RI'.$$

On voit donc que la formule de Ohm reste encore applicable au cas qui nous occupe, mais à la condition d'imaginer que la différence de potentiel dont on dispose entre A et A' a été réduite de e.

Remarque. — La valeur numérique de w exprime la puissance en watts de l'appareil M. Lorsque celle-ci est proportionnelle à l'intensité I' du courant, la valeur de e est déterminée et constante et il est alors évident, d'après ce qui précède, que l'appareil M ne peut fonctionner qu'à la condition d'être intercalé entre deux points A et A' dont la différence de potentiel est au moins égale à e.

4. ACTIONS CHIMIQUES DES COURANTS

122. Phénomène de l'électrolyse. — Lorsqu'on intercale une colonne liquide dans un conducteur traversé par un courant, il peut se présenter deux cas : ou bien le liquide agit à la façon d'un isolant, intercepte complètement le courant et reste alors inaltéré; c'est ce qui arrive avec l'alcool, l'éther, la benzine, l'eau même à l'état de pureté; ou bien le liquide est conducteur, et alors le passage du courant est toujours accompagné d'une décomposition, sauf quand il s'agit d'un corps simple comme le mercure ou un métal fondu.

Un liquide ne se comporte donc pas à la façon d'un conducteur ordinaire et ne laisse jamais passer une quantité quelconque d'électricité sans être décomposé.

Ce phénomène porte le nom d'*électrolyse*. On le produit difficilement avec les courants que donnent les machines que nous avons décrites, telles que celles de Wimshurst ou de Holtz, parce qu'elles ne mettent en jeu que des quantités insuffisantes d'électricité; mais nous décrirons par la suite, sous le nom de *piles* et de *dynamos*, des appareils qui fournissent des charges électriques incomparablement plus grandes et avec lesquels les phénomènes

dont il s'agit s'obtiennent très facilement. Les lois de l'électrolyse sont d'ailleurs les mêmes, quelle que soit la machine qui produit le courant, et doivent, par conséquent, être étudiées indépendamment de celle-ci.

On appelle *électrolyte* le liquide soumis à la décomposition; l'*électrode positive* ou *anode* est le

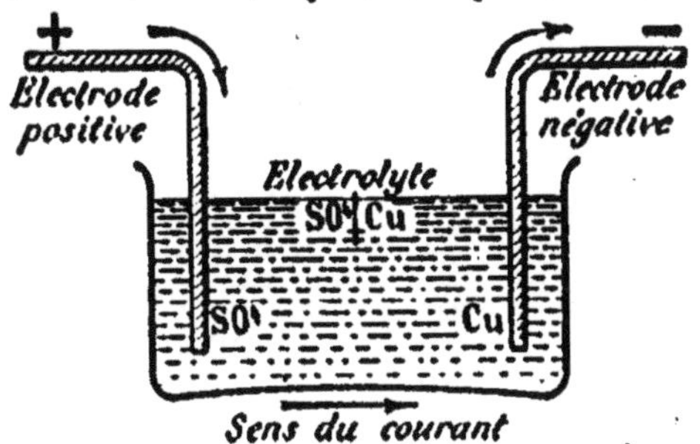

FIG. 101. — PHÉNOMÈNE DE L'ÉLECTROLYSE.
Quand un courant traverse une dissolution saline, il la décompose; le métal du sel se dépose à l'électrode négative et le reste de la molécule saline apparaît à l'électrode positive.

conducteur qui amène le courant dans le liquide; l'*électrode néga-tive* ou *cathode* est celui par lequel le courant s'en va (fig. 101).

Les seuls corps qui paraissent susceptibles d'électrolyse sont les *acides*, les *bases* et les *sels*, *fondus* ou en *dissolution*. À la condition de regarder l'hydrogène comme jouant le rôle d'un métal dans les acides, on peut remarquer que la molécule d'un quelconque de ces corps est constituée par un ou plusieurs atomes d'un métal uni à un radical simple ou composé. Ainsi, dans le sel marin NaCl, le métal est Na, le radical Cl; dans le sulfate de cuivre SO⁴Cu, le métal est Cu, le radical SO⁴; dans la potasse KOH, le métal est K, le radical OH. Tous les exemples d'électrolyse obéissent d'abord aux lois qualitatives suivantes :

1° *Sous l'action d'un courant, le métal d'un électrolyte se sépare toujours du radical qui lui est uni;*

2° *Les produits de cette décomposition n'apparaissent jamais dans la masse même du liquide, mais uniquement sur les électrodes elles-mêmes. Le métal se dégage à l'électrode négative, le radical à l'électrode positive.*

125. Actions secondaires. — On désigne ainsi des réactions chimiques qui ne dépendent en rien du courant lui-même et qui se produisent au voisinage des électrodes entre les produits de l'électrolyse et les électrodes ou le liquide lui-même. Ces réactions qui masquent souvent le phénomène principal sont, dans tous les cas, faciles à prévoir; nous en donnerons quelques exemples.

La plupart du temps, il est commode d'employer pour électrolyser un liquide un large tube en U dans les branches duquel on introduit les électrodes (fig. 102).

Électrolyse du sulfate de cuivre. — Prenons d'abord comme électrodes des lames de platine. Le *cuivre* se déposera sur l'électrode négative en une couche rougeâtre ; tandis qu'à l'électrode positive on verra se dégager, au lieu du radical SO^4, un gaz qui est de l'*oxygène*. Ce fait résulte d'une réaction secondaire : le radical SO^4, qui n'existe pas à l'état libre, agit sur l'eau dans laquelle le sulfate est dissous et donne ainsi de l'acide sulfurique et de l'oxygène

$$SO^4 + H^2O = SO^4H^2 + O.$$

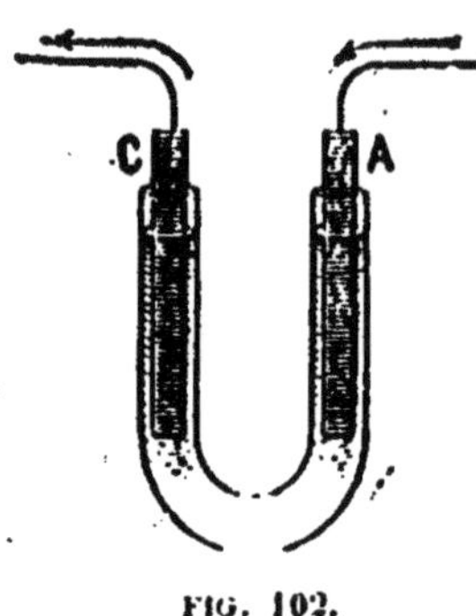

FIG. 102.

Si nous choisissons maintenant comme électrode positive une lame de cuivre, nous n'observerons plus le dégagement d'oxygène, car le radical SO^4 se combinera avec ce cuivre pour reformer une quantité de sulfate précisément égale à celle qui avait été décomposée. Ce sulfate reformé se dissoudra et la concentration de l'électrolyte ne changera pas ; mais l'électrode positive semblera se dissoudre au fur et à mesure que la négative se recouvrira de cuivre. Tout se passe donc, dans ce cas, comme si le courant avait simplement transporté le métal de l'électrode positive à l'électrode négative. La *galvanoplastie*, ainsi que la *dorure* et l'*argenture* reposent sur un phénomène de ce genre (§ 293).

Électrolyse du sulfate de potasse. — Si nous employons des électrodes en platine, nous observerons un dégagement d'*oxygène* sur l'électrode positive ; en même temps, le liquide deviendra fortement acide autour de cette électrode, par suite de l'action du radical SO^4 sur l'eau. D'autre part, le potassium, qui apparaît à l'électrode négative, ne peut rester au contact de l'eau sans décomposer celle-ci, suivant la réaction $K + H^2O = KOH + H$. Il se dégage donc de l'*hydrogène* sur l'électrode négative et le liquide qui la baigne devient fortement alcalin. On fait ordinairement l'expérience dans un tube en U, en ajoutant un peu de sirop de violettes au sulfate de potasse. Le liquide rougit à l'électrode positive sous l'action de l'acide sulfurique et verdit de l'autre côté sous l'action de la potasse.

Si, après avoir fait passer le courant pendant quelque temps, on abandonne l'expérience à elle-même, la potasse et l'acide sulfurique se diffusent dans la masse, reforment le sulfate de potasse, et il semble alors que tout se soit passé comme si l'eau seule avait été décomposée en hydrogène et oxygène.

Électrolyse de l'acide sulfurique. — Lorsqu'on dirige, à l'aide de conducteurs en platine, un courant à travers de l'eau à laquelle on a ajouté un peu d'acide sulfurique, on obtient de l'*hydrogène* à l'électrode négative et de l'*oxygène* à l'électrode positive. Il semble que l'eau seule ait été décomposée; mais en réalité l'apparition de l'oxygène est due à la réaction secondaire du radical SO^4 sur l'eau elle-même.

L'appareil dont on se sert pour faire cette expérience a reçu le nom de *voltamètre.* C'est un vase en verre, mastiqué avec de

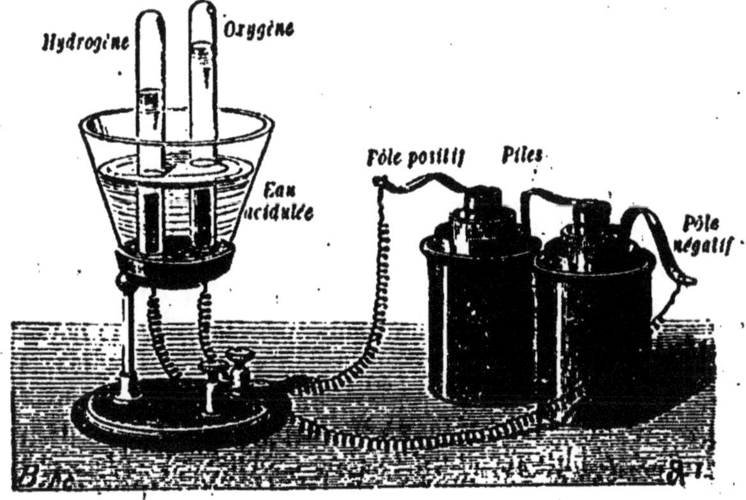

FIG. 103. — ÉLECTROLYSE DE L'EAU ACIDULÉE.
Les électrodes sont des lames de platine qui traversent le fond du voltamètre. On les recouvre d'éprouvettes pleines d'eau et on les met en relation avec les pôles d'une pile. Le volume d'hydrogène obtenu est double de celui de l'oxygène.

la cire sur un socle en bois et dont le fond est traversé par deux lames de platine qui servent d'électrodes. On recouvre chacune de ces lames d'une petite éprouvette pleine d'eau pour recueillir les gaz et on obtient ainsi un volume d'hydrogène double du volume d'oxygène (fig. 103).

Électrolyse de la potasse. — Lorsqu'on électrolyse une solution de potasse ou de soude à l'aide de lames en platine, il se dégage de l'*hydrogène* à l'électrode négative où le métal décompose l'eau et reforme la base alcaline; tandis qu'à l'électrode positive le radical OH, qui n'existe pas à l'état libre, se dédouble en eau et *oxygène* ($2OH = H^2O + O$). Finalement la concentration de la solution alcaline reste constante et tout semble s'être passé comme si l'eau seule avait été décomposée.

L'expérience célèbre par laquelle Davy a obtenu pour la première fois le potassium s'explique de la même façon. Sur une lame de platine faisant office d'électrode positive est placé un morceau de potasse dans lequel on a pratiqué une cavité qu'on a remplie de mercure. Un fil métallique servant d'électrode négative plonge dans le mercure (fig. 104). Lorsque le courant passe, on voit de l'oxygène se dégager sur la lame de platine, tandis que le potassium, se portant alors sur le mercure, s'amal-

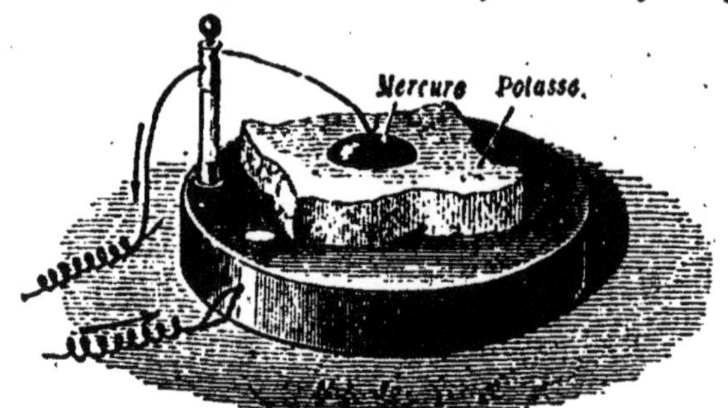

FIG. 104. — ÉLECTROLYSE DE LA POTASSE (DAVY).
Un morceau de potasse traversé par un courant s'électrolyse et le potassium s'amalgame sans brûler au mercure qui fait office d'électrode négative.

game à lui sans brûler. En distillant ensuite cet amalgame dans un gaz inerte, on vaporise le mercure et on isole le potassium.

124. Loi de Faraday. — Faraday a effectué sur les phénomènes électrolytiques un remarquable ensemble de recherches quantitatives qui l'ont conduit à formuler une des plus importantes et des plus fécondes lois de la Physique. Sous la forme qu'on lui donne aujourd'hui, cette loi s'énonce ainsi :

Dans toute électrolyse, le nombre des valences rompues est indépendant de l'électrolyte et proportionnel à la quantité d'électricité qui a passé. Il résulte implicitement de cette loi que la quantité d'électrolyte décomposée par un courant ne dépend ni de la forme des récipients dans lesquels se produit la décomposition, ni du temps que dure celle-ci, mais *uniquement* de la masse électrique qui a traversé le liquide. D'après ce qu'on sait sur les valences des métaux et des radicaux, on voit que la décomposition d'une molécule de NaCl en Na et Cl correspond à la rupture d'*une* valence ; tandis que celle d'une molécule de SO^4Cu en SO^4 et Cu équivaut à *deux* valences rompues ; et enfin celle d'une molécule de $AuCl^3$, à *trois* valences rompues. Il résulte de là que si un même courant traverse successivement diverses cuves électrolytiques contenant, par exemple, des solutions de sel marin, de sulfate de cuivre ou de chlorure d'or, la décomposition d'une molécule de NaCl dans une des cuves correspondra respectivement à celle de $\frac{1}{2}$ molécule de SO^4Cu et de $\frac{1}{3}$ molécule de $AuCl^3$ dans les autres; par conséquent, les poids des divers métaux qui se déposeront sur les électrodes négatives seront proportionnels à Na, $\frac{Cu}{2}$ et $\frac{Au}{3}$.

On dit quelquefois que les poids des divers métaux qu'une même quantité d'électricité précipite de leurs solutions salines sont des *équivalents électrochimiques*. Il résulte alors de ce qui précède que *les équivalents électrochimiques des métaux sont égaux au quotient de leurs poids atomiques par leur valence respective.*

Il est bon toutefois de remarquer que sous cette forme la loi de l'électrolyse est moins précise que sous le premier énoncé que nous en avons donné. En effet, certains métaux forment plusieurs espèces de sels : le fer, par exemple. Dans SO^4Fe et dans tous les sels *ferreux*, l'atome Fe est divalent; tandis que, dans $(SO^4)^3Fe^2$ et dans les sels *ferriques*, le groupement Fe^2 est hexavalent. D'après la loi de Faraday, un même courant traversant des solutions de SO^4Fe et de $(SO^4)^3Fe^2$ décomposera, pour une molécule du premier, un tiers de molécule du second; de telle sorte que les poids de métal déposé ne seront pas les mêmes dans les deux cas ; ces poids seront respectivement proportionnels à Fe et $\frac{Fe^2}{3}$.

L'expérience a montré que, *pour rompre une valence dans une molécule-gramme, il faut que l'électrolyte soit traversé dans le même sens par 96 600 coulombs.*

Ainsi donc, pour dégager 1 gramme d'hydrogène, c'est-à-dire $11^{litres},15$ de ce gaz mesuré dans les conditions normales, il faut 96 600 coulombs, et cette même masse électrique dépose 108 grammes d'argent et $\frac{65}{2}$ grammes de cuivre.

La loi de Faraday s'applique aussi bien aux courants continus qu'aux décharges : nous avons dit, en effet, qu'un liquide ne laisse jamais passer une quantité quelconque d'électricité sans être décomposé. Mais on se rendra facilement compte, d'après l'énormité des masses électriques qu'exigent les phénomènes électrolytiques, que la décharge, à travers de l'eau acidulée,

d'une batterie de laboratoire même fortement chargée libére-
rait à peine quelques millimètres cubes d'hydrogène : les masses
électriques que l'on peut mettre en jeu de cette façon étant d'ordinaire incomparablement moindres qu'un coulomb.

125. Définition pratique du coulomb et de l'ampère. — Cette
définition très simple résulte immédiatement de la loi de Faraday. Sachant que 96 600 coulombs libèrent 1 gramme d'hydrogène ou 108 grammes d'argent, on calcule qu'*un* coulomb libère
$0^{gr},001118$ d'argent et $0^{gr},00001035$ d'hydrogène. Mesuré dans
les conditions normales, c'est-à-dire à 0° et sous la pression de
76 centimètres de mercure, ce dernier poids d'hydrogène a un
volume de $0^{cc},1115$. On peut donc dire que *le coulomb est la
quantité d'électricité qui met en liberté* $0^{gr},001118$ *d'argent ou*
$0^{cc},1155$ *d'hydrogène mesuré dans les conditions normales.*

*L'ampère est l'intensité d'un courant qui libère en une seconde
ces mêmes quantités d'argent et d'hydrogène.*

Il résulte de là qu'on peut mesurer en ampères l'intensité
moyenne d'un courant de sens constant, en dirigeant celui-ci à
travers une cuve électrolytique contenant de l'azotate d'argent
ou même du sulfate de cuivre, et en déterminant à la balance
l'augmentation de poids de l'électrode négative après un temps
déterminé.

126. Théorie d'Arrhénius. — Plusieurs hypothèses ont été
édifiées pour expliquer les lois de Faraday et les phénomènes
électrolytiques. La plus récente en date, et peut-être la plus
hardie, est celle que le savant danois Arrhénius a émise sur la
constitution des dissolutions salines.

On sait qu'un corps dissous a beaucoup d'analogie avec un
gaz : de la même manière que les molécules d'un gaz se meuvent dans l'*éther* qui les environne, *les molécules d'un corps
dissous se meuvent au sein du dissolvant et y développent exactement la même pression (pression osmotique) que si on les gazéifiait
dans le même espace.* Cette remarquable loi, énoncée par Van't
Hoff, permet d'assimiler étroitement les solutions étendues aux
gaz; mais elle ne s'applique qu'aux corps qui ne conduisent pas
l'électricité et qui, par conséquent, ne s'électrolysent point.
Dans les solutions étendues de sels ou d'acides, on observe que
la pression osmotique est à peu près double de celle qu'indique-
rait la loi de Van't Hoff.

Pour expliquer cette anomalie, Arrhénius a été conduit à
admettre qu'*un sel en dissolution est toujours dissocié pour une
part d'autant plus grande que la dissolution est plus étendue.* La

molécule du sel se fractionne en deux parties, que l'on nomme des *ions* : le métal et le radical. **Les ions possèdent des quantités égales d'électricités contraires;** leur charge, positive pour le métal, négative pour le radical, est simplement proportionnelle à leur valence et correspond à 96 600 coulombs par valence-gramme.

Aussi, en dissolution étendue, le chlorure de sodium n'existe pas à l'état de combinaison, mais à l'état d'ions-chlore $Cl(-)$ et d'ions-sodium $Na(+)$. Si ces ions libres restent sans action chimique sur le dissolvant, cela tient à leur état d'électrisation qui modifie profondément leurs affinités chimiques.

Quand on dirige un courant dans une dissolution saline, les ions obéissent au champ électrique compris entre les électrodes : les ions négatifs sont entraînés vers l'anode, les ions positifs vers la cathode. Au contact des électrodes, les ions se déchargent et apparaissent alors avec leurs propriétés chimiques ordinaires.

Les ions sont donc les seuls véhicules de l'électricité : le dissolvant et les molécules du sel non dissociées n'interviennent pas dans le transport électrique. La loi de Faraday s'explique par ce fait que les charges électriques véhiculées sont proportionnelles à la valence des ions.

D'après Arrhénius, la conductibilité des électrolytes doit être en rapport direct avec le nombre de molécules dissociées. On s'explique ainsi que le courant ne puisse traverser les corps dont les molécules ne se dissocient pas en se dissolvant et que les propriétés électrolytiques s'observent uniquement sur les acides, les bases, ou les sels fondus ou en dissolution.

127. Différence de potentiel nécessaire pour produire une électrolyse. — Lorsqu'une cuve électrolytique est intercalée dans un conducteur parcouru par un courant, les actions chimiques dont elle est le siège sont nécessairement accompagnées d'une dépense de chaleur qui est empruntée à l'énergie du courant. Dès lors, on peut répéter à ce sujet ce qui a été dit au § 121 sur les lois de Ohm, dans le cas où le courant fournit un travail extérieur. La cuve électrolytique est alors comparable au moteur M intercalé dans le conducteur AA' (fig. 100).

Le poids d'électrolyte décomposé en une seconde étant, d'après la loi de Faraday, proportionnel à l'intensité I' du courant qui le traverse, il en est de même de l'énergie absorbée par l'électrolyse; on se trouve, par conséquent, dans le cas où la différence de potentiel qui règne entre les points A et A' semble diminuée d'une quantité *constante* e. En d'autres termes, tout se passe comme si le phénomène électrolytique introduisait dans le conducteur AA' une différence de potentiel inverse et constante e.

La loi de Ohm modifiée donne alors la relation suivante entre la différence de niveau électrique E que présentent les extrémités du conducteur AA', la résistance totale R de celui-ci, et l'intensité I' du courant $\qquad E - e = RI'$.

Cette formule montre que l'électrolyse sera impossible, si la valeur de E n'est pas au moins égale à e.

La valeur de e se calcule aisément. Désignons, en effet, par Q la chaleur de formation *à partir des éléments que libère l'électrolyse* d'une molécule-gramme d'électrolyte dissous et soit, d'autre part, n le nombre de valences rompues dans la destruction de cette molécule. Le passage de 96 000 coulombs décomposera $\dfrac{1}{n}$ de molécule-gramme et fournira, par suite, une énergie équivalente à $\dfrac{Q}{n}$ calories, c'est-à-dire à $\dfrac{4,18Q}{n}$ joules.

Dès lors, l'intensité du courant étant de I' ampères, l'énergie consommée en une seconde par l'électrolyse sera

$$\frac{4,18\,QI'}{96\,600 . n}\ \text{joules.}$$

Or, cette énergie est, d'ailleurs, exprimée par le produit eI' (§ 121); on a donc $\qquad e = \dfrac{4,18\,Q}{96\,600 . n}\ \text{volts.}$

Appliquons, par exemple, cette formule à l'eau. On sait qu'un courant, traversant de l'eau acidulée, décompose celle-ci en hydrogène et oxygène. La chaleur de formation d'une molécule-gramme d'eau *liquide* est égale à 69 000 calories : le nombre n est égal à 2. On a donc

$$e = \frac{4,18 \times 69\,000}{2 \times 96\,600}\ \text{volts.}$$

On trouve ainsi $e = 1^{\text{volt}},48$.

Ainsi donc, pour décomposer l'eau dans un voltamètre, il faudra réaliser entre les électrodes une différence de potentiel au moins égale à $1^{\text{volt}},48$, abstraction faite de celle qui est due, pendant le passage du courant, à la résistance du voltamètre lui-même.

CHAPITRE IV

SOURCES D'ÉLECTRICITÉ — PILES
THERMO-ÉLECTRICITÉ

I. PILE VOLTAÏQUE

128. Principe de Volta. Loi du contact. — Nous avons vu (§ 42) que le potentiel a même valeur en tout point d'un conducteur en équilibre électrique; mais les recherches de Volta ont établi que cette loi ne s'applique en toute rigueur qu'à des conducteurs homogènes. L'énoncé suivant résume les expériences de l'illustre physicien :

Il existe au contact de deux métaux et, plus généralement, au contact de deux corps différents, une différence de potentiel qui dépend de la nature de ces corps et de leur température, mais qui est tout à fait indépendante de leurs dimensions, de leur état d'électrisation et de l'étendue des surfaces en contact.

Ainsi, sur un conducteur en équilibre, formé de deux substances différentes A et B (fig. 105), le potentiel n'est pas rigoureusement constant : il a la même valeur V en tous les points de A; mais il a une valeur différente $V + v$ en tous les points de B. La différence v, que nous désignerons souvent par E_A^B, et que l'on appelle *force électromotrice*

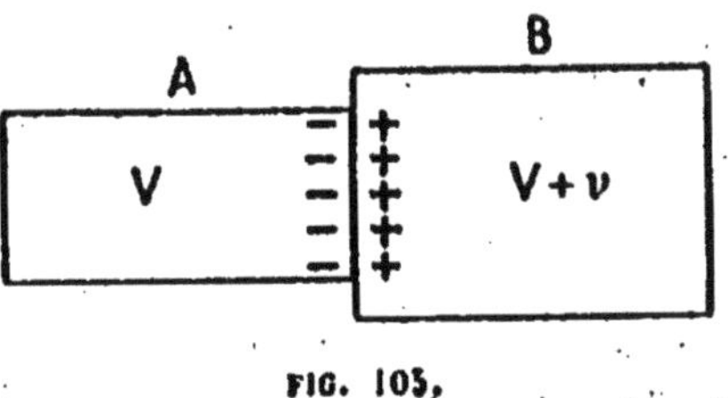

FIG. 105,

de contact, dépend uniquement de la nature des corps A et B et de leur température, mais nullement du potentiel V qui règne sur le conducteur A. Si, par exemple, ce dernier est au potentiel zéro, le conducteur B qui le touche sera encore au potentiel v. Dans ces conditions, les deux corps devront nécessairement posséder des charges électriques contraires, exactement comme les armatures d'un condensateur; c'est-à-dire que si E_A^B est positif, le conducteur B sera chargé positivement et A négativement; tandis que le contraire aura lieu si E_A^B est négatif.

Ces charges contraires sont distribuées, de part et d'autre de la surface de contact, en deux couches très rapprochées; elles n'ont aucune action extérieure et elles sont, par conséquent, égales. Mais, si on sépare les deux conducteurs, elles se distribuent à la surface de chacun d'eux et on peut alors les mettre en évidence par leurs actions extérieures. Celles-ci sont toutefois assez faibles : il conviendrait pour les manifester d'employer un électromètre à quadrants; mais on peut cependant les rendre sensibles à un électroscope à feuilles en utilisant le dispositif suivant :

Sur le plateau de l'électroscope (fig. 106) on place un cylindre collecteur en cuivre. On applique, d'autre part, l'un sur l'autre, deux disques de zinc et de cuivre montés sur des manches isolants en paraffine. On saisit le disque de zinc par sa monture de façon à le mettre au sol; puis on soulève celui de cuivre en le tenant par le manche isolant et on l'amène à toucher la paroi intérieure du collecteur. En répétant plusieurs fois l'opération, on constate que les feuilles de l'électroscope s'écartent peu à peu et on reconnaît que l'appareil est alors chargé négativement. En se séparant du zinc, le plateau de cuivre conservait donc une petite charge *négative*, qu'il cédait ensuite entièrement au cylindre collecteur, tandis que la charge *positive* du zinc s'écoulait dans le sol.

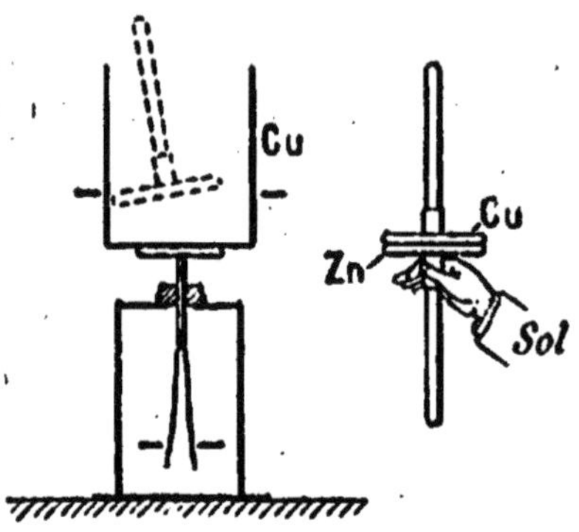

FIG. 106. — DIFFÉRENCE DE POTENTIEL AU CONTACT DE DEUX MÉTAUX.

En introduisant plusieurs fois de suite dans le collecteur de l'électroscope un plateau de cuivre isolé qui vient d'être appliqué sur un plateau de zinc tenu à la main, on constate que les feuilles se chargent négativement.

On peut répéter la même expérience en tenant le cuivre à la main et en transportant successivement les charges du zinc dans un collecteur de même métal placé sur l'électroscope. On reconnaît alors que le zinc est électrisé *positivement*.

Il résulte de là que, dans un conducteur formé d'un barreau de zinc soudé à un barreau de cuivre, *le potentiel du zinc est supérieur à celui du cuivre.*

120. Force électromotrice de contact. — L'expérience montre que *la différence de potentiel au contact se manifeste surtout entre* *les corps solides* : elle explique, dans une certaine mesure, l'électrisation par frottement.

Entre un solide et un liquide conducteur, tel qu'une dissolution aqueuse de sel ou d'acide, *la différence de potentiel est faible;* *elle est même nulle entre un métal et une dissolution aqueuse d'un sel de ce métal.*

Il résulte de là que deux métaux différents, Cu et Zn, par exemple, plongés dans un liquide conducteur, tel que de l'eau acidulée, sont nécessairement à des potentiels à peu près égaux, puisque chacun d'eux ne présente avec le liquide intermédiaire qu'une très petite différence de potentiel. Le liquide conducteur joue dans ce cas le rôle d'un *égalisateur de potentiel* entre les deux métaux.

130. Loi de la chaîne métallique. — Considérons un circuit fermé, constitué par une suite de métaux différents ABCD soudés bout à bout (fig. 107), et supposons que tous les points de cet ensemble soient à la même température, la température ambiante, par exemple. Dans ces conditions, ce circuit est un système immuable, ne recevant aucune énergie du milieu extérieur et ne pouvant, par conséquent, lui en rendre aucune. Il est donc nécessairement en équilibre électrique, car, s'il était parcouru par un courant, on pourrait utiliser celui-ci à la production d'un travail extérieur. Dès lors, le potentiel aura même valeur en deux points quelconques a, a' d'un même conducteur métallique A. Or, si je désigne par V le potentiel en a, on obtiendra le potentiel sur les autres conducteurs en ajoutant à V les

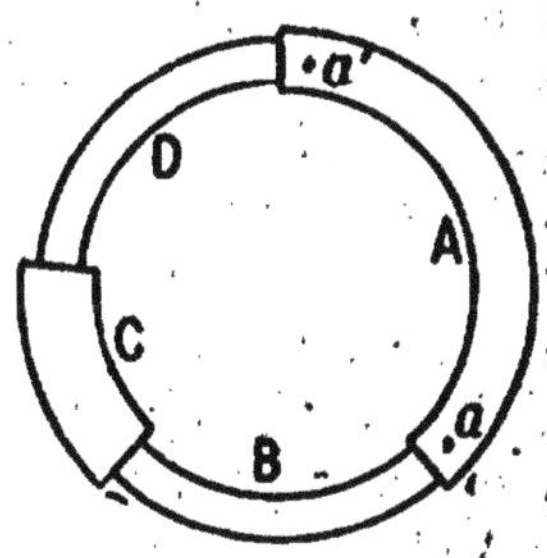

FIG. 107. — LES CHAINES MÉTALLIQUES.

Il n'y a pas de différence de potentiel sur un conducteur A qui fait partie d'un circuit fermé, constitué par des métaux différents et dont la température est uniforme.

forces électromotrices successives qui apparaissent aux soudures. Le potentiel en a', qui est égal à V, aura aussi pour expression :

$$V + E_A^B + E_B^C + E_C^D + E_D^A;$$

on peut donc écrire :

$$E_A^B + E_B^C + E_C^D + E_D^A = 0.$$

Si on remarque, d'autre part, que $E_A^B = -E_B^A$, la relation précédente devient

$$E_B^A = E_B^C + E_C^D + E_D^A.$$

Sous cette forme, elle montre que *la différence de potentiel qui règne entre deux métaux A et B, réunis par une suite de conducteurs métalliques à la même température, est la même que si les deux métaux se trouvaient en contact direct.*

Il résulte immédiatement de là que le potentiel est le même aux extrémités d'une chaîne métallique terminée par des conducteurs de même nature.

131. Chaînes à liquides. — Cette loi n'est plus vérifiée dans une chaîne dont tous les conducteurs ne sont pas métalliques. Considérons, par exemple, la chaîne

$$\text{cuivre-zinc-eau acidulée-cuivre.}$$

Bien que de même nature, les métaux extrêmes ne sont pas au même potentiel. D'après une remarque précédente, on sait, en effet, que le zinc et le second cuivre, qui touchent l'eau acidulée, sont sensiblement au même niveau électrique. Il existe dès lors, entre les extrémités de la chaîne, une différence de potentiel à peu près égale à celle qui règne au contact du premier cuivre et du zinc. Si on désigne par V le potentiel sur ce premier cuivre soudé au zinc, le potentiel sur le cuivre qui touche l'eau acidulée sera donc *supérieur* à V et égal à $V + e$. On dira alors que la force électromotrice de cette chaîne à liquides a pour valeur e.

152. Expériences de Volta. — Les considérations qui précèdent vont maintenant nous permettre d'expliquer les expériences célèbres par lesquelles Volta a mis en évidence la force électromotrice de contact.

Remarquons tout d'abord que le corps humain doit surtout sa conductibilité aux liquides qui y circulent, et qu'il jouit, dès lors, des propriétés d'un conducteur liquide. Par conséquent, quand on touche un métal du doigt, le potentiel du métal prend une valeur sensiblement égale à celui du corps lui-même, c'est-à-dire à peu près nulle.

Les expériences de Volta s'exécutent à l'aide d'un électroscope condensateur dont les armatures sont en cuivre et d'une lame de cuivre soudée à une lame de zinc.

Première expérience. — Les plateaux de l'électroscope étant l'un sur l'autre, on touche simultanément le plateau supérieur avec le doigt et le plateau inférieur avec le *zinc* de la double lame dont on tient le *cuivre* à la main. On rompt ensuite ces contacts ; on soulève le plateau supérieur et on constate que les feuilles de l'électroscope ne divergent pas : les armatures du condensateur sont donc restées au même potentiel. Ce résultat s'explique aisément si l'on remarque, d'une part, que le plateau supérieur et le cuivre de la lame, réunis par le corps de l'opérateur, sont tous deux au potentiel zéro ; et, d'autre part, que le plateau inférieur est au même potentiel que le cuivre de la lame, puisque ces métaux de même nature forment les extrémités de la chaîne métallique *cuivre-zinc-cuivre*.

Deuxième expérience. — On répète l'expérience précédente, en introduisant entre l'armature inférieure du condensateur et

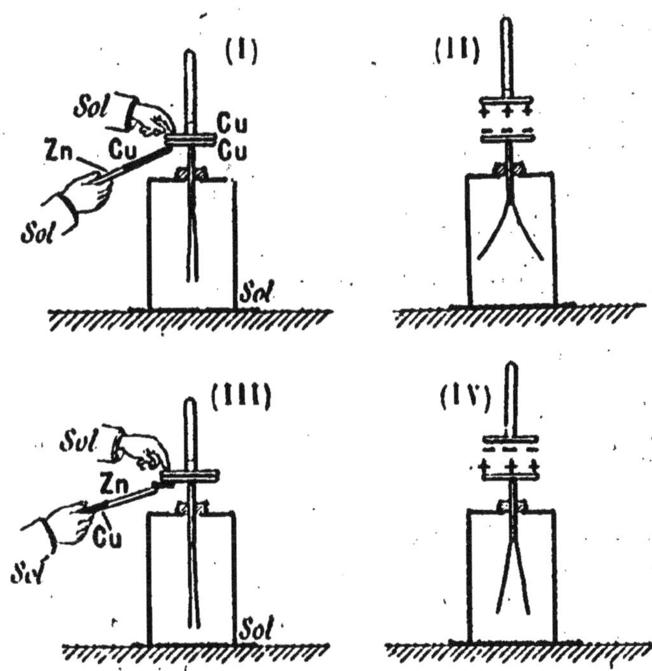

FIG. 108. — EXPÉRIENCES DE VOLTA.
Il existe une différence de potentiel entre deux métaux qui se touchent ; mais le potentiel est le même sur deux métaux réunis par un liquide conducteur.

le zinc de la lame une rondelle de drap légèrement mouillée avec de l'eau acidulée (fig. 108, III). On rompt les contacts ; on soulève le plateau supérieur ; on constate que les feuilles de l'électroscope divergent et que l'instrument est alors chargé d'électricité positive : l'armature inférieure du condensateur se trouvait donc à un potentiel plus élevé que l'autre (fig. 108, IV). Pour expliquer le fait, il suffit de remarquer que le plateau supérieur et le cuivre tenu à la main sont tous deux au potentiel zéro; le potentiel du zinc de la double lame est donc positif et il en est de même pour le plateau inférieur qui lui est réuni par un liquide conducteur.

La différence de potentiel des deux armatures est trop faible pour être sensible à l'électroscope; mais elle augmente assez, quand les plateaux chargés s'écartent, pour produire la divergence des feuilles.

Troisième expérience. — On touche simultanément le plateau supérieur avec le doigt et le plateau inférieur avec le *cuivre* de la double lame dont on tient le zinc à la main (fig. 108, I). En séparant les armatures, on constate que l'électroscope reste chargé négativement (fig. 108, II). Le fait s'explique en observant que le plateau supérieur et le zinc, réunis par le corps de l'opérateur, sont tous deux au potentiel zéro, et que, par suite, le cuivre de la lame et celui de l'armature inférieure ont un potentiel négatif.

133. Pile de Volta. — C'est en partant de ces faits que Volta construisit la pile.

Un *élément de pile* est constitué par un vase contenant un liquide conducteur, dans lequel plongent deux lames de métaux différents auxquelles sont soudés extérieurement des fils de cuivre (fig. 109). C'est donc une chaîne de conducteurs dont les extrémités sont identiques et qui comprend un liquide. Les fils de cuivre extrêmes se nomment les pôles de l'élément; on sait, d'après ce qui précède, qu'ils présentent une différence de potentiel *e*, que l'on appelle *force électromotrice de l'élément de pile en circuit ouvert* et qui ne dépend en aucune façon des dimensions de celui-ci, mais uniquement de la nature des conducteurs qui le composent.

Dans l'élément de Volta, le liquide est de l'eau additionnée d'acide sulfurique; les lames qui y sont plongées sont en zinc et en cuivre; en sorte que ce dispositif reproduit une chaîne

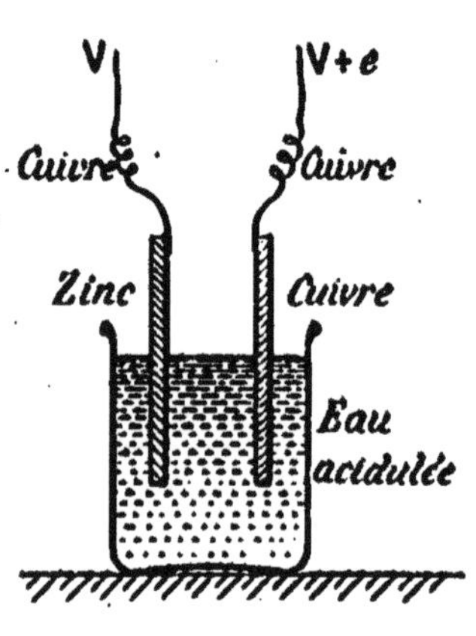

FIG. 109.

ÉLÉMENT DE PILE VOLTAÏQUE.

Le cuivre qui plonge dans l'eau acidulée est à un potentiel supérieur à celui du cuivre qui est soudé au zinc.

cuivre-zinc-eau acidulée-cuivre.

Le cuivre qui touche l'eau acidulée se nomme le *pôle positif* de l'élément; il se trouve, comme nous l'avons dit plus haut, à un potentiel supérieur au cuivre qui est soudé au zinc et que l'on appelle *pôle négatif.*

La force électromotrice d'un élément de Volta est à peu près de 1 volt. Une *pile* est constituée par une succession d'éléments identiques associés de telle façon que le pôle négatif de l'un soit relié au pôle positif du suivant (fig. 110). Lorsque la pile

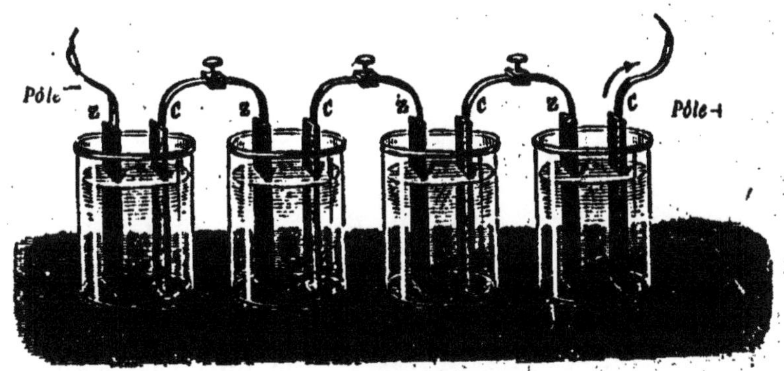

FIG. 110. — PILE VOLTAÏQUE.
Quand on associe des éléments de pile de telle façon que le pôle positif de l'un soit relié au pôle négatif du suivant, la dénivellation électrique entre des extrémités de la pile est la somme de celle des éléments.

comprend n éléments bien isolés, la dénivellation électrique entre le pôle positif du premier et le pôle négatif du dernier est égale à n fois la force électromotrice e de chaque élément. Par conséquent, si le pôle négatif extrème est à la terre, le potentiel du pôle positif de la pile sera ne; si, au contraire, c'est le pôle positif extrème qui se trouve à la terre, le pôle négatif sera au potentiel — ne.

Si la pile contient un nombre pair d'éléments et qu'on mette le milieu au sol, les extrémités de la pile se trouveront respec-

tivement aux potentiels $\dfrac{ne}{2}$ et $-\dfrac{ne}{2}$.

On utilise cette dernière disposition dans les piles de charge des électromètres à quadrants. Les éléments sont constitués par de petits flacons en porcelaine ou en verre, isolés par une couche de paraffine et contenant une solution de sulfate de magnésie; chaque flacon est réuni au suivant par une double lame *cuivre-zinc* dont les extrémités plongent dans la solution saline. Le milieu de la pile est mis au sol, tandis que les pôles extrêmes sont reliés à chaque paire de quadrants opposés (§ 65).

154. Courant électrique de la pile. — Si l'on réunit les deux fils de cuivre qui constituent les pôles d'une pile, ils ne forment plus qu'un conducteur homogène dont les extrémités sont à des potentiels différents, et qui, dans ces conditions, ne saurait être en équilibre électrique.

Ce conducteur est alors parcouru par un flux d'électricité qui tend à faire disparaître la différence de potentiel. Mais celle-ci persiste parce qu'elle dépend de la nature et non de l'état électrique des conducteurs qui forment la pile, et le conducteur polaire devient, par conséquent, le siège d'un courant électrique continu qui va du potentiel le plus élevé au potentiel le plus bas, c'est-à-dire, du pôle positif au pôle négatif (fig. 111).

Le mouvement de l'électricité n'est pas localisé dans le conducteur polaire qui, en réalité, forme avec la pile elle-même un circuit fermé. A travers le liquide, le flux électrique revient du pôle négatif au pôle positif, sans s'amasser nulle part dans le circuit et, par conséquent, sans détruire la différence de potentiel qui règne entre les pôles.

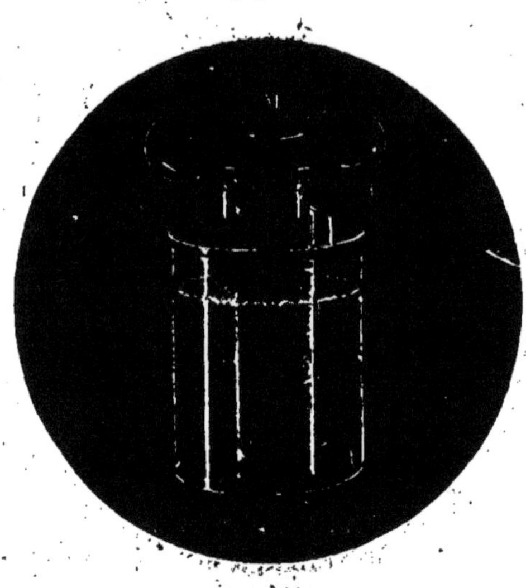

FIG. 111.
ÉLÉMENT DE PILE EN CIRCUIT FERMÉ.

Quand on réunit les pôles d'une pile, celle-ci constitue un circuit fermé et se trouve parcourue par un courant qui va du pôle positif au pôle négatif dans le conducteur extérieur, et qui traverse le liquide en allant du zinc au cuivre.

La pile électrique ainsi disposée doit donc être considérée comme une machine électrique en activité, c'est-à-dire, en somme, comme un transformateur d'énergie.

155. Source de l'énergie dans une pile. — Quel que soit l'appareil qui le produise, un courant électrique représente de l'énergie fournie au milieu extérieur. Dans le cas d'une machine électrique, cette énergie est empruntée d'un autre côté au milieu extérieur lui-même et la machine rend ainsi sous la forme électrique le travail mécanique dépensé pour l'actionner.

Mais, dans le cas d'une pile, on ne dépense effectivement ni chaleur ni travail pour produire le courant, et, dès lors, l'énergie que représente celui-ci est nécessairement empruntée à l'énergie potentielle de la pile elle-même.

Considérons, en effet, un élément voltaïque *cuivre-zinc-eau acidulée-cuivre*. Un tel système est le siège d'actions chimiques qui s'accomplissent d'elles-mêmes avec dégagement de chaleur : le zinc se dissout dans l'eau acidulée, en déplaçant l'hydrogène et la réaction est exothermique :

$$Zn + SO^4H^2 = SO^4Zn + H^2 \qquad + 38000^{calories}.$$

Si nous admettons qu'il y ait excès d'acide, le système possédera donc une certaine énergie chimique proportionnelle au poids de l'électrode en zinc.

Pour montrer que l'énergie du courant est une partie de cette énergie potentielle, installons un élément de Volta dans un calorimètre, son fil interpolaire dans un autre, et faisons passer le courant pendant quelque temps. Mesurons, d'une part, la quantité de chaleur q développée par le passage du flux électrique dans le conducteur interpolaire, et, d'autre part, la quantité de chaleur q' qui apparaît dans l'élément lui-même : nous reconnaîtrons alors que la somme $q + q'$ représente précisément la perte d'énergie calorifique que l'on déduit de la mesure du poids de zinc dissous pendant le passage du courant. Une fraction $\dfrac{q}{q+q'}$ de la chaleur produite par la réaction chimique s'est donc transformée en énergie électrique, tandis que le reste est apparu sous forme de chaleur dans l'élément lui-même.

156. Emploi du zinc amalgamé. — L'emploi du zinc amalgamé est un des plus importants perfectionnements qu'ait subis la construction des piles. En effet, tandis que, dans un élément voltaïque, le zinc impur du commerce est *toujours* attaqué par l'eau acidulée, le *zinc pur* et le *zinc ordinaire frotté de mercure* restent inaltérés tant que le circuit est ouvert et ne réagissent sur l'eau acidulée que lorsque le circuit est fermé. L'action chimique est alors corrélative du passage du courant et le liquide conducteur se décompose suivant les lois de l'électrolyse. On sait qu'à travers l'élément voltaïque lui-même le courant va du zinc au cuivre : dès lors, si, comme à l'ordinaire, le liquide est de l'acide sulfurique dilué, les molécules SO^4H^2 se fractionneront aussitôt que les pôles seront réunis : les groupements SO^4

remonteront le courant et se porteront sur le zinc pour former SO^4Zn, tandis que l'hydrogène suivra le courant et se dégagera *uniquement* autour du pôle positif.

Comme le courant qui circule à travers l'élément est le même que celui qui parcourt le fil interpolaire, on voit que, dans un voltamètre intercalé sur ce dernier, le nombre de valences rompues sera le même que dans la pile; c'est-à-dire que, si le courant libère H^2 au pôle positif de la pile, il libérera aussi H^2 à l'électrode négative du voltamètre.

157. Force électromotrice d'un élément de pile en circuit fermé. — Considéré au point de vue de sa conductibilité électrique, un élément de pile possède une certaine résistance r qui dépend surtout des dimensions de la colonne liquide séparant les pôles et qui est, toutes choses égales d'ailleurs, d'autant plus faible que cette colonne a une base plus grande et une moindre épaisseur, c'est-à-dire que les lames de zinc et de cuivre, qui plongent dans le liquide, sont plus larges et plus rapprochées.

Désignons par R la résistance du conducteur métallique homogène qui réunit les pôles et supposons que celui-ci ne soit le siège d'aucune transformation de l'énergie électrique en travail. Si nous appelons alors I l'intensité du courant qui parcourt le circuit fermé, nous dirons, par analogie avec la formule de Ohm, que la force électromotrice de l'élément de pile a pour valeur dans ces conditions

$$e = (R + r)I.$$

L'expérience montre que la grandeur e ainsi définie est la même pour des éléments de pile qui sont exactement formés des mêmes substances et qu'elle ne dépend point de la forme ni des dimensions de ces éléments.

Il est facile de voir, d'après cela, que cette force électromotrice est précisément égale à la différence de potentiel qui règne entre les pôles lorsque ceux-ci sont séparés.

En effet, lorsque la pile est fermée sur une résistance R, la dénivellation électrique entre ses pôles est précisément celle qui existe aux extrémités d'un conducteur de résistance R, parcouru par un courant d'intensité I : elle a donc pour valeur

$$e' = RI.$$

On a donc :
$$e' = e\,\frac{R}{R + r} = \frac{e}{1 + \dfrac{r}{R}}.$$

Si la résistance *R* augmente indéfiniment, la différence de potentiel *e'* se rapproche de plus en plus de la force électromotrice *e* de la pile et, à la limite, lui devient égale quand la résistance *R* est infinie, ou, en d'autres termes, quand le circuit est ouvert.

Dans ce qui suivra, nous ne ferons donc plus de distinction entre la force électromotrice en circuit fermé ou en circuit ouvert : c'est la même.

158. Affaiblissement de la pile. Polarisation des électrodes. — L'expérience montre que, si on ferme sur lui-même un élément de Volta, le courant s'affaiblit très rapidement. Cet affaiblissement est dû à ce que l'hydrogène, qui se dégage autour de la lame de cuivre positive, adhère à celle-ci et modifie sa surface, de telle façon qu'au lieu de se trouver sensiblement au

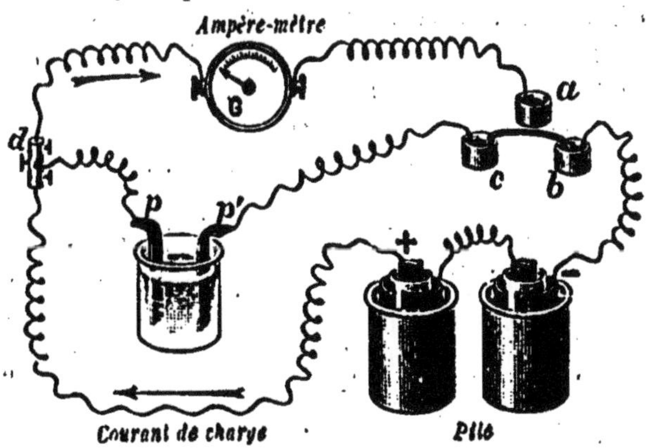

FIG. 112. — POLARISATION DES ÉLECTRODES.
Lorsqu'on électrolyse de l'eau acidulée à l'aide de deux électrodes en plomb *p* et *p'*, il s'éveille entre elles une différence de potentiel de telle façon qu'après l'électrolyse le voltamètre peut lui-même faire office de pile.

même potentiel que le liquide qui la baigne cette lame de cuivre recouverte d'hydrogène se trouve à un potentiel nettement inférieur.

Cette différence de potentiel, qui s'éveille ainsi entre le liquide et la lame de cuivre positive, aussitôt que le courant passe, augmente peu à peu et, par conséquent, abaisse progressivement le potentiel sur le pôle positif. Elle produit donc le même effet qu'une force électromotrice inverse de celle de la pile, qui diminuerait celle de la pile elle-même jusqu'à l'annuler plus ou moins complètement.

Ce phénomène tout spécial, déterminé, comme on le voit, par la présence d'une couche d'hydrogène autour du pôle positif, a reçu le nom de *polarisation des électrodes*. Il n'est pas particulier aux électrodes de cuivre et se produit tout aussi bien quand le pôle positif est constitué par une lame de platine, de plomb ou de charbon.

Une lame de métal *polarisée* par l'hydrogène et mise dans l'eau en présence d'une autre lame du même métal non polarisée se trouve à un potentiel inférieur à celle-ci. Le système constitue, dans ces conditions, un élément de pile dont la lame polarisée est le pôle négatif.

On montre facilement le phénomène de la polarisation par l'expérience que représente la figure 112. Dans un verre contenant de l'eau acidulée plongent deux lames de plomb. En réunissant par un fil métallique les godets c et b qui renferment du mercure, on dirige à travers l'eau acidulée le courant de deux éléments de pile. L'électrode p' se polarise alors et acquiert un potentiel inférieur à celui de p. Au bout de quelques minutes, on supprime le courant ; on réunit les godets a et c, et on met ainsi les lames de plomb en communication avec les bornes d'un ampère-mètre.

On voit alors l'aiguille de celui-ci dévier dans le même sens que si, en joignant a et b, on eût dirigé à travers l'instrument le courant des piles elles-mêmes. On déduit de là que le système *plomb-eau acidulée-plomb*, après avoir été traversé par un courant, constitue un élément de pile dans lequel les pôles positif et négatif sont respectivement les lames qui ont servi d'électrode positive et d'électrode négative.

Le courant de *décharge* traverse donc ce système précisément en sens inverse du courant de *charge*; il a, par conséquent, pour effet de détruire peu à peu la polarisation initiale et le courant cesse dès que les lames sont ramenées au même état.

159. Accumulateurs. — Le principe de ces appareils, qui ont pris une si grande importance dans l'industrie électrique, repose précisément sur le phénomène de la polarisation des électrodes.

Les accumulateurs ont été imaginés par Planté. Tels qu'on les construit aujourd'hui, ils sont formés par une série de larges lames de plomb séparées les unes des autres par de petites cales en caoutchouc et plongées dans l'eau acidulée. Toutes les lames de rang pair communiquent ensemble, ainsi que toutes les lames de rang impair (fig. 113). On réalise, dans ces conditions, une grande surface d'électrodes sans que les appareils aient des dimensions par trop gênantes.

Pour charger un accumulateur, on y fait passer un courant

électrique en se servant des lames elles-mêmes comme électrodes. Les plaques positives s'oxydent alors plus ou moins profondément, tandis que les lames négatives retiennent l'hydrogène. On reconnaît que l'accumulateur est chargé et on arrête le courant dès que les gaz libérés par l'électrolyse, au lieu d'être

FIG. 113. — ACCUMULATEURS MONTÉS EN SÉRIE.

Chaque élément est constitué par de larges lames de plomb séparées par des baguettes isolantes et immergées dans l'eau acidulée. De deux en deux, ces lames sont réunies à des traverses qui font office d'électrodes ou de pôles suivant que l'on charge ou que l'on décharge l'accumulateur.

retenus sur les lames de plomb, commencent à se dégager abondamment à la surface de l'eau acidulée.

Pour décharger l'accumulateur, il suffit de réunir les électrodes par un fil métallique. La plaque qui formait l'électrode positive pendant la charge devient le pôle positif pendant la décharge. Avec des appareils bien établis et bien conduits, on peut ainsi retrouver jusqu'à 90 pour 100 de l'énergie dépensée pendant la charge.

La décharge présente deux phases : l'une pendant laquelle la force électromotrice reste à peu près invariable et voisine de 2 volts; l'autre pendant laquelle elle diminue rapidement. Il y a économie à n'utiliser que la première période, et, dans la pratique, on recharge les accumulateurs dès que leur force électro-motrice descend au-dessous de $1^{volt},8$.

La *capacité* d'un accumulateur augmente avec l'usage, car, après un grand nombre de charges et de décharges consécutives, les lames de plomb prennent une structure spongieuse qui leur permet de retenir de plus grandes quantités de gaz. On dit alors que l'accumulateur est *formé*.

On a, d'ailleurs, indiqué et appliqué plusieurs procédés pour obtenir une formation rapide des accumulateurs. Ces procédés consistent essentiellement à recouvrir les lames d'une couche bien adhérente de minium qui se réduit quand on charge successivement l'accumulateur en sens inverse et qui se transforme ainsi rapidement en plomb spongieux.

Dans un accumulateur bien conditionné, on peut emmagasiner facilement, par chaque kilogramme de plomb, de 5 à 10 ampères-heure, c'est-à-dire de 18 000 à 36 000 coulombs.

En raison de la grande surface des lames et de la faible épaisseur du liquide qui les sépare, la résistance d'un accumulateur est toujours très petite : elle atteint à peine *quelques centièmes d'ohm*. Dès lors, quand l'accumulateur se décharge dans un fil quelque peu résistant, l'énergie développée se retrouve presque entièrement dans le circuit extérieur. La décharge se faisant sous une dénivellation de 2 volts, on voit que, par chaque kilogramme de plomb, un accumulateur bien formé peut fournir de 36 000 à 72 000 joules, ce qui représente un travail de 10 à 20 watts-heure.

2. COUPLES NON POLARISABLES

140. Pile au bichromate. — Pour obtenir une pile dont la force électromotrice reste constante, il faut supprimer le dégagement d'hydrogène sur la lame positive. Le problème a reçu plusieurs solutions que nous décrirons brièvement.

Dans la pile au bichromate (fig. 114), le liquide est constitué par de l'acide sulfurique dilué, additionné de bichromate de potasse. Le pôle positif est formé de deux lames de charbon des cornues fixées sur un couvercle en ébonite et reliées entre elles par une traverse de cuivre. Le pôle négatif est formé d'une lame de zinc amalgamé placée entre les lames de charbon et supportée par une tige de métal qui peut glisser à travers le couvercle, de manière à faire plonger à volonté le zinc dans le liquide.

Lorsque le circuit est fermé, le zinc est attaqué par l'acide sulfurique; mais l'hydrogène qui tend à se produire autour du pôle positif est brûlé par le mélange oxydant d'acide sulfurique et de bichromate de potasse. Il n'y a donc, au pôle positif, aucun dégagement de gaz et, par suite, aucune polarisation.

La force électromotrice de cette pile est de 2 volts quand le liquide contient 12 de bichromate et 25 d'acide sulfurique pour 100 d'eau. Sa résistance est seulement de quelques centièmes d'ohm.

141. Pile Leclanché. — Dans le modèle le plus récent de la pile Leclanché, le pôle négatif est, comme à l'ordinaire, une lame ou un bâton de zinc; le liquide est une dissolution de chlorhydrate d'ammoniaque; quant au pôle positif, il est constitué par un cylindre en charbon des cornues aggloméré avec du bioxyde de manganèse (fig. 115).

Lorsqu'on ferme le circuit, le zinc attaque le chlorhydrate; il se forme du chlorure de zinc

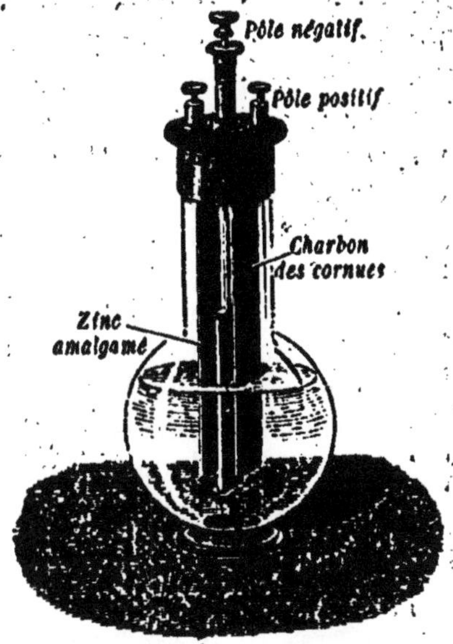

FIG. 114. — PILE AU BICHROMATE.

Le liquide est une solution de bichromate de potasse additionnée d'acide sulfurique. Ce mélange diminue la polarisation en oxydant l'hydrogène qui apparaît au pôle positif quand la pile est fermée.

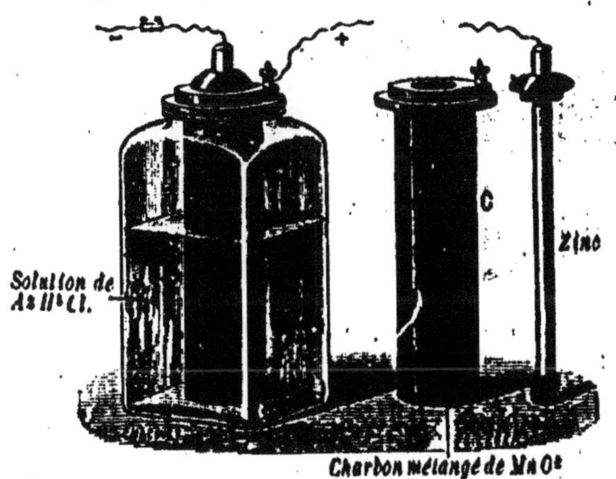

FIG. 115. — PILE LECLANCHÉ.

Le liquide est une solution de sel ammoniac. Le pôle négatif est un bâton de zinc; le pôle positif est constitué par un cylindre de charbon des cornues aggloméré avec du bioxyde de manganèse qui sert de dépolarisant.

qui se dissout et il se dégage au pôle positif de l'ammoniaque qui reste dissous et de l'hydrogène qui est oxydé par le bioxyde de manganèse. Seulement cette oxydation par un dépolarisant solide est assez lente; en sorte que la pile convient surtout à un service intermittent, avec de longs intervalles de repos, comme c'est le cas pour les sonneries électriques, par exemple.

La force électromotrice de cette pile est de 1^{volt},46. Sa résistance dépend de sa construction. Dans le modèle que représente la figure, le pôle positif est un cylindre creux percé de trous et dans l'axe duquel on maintient, à l'aide de cales isolantes, le bâton de zinc qui sert de pôle négatif; la résistance de cet élément est de 3 à 5 ohms.

Dans d'autres modèles (*piles Godwin*), le pôle négatif est une large lame cylindrique qui entoure à faible distance le cylindre de charbon aggloméré. La résistance de ces éléments est de quelques dixièmes d'ohm seulement.

142. Pile Daniell. — L'élément Daniell se compose d'un vase en verre séparé en deux compartiments par un autre vase en terre poreuse. Le compartiment extérieur renferme de l'eau acidulée dans laquelle plonge une lame cylindrique de zinc amalgamé qui constitue le pôle négatif. Le vase poreux contient une solution de sulfate de cuivre que l'on maintient saturée en garnissant ce vase de cristaux de sulfate de cuivre. Dans cette solution plonge une lame de cuivre formant le pôle positif (fig. 116).

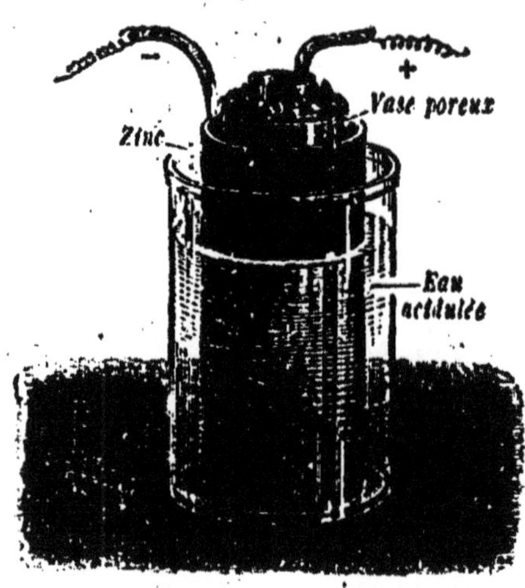

FIG. 116. — PILE DANIELL.

Le dépolarisant est constitué par une solution saturée de sulfate de cuivre contenue dans le vase poreux et dans laquelle plonge une lame de cuivre faisant office de pôle positif. L'hydrogène libéré par le courant déplace le cuivre du sulfate et reforme de l'acide sulfurique.

Lorsque le circuit est fermé, le courant traverse la pile en allant du zinc au cuivre; l'eau acidulée et le sulfate de cuivre sont alors électrolysés molécule à molécule. Le groupement SO_4 de l'acide se porte sur le zinc pour donner du sulfate de zinc qui se dissout, tandis que l'hydrogène, qui se dirige vers le pôle positif, reforme de l'acide sulfurique avec le groupement SO^4 du sel de cuivre qui est transporté en sens inverse; il ne se dépose alors sur la lame positive que le cuivre du sulfate électrolysé et tout dégagement gazeux est ainsi évité.

La concentration de l'eau acidulée reste donc constante et les réactions chimiques dont la pile est le siège se réduisent finalement à la substitution d'un atome de zinc à un atome de cuivre dans le sulfate de cuivre. Cette réaction est nécessairement exothermique et dégage 50 600 calories.

La force électromotrice de cette pile est remarquablement constante; elle est de $1^{volt},07$. Sa résistance dépend de sa construction : elle varie de quelques dixièmes d'ohm à plusieurs ohms suivant la structure du vase poreux dont on se sert pour maintenir le sulfate de cuivre.

145. Pile Bunsen. — L'élément Bunsen est constitué par un vase en verre séparé en deux compartiments par un autre vase en terre poreuse. Le compartiment extérieur renferme de l'acide sulfurique dilué dans lequel plonge une lame circulaire de zinc amalgamé. Le vase poreux contient de l'acide azotique du commerce et une lame de charbon des cornues qui forme le pôle positif (fig. 117).

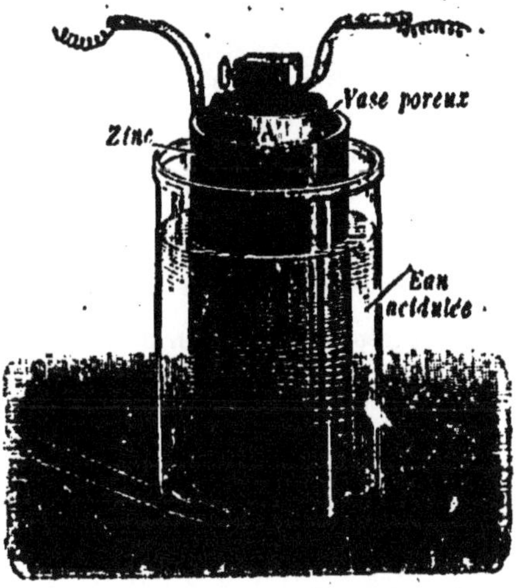

Lorsque le circuit est fermé, les deux acides s'électrolysent; mais l'hydrogène qui tend à se dégager autour de la lame de charbon réduit l'acide azotique en donnant des composés oxygénés inférieurs qui restent dissous, et toute apparition de gaz au pôle positif est ainsi évitée.

Lorsqu'on emploie de l'acide sulfurique étendu de 10 fois son volume d'eau, la force électromotrice de la pile est de $1^{volt},87$. Elle reste moins constante que celle du daniell parce que la composition des liquides s'y modifie davantage.

FIG. 117. — PILE BUNSEN.
Le dépolarisant est constitué par de l'acide nitrique contenu dans le vase poreux et dans lequel plonge un bâton de charbon des cornues faisant office de pôle positif. L'hydrogène libéré par le courant réduit l'acide azotique en donnant du peroxyde d'azote qui reste dissous.

144. Étalons de force électromotrice. — Ce sont des éléments de pile à dépolarisants, établis avec des substances qu'il est facile de se procurer à l'état de pureté, de telle façon que la force électromotrice, *en circuit ouvert*, soit aussi bien définie que possible. Les dispositifs les plus employés sont ceux de Gouy et de Latimer-Clark.

Élément Gouy. — Il se compose d'un petit flacon à deux tubulures dans le fond duquel on a placé du mercure. Un fil de platine isolé par un tube de verre plonge dans ce mercure et sort par la tubulure latérale : c'est le pôle positif. Le dépolarisant est constitué par une épaisse couche d'oxyde de mercure précipité qui recouvre le mercure lui-même. Le flacon est rempli d'une solution de sulfate de zinc, de densité 1,06. Dans la tubulure centrale s'engage un petit tube à essai, percé d'un petit trou et contenant un crayon de zinc amalgamé (fig. 118).

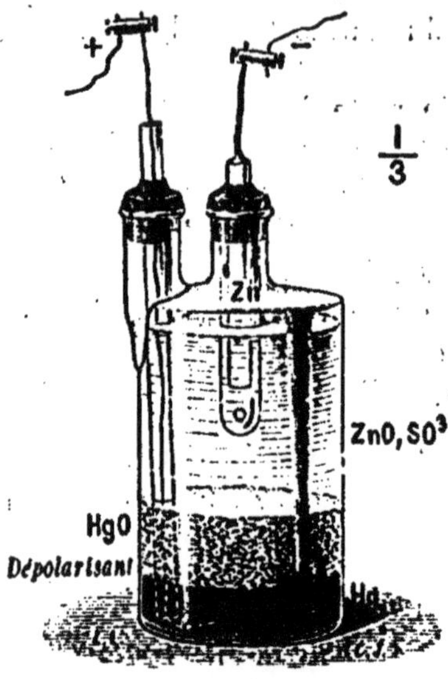

FIG. 118.
ÉLÉMENT-ÉTALON DE M. GOUY.

Cet élément, dont la résistance est d'ailleurs énorme, ne doit être utilisé qu'en circuit ouvert. Sa force électromotrice est de 1volt,390 à 15°.

La force électromotrice de cet élément est de 1v,390 à 15° et elle diminue de 0v,00014 pour chaque élévation de température de 1°.

Élément Latimer-Clark. — Il est construit comme le précédent, à cela près que l'oxyde de mercure est remplacé par du sulfate mercureux et que la solution de sulfate de zinc est maintenue saturée par l'addition de cristaux de sulfate.

La force électromotrice du latimer-clark est de 1v,435 à 15°. Son coefficient de diminution est de 0v,00010 par degré.

3. APPLICATION DES LOIS DE OHM ET DE JOULE AUX CIRCUITS CONTENANT DES PILES

145. Cas où il n'y a pas de travail extérieur. — Lorsqu'une pile, dont la force électromotrice est E et la résistance intérieure r, se trouve fermée sur un conducteur *inactif* de résistance R, et qu'il ne se produit, par conséquent, aucun travail extérieur, l'intensité I du courant est donnée par la formule établie plus haut :

$$E = (R + r)I,$$

qui s'écrit aussi :

$$EI = (R + r)I^2.$$

Dans ce cas, l'énergie électrique fournie par la pile en une *seconde* a pour valeur EI et elle se trouve simplement transformée en chaleur le long du circuit : une partie RI^2 de cette énergie calorifique se développe dans le circuit extérieur.

146. Cas d'un travail extérieur. — Mais si le conducteur extérieur fournit, pendant le passage du courant, un travail w par seconde, l'intensité du courant prend une nouvelle valeur I', que l'on calcule en écrivant que l'énergie EI' dépensée par la pile est employée, partie à donner le travail w et partie à échauffer le circuit entier. On a ainsi :

$$EI' = (R + r)I'^2 + w. \qquad (1)$$

En posant, comme nous l'avons fait au § 121 :

$$w = eI',$$

on voit que la formule précédente s'écrit :

$$E - e = (R + r)I'.$$

Sous cette forme, elle montre que tout se passe comme si la production d'un travail extérieur avait introduit dans le circuit une force électromotrice e, inverse de celle de la pile.

L'énergie W que l'on recueille en une seconde, dans le circuit extérieur, se compose alors du travail w et de l'énergie calorifique RI'^2. On a :

$$W = RI'^2 + w.$$

147. Maximum de puissance disponible à l'extérieur d'une pile. — Il est facile de voir que la valeur W de l'énergie recueillie par seconde, c'est-à-dire de la puissance disponible le long du conducteur extérieur, est susceptible d'un maximum.

La relation (1) du paragraphe précédent nous donne, en effet :

$$W = EI' - rI'^2.$$

Or supposons que l'on ferme simplement la pile sur elle-même : elle produira alors un courant dont l'intensité I_0 sera déterminée par la formule :

$$E = rI_0.$$

Si nous substituons cette valeur de E dans l'expression de W, nous obtenons

$$W = rI'(I_0 - I').$$

La somme des deux facteurs I' et $I_0 - I'$ étant constante, leur produit devient maximum s'ils sont égaux, c'est-à-dire si $I' = \dfrac{I_0}{2}$.

On conclut de là que la disposition qui permet de recueillir, par seconde, soit à l'état de travail, soit à l'état de chaleur, la plus grande quantité d'énergie dans le circuit extérieur, est celle pour laquelle l'intensité du courant est réduite à la moitié de la valeur qu'elle a lorsque la pile est fermée sur elle-même.

On voit aisément que la valeur maxima de W est égale à $\dfrac{rI_0^2}{4}$, ou bien encore à $\dfrac{E^2}{4r}$.

148. Rendement. — C'est le rapport entre l'énergie recueillie dans le circuit extérieur et l'énergie électrique dépensée dans la pile : il a donc pour valeur :

$$\frac{W}{EI}.$$

En tenant compte de la valeur de W, on peut écrire ce rapport :

$$1 - \frac{I'}{I}.$$

Le rendement est donc d'autant plus voisin de l'unité que l'intensité I' est plus faible. Ainsi, lorsque la résistance du circuit extérieur est très grande par rapport à celle de la pile, on recueille dans ce circuit à peu près toute l'énergie dépensée.

Dans le cas du maximum de puissance, le rendement est seulement de 1/2.

Pour accomplir un travail déterminé, il y aura économie à n'utiliser que de faibles intensités, mais on emploiera plus de temps.

149. Force électromotrice nécessaire pour produire un travail ou une électrolyse.

— Si nous intercalons sur le circuit extérieur d'une pile un moteur dont la puissance w soit proportionnelle à l'intensité du courant I' qui le traverse, la force électromotrice inverse e, qui naîtra dans le circuit, sera constante et l'intensité I' sera déterminée par la formule :

$$E - e = (R + r)I'.$$

Cette relation montre que, pour actionner le moteur, la force électromotrice E de la pile doit être supérieure à e.

La même conclusion s'applique dans le cas d'une électrolyse : on sait, en effet, que le travail électrolytique est proportionnel à l'intensité du courant ; et nous avons montré, au paragraphe 127, comment se calculait la différence de potentiel qui doit régner entre les bornes d'un voltamètre pour que la décomposition s'opère. Nous avons notamment trouvé que, pour l'eau, cette dénivellation électrique était de $1^{volt},40$.

Il résulte de là qu'un seul bunsen ($E = 1^{volt},8$), ou un seul accumulateur ($E = 2$ volts) suffiront pour électrolyser l'eau. Mais ce résultat ne saurait être obtenu avec un seul daniell, dont la force électromotrice est seulement de $1^{volt},07$.

Lorsqu'on relie les pôles d'un élément Daniell aux bornes d'un voltamètre à eau, par l'intermédiaire d'un ampère-mètre sensible, on constate qu'il se produit à la fermeture du circuit un courant qui s'éteint très rapidement et on n'observe cependant aucun dégagement de gaz dans le voltamètre. Cela tient à ce que l'hydrogène et l'oxygène libérés restent fixés sur les électrodes qu'ils polarisent. Le courant s'arrête complètement dès que la force électromotrice de polarisation compense exactement celle de la pile.

Avec deux éléments Daniell accouplés en série et offrant, par conséquent, une force électromotrice de $2^{volts},14$, cette compensation ne peut jamais se produire et les gaz se dégagent autour des électrodes, aussitôt que la polarisation complète de celle-ci est atteinte.

150. Association des piles. — Lorsqu'on emploie les piles à la production d'un courant, l'intensité de celui-ci dépend, entre autres choses, de leur force électromotrice et de leur résistance intérieure.

Cette résistance intérieure se réduit sensiblement à la résistance de la colonne liquide qui sépare les deux pôles : elle est, par conséquent, d'autant moindre que cette colonne est moins épaisse et plus large. On a pu remarquer que, dans les éléments dont on fait le plus habituellement usage, les pôles présentent une large surface et sont très rapprochés : dans l'élément Bunsen, par exemple, le zinc est une lame cylindrique qui entoure à peu de distance un gros barreau de charbon formant le pôle positif. Cette disposition n'a d'autre but que de diminuer la résistance intérieure de l'élément. Lorsqu'on dispose de plusieurs éléments de pile, il peut y avoir avantage, pour obtenir un effet déterminé, à les grouper d'une certaine façon plutôt que d'une autre. Si ces éléments ont tous même force électromotrice E et même résistance intérieure r, il est facile d'indiquer, pour chaque mode de groupement, la force électromotrice et la résistance de la pile constituée par l'ensemble.

Association en série. — Ce mode d'association consiste à disposer les éléments les uns à la suite des autres de telle façon

FIG. 119. — ASSOCIATION DE n ÉLÉMENTS EN SÉRIE.
L'ensemble constitue une pile dont la force électromotrice est nE et la résistance intérieure nr.

que le pôle positif de l'un soit relié au pôle négatif du suivant (fig. 119). Dans ce cas, les résistances des éléments successifs s'ajoutent et leurs forces électromotrices aussi; en sorte que n éléments groupés de cette façon constituent une pile dont la force électromotrice est nE et la résistance nr.

Association en batterie. — On réunit d'un côté tous les pôles positifs, et de l'autre tous les pôles négatifs (fig. 120). Tout se passe alors comme si la surface des électrodes avait simplement augmenté proportionnellement au nombre des éléments; en sorte que n éléments groupés en batterie constituent une pile, dont la force électromotrice E est la même que celle d'un élément unique, mais dont la résistance est n fois moins forte et a, par suite, pour valeur $\dfrac{r}{n}$.

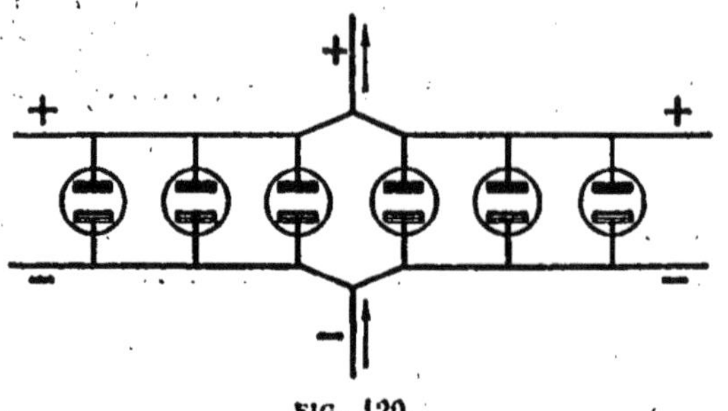

FIG. 120.

ASSOCIATION DE n ÉLÉMENTS EN BATTERIE.

L'ensemble constitue une pile dont la force électromotrice est E et la résistance intérieure $\dfrac{r}{n}$.

Association en séries parallèles. — Ce mode de groupement consiste à former avec les n éléments dont on dispose des séries de p éléments chacune, qu'on réunit

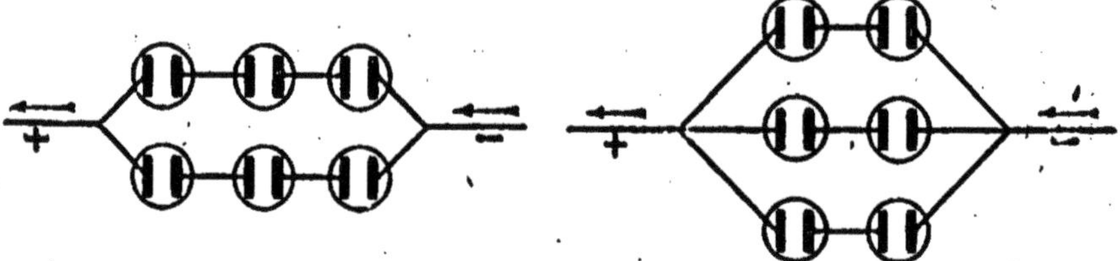

FIG. 121. — ASSOCIATION EN SÉRIES PARALLÈLES.

Lorsqu'on relie en batterie q séries de p éléments chacune, on obtient une pile dont la force électromotrice est pE et dont la résistance est $\dfrac{pr}{q}$.

ensuite en batterie. Si $n = pq$, on aura ainsi une batterie de q séries de p éléments (fig. 121).

Chaque série a pour force électromotrice pE et pour résistance pr. Les q séries, associées en batterie, auront encore pour force électromotrice pE, mais leur résistance sera $\dfrac{pr}{q}$.

Si l'on ferme, par conséquent, cette pile sur un circuit de résistance R, l'intensité I du courant obtenu sera donnée par la formule :

$$I = \frac{pE}{R + \dfrac{pr}{q}} \qquad \text{qui s'écrit aussi :} \qquad I = \frac{nE}{qR + pr}.$$

On peut se proposer, par exemple, de chercher de quelle façon on doit grouper les n éléments pour que l'intensité du courant obtenu dans un conducteur de résistance donnée R soit maxima. On voit sur la relation précédente que, le facteur nE étant constant, le maximum de I correspond au minimum du dénominateur $qR + pr$. Or, le produit de ces deux termes étant lui-même constant, la somme sera minima si les deux facteurs sont égaux, c'est-à-dire si l'on a :

$$qR = pr;$$

cette condition s'écrit aussi :

$$R = \frac{pr}{q}.$$

Sous cette dernière forme, elle montre que *le courant sera maximum quand la pile sera disposée de telle façon que sa résistance* $\frac{pr}{q}$ *soit égale à celle du fil interpolaire.*

Il résulte de là que lorsque celle-ci est très considérable, comme dans le cas des communications télégraphiques, par exemple, il y aura avantage à associer les éléments en série; au contraire, si la résistance interpolaire est très faible vis-à-vis de celle des éléments, il y aura avantage à réunir ceux-ci en batterie.

4. PILES THERMOÉLECTRIQUES

151. Courants thermoélectriques. — La découverte le Volta nous a montré que le potentiel varie brusquement au contact de deux métaux. Le principe de la conservation de l'énergie exige, d'autre part, que dans un circuit fermé, constitué par des métaux différents et dont tous les points sont à la même température, les différences de potentiel aux contacts se compensent exactement. S'il en était autrement, en effet, le circuit serait parcouru par un courant dont la production ne correspondrait à aucune dépense d'énergie.

Mais l'expérience montre que si l'on chauffe une quelconque des soudures, de façon à rompre l'égalité de température le long du circuit, celui-ci devient le siège d'un courant : une partie de la chaleur fournie par le foyer à la soudure chaude est alors transformée en énergie électrique.

152. Phénomène de l'inversion. — Un *élément thermoélectrique* est simplement constitué par un circuit fermé, comprenant deux métaux différents, *fer-cuivre*, par exemple (fig. 122).

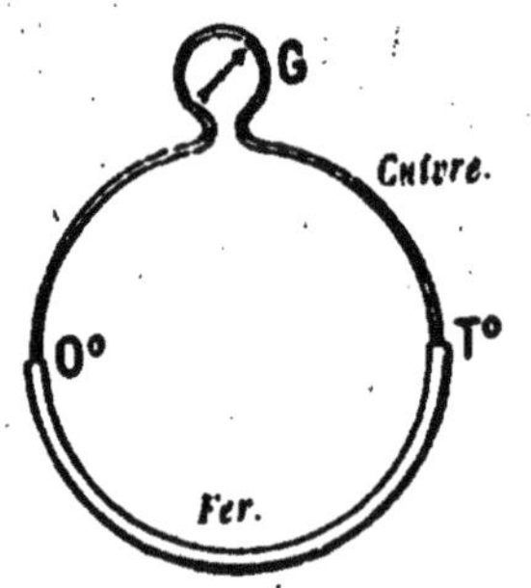

FIG. 122.

COURANTS THERMOÉLECTRIQUES.
Quand on maintient à des températures inégales les soudures d'un circuit fermé comprenant deux métaux différents, on éveille un courant électrique dans ce circuit.

Si nous maintenons les deux soudures à des températures inégales mais constantes, le circuit, dont la résistance est r, est alors parcouru par un courant d'intensité I. La force électromotrice E de l'élément, dans les conditions de l'expérience, est alors donnée par la formule de Ohm :

$$E = Ir.$$

Si l'on ouvrait le circuit, en sectionnant l'un des métaux, les extrémités libres présenteraient alors entre elles une différence de potentiel précisément égale à E.

Lorsque les températures des soudures changent, la valeur de E varie suivant une loi qui est commune à tous les éléments. Pour obtenir cette loi, on maintient l'une des soudures à une température fixe, zéro degré, par exemple, et on porte l'autre à une température T qu'on fait varier à volonté. On mesure, dans chaque cas, la force électromotrice E en observant l'intensité I du courant produit, ou, mieux encore, la dénivellation électrique entre les extrémités de l'élément ouvert. L'intensité du courant n'est pas, en effet, rigoureusement proportionnelle à la force électromotrice, parce que la résistance r change quelque peu avec la température du circuit.

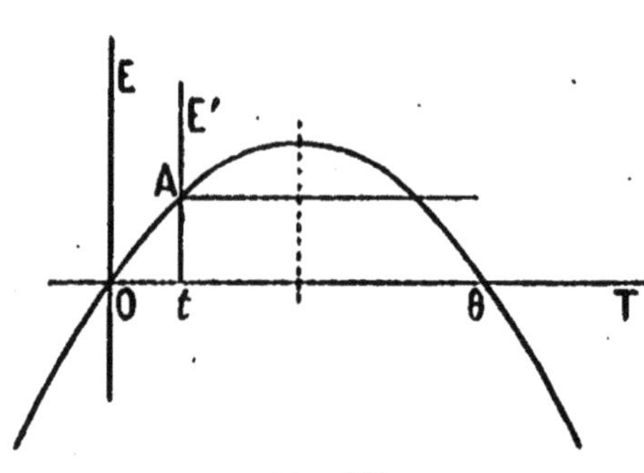

FIG. 123.

PHÉNOMÈNE DE L'INVERSION.
Quand la température de la soudure chaude s'élève progressivement, l'intensité du courant thermoélectrique augmente tout d'abord, puis décroît et change de signe.

Les déterminations, pour être concordantes, exigent que le circuit soit *parfaitement isolé*. Voici les principaux résultats auxquels elles conduisent.

Quand la température T s'élève progressivement, la force électromotrice observée croît d'abord, atteint un maximum, décroît et change de signe. Si l'on prend comme abscisse la valeur de T et comme ordonnée la force électromotrice correspondante E, la variation de celle-ci est représentée par une courbe qui se confond sensiblement avec une parabole à axe vertical (fig. 123).

La température θ pour laquelle la valeur de E change de signe se nomme la température *d'inversion* : elle est d'environ 550 degrés pour le couple *cuivre-fer*.

L'expérience montre, d'ailleurs, que si la soudure froide, au lieu d'être à zéro degré, se trouvait maintenue à la température fixe t, la même courbe représenterait encore la variation de E, à la condition de compter les ordonnées à partir d'une ligne parallèle à l'axe des abscisses et menée par le point A de la courbe qui correspond à la température t. On voit, d'après cela, que la température d'inversion dépend de celle de la soudure froide et que la moyenne des deux donne précisément la température constante pour laquelle la valeur de E est maxima.

Le phénomène de l'inversion se montre facilement à l'aide d'un couple *cuivre-fer*, formé de gros fils et dans le circuit duquel on introduit un galvanomètre. On place l'une des soudures au-dessus d'un bec Bunsen et on observe alors que le courant augmente tout d'abord pour décroître ensuite et changer de signe. Lorsqu'on laisse se refroidir la soudure chaude, le même phénomène se reproduit en sens inverse.

153. Loi des métaux intermédiaires. — *Si deux métaux M et M' sont séparés dans un circuit par un ou plusieurs métaux intermédiaires maintenus à une même température t, la force électromotrice est la même que si les deux métaux étaient en contact direct et que leur soudure fût portée à la même température t.*

Il résulte de cette loi qu'il est indifférent que les deux métaux soient unis directement ou par une soudure quelconque et, d'autre part, qu'on ne modifie point la force électromotrice d'un couple en introduisant dans celui-ci un galvanomètre métallique dont toutes les parties sont à la même température que les extrémités du circuit reliées aux bornes de l'instrument.

154. Piles thermoélectriques. — Les forces électromotrices des couples dont il s'agit sont toujours très faibles. Ainsi, pour l'intervalle 0° — 100°, celle du couple *fer-cuivre* est de 0°,0011452. Le couple *bismuth-antimoine* est un de ceux dont la force électromotrice est relativement considérable : elle atteint 0°,0057 pour le même intervalle de température.

Quand les couples sont formés de fils assez gros, ils ont une résistance extrêmement faible et, malgré la faiblesse des forces électromotrices, ils peuvent alors donner des courants intenses. On augmente d'ailleurs ceux-ci en associant les couples de manière à constituer une *pile*; pour cela, on forme une chaîne avec des barreaux de l'un des métaux alternant avec des barreaux de l'autre; toutes les soudures de même parité étant disposées d'un même côté, on maintient entre les soudures de parité différente une certaine différence de température; la force électromotrice qui règne alors dans le circuit est égale à celle d'un couple unique multipliée par le nombre des couples (fig. 124).

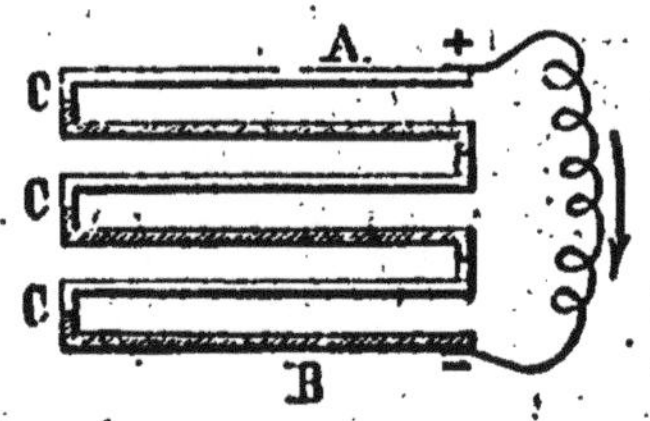

FIG. 124.

PILE THERMOÉLECTRIQUE.

C'est une chaîne formée avec des barreaux de deux métaux différents qui alternent. La chaîne est repliée de façon à présenter d'un même côté toutes les soudures de même parité, ce qui permet de les chauffer simultanément.

Dans la pile de Melloni (fig. 125) que l'on emploie à l'étude de la chaleur rayonnante, la chaîne, formée de barreaux d'antimoine et de bismuth, est repliée de façon à offrir la forme d'un parallélipipède sur deux faces opposées duquel affleurent les soudures de même parité. Ces soudures sont recouvertes de noir de fumée et les extrémités de la chaîne aboutissent à deux bornes *m n* que l'on relie

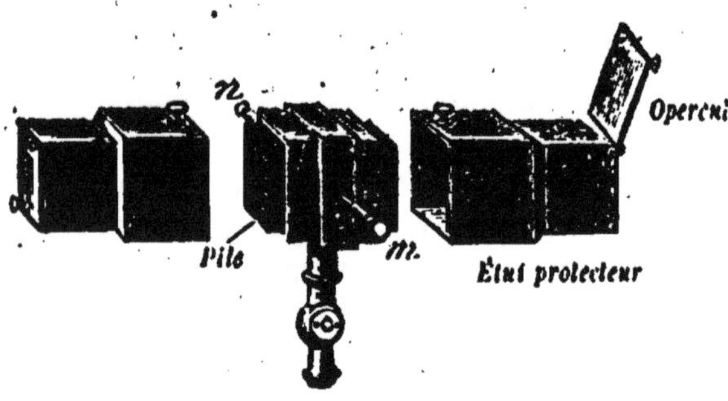

FIG. 125. — PILE THERMOÉLECTRIQUE.

Les bornes *m* et *n* de la pile sont reliées à un galvanomètre et toute différence de température entre les faces opposées de la pile détermine la production d'un courant électrique.

à un galvanomètre. Lorsque l'on expose l'une des faces de la pile au rayonnement calorifique, un écart de température se produit entre les soudures et détermine un courant dont l'intensité augmente avec le flux calorifique reçu par la pile.

La pile de Clamond, que l'on emploie quelquefois dans les expériences de cours, offre l'aspect d'un cylindre creux. Les éléments sont formés de fer et d'un alliage de zinc et d'antimoine ; toutes les soudures paires affleurent à la surface intérieure du cylindre et sont chauffées par un même bec de gaz disposé suivant l'axe du cylindre, tandis que les soudures impaires sont groupées à l'extérieur de manière à présenter une grande surface de refroidissement (fig. 126).

155. Étalons de force électromotrice. — Quand on porte les soudures d'un couple à des températures bien définies et que l'on a soin de réaliser un isolement rigoureux du circuit métallique, l'expérience montre que la force électromotrice du couple est très bien déterminée et ne semble pas varier avec le temps. On constitue, d'ailleurs, des couples remarquablement

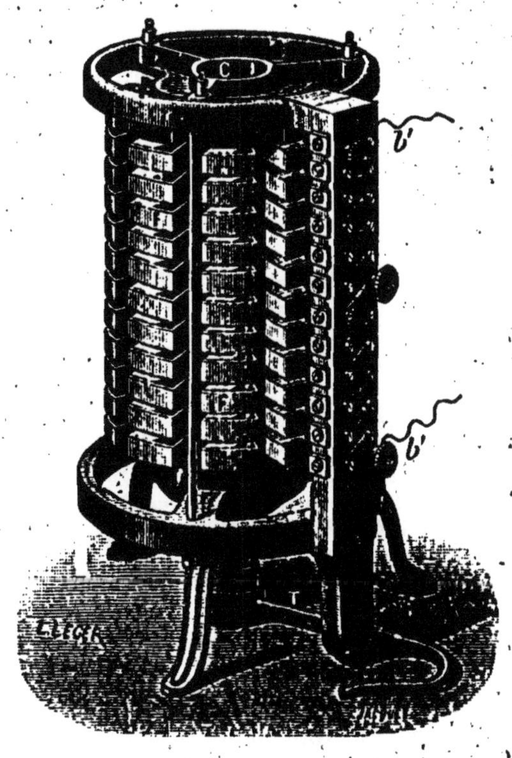

FIG. 126. — PILE CLAMOND.
Les éléments thermoélectriques associés en série sont constitués chacun par du *fer* et un *alliage de zinc et d'antimoine*. Toutes les soudures impaires sont disposées autour de la cheminée C et chauffées par un même bec de gaz.

comparables entre eux, avec des fils métalliques respectivement tirés des mêmes bobines. Ces faits suffisent à montrer que les couples thermoélectriques peuvent être utilisés comme étalons de force électromotrice.

156. Mesure des températures par les couples thermoélectriques. — *L'aiguille thermoélectrique* de Becquerel est avantageusement employée dans les recherches de physiologie pour apprécier les variations de température qui peuvent, suivant les circonstances, survenir dans les tissus animaux. Elle se compose essentiellement d'un couple *fer-cuivre*, dont une des soudures, effilée en pointe fine et protégée par une couche de vernis contre l'action des liquides organiques, sera enfoncée dans le corps de l'animal, tandis que l'autre sera maintenue dans un bain à une température constante et connue, voisine de celle de l'animal lui-même. L'écart de température entre les soudures sera repéré par la déviation de l'aiguille d'un galvanomètre intercalé dans le couple (fig. 127).

Le *pyromètre* de M. Lechatelier permet de mesurer les températures élevées qui règnent dans les fours industriels. Il se compose de deux fils, l'un de *platine pur*, l'autre de *platine rhodié*, réunis par une de leurs extrémités et reliés, d'autre part, aux bornes d'un galvanomètre. Dans le voisinage de la soudure, les fils sont isolés par des tubes en terre réfractaire ; on introduit cette soudure dans le four, tandis que le reste du circuit est maintenu à la température ambiante. La température du four est alors repérée par la déviation du galvanomètre.

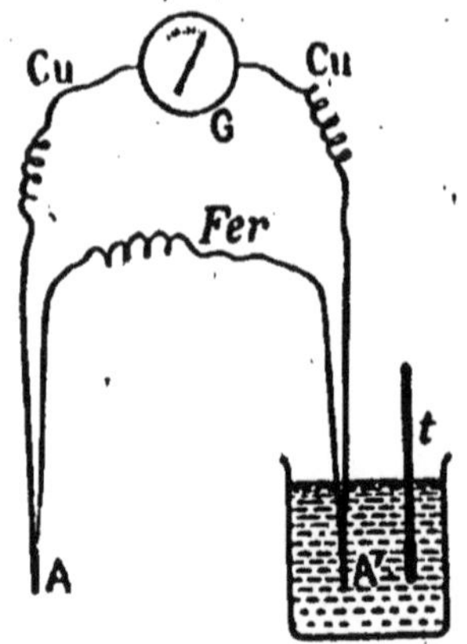

FIG. 127. — MESURE ÉLECTRIQUE DES TEMPÉRATURES.

On peut obtenir la température de la soudure A en cherchant à quelle température *t* il faut amener la soudure A' pour que le galvanomètre reste au zéro.

Il va sans dire que l'emploi des appareils de ce genre suppose qu'on les ait tout d'abord étudiés et étalonnés en portant la soudure à des températures connues aussi élevées, d'ailleurs, que celles qu'ils doivent servir à mesurer.

157. Effet Thomson. — Nous avons expliqué la production des courants thermoélectriques en supposant que la dénivellation électrique qui règne au contact de deux métaux est une fonction de leur température ; mais le calcul montre que cette hypothèse ne suffit pas à rendre compte de toutes les lois du phénomène et, en particulier, de la variation parabolique de la force électromotrice d'un couple avec la température de l'une des soudures.

Pour expliquer celle-ci, sir W. Thomson (Lord Kelvin) a été conduit à admettre qu'une inégalité de température entre deux tranches voisines d'un conducteur homogène suffit à amener entre elles une différence de potentiel. Les courants thermoélectriques n'ont donc pas seulement pour origine les dénivellations électriques qui existent aux soudures mêmes, mais aussi celles qui se produisent entre les tranches voisines et inégalement chaudes de chacun des conducteurs du couple.

Des expériences directes ont confirmé cette hypothèse que l'on connaît sous le nom d'*effet Thomson*.

158. Expérience de Peltier. — Si l'on dirige un courant à travers une pile thermoélectrique, dont les soudures A et A' sont tout d'abord à la même température, l'électricité éprouvera à l'une d'elles A, par exemple, une chute brusque de potentiel et à l'autre A' une variation de niveau égale et contraire. Dès lors, la soudure A sera le siège d'une transformation de l'énergie électrique en chaleur et s'échauffera, par conséquent; tandis que la soudure A' se refroidira en raison de la transformation inverse.

Le passage du courant déterminera donc une inégalité de température entre les soudures et éveillera ainsi une force électromotrice qui, d'après le principe de la conservation d'énergie, doit tendre à diminuer le courant, c'est-à-dire être inverse de la force électromotrice du courant lui-même.

Cette expérience, due à Peltier, se réalise aisément à l'aide du dispositif de

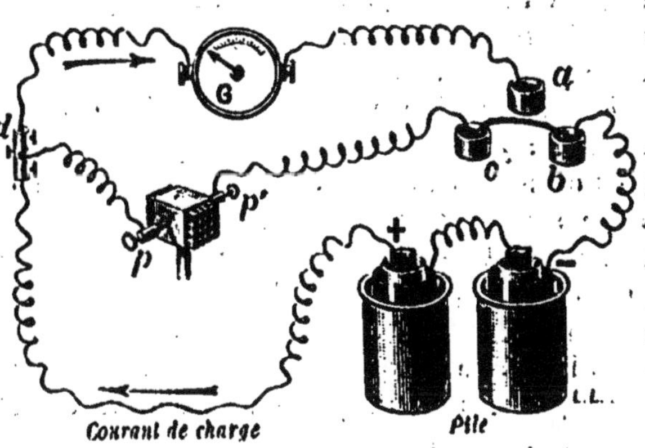

FIG. 128. — EXPÉRIENCE DE PELTIER.

Le passage d'un courant à travers une pile thermoélectrique détermine une inégalité de température entre les soudures et éveille ainsi une force électromotrice inverse de celle du courant lui-même.

la figure 128. Le commutateur *abc* permet de faire passer dans la pile thermoélectrique *pp'* le courant d'un ou deux éléments à liquides et de fermer ensuite la pile thermoélectrique sur un ampère-mètre sensible G. On constate alors la production d'un courant de *décharge*, inverse du courant de *charge*. Le dispositif de cette expérience est tout à fait analogue à celui qui nous a permis de montrer la polarisation des électrodes (§ 158).

CHAPITRE V

MAGNÉTISME

I. PROPRIÉTÉS GÉNÉRALES DES AIMANTS

159. Aimants naturels et aimants artificiels. — On donne le nom de *pierre d'aimant* à certains échantillons d'un oxyde de fer naturel Fe^3O^4 qui jouissent de la propriété d'attirer le fer et on appelle *magnétisme* la cause, quelle qu'elle soit, qui détermine cette propriété.

Lorsqu'on plonge une pierre d'aimant dans la limaille de fer, celle-ci s'y attache en certains points en formant des houppes plus ou moins fournies, de telle sorte que la propriété magnétique semble assez irrégulièrement distribuée à la surface de l'aimant et son étude, dans ces conditions, présenterait de grosses difficultés. Mais l'expérience montre que si, sur une région déterminée d'une pierre d'aimant, on frotte, toujours dans le même sens, une tige d'acier, celle-ci acquiert et conserve la propriété magnétique en devenant elle-même un véritable *aimant artificiel*.

Les aimants artificiels, pour la fabrication desquels nous décrirons, d'ailleurs, des procédés plus puissants, sont seuls employés; on leur donne le plus souvent la forme de longs barreaux cylindriques ou prismatiques ou bien celle de losanges très allongés, et, dans ce dernier cas, on les appelle des *aiguilles aimantées*.

160. Pôles des aimants. — Quand on plonge un barreau aimanté dans la limaille de fer, celle-ci s'attache presque uniquement aux deux bouts où elle forme de grosses houppes. On donne alors le nom de *pôles* aux extrémités du barreau, où la propriété magnétique semble ainsi localisée. La partie médiane, qui reste libre de limaille, s'appelle la *zone neutre* (fig. 129).

Bien que leur action sur la limaille de fer soit la même, les pôles d'un barreau ne sont cependant pas identiques. Si, en effet, on suspend horizontalement une petite aiguille aimantée en la plaçant sur un pivot vertical ou dans une petite chape en papier attachée à un fil fin, on la voit, après quelques oscillations, se fixer dans une direction invariable qui, en un même lieu, est la même pour tous les aimants et qui, dans nos régions, est à peu près orientée du sud au nord. Quand on écarte l'aiguille de cette direction, elle y revient

FIG. 129. — BARREAU AIMANTÉ.
Quand on plonge un barreau d'acier aimanté dans la limaille de fer, celle-ci s'attache en houppes aux extrémités du barreau.

d'elle-même, et l'on observe que c'est toujours la même extrémité qui se dirige vers le nord.

On appelle alors *pôle nord* d'un aimant l'extrémité qui se tourne vers le nord et *pôle sud* celle qui se tourne vers le sud. Le plus ordinairement on indique les pôles sur les barreaux en les marquant d'un N ou d'un S. Quant aux aiguilles, on enlève sur la moitié sud la couche d'oxyde qui s'est produite pendant la trempe de l'acier, de telle fa-

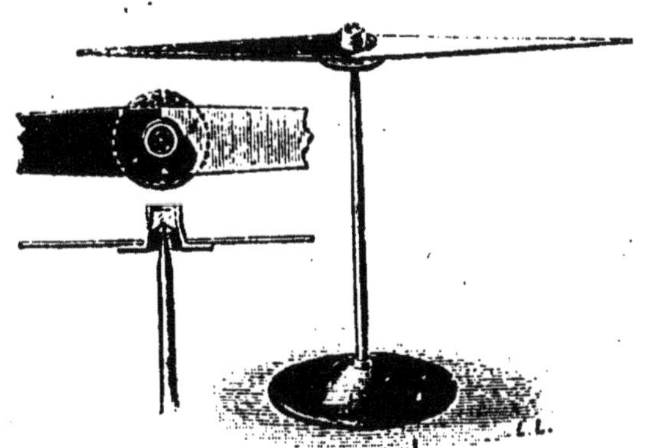

FIG. 130. — AIGUILLE AIMANTÉE MONTÉE SUR PIVOT.
C'est une plaque d'acier taillée en forme de losange très allongé ; sur la moitié nord on a conservé la couche d'oxyde qui s'est formée pendant la trempe.

çon que l'extrémité nord reste ainsi teintée de bleu (fig. 130).

161. Actions réciproques des aimants. — Quand on approche un barreau d'une aiguille aimantée suspendue horizontalement, on constate que le pôle nord du barreau attire le pôle sud de l'aiguille et repousse, au contraire, son pôle nord. Inversement, le pôle sud du barreau attire le pôle nord de l'aiguille et repousse son pôle sud.

Les actions réciproques des aimants obéissent donc à la loi suivante :

Les pôles de même nom se repoussent et les pôles de noms contraires s'attirent.

On expliquait autrefois l'action directrice de la terre en considérant celle-ci comme un aimant. Il suffisait pour cela d'admettre que les deux hémisphères séparés par l'équateur étaient aimantés en sens inverse et que l'hémisphère *austral* possédait la même aimantation que la moitié *nord* des aiguilles ou des barreaux. De là vient qu'on appelle encore quelquefois pôle austral le pôle nord d'un barreau et pôle boréal son pôle sud. Souvent aussi on marque ces pôles des initiales A et B *au lieu de* N et S.

162. Rupture d'un barreau aimanté. — La loi des actions magnétiques rappelle celle qui régit les actions électriques; mais, en réalité, elle est plus complexe. En effet, à l'inverse de ce qui se passe pour l'électricité, il est impossible d'isoler les pôles magnétiques; un barreau aimanté, quel qu'il soit, présente toujours deux pôles de nom contraire, en sorte qu'entre deux barreaux on ne peut jamais observer l'action unique d'un pôle sur un autre, mais seulement la résultante des actions des deux pôles de l'un sur les deux pôles de l'autre.

On montre l'impossibilité d'isoler les pôles par l'expérience aussi importante que simple de *l'aimant brisé.*

Si l'on brise dans la zone neutre une aiguille d'acier aimantée, des pôles contraires apparaissent de part et d'autre de la ligne de rupture, et chacune des moitiés de l'aiguille constitue un

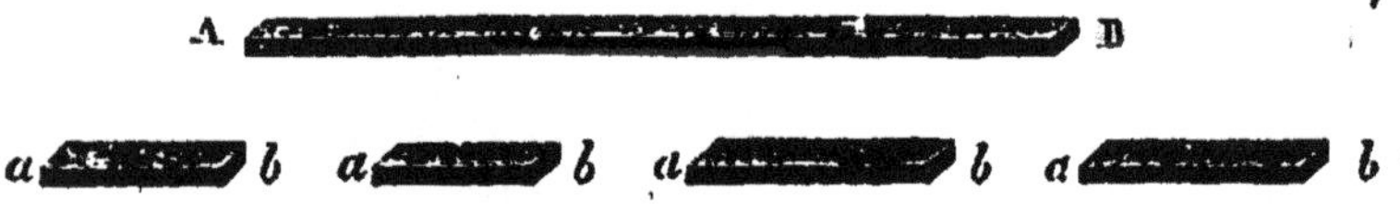

FIG. 131. — EXPÉRIENCE DE L'AIMANT BRISÉ.
Quand on brise un barreau d'acier aimanté, chacun des morceaux si petit qu'il soit constitue lui-même un petit aimant et possède deux pôles contraires.

aimant complet comme l'aiguille entière (fig. 131). Il en est de même de tout fragment de l'aimant si petit qu'il soit.

Inversement, si l'on recolle bout à bout sur une lame de verre les morceaux de l'aiguille aimantée, en conservant leur position relative, on réalise un système qui a les mêmes propriétés magnétiques que l'aiguille primitive.

Cette expérience nous montre donc qu'un aimant est formé d'un assemblage de petits aimants orientés dans le même sens. Nous expliquerons, par la suite, comment les actions extérieures d'un barreau aimanté, qui sont, en réalité, la résultante de celles de ces aimants particulaires, semblent les mêmes que si le magnétisme était localisé aux extrémités du barreau.

163. Définition des masses magnétiques. — Sur le plateau A d'une balance sensible (fig. 132), plaçons une *longue* aiguille aimantée *ns*, dont nous ferons la tare en mettant des poids dans l'autre plateau A'. Exactement au-dessus de cette aiguille, disposons horizontalement le barreau $n_1 s_1$, de telle façon que les

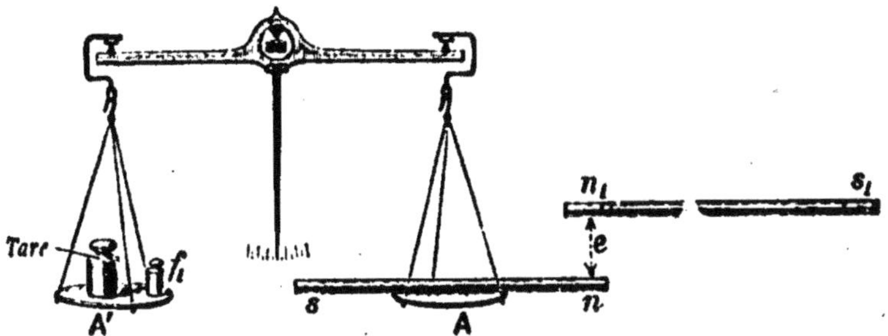

FIG. 132. — COMPARAISON DES MASSES MAGNÉTIQUES.
Deux pôles magnétiques sont proportionnels aux actions qu'ils exercent à la même distance sur un autre pôle.

deux pôles nord soient dans la même verticale et que les pôles sud soient opposés. Si la distance des deux pôles nord est relativement petite par rapport à la longueur des barreaux, les pôles sud n'auront, tant à cause de leur éloignement que de leur position même, qu'une action négligeable, et la répulsion mutuelle des deux pôles nord se trouvera, *en fait*, isolée. On mesurera cette répulsion f_1, en plaçant des poids marqués sur le plateau A' jusqu'à rétablir la position d'équilibre du fléau.

Si nous répétons maintenant la même mesure avec un autre barreau $n_2 s_2$, substitué à la place même de $n_1 s_1$, nous obtiendrons, pour la répulsion sur le pôle *n*, une autre valeur f_2, et nous dirons alors que les pôles n_1 et n_2 possèdent des *masses magnétiques* respectivement proportionnelles aux actions qu'elles exercent à la même distance sur le pôle *n*.

L'expérience montre que cette définition est indépendante du barreau de comparaison *ns* et de la distance de celui-ci. *La masse magnétique est*, par conséquent, *une grandeur mesurable*.

On choisit pour *unité de masse magnétique celle d'un pôle nord qui, placé à un centimètre d'un pôle égal, repousserait celui-ci avec une force de 1 dyne*.

On convient, en outre, de regarder comme positives les masses magnétiques nord, et comme négatives les masses sud.

Grâce à ces conventions, si l'on désigne par m_1 et m_2 deux masses magnétiques quelconques et par f_1 et f_2 les actions qu'elles exercent à la même distance sur un même pôle, on aura :

$$\frac{m_1}{m_2} = \frac{f_1}{f_2}.$$

Le dispositif que nous avons décrit permettrait de constater que les pôles d'un même barreau ont, dans les mêmes conditions, des actions égales et contraires et, par suite, que *leurs masses magnétiques sont aussi égales et contraires.*

164. Loi de Coulomb. — Le même dispositif permettrait encore de rechercher de quelle façon l'action mutuelle de deux pôles dépend de leur distance. Il suffirait pour cela de mesurer, par exemple, les valeurs f et f' de la répulsion que le pôle n_1 exerce sur le pôle n, lorsqu'il se trouve à des distances r et r' de celui-ci, et cette recherche conduirait à la loi suivante :

L'action mutuelle de deux pôles magnétiques est en raison inverse du carré de leur distance.

Les valeurs de f et f' obéissent à la relation

$$f r^2 = f' r'^2.$$

Cette loi fut découverte par Coulomb, non à l'aide du dispositif purement théorique que nous avons indiqué, mais à l'aide d'un dynamomètre de torsion très délicat qui lui avait aussi servi pour l'étude des actions électriques.

La formule

$$f = \frac{mm'}{r^2},$$

qui exprime la valeur en dynes de la force f que deux masses magnétiques m et m' exercent l'une sur l'autre à une distance de r^{cm}, résume non seulement la loi de Coulomb, mais aussi les conventions que nous avons adoptées pour la définition des masses magnétiques et le choix de leur unité.

La force f est regardée comme positive lorsque les masses magnétiques m et m' se repoussent, et comme négative dans le cas contraire.

2. CHAMP MAGNÉTIQUE TERRESTRE

165. Champ magnétique. Intensité en un point. — On désigne par *champ magnétique* tout espace dans lequel un pôle magnétique éprouve une action qui tend à le déplacer, et l'on appelle *intensité en un certain point du champ une grandeur spéciale* $\mathcal{H}$, *représentée en grandeur et direction par la force qui sollicite l'unité de masse magnétique nord placée en ce point.*

L'unité du champ, que l'on nomme *gauss*, est l'intensité d'un champ où l'unité de masse magnétique recevrait une force de 1 dyne.

Une *ligne de force* est une ligne qui, en chacun de ses points, est tangente à l'intensité du champ en ce point.

Un *tube de force* est constitué par l'ensemble des lignes de force qui s'appuient sur un contour fermé.

Un champ magnétique est dit *uniforme* lorsqu'en chacun de ses points l'intensité a la même valeur et la même orientation.

166. Flux de force. — Considérons une surface S, limitée au contour C et placée dans un champ magnétique. Autour du point où une certaine ligne de force L traverse cette surface, découpons un élément superficiel s et supposons que l'intensité $\mathcal{JC}$ du champ en ce point fasse un angle α avec la normale à la surface S (fig. 155). Nous dirons alors que le *flux de force magnétique* qui traverse l'élément s est numériquement exprimé par le produit $\mathcal{JC} s \cos \alpha$ et nous appellerons *flux de force magnétique à travers le contour C* la

somme $\qquad \Sigma \mathcal{JC} s \cos \alpha$

pour tous les éléments superficiels de la surface S.

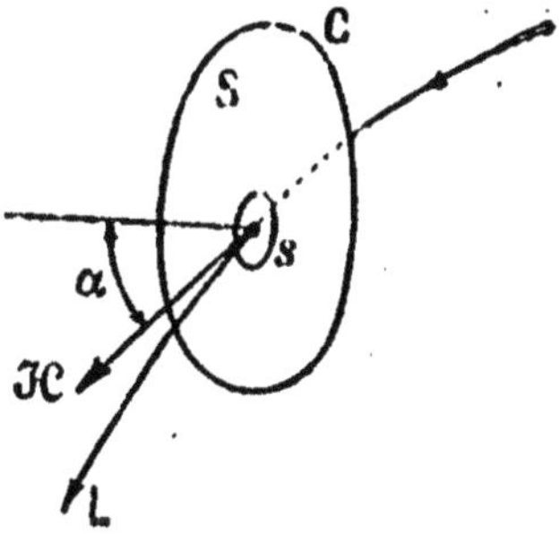

L'unité de flux, que l'on nomme *weber*, est le flux qui traverse 1 centimètre carré placé normalement dans un champ magnétique uniforme de 1 gauss.

FIG. 133.

Les définitions précédentes ne sont autres que celles qui conviennent à un champ de force quelconque et, en particulier, nous les avons retrouvées identiquement à propos des forces électriques. Si l'on remarque, d'ailleurs, que la loi élémentaire des actions magnétiques est la même que celles des actions électriques, on voit que toutes celles des propriétés que nous avons démontrées pour les champs électriques et qui dérivent uniquement de cette loi s'appliqueront identiquement aux champs magnétiques.

Ainsi on démontrerait, comme pour le théorème de Gauss, que *le flux de force magnétique à travers une surface fermée qui ne renferme aucun pôle est nul*; et, par des raisonnements analogues, on déduirait de cette propriété les deux conséquences suivantes :

1° Le flux de force à travers un contour C est indépendant de la surface S qui sert à le définir;

2° Lorsque l'intensité d'un champ possède en tous les points la même orientation, elle conserve aussi la même valeur et le champ est uniforme.

167. Champs magnétiques divers. — Le fait seul qu'une

aiguille aimantée s'oriente en un même lieu dans une direction constante nous indique que le voisinage de la terre est un champ magnétique. Nous reconnaîtrons aussi plus tard que les courants électriques agissent sur les pôles aimantés. Le voisinage d'un courant électrique est donc aussi un champ magnétique.

Nous étudierons successivement le champ magnétique terrestre, celui d'un aimant et celui d'un courant électrique. La méthode d'exploration que nous allons tout d'abord employer, et qui consiste à observer la direction suivant laquelle s'oriente une petite aiguille aimantée dans les diverses régions du champ étudié, exige que nous donnions tout d'abord la définition précise de l'*axe magnétique* d'un barreau.

108. Axe magnétique et moment magnétique d'un aimant. — Nous avons vu que, lorsqu'on plonge un barreau dans la limaille de fer, celle-ci s'attache uniquement aux extrémités. Quelle que soit la constitution du barreau, tout se passe donc, au point de vue des actions extérieures, comme si l'aimant était recouvert, de part et d'autre de la zone neutre, de deux couches égales et contraires de *magnétisme libre*. L'expérience montre, d'ailleurs, que l'on peut regarder cette distribution superficielle comme fixe.

Considérons maintenant un barreau placé dans un champ uniforme dont l'intensité soit $\mathcal{H}$. Les forces qui agissent sur les masses magnétiques libres, réparties sur la moitié nord, sont proportionnelles à ces masses elles-mêmes et parallèles à l'intensité du champ : elles admettent donc une résultante qui leur est parallèle, égale à leur somme et passe, quelle que soit l'orientation du barreau, par un point fixe. Ce point, que nous appellerons le *pôle nord*, est, par rapport aux masses magnétiques considérées, l'analogue du centre de gravité d'un système matériel. Le *pôle sud* est, de même, le point fixe par lequel passe constamment la résultante des forces que le champ exerce sur la moitié sud du barreau et qui sont toutes dirigées en sens inverse de l'intensité du champ.

L'*axe magnétique* du barreau est la ligne qui joint ses deux pôles; nous le regarderons comme *dirigé du pôle sud vers le pôle nord*.

Si l'on désigne par m la masse magnétique totale qui recouvre la moitié nord du barreau, l'action du champ sur cette moitié se réduira donc à une force égale à $m\mathcal{H}$, appliquée au pôle nord et parallèle à l'intensité $\mathcal{H}$. La moitié sud subira de son côté une force égale et contraire appliquée au pôle sud; en sorte que, dans l'ensemble, l'aimant sera soumis à un *couple*.

Il résulte de là que, si l'on dispose dans un champ uniforme une aiguille aimantée librement mobile autour de son centre de gravité, elle y prendra une position d'équilibre stable pour laquelle *son axe magnétique sera précisément dirigé suivant les lignes de force du champ.*

Nous appellerons *moment statique* de l'aiguille dans le champ le moment du couple qui agit sur elle lorsqu'elle est placée dans une direction normale à celle des lignes de force (fig. 134). En désignant par l la distance des deux pôles, on voit que ce moment statique a pour valeur $lm\mathcal{K}$. Le produit lm, qui ne dépend que du barreau aimanté lui-même, a reçu le nom de *moment magnétique* du barreau : on le désigne ordinairement par $\mathcal{M}$.

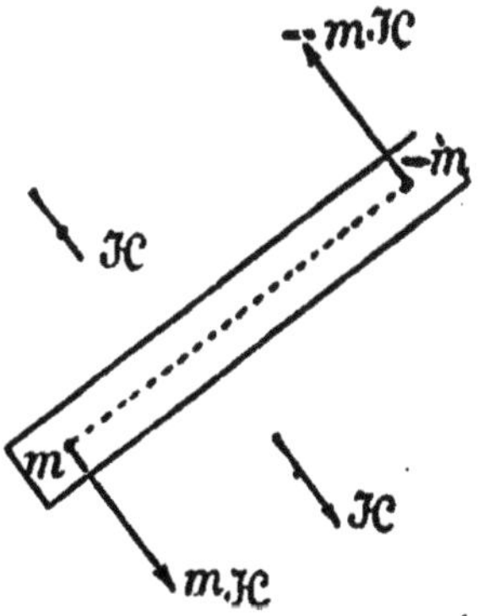

Si l'aiguille aimantée est soumise à des liaisons qui restreignent sa mobilité, sa position d'équilibre stable sera celle pour laquelle son énergie potentielle sera minima. Par exemple, si elle est suspendue de façon à se mouvoir dans un plan horizontal, elle s'orientera de

FIG. 134.

telle façon que son axe magnétique soit dirigé suivant la composante horizontale de l'intensité du champ et, dans ces conditions, son moment statique sera égal au produit de son moment magnétique $\mathcal{M}$ par la valeur H de cette composante.

Les mêmes considérations s'appliquent à un barreau aimanté placé dans un champ quelconque, à la condition toutefois que le barreau soit *assez petit* pour que les forces qui sollicitent ses pôles soient sensiblement parallèles.

169. En un même lieu, le champ terrestre est uniforme. — La figure 135 représente une aiguille aimantée disposée de façon à pouvoir s'orienter dans toutes les directions. Cette aiguille est traversée en son centre par un axe horizontal et la chape qui supporte cet axe est elle-même suspendue par un fil sans torsion.

Introduite dans un champ magnétique, l'aiguille prendra la direction des lignes de force du champ et on peut ainsi constater que, dans une région limitée du champ terrestre, toutes ces lignes sont parallèles, ce qui équivaut à dire que, dans une région restreinte, le champ terrestre est uniforme.

On peut vérifier par des expériences précises que l'action magnétique de la terre sur un barreau aimanté se réduit à un couple et, par conséquent, qu'elle est purement directrice : il suffit pour cela de constater qu'elle n'a ni composante verticale, ni composante horizontale. Le premier point résulte de ce que le poids d'un barreau est le même avant et après l'aimantation; le second, de ce qu'un fil flexible se place dans la verticale quand on lui suspend un barreau aimanté, tout comme le fait un fil à plomb ordinaire. Quand on dispose une aiguille aimantée sur un petit flotteur de liège, à la surface d'une eau tranquille, on n'observe aucun mouvement de translation du flotteur : celui-ci tourne simplement sur lui-même jusqu'à ce que l'aiguille soit convenablement orientée, et ce fait démontre aussi l'absence de toute composante horizontale (fig. 156).

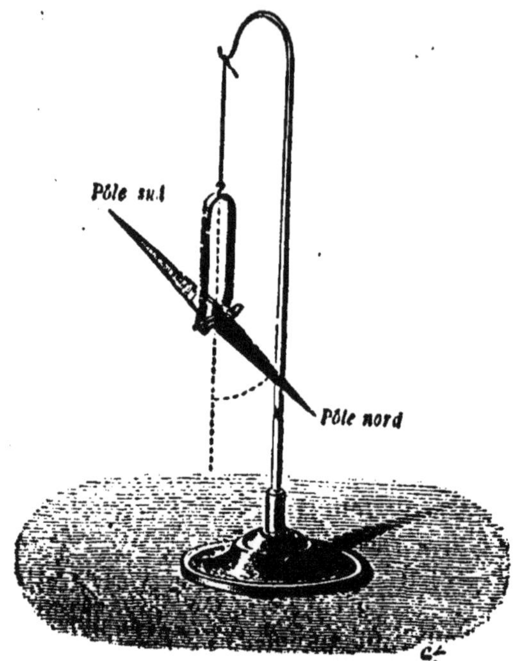

FIG. 135. — UNIFORMITÉ DU CHAMP TERRESTRE.
En un même lieu, une aiguille aimantée parfaitement mobile s'oriente toujours dans la même direction.

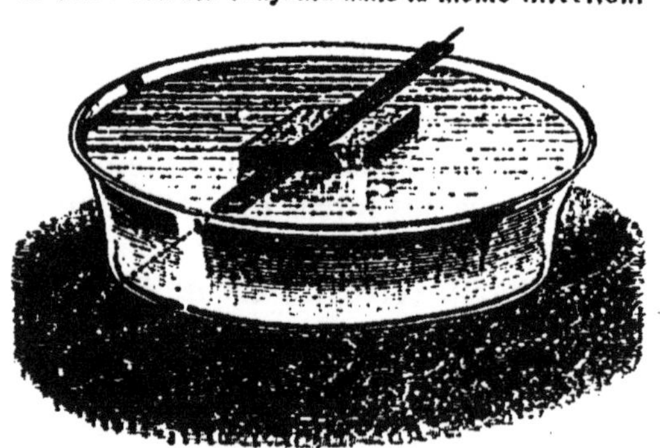

FIG. 136. — ACTION PUREMENT DIRECTRICE
DE LA TERRE.
Une aiguille aimantée placée sur un flotteur s'oriente sous l'action de la terre, mais ne subit aucune translation.

170. Méridienne magnétique. Déclinaison et inclinaison. — On appelle *méridien magnétique* d'un lieu un plan vertical parallèle à l'intensité du champ magnétique en ce lieu. La trace de ce plan sur l'horizon se nomme la *méridienne magnétique* : nous regarderons cette ligne comme dirigée dans le même sens que la projection horizontale de l'intensité du champ.

On sait, d'autre part, que le méridien géographique d'un lieu passe par la verticale du lieu et par l'axe de rotation de la terre; la *méridienne géographique*, qui est la trace de ce plan sur l'horizon, est dirigée du sud au nord.

On appelle *déclinaison magnétique en un lieu l'angle que forment les directions de la méridienne magnétique et de la méridienne géographique en ce lieu*. La déclinaison est *orientale* ou *occidentale* suivant que la méridienne magnétique se dirige vers l'est ou vers l'ouest.

Les méridiens magnétique et géographique se coupant suivant la verticale, on voit que l'angle de ces deux plans est précisément égal à la déclinaison.

On appelle *inclinaison magnétique en un lieu l'angle que forme l'intensité du champ avec sa projection sur l'horizon, c'est-à-dire, en somme, avec la méridienne magnétique*. On regarde l'inclinaison comme positive lorsque l'intensité du champ se dirige vers le bas et, au contraire, comme négative lorsqu'elle se relève. La déclinaison et l'inclinaison, telles que nous les avons définies, suffisent à repérer sans aucune ambiguïté la direction de l'intensité du champ en un lieu. Nous allons indiquer les méthodes expérimentales qui permettent de les mesurer.

171. Mesure de la déclinaison. — Les appareils que l'on emploie à la détermination des éléments magnétiques sont entièrement construits en cuivre rouge, de façon à ne pas modifier l'action terrestre sur l'aiguille aimantée. Celui qui sert à mesurer la déclinaison porte le nom de *boussole de déclinaison* et comprend deux parties principales : d'abord, une aiguille aimantée *ab*, en forme de losange très allongé, qui repose par une chape d'agate sur un pivot fixé au centre d'un limbe horizontal divisé; et en second lieu, un dispositif qui rappelle le théodolite, et qui permet de repérer sur ce limbe la direction SN de la méridienne géographique (fig. 157).

L'aiguille aimantée, équilibrée par une petite surcharge convenablement placée, oscille exactement dans un plan horizontal et finit par se fixer dans une position telle que son axe magnétique soit précisément dirigé suivant la méridienne magnétique. Si cet axe magnétique coïncide avec l'axe de figure de l'aiguille, il suffira alors, pour obtenir la déclinaison, de lire sur le limbe divisé l'arc qui sépare le point N de l'extrémité nord *a* de l'aiguille. Mais il n'en est jamais rigoureusement ainsi : le plus ordinairement l'axe magnétique ne passe pas exactement par les pointes du losange, en sorte que l'angle observé est ou plus grand ou plus petit que la déclinaison vraie. Pour corriger cette erreur, on enlève l'aiguille qui est simplement posée sur sa

FIG. 137. — BOUSSOLE DE DÉCLINAISON.

L'appareil porte un dispositif assez analogue à un théodolite et grâce auquel on peut, par une observation astronomique, orienter le diamètre SN du limbe M suivant la méridienne géographique. On obtient alors la déclinaison en observant l'angle que fait l'aiguille aimantée ba avec cette direction.

chape, et on la remet en place, après l'avoir retournée de telle façon que la face qui se trouvait en dessous se trouve en dessus. L'axe magnétique mn reprend la même position que précédemment, tandis que l'axe géométrique se place dans une position symétrique; en sorte que si, dans la première observation, l'angle de la pointe nord avec la méridienne géographique était plus petit que la déclinaison, il se trouvera, au contraire, plus grand dans la seconde et la véritable valeur de la déclinaison sera la moyenne des deux angles observés (fig. 158).

Il nous reste à dire comment on repère sur le limbe divisé la direction du méridien astronomique. Ce limbe divisé M n'est pas fixe; il forme le fond d'une boîte cylindrique qui peut tourner autour de son axe en entraînant une lunette qui est elle-même mobile autour de l'arbre horizontal X, et dont l'axe optique reste toujours dans un même plan avec la ligne NS tracée dans le fond de la boîte. Un vernier fixé à la paroi de celle-ci permet de repérer ses diverses positions sur un cercle divisé et fixe R. Pour

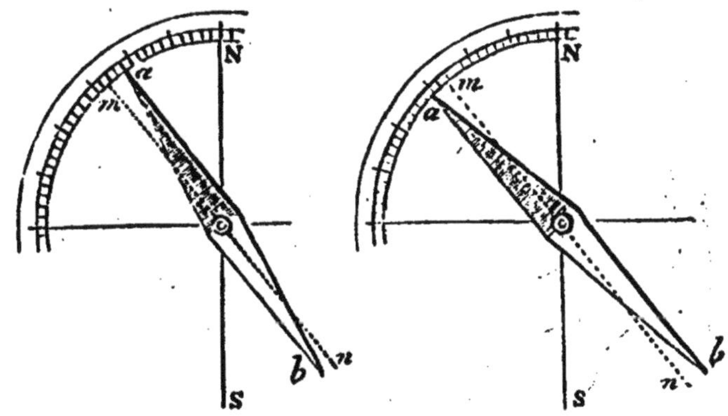

FIG. 138. — MÉTHODE DU RETOURNEMENT.

Quand l'axe magnétique *mn* de l'aiguille ne coïncide pas avec son axe de figure *ab*, on la retourne face pour face sur sa chape et on prend la moyenne des angles observés.

faire une observation, on réalise d'abord l'horizontalité du cercle R, à l'aide des vis calantes qui supportent l'appareil et du niveau *n*; puis on cale la lunette L sous un certain angle avec l'horizon et on repère les deux positions du vernier pour lesquelles on peut, dans ces conditions, viser une même étoile avant et après son passage au méridien astronomique. On place ensuite le vernier dans la position moyenne et la ligne SN se trouve alors orientée suivant la méridienne géographique : le méridien astronomique est, en effet, bissecteur des azimuts d'une même étoile quand elle passe à des hauteurs égales au-dessus de l'horizon.

A Paris, la déclinaison est actuellement occidentale et a pour valeur 14° 45'.

172. Boussoles usuelles et boussoles marines. — Les boussoles usuelles telles que la *boussole d'arpentage*, se composent essentiellement d'une aiguille aimantée mobile au centre d'un limbe horizontal dont la graduation commence à l'extrémité N d'un diamètre NS. Ces instruments permettent de déterminer facilement les points cardinaux sans recourir à une observation astronomique. Si nous supposons, en effet, qu'en un lieu la déclinaison soit de 15° et occidentale, on voit qu'il suffira d'orienter le limbe de telle façon que la pointe bleue de l'aiguille se trouve à 15° à gauche du point N, pour que le diamètre SN soit précisément dans la direction sud-nord.

La *boussole marine* ou *compas*, dont on se sert pour guider la marche des navires, se compose d'une boîte cylindrique en cuivre rouge, suspendue à la cardan, de façon à conserver la position horizontale malgré le roulis et le tangage du bâtiment (fig. 139). Dans le fond de la boîte est fixé un pivot ver-

FIG. 139. — BOUSSOLE MARINE OU COMPAS.

L'aiguille aimantée est montée sur un pivot fixé dans le fond de la boîte B et elle porte un disque de mica recouvert d'une *rose des vents*. La boîte B, suspendue à la cardan, se maintient toujours horizontale. On guide le navire en amenant devant la ligne fixe *d* un rayon déterminé de la rose.

tical sur lequel repose, par une chape d'agate, un petit barreau aimanté qui constitue l'aiguille de la boussole. Ce barreau porte un disque de mica sur lequel est collé un cercle de papier dont le pourtour divisé figure une *rose des vents*, c'est-à-dire une étoile à 32 branches. Le zéro de cette division correspond à l'axe magnétique de l'aiguille. Sur la paroi interne de la boîte est, d'autre part, tracée une ligne *d*, que l'on nomme la *ligne de foi du navire*, et qui est telle que le plan passant par cette ligne et la pointe du pivot soit parallèle à la quille du vaisseau. La boussole est placée devant le timonier qui tient la barre. Pour orienter le navire dans la direction voulue, on agit sur le gouvernail jusqu'à ce que la ligne de foi coïncide avec un certain rayon de la rose que les cartes magnétiques permettent de déterminer au préalable.

Sur les vaisseaux construits en fer, et en particulier, sur les navires de guerre, le champ magnétique est profondément altéré et les indications des compas seraient tout à fait inexactes, si l'on n'avait soin de *compenser* par des aimants et par des masses de fer doux, convenablement disposés dans le voisinage des boussoles, l'influence des énormes masses d'acier qui entrent dans la construction du navire.

La boussole est portée par deux pivots x, fixés aux extrémités d'un même diamètre de l'anneau A et elle peut ainsi tourner librement autour de ce diamètre. L'anneau lui-même peut tourner autour de la ligne des tourillons m et n qui l'assujettissent à son support, de telle sorte que ce mode de suspension permet à la boussole d'osciller autour de deux axes rectangulaires et, par conséquent, de rester horizontale malgré les mouvements irréguliers du navire.

175. Mesure de l'inclinaison. — L'appareil qui sert à cette mesure, et que l'on nomme *boussole d'inclinaison*, se compose d'une aiguille aimantée traversée en son milieu par un axe cylindrique qui repose sur deux couteaux d'agate placés à la même hauteur. L'aiguille peut ainsi osciller librement dans un plan vertical et son inclinaison se mesure sur un limbe dont l'axe coïncide avec l'axe de rotation de l'aiguille (fig. 140). Tout cet ensemble est porté par un châssis que l'on peut faire tourner de façon à orienter le plan d'oscillation de l'aiguille dans un azimut quelconque. Un limbe horizontal fixe, nommé *cercle azimutal*, sur

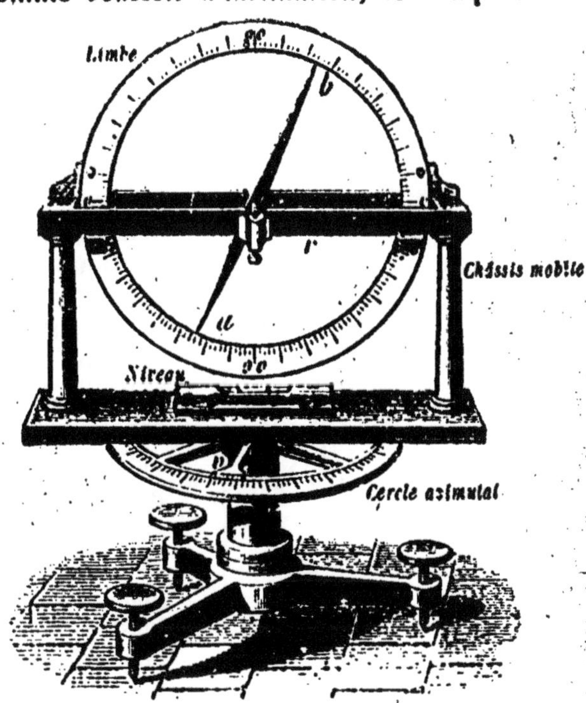

FIG. 140. — BOUSSOLE D'INCLINAISON.

Pour mesurer l'inclinaison, on oriente le plan d'oscillation de l'aiguille dans le méridien magnétique et on observe alors l'angle que fait la direction de l'aiguille avec l'horizon.

lequel se meut une alidade v entraînée par le châssis, permet de repérer les diverses positions de celui-ci.

Pour faire une observation, on réalise d'abord l'horizontalité du cercle azimutal en agissant sur les vis calantes; l'appareil est construit de telle façon que le zéro de la graduation du limbe vertical se trouve alors sur un diamètre horizontal.

On oriente ensuite le plan d'oscillation de l'aiguille suivant le méridien magnétique. Ce plan contient alors le couple même qui agit sur l'aiguille, et si celle-ci est exactement suspendue par son centre de gravité, son axe magnétique se fixera dans la direction même du champ : il ne restera plus qu'à lire l'angle de l'aiguille avec l'horizontale.

On corrigera l'erreur d'axe magnétique par la méthode du retournement, et pour s'assurer si l'axe de suspension passe rigoureusement par le centre de gravité de l'aiguille, on désaimantera celle-ci, on la réaimantera en sens inverse et l'inclinaison observée devra être la même.

Il nous reste à dire maintenant comment on oriente le plan d'oscillation suivant le méridien magnétique.

Remarquons tout d'abord que lorsque l'aiguille oscille dans un azimut quelconque A, son axe magnétique se fixe dans la direction suivant laquelle l'intensité du champ se projette sur ce plan. En effet, chacune des forces F du couple qui agit sur l'aiguille peut se décomposer en deux autres, l'une F_1, normale au plan A et, par conséquent, parallèle à l'axe de rotation de l'aiguille ; l'autre F_2 qui est la projection de la force F sur ce même plan A (fig. 141). Or la force F_1 tend simplement à faire basculer l'aiguille sur son support et n'a pratiquement aucun effet : tout se passe donc comme si la force F_2 existait seule et orientait l'axe magnétique de l'aiguille suivant sa propre direction.

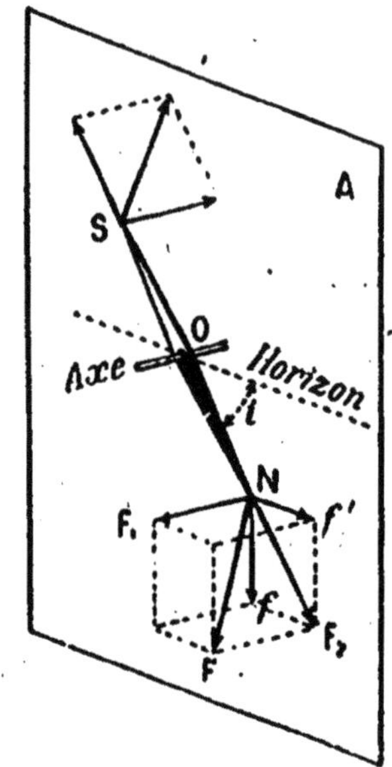

FIG. 141.

Il résulte de là que si le plan d'oscillation est perpendiculaire au méridien magnétique, l'aiguille se placera dans la verticale.

Si l'on tourne le châssis de la boussole d'inclinaison jusqu'à ce que l'aiguille se fixe dans la verticale, le plan d'oscillation se trouvera donc normal au méridien magnétique et il suffira alors de lui imprimer une rotation de 90 degrés pour l'orienter dans le méridien magnétique lui-même.

On peut, d'ailleurs, faire la remarque suivante :

Si l'on décompose à son tour la force F_2 en deux autres,

l'une f verticale et l'autre f' horizontale, on voit que l'inclinaison i, observée dans l'azimut A, sera donnée par la formule :

$$\sin i = \frac{f}{F_2}.$$

Or, quel que soit l'azimut A, la force f est constante, puisqu'elle est égale à la projection de F sur un axe vertical, tandis que la force F_2 est toujours plus petite que F. Il résulte de là que l'inclinaison I, dans le plan du méridien magnétique, est la plus petite de celles que l'on observe lorsqu'on oriente successivement le plan d'oscillation de l'aiguille dans tous les azimuts.

À Paris, l'inclinaison au 1er janvier 1900 était positive et égale à 64° 56'. Le signe + attribué à cet angle indique que les lignes de force du champ terrestre sont dirigées vers le sol, c'est-à-dire que l'aiguille aimantée suspendue autour d'un axe horizontal tourne sa pointe bleue vers la terre.

174. Intensité du champ terrestre. — On trouvera au § 288 la description d'un des procédés qui permettent d'obtenir la valeur de la composante horizontale du champ terrestre. L'intensité elle-même et sa composante verticale se calculent aisément quand on connaît la valeur de H et celle de l'inclinaison I.

Au 1er janvier 1900, l'intensité du champ terrestre et ses composantes avaient, à Paris, les valeurs suivantes qui sont exprimées en unités CGS :

Intensité 0,466
Composante horizontale (H) 0,195
Composante verticale . . . . : 0,423

175. Variations du magnétisme terrestre. — En un même lieu, le champ magnétique ne reste pas rigoureusement constant et la boussole éprouve des variations dont les unes paraissent être purement *accidentelles* et dont les autres présentent, au contraire, un caractère nettement *périodique* ou *régulier*.

La cause des perturbations *accidentelles* n'est pas toujours connue : les unes, limitées à une région de faible étendue, peuvent quelquefois se rapporter à un phénomène local tel qu'un tremblement de terre ou la production d'une aurore boréale; tandis que d'autres, au contraire, qui intéressent simultanément un grand nombre de points du globe, semblent dues à des causes plus générales, peut-être même extra-terrestres.

Parmi les variations *périodiques*, il faut citer les variations diurnes : dans l'intervalle de vingt-quatre heures, l'aiguille aimantée effectue deux oscillations d'inégale amplitude. La plus grande a lieu pendant le jour et peut atteindre 12' ou 15', à Paris. Cet écart varie du reste avec les saisons et les pays : d'une façon générale, il est plus grand en été qu'en hiver et plus grand dans les régions tropicales que dans les régions polaires.

Enfin, les valeurs moyennes des éléments du magnétisme terrestre éprouvent une lente variation avec le temps.

A Paris, la déclinaison était de 8° et orientale en 1610. Elle diminua progressivement, devint nulle en 1666, puis occidentale et alla en augmentant jusqu'en 1814 où elle passa par une valeur maxima de 22°30'. Depuis ce temps elle est décroissante; elle a aujourd'hui pour valeur 14°45', et, si la même variation se continue, elle redeviendra probablement nulle vers l'an 1970.

Quant à l'inclinaison, elle décroît régulièrement avec une grande lenteur; elle diminue, en moyenne, de 3'3" par année : elle était de 72°15' en 1754; elle est aujourd'hui de 64°50' environ.

176. Distribution du magnétisme à la surface de la terre. — Le moyen le plus simple de représenter la distribution magnétique terrestre consiste à porter sur une carte géographique les déterminations effectuées à la même époque et à joindre par un trait continu les points pour lesquels un même élément, *déclinaison, inclinaison* ou *intensité*, a la même valeur. On trouve ainsi que la déclinaison est nulle le long de deux courbes fermées très inégales, d'ailleurs, dont la plus petite enveloppe le nord de la Chine et une partie du Pacifique et dont la plus grande descend à travers l'ancien continent du cap Nord au golfe Persique, coupe l'Australie et revient vers le Nord en traversant le Brésil, les États-Unis et le Canada.

La déclinaison est occidentale à l'intérieur de ces courbes fermées et orientale dans les régions qui les séparent. Dans l'hémisphère boréal, toutes les courbes d'égale déclinaison convergent en un point situé au nord de l'Amérique, par 70° de lat. N et 98° de long. O : c'est le *pôle magnétique* déterminé par Lord Ross, en 1831. En ce point, le champ magnétique est vertical et la boussole ne se dirige plus. L'inclinaison y est de 90° et positive.

Il existe de même, dans l'hémisphère austral, un pôle magnétique contraire; et ces deux pôles sont sensiblement situés aux extrémités d'un même diamètre que l'on nomme *axe magnétique* de la terre.

Les courbes d'égale inclinaison sont beaucoup plus régulières et ressemblent à des parallèles rapportées à l'axe magnétique. La ligne d'inclinaison nulle, appelée *équateur magnétique*, est sensiblement un grand cercle incliné de 20° sur l'équateur terrestre. Au nord de cette ligne l'inclinaison est positive; elle est, au contraire, négative au sud.

En ce qui concerne plus spécialement la France, les lignes d'égale déclinaison y sont sensiblement dirigées du N-NE au S-SO. Elles présentent dans le bassin de Paris une brusque sinuosité et elles deviennent extrêmement irrégulières dans le Massif central. Les valeurs extrêmes de la déclinaison sont 12° à Nice et 18° à Brest.

Les lignes d'égale inclinaison traversent la France dans une direction sensiblement normale à celle des précédentes. Les valeurs extrêmes sont 60° à Perpignan et 66°10' à Lille.

Les lignes d'égale composante horizontale suivent à peu de chose près celles d'égale inclinaison. Les valeurs extrêmes sont 0,222 à Perpignan et 0,188 à Lille.

177. Hypothèse de l'aimant terrestre. — La constance du champ magnétique en un lieu et l'existence de pôles magnétiques à la surface du globe pourraient s'expliquer en admettant la présence à l'intérieur de la sphère terrestre de masses magnétiques convenablement distribuées. Cette distribution intérieure serait, d'ailleurs, très complexe, puisque les courbes d'égale inclinaison et surtout d'égale déclinaison présentent une forme assez irrégulière. Cependant, comme pour une région limitée de la surface terrestre ces courbes peuvent être, à peu près, assimilées à un réseau de lignes rectangulaires, la distribution hypothétique se simplifie lorsqu'il s'agit seulement d'expliquer, dans leur ensemble, les phénomènes magnétiques de cette région. Pour ce qui regarde l'Europe, par exemple, il suffirait d'admettre la présence près du centre de notre sphère de deux masses magnétiques égales et contraires. L'axe de cette sorte d'aimant serait incliné d'environ 20° sur l'axe de rotation de la terre et percerait la surface du globe précisément aux pôles magnétiques.

L'existence de cet aimant est pour le moins très improbable, parce que le noyau terrestre est certainement à une température très élevée et il paraît difficile de concilier ce fait avec la présence de masses magnétiques intérieures. On verra, en effet, plus loin (§ 220) que l'aimantation d'un barreau disparaît complètement à une température de 785°.

L'hypothèse de l'aimant terrestre n'est d'ailleurs pas nécessaire pour expliquer les propriétés magnétiques de notre globe, car celles-ci pourraient tout aussi bien être déterminées par un courant électrique, à l'existence duquel rien ne s'oppose, et qui parcourrait la surface terrestre en suivant de l'est à l'ouest l'équateur magnétique (§ 230).

Remarque. — L'hypothèse de l'aimant terrestre est la première qui ait été formulée et elle a conduit à certaines dénominations qui peuvent prêter à ambiguïté. Ainsi, comme le magnétisme nord d'un barreau se trouve, d'après les lois des actions magnétiques, de même nature que le pôle de l'aimant terrestre placé dans l'hémisphère austral, on dit encore quelquefois *pôle magnétique austral* pour *pôle magnétique nord* et *pôle boréal* pour *pôle sud.* Sur un grand nombre de figures, on désigne encore par A et B les extrémités des barreaux, au lieu d'employer les lettres N et S.

3. CHAMP D'UN AIMANT — CONSTITUTION DES AIMANTS

178. Aimantation du fer doux par influence. — Lorsqu'on place un morceau de fer doux dans un champ magnétique, on reconnaît facilement à l'aide d'une aiguille aimantée qu'il devient lui-même un aimant dont l'axe magnétique est dirigé dans le sens des lignes de force du champ primitif. Ainsi, quand on approche de l'extrémité d'une petite tige de fer doux l'un des pôles d'un barreau aimanté, on y détermine la formation d'un pôle de nom contraire et d'un pôle de même nom à l'extrémité opposée. Dans ces conditions, la

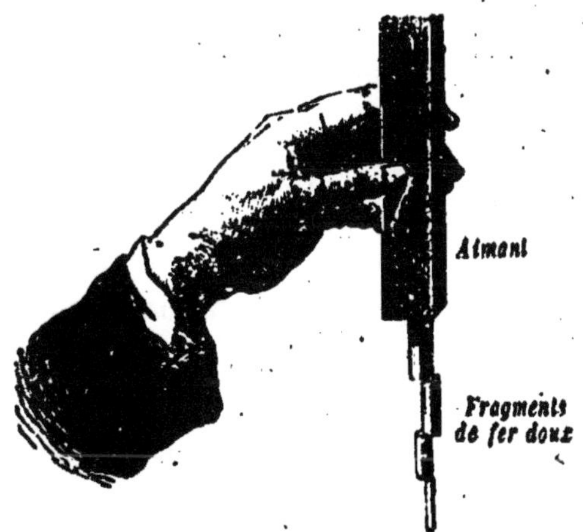

FIG. 142.

AIMANTATION DU FER DOUX PAR INFLUENCE.

Quand on approche un pôle magnétique d'un morceau de fer doux, celui-ci s'aimante en offrant un pôle contraire dans les parties les plus voisines de l'aimant inducteur et se trouve alors attiré par celui-ci.

tige de fer doux est attirée par le barreau et devient elle-même susceptible d'attirer d'autres fragments de fer doux (fig. 142).

Le phénomène de l'aimantation par influence, dont nous étudierons plus loin les lois, nous explique ainsi la formation des houppes de limailles qui s'attachent aux pôles des aimants.

179. Champ d'un aimant. — Le voisinage d'un aimant est un champ magnétique ordinairement beaucoup plus intense que le champ terrestre, et, si l'on y promène une petite aiguille mobile, celle-ci s'orientera sensiblement suivant les lignes de force même du champ de l'aimant.

On peut simplifier cette exploration, en remarquant que le champ d'un barreau rectiligne est nécessairement de révolution autour de l'axe de

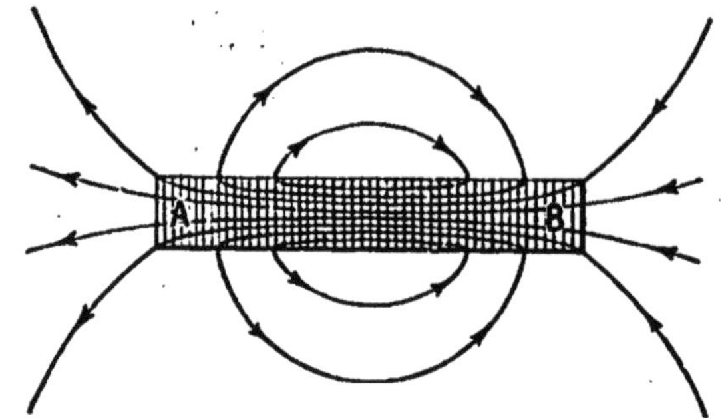

FIG. 143. — CHAMP MAGNÉTIQUE D'UN BARREAU AIMANTÉ.
Les lignes de force extérieures partent de chaque point de la moitié nord A du barreau pour aboutir en un point correspondant de la moitié sud B.

celui-ci : il suffit alors, pour en déterminer la méridienne, de disposer le barreau dans un plan horizontal et d'observer la direction que prend, en divers points de ce plan, une petite aiguille aimantée montée sur un pivot. On trouve ainsi que l'aspect général du champ est celui que représente la figure 143. Les lignes de force partent de chaque point de la moitié nord du barreau et s'incurvent régulièrement pour aboutir en un point correspondant de la moitié sud.

On peut, d'ailleurs, obtenir plus facilement encore le même résultat, par la remarquable expérience du *spectre magnétique*. Sur un barreau aimanté, disposé horizontalement, on place une feuille de carton ou une plaque de verre que l'on saupoudre, à l'aide d'un petit tamis, d'une couche de limaille de fer. En frappant de légers coups sur la plaque pour augmenter la mobilité des particules de limaille, on les voit se disposer en files suivant les lignes de force du champ (fig. 144). Ce phénomène est dû à ce que les particules de fer doux s'aimantent quand on les place dans un champ magnétique et qu'elles s'orientent alors de telle façon que leur dimension la plus grande soit parallèle à l'intensité du champ.

Cette expérience nous montre en outre que les forces magnétiques s'exercent à travers le verre ou le carton. On reconnaîtrait

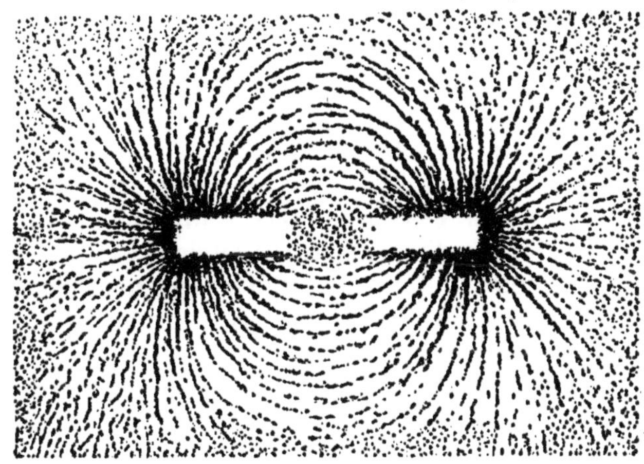

FIG. 144. — SPECTRE MAGNÉTIQUE.

Lorsqu'on saupoudre de limaille de fer une feuille de carton recouvrant un aimant,
on voit les grains de limaille se disposer en files suivant les lignes de force du
champ de l'aimant.

de même qu'elles ne sont sensiblement pas altérées par l'inter-
position de toute autre substance, le fer et quelques métaux
exceptés.

180. Filet magnétique. — Nous appellerons *élément magnétique*
un petit aimant linéai-
re, de longueur très pe-
tite, pour lequel le ma-
gnétisme serait rigou-
reusement localisé aux
deux extrémités. Nous
donnerons le nom de
filet magnétique à une
file d'éléments présen-
tant tous les mêmes
masses magnétiques
$+ m$ et $- m$ et placés
bout à bout de façon à
se toucher par leurs pô-
les contraires (fig. 145).

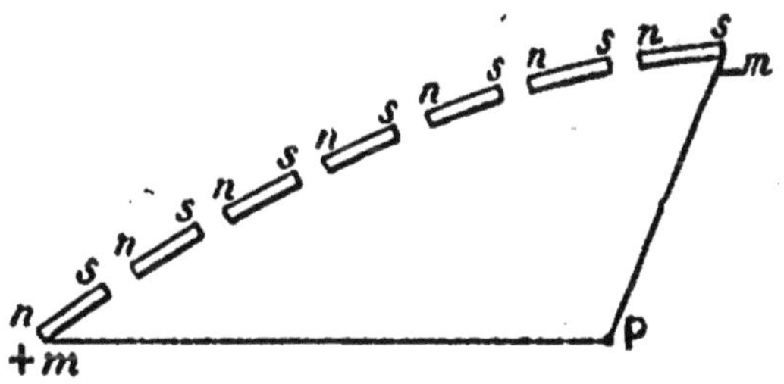

FIG. 145. — FILET MAGNÉTIQUE.

C'est un ensemble d'éléments magnétiques identiques associés bout à bout par leurs pôles contraires, de telle façon que les actions extérieures
du filet se réduisent à celles des charges magnétiques extrêmes.

Les masses magnétiques intermédiaires se compensant mutuellement, un tel filet est neutre dans toute sa longueur, et son

action extérieure se réduit à celles des masses égales et contraires, $+ m$ et $- m$, placées à ses extrémités. Il résulte de là que, si le filet était fermé, rien ne révélerait à l'extérieur son état d'aimantation.

181. Constitution des aimants. — Il suffit de rappeler l'identité des lois qui régissent les actions élémentaires magnétiques et électriques pour reconnaître que la distribution superficielle que l'on observe sur un barreau aimanté n'est point une distribution d'équilibre. A cet égard, un aimant n'est point comparable à un conducteur électrisé, mais à un isolant qui a subi l'influence prolongée d'un champ électrique (§ 59) et dont toutes les particules ont acquis individuellement des charges électriques égales et contraires orientées suivant les lignes de force du champ inducteur.

L'hypothèse qui explique le mieux les propriétés d'un barreau aimanté consiste alors à le considérer comme composé d'une gerbe de filets magnétiques présentant d'un même côté leurs pôles de même nom. Si ces filets étaient rigoureusement parallèles, les faces terminales du barreau seraient seules aimantées; mais on comprend qu'il n'en peut être ainsi : la répulsion mutuelle des masses magnétiques de même nom oblige la gerbe à s'étaler en éventail aux deux extrémités de telle façon que le magnétisme libre apparaît non seulement aux faces terminales, mais aussi sur les faces latérales du barreau (fig. 143).

Dans un barreau d'acier non aimanté, les éléments magnétiques n'ont aucune action extérieure, soit parce qu'ils forment des filets fermés, soit parce qu'ils sont orientés dans une direction quelconque. Les divers procédés d'aimantation consistent à leur donner une orientation systématique, en soumettant le barreau à l'action d'un champ magnétique convenable.

182. Anciens procédés d'aimantation. — Le véritable procédé d'aimantation, qui consiste à employer le champ magnétique des courants, sera décrit plus tard. Nous nous bornerons ici à dire quelques mots des anciennes méthodes qui consistent toutes essentiellement à frotter, suivant un mode déterminé, le barreau d'acier avec le pôle d'un barreau déjà aimanté.

Le dispositif qui donne l'aimantation la plus régulière est celui de la *double touche unie*. On sépare par une cale de bois les pôles A et B contraires de deux barreaux fortement aimantés et on les promène *ensemble* d'une extrémité à l'autre sur le barreau d'acier ab que l'on veut aimanter (fig. 146). L'intervalle des deux pôles associés est un champ magnétique puissant dont les lignes de force vont, d'une manière générale, de A vers B. Quelques-unes de ces lignes parcourent la partie voisine du barreau d'acier et y orientent les éléments magnétiques dans le sens du champ (fig. 146). Après un certain nombre de *frictions*, un pôle nord apparait ainsi à l'extrémité *a* du barreau et un pôle sud à l'ex-

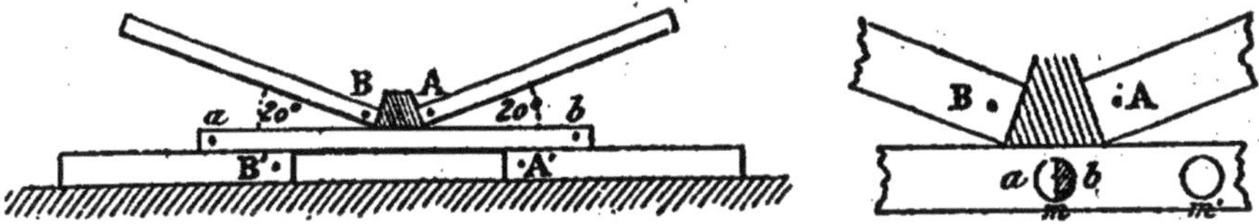

FIG. 146. — AIMANTATION D'UN BARREAU PAR DOUBLE TOUCHE UNIE.

On sépare par une cale de bois les pôles contraires A et B de deux barreaux fortement aimantés et on les promène *ensemble* d'une extrémité à l'autre du barreau *ab* que l'on veut aimanter.

trémité *b*. On renforce l'aimantation en faisant reposer les bouts du barreau sur les pôles contraires, A' et B', de deux aimants fixes, disposés comme les barreaux frotteurs et qui renforcent encore le champ de ceux-ci.

L'expérience a montré qu'on facilite beaucoup l'aimantation en faisant vibrer le barreau par de petits *chocs* ou par des *frictions*, comme s'il y avait à vaincre une certaine résistance des éléments magnétiques à l'orientation. C'est ainsi que, sous l'action du champ terrestre, qui est pourtant très faible, une tige d'acier peut s'aimanter quand on la frappe avec un marteau. Dans un atelier, la plupart des outils d'acier acquièrent rapidement une légère aimantation qui est un effet du même phénomène.

La propriété que possèdent l'acier et certaines variétés de fer de conserver leur aimantation après la disparition du champ extérieur qui l'a produite a reçu le nom de *force coercitive*.

Il est au moins probable que si nous connaissions les lois qui régissent les actions réciproques des éléments magnétiques à faible distance, il n'y aurait besoin d'aucune hypothèse pour expliquer l'aimantation et la force coercitive : l'état permanent d'un barreau nous apparaissant comme une position d'équilibre stable, pour la détermination de laquelle les considérations sur l'énergie doivent suffire.

183. Intensité d'aimantation. — On ne peut déterminer avec quelque précision, ni la distance des pôles d'un barreau, ni la quantité de magnétisme libre qui recouvre ses extrémités; mais on peut mesurer rigoureusement son moment magnétique $\mathfrak{M}$. Le principe de cette mesure consiste à suspendre le barreau horizontalement et à observer la durée de ses oscillations sous l'action du couple horizontal terrestre, durée qui est évidemment d'autant moindre que l'inertie du barreau est plus faible et l'action terrestre plus grande. Quand on connaît les dimensions et le poids du barreau, le calcul permet de déduire de cette observation la valeur $\mathfrak{M}H$ de son moment statique. En divisant cette valeur par l'intensité H de la composante horizontale du champ terrestre, on obtient la valeur de $\mathfrak{M}$.

Si l'on remarque que le moment magnétique d'un barreau qui serait aimanté régulièrement, de façon à n'offrir de magnétisme qu'à ses faces terminales, serait rigoureusement égal à la somme des moments magnétiques des particules qui le composent, on voit qu'on peut *caractériser* l'état d'aimantation moléculaire d'un barreau par un nombre $\mathfrak{I}$ exprimant le moment magnétique par unité de volume.

Ce nombre, qui est égal au quotient du moment magnétique $\mathfrak{M}$ par le volume V du barreau, exprime une grandeur spéciale qui a reçu le nom d'*intensité d'aimantation*.

184. Conservation des aimants. — Placé dans un champ magnétique, un barreau de fer ou d'acier s'aimante dans la direction même du champ. Quand on le soustrait ensuite à l'action du champ inducteur, le barreau reste soumis à celle de son propre champ et il tend alors à se désaimanter, car il est visible que le champ extérieur de l'aimant est précisément inverse de celui qui a déterminé l'aimantation. Cette *action démagnétisante* sera encore rendue plus efficace si le barreau vient à subir des chocs ou des frictions.

Le meilleur procédé pour conserver un aimant consistera donc à lui éviter les chocs et à atténuer autant que possible son propre champ. On profite pour cela de la propriété que possède le *fer doux* de s'aimanter avec une grande facilité suivant les lignes de force des champs magnétiques dans lesquels on l'introduit. En *approchant* seulement le pôle d'un barreau aimanté de l'extrémité d'une tige de fer doux, on y détermine la production d'un pôle de nom contraire, tandis que l'extrémité opposée de la tige devient un pôle de même nom, en sorte que, si l'on amène au contact la tige de fer doux et le barreau aimanté, tout se passe comme si les filets magnétiques du barreau se prolongeaient dans le fer doux jusqu'à son extrémité libre.

Pour conserver deux barreaux aimantés, on les choisit alors aussi identiques que possible et on les dispose parallèlement en opposant leurs pôles ; on applique ensuite contre leurs extrémités deux épaisses plaques de fer doux que l'on nomme *armatures* (fig. 147). Les pôles des barreaux induisent sur les parties de ces armatures qui les touchent des pôles de nom contraire et

FIG. 147. — CONSERVATION DES BARREAUX AIMANTÉS.

On les dispose parallèlement en opposant leurs pôles et on applique contre leurs extrémités des armatures de fer doux qui complètent les filets magnétiques et affaiblissent l'action démagnétisante.

les filets magnétiques des barreaux se complètent mutuellement à travers le fer doux. Le champ extérieur est alors, sinon annulé, du moins très affaibli et l'action démagnétisante n'est plus à craindre.

185. Aimants en fer à cheval. — On donne souvent aux aimants une forme recourbée qui les fait ressembler plus ou moins à un fer à cheval. En répétant avec ces aimants l'expérience du spectre magnétique, on détermine aisément leur champ magnétique qui présente l'aspect indiqué par la figure 148. Les lignes de force partent toujours de la branche *nord* pour aboutir à la branche *sud*; mais il est à remarquer qu'elles sont parallèles dans une étendue assez grande entre les deux branches et, par suite, que le champ y est uniforme.

Pour maintenir l'aimantation, on applique aux extrémités de l'aimant une armature en fer doux qui ferme le circuit magnétique et annule, par conséquent, l'action démagnétisante.

On appelle *force portative* de l'aimant la force qu'il faut appliquer à l'armature pour la détacher, c'est-à-dire pour vaincre l'attraction des pôles de l'aimant sur les pôles de nom contraire induits dans le fer doux.

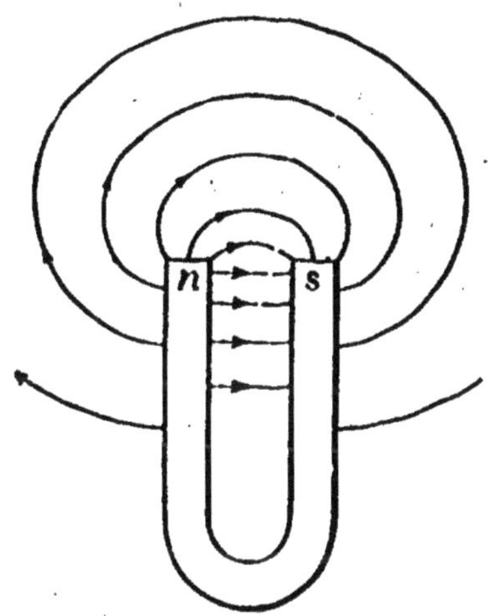

FIG. 148.

CHAMP MAGNÉTIQUE D'UN AIMANT EN FER À CHEVAL.

Le champ magnétique est uniforme dans une étendue assez grande entre les deux branches.

186. Aimants Jamin. — Jamin a reconnu que, toutes choses égales, des lames d'acier d'une assez faible épaisseur acquéraient une intensité d'aimantation plus grande que des barreaux épais et cette remarque l'a conduit à la construction d'aimants très puissants.

La figure 149 représente un aimant Jamin : il est constitué par un faisceau de longues et minces lames d'acier, aimantées séparément et appliquées les unes sur les autres de telle façon que les pôles de même nom se trouvent d'un même côté. Le faisceau est courbé en fer à cheval et les extrémités des lames sont encastrées dans deux pièces de fer doux qui s'aimantent et donnent deux pôles de même nom que ceux qu'elles réunissent. Les aimants ainsi construits peuvent porter des charges qui atteignent dix et même quinze fois leur propre poids.

FIG. 149.— AIMANTS JAMIN.

Ces aimants très puissants sont constitués par des lames d'acier aimantées séparément et appliquées les unes sur les autres. Les extrémités de même nom sont réunies par des pièces polaires en fer doux.

4. FEUILLETS MAGNÉTIQUES

187. Conséquences de l'identité des lois qui régissent les actions élémentaires du magnétisme et de l'électricité. — Il résulte de cette identité que les considérations générales que nous avons développées, en électricité statique, sur les champs de force, le potentiel et l'énergie des corps électrisés s'appliquent mot pour mot aux aimants. Des masses électriques auront la même disposition de champ que des masses magnétiques proportionnelles et semblablement distribuées : mais il faut toutefois remarquer que les phénomènes magnétiques et électriques ont des effets différents et que deux champs magnétique et électrique peuvent exister dans le même espace sans se modifier réciproquement.

188. Filet magnétique. Potentiel en un point. — Nous avons appelé *filet magnétique* le système obtenu en associant bout à bout, dans le même sens, des éléments magnétiques égaux, et nous avons fait remarquer que les actions extérieures de ce système se réduisaient à celles des masses de nom contraire,

$+ m$ et $- m$, qui chargent ses extrémités (fig. 145). Dès lors, le potentiel V d'un filet en un point P du champ est donné par la

relation
$$V = \frac{m}{r} - \frac{m}{r'}$$

où r et r' désignent les distances respectives du point P aux bouts du filet. On voit ainsi que la valeur de ce potentiel, et par suite le champ lui-même, ne dépend que de la position et de la charge des extrémités et nullement de la forme du filet.

Si le filet est rectiligne, son moment magnétique ml est proportionnel à sa longueur l.

189. Feuillet magnétique. Potentiel en un point. — On appelle *feuillet* un système formé d'éléments magnétiques égaux et placés côte à côte, dans le même sens, de façon à constituer une surface infiniment mince et uniformément aimantée en sens contraire sur ses deux faces (fig. 150).

La *densité magnétique* σ est la quantité de magnétisme qui recouvre un centimètre carré de la face nord et on appelle *puissance du feuillet* une grandeur spéciale U numériquement exprimée par le produit de la densité magnétique et de l'épaisseur e du feuillet :

$$U = \sigma e.$$

FIG. 150.
FEUILLET
MAGNÉTIQUE.
C'est un système formé d'éléments magnétiques égaux et placés côte à côte dans le même sens.

On peut aisément trouver le potentiel V de ce système en un point P du champ. Considérons, en effet, deux éléments superficiels égaux à s et placés en regard sur les deux faces du feuillet (fig. 151). L'un d'eux, A par exemple, est recouvert d'une charge σs; l'autre, A', d'une charge $-\sigma s$. Le potentiel particulier de ces deux éléments au point P a donc pour valeur :

$$\sigma s \left(\frac{1}{PA} - \frac{1}{PA'} \right) = \sigma s \frac{PA' - PA}{PA \cdot PA'}.$$

Or si l'on désigne par α l'angle que fait la direction AP avec la normale au feuillet, on voit immédiatement, en ayant égard à ce que l'épaisseur e du feuillet est infiniment petite, que la différence $PA' - PA$ est sensiblement égale à $e \cos \alpha$. L'expression précédente s'écrit alors :

$$\sigma s \frac{e \cos \alpha}{AP^2} = U \frac{s \cos \alpha}{AP^2}.$$

Le rapport $\frac{s \cos \alpha}{A\,P^2}$ n'est autre chose que l'angle solide ayant pour sommet le point P et pour directrice le contour de l'élé-

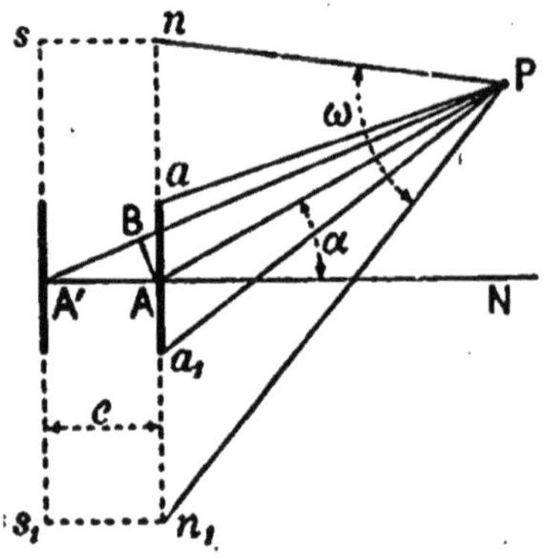

FIG. 151.

ment s; en sorte que, si l'on répète le même raisonnement pour tous les éléments du feuillet, on trouvera que le potentiel total V est égal au produit de la puissance U du feuillet par l'angle solide ω, sous lequel on voit du point P la face nord ou positive du feuillet entier :

$$V = U\omega.$$

Si le contour du feuillet a une forme géométrique simple, un cercle, par exemple, la formule précédente permettra d'obtenir la disposition des surfaces équipotentielles et, par suite, celle des lignes de force qui, comme on sait, leur sont normales. La figure 152 représente ainsi le champ d'un feuillet : les lignes de force partent normalement de la surface nord ou positive, pour aboutir normalement à la face sud ou négative, après avoir contourné le feuillet.

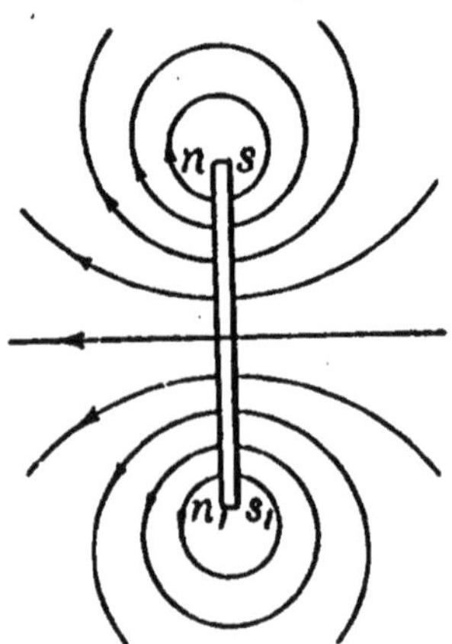

FIG. 152.
CHAMP MAGNÉTIQUE
D'UN FEUILLET.
Les lignes de force partent normalement de la face *nord* pour aboutir à la face *sud* après avoir contourné le feuillet.

190. Énergie d'un feuillet placé dans un champ magnétique extérieur. — Nous avons vu qu'une masse *électrique q*, placée en un point P où le potentiel *électrique* est V, possédait une énergie potentielle égale à qV, représentant le travail nécessaire pour amener cette charge électrique depuis l'infini jusqu'au point P. La même proposition s'étend aux masses magnétiques.

Considérons alors un feuillet de puissance U, disposé dans un champ magnétique, et décomposons-le en éléments superficiels égaux et placés en regard : soit AA' l'un d'eux, dont nous désignerons la surface par s (fig. 153).

La face A de l'élément possède une charge magnétique σs; la face A', une charge $-\sigma s$; en sorte que si V et V' sont les valeurs respectives du potentiel en A et A', l'énergie relative à l'élément considéré aura pour valeur

$$\sigma s V - \sigma s V' = \sigma s (V - V').$$

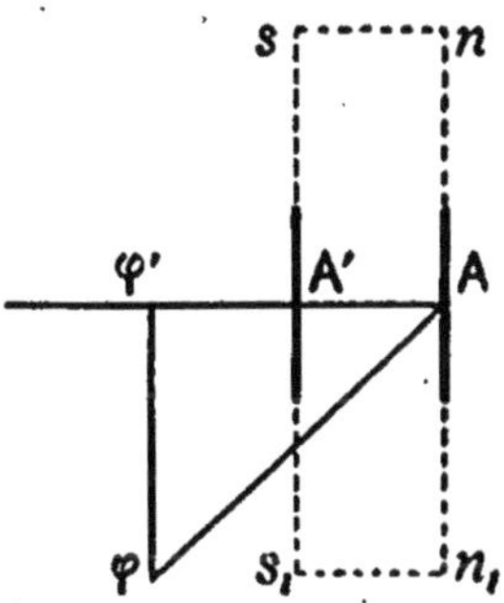

Or soit A φ, le segment qui représente l'intensité $\mathcal{H}$ du champ en A; si nous désignons par α l'angle qu'il fait avec la normale au feuillet, la composante de l'intensité parallèle à cette normale sera

$$\mathcal{H}' = \mathcal{H} \cos \alpha.$$

Dès lors, si l'unité de masse magnétique passe de A en A', elle *effectuera* un travail égal à $\mathcal{H} e \cos \alpha$, travail qui correspond à une *diminution* de potentiel équivalente. On a donc :

$$V - V' = \mathcal{H} e \cos \alpha.$$

L'énergie de l'élément magnétique considéré a donc, somme toute, pour expression $\quad \sigma e s \mathcal{H} \cos \alpha.$

FIG. 153.

Le produit σe est la puissance U du feuillet. Quant au produit $s \mathcal{H} \cos \alpha$, ce n'est autre chose que le *flux de force* magnétique qui pénètre par la surface positive de l'élément (§ 166). En étendant le même raisonnement à tous les éléments du feuillet, on trouvera donc, pour l'expression de l'énergie W de ce feuillet, le produit de sa puissance U par le flux de force total Φ qui pénètre par sa face nord ou positive :

$$W = U \Phi.$$

Il résulte de cette relation et du théorème que nous avons énoncé au § 11, qu'un feuillet mobile, soumis à l'action d'un champ magnétique extérieur, tendra toujours à s'orienter de telle façon que le flux de force qui pénètre par sa face positive soit le plus petit possible : il en sera évidemment ainsi, si ce flux est négatif et a sa valeur absolue maxima. Ainsi, un feuillet plan, parfaitement mobile dans un champ uniforme, tendrait à se placer normalement aux lignes de force, sa face sud ou négative tournée du côté où elles viennent, c'est-à-dire de telle façon que le flux de force *sortant* par la face positive soit le plus grand possible.

191. Champ magnétique d'un feuillet. — L'expression que nous venons d'obtenir pour le potentiel d'un feuillet permet de calculer l'intensité de son champ. Proposons-nous, comme exemple, de trouver la force qu'un feuillet circulaire de rayon r et de puissance U exerce sur une masse magnétique m, placée sur l'axe du feuillet et très près de celui-ci. Il est d'abord évi-

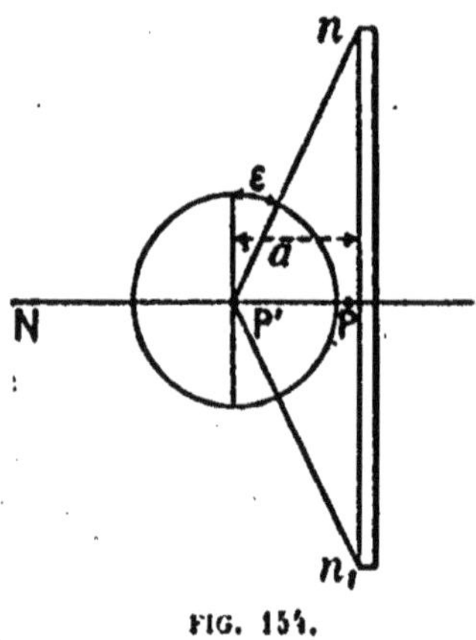

FIG. 154.

dent que, par raison de symétrie, cette force est précisément dirigée suivant l'axe lui-même. Or, en un point P situé au centre de la face nord du feuillet (fig. 154), le potentiel a pour valeur $V = 2\pi U$, puisque l'angle solide sous lequel on voit de ce point cette face du feuillet est alors égal à 2π. En un point très voisin P', placé vers l'axe à une distance a de P, la valeur V' du potentiel est égale au produit de la puissance U par l'angle solide $nP'n_1$. Si autour de P' comme centre on considère une sphère ayant pour rayon l'unité, on voit aisément que l'angle solide $nP'n_1$ est égal à 2π diminué d'une zone que l'on peut regarder comme cylindrique et dont la hauteur ε a pour valeur

$$\varepsilon = \frac{a}{r}.$$

La surface de cette zone étant égale à $2\pi\frac{a}{r}$, le potentiel au point P' aura pour expression

$$V' = 2\pi U\left(1 - \frac{a}{r}\right).$$

Il suit de là que, entre P et P', le potentiel diminue de $2\pi U\frac{a}{r}$. On sait que l'intensité $\mathcal{H}$ du champ est dirigée vers les potentiels décroissants et qu'elle s'obtient en divisant cette variation de potentiel par le déplacement a.

On a donc

$$\mathcal{H} = \frac{2\pi U}{r}.$$

La force F que subira une masse m, placée en P, sera donc égale à

$$F = \frac{2\pi U m}{r}.$$

On voit qu'elle est proportionnelle à la puissance du feuillet et en raison inverse de son rayon.

102. Moment magnétique d'un feuillet. — Le moment magnétique $\mathfrak{M}$ d'un feuillet plan est exprimé par le produit des nombres qui mesurent son épaisseur e et la charge commune de ses faces. Si l'on désigne par S la surface du feuillet et par σ la densité magnétique, la charge des faces sera $S\sigma$ et l'on aura

$$\mathfrak{M} = \sigma e S, \qquad \text{c'est-à-dire} \qquad \mathfrak{M} = U S.$$

Le moment magnétique du feuillet est donc égal au produit de sa puissance U par sa surface S.

5. ASSIMILATION DES COURANTS AUX FEUILLETS MAGNÉTIQUES

103. Champ magnétique des courants. — I. *Cas d'un courant rectiligne indéfini.* — Lorsqu'on approche d'une aiguille aimantée un fil conducteur parcouru par un courant électrique, l'aiguille est généralement déviée (Œrsted). Le voisinage d'un courant électrique constitue donc un champ magnétique.

La position d'équilibre que prend une aiguille aimantée, déviée par un courant, dépend non seulement du champ de celui-ci, mais aussi du champ terrestre avec lequel il se compose; cependant on peut observer isolément l'action du courant, en employant, comme l'a fait Ampère, une aiguille *astatique*, c'est-à-dire sur laquelle le couple magnétique terrestre est sans effet.

Cette aiguille est mobile autour d'un axe qui passe par son centre de gravité et que l'on peut orienter parallèlement aux lignes de force du champ terrestre. Dans ces conditions, le couple terrestre, agissant dans un plan passant par l'axe, se trouve détruit par la réaction des supports de l'aiguille et celle-ci est alors en état d'équilibre indifférent, c'est-à-dire *astatique* (fig. 155).

FIG. 155.
AIGUILLE ASTATIQUE D'AMPÈRE.
Quand on oriente son axe de rotation parallèlement au champ terrestre, on soustrait l'aiguille à l'action directrice de la terre.

Lorsqu'on tend dans le voisinage de cette aiguille un fil parcouru par un courant, on la voit se mettre en croix avec la direction du fil : il faut en conclure que, dans le champ d'un courant électrique, *les lignes de force sont normales à la direction du courant*; par raison de symétrie, elles doivent alors être *des cercles concentriques ayant pour axe le courant lui-même.*

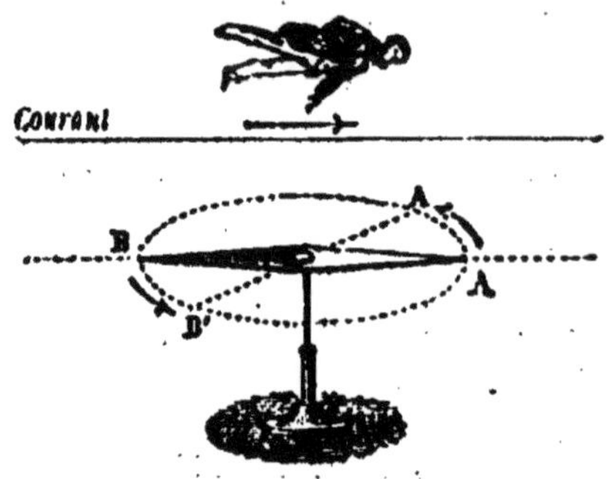

FIG. 156. — EXPÉRIENCE D'ŒRSTED.

Quand on place un courant dans le voisinage d'une aiguille aimantée, le pôle nord A de celle-ci se déplace vers la gauche du courant.

Quant aux sens des lignes de force, Ampère a reconnu qu'elles étaient orientées vers la gauche du courant, par ce fait que le pôle nord de l'aiguille aimantée se porte précisément de ce côté; la gauche du courant étant celle d'un observateur regardant l'aiguille et couché le long du fil de telle façon que le courant lui entre par les pieds et lui sorte par la tête (fig. 156).

On peut obtenir immédiatement l'aspect du champ d'un courant rectiligne par une expérience analogue à celle du spectre magnétique (§ 179). On fait passer à travers une plaque de verre placée horizontalement et percée d'un trou un long fil de cuivre vertical dans lequel on dirige un courant intense; si l'on saupoudre alors la plaque avec de la limaille de fer, on voit celle-ci former des files circulaires ayant leur centre sur l'axe du fil (fig. 157).

La loi d'Ampère montre immédiatement que le sens des lignes de force est celui dans lequel il faudrait tourner un tire-bouchon (fig. 158) pour le faire progresser suivant le courant. (Règle de Maxwell.)

II. *Champ magnétique d'un courant fermé.* — Au point de vue absolu, nous ne réalisons jamais que des courants fermés. Lorsque les circuits ont de grandes dimensions et offrent une partie rectiligne, les actions magnétiques de celles-ci sont évidemment prédominantes dans son voisinage immédiat et les lignes de force y ont une forme rigoureusement circulaire; il n'en est plus ainsi dans les régions du champ où les actions de toutes les parties du circuit fermé sont sensibles.

On peut obtenir la forme du champ d'un courant fermé en explorant celui-ci à l'aide d'une petite aiguille aimantée; mais il est plus simple de répéter encore, à ce propos, l'expérience du

spectre magnétique. La figure montre comment on dispose cette
expérience : dans une plaque de verre horizontale sont percés

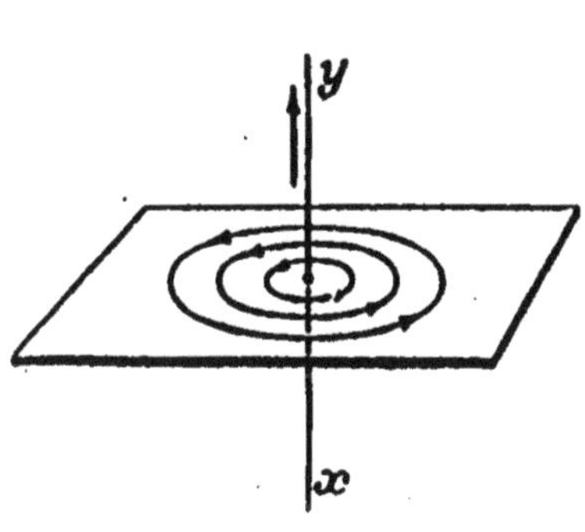

FIG. 157. — CHAMP MAGNÉTIQUE
D'UN COURANT RECTILIGNE.
Les lignes de force sont des cercles concentriques normaux à la direction du
courant.

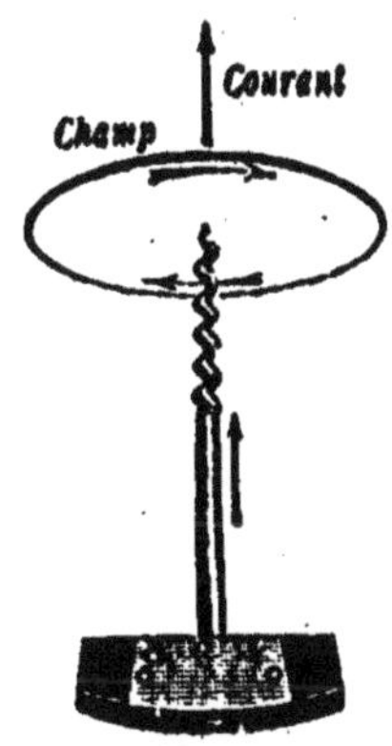

FIG. 158. — RÈGLE DE MAXWELL.
Le sens des lignes de force est celui
dans lequel il faut tourner un tire-
bouchon pour le faire progresser suivant le courant.

deux trous à travers lesquels on fait passer un fil conducteur
plusieurs fois enroulé sur lui-même afin d'obtenir une action plus

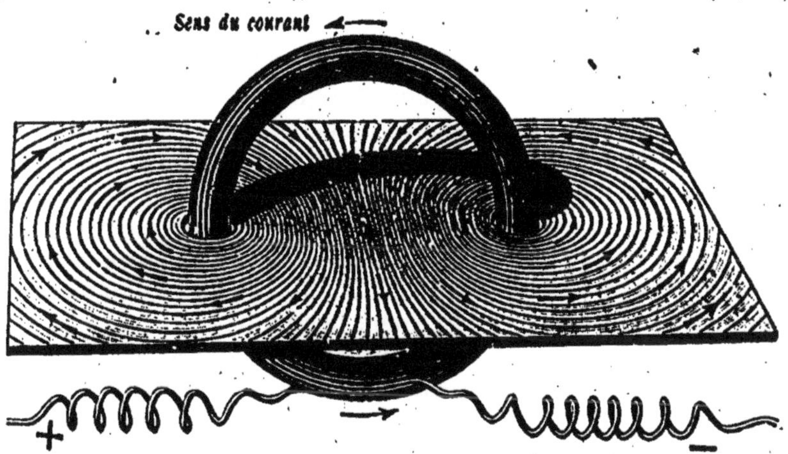

FIG. 159. — CHAMP MAGNÉTIQUE D'UN COURANT FERMÉ.
Les lignes de force sont des courbes fermées qui entourent le courant, et le champ
est à peu près uniforme dans la région médiane.

énergique. On saupoudre la plaque de limaille de fer, et, dès que
le courant circule dans le fil, on voit cette limaille dessiner les
courbes que représente la figure 159.

Au voisinage immédiat du fil, ces courbes offrent à peu près la forme circulaire ; dans la partie centrale du champ, elles sont, au contraire, sensiblement rectilignes et parallèles, ce qui montre que le champ y est uniforme. Ajoutons enfin que, d'une façon générale, les lignes de force sont des courbes fermées qui se resserrent dans la partie centrale du champ et qui s'écartent de plus en plus les unes des autres, à mesure qu'on s'éloigne du circuit.

Le sens des lignes de force est celui qu'indiquent les flèches ; on l'obtient immédiatement par la règle d'Ampère comme pour le champ d'un courant indéfini. Maxwell a, d'ailleurs, donné pour le champ d'un courant fermé une autre règle dont l'application est souvent commode : si l'on dispose un *tire-bouchon* dans la partie centrale du champ, et qu'on le fasse tourner dans le sens du courant, la direction suivant laquelle il progresse est précisément celle des lignes de force (fig. 160).

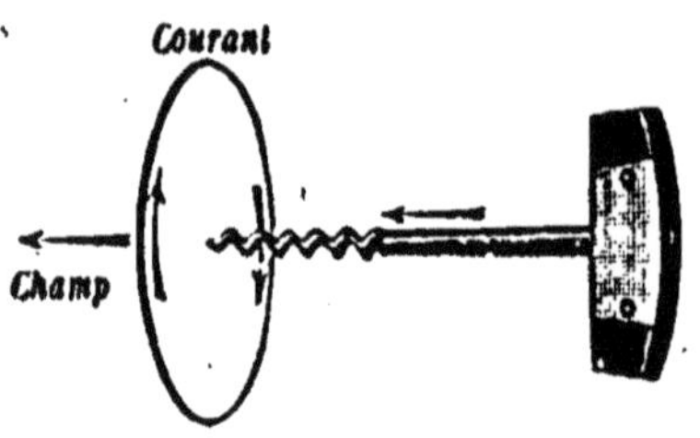

FIG. 160. — RÈGLE DE MAXWELL. Le sens des lignes de force est celui dans lequel progresse le tire-bouchon quand il tourne dans le sens du courant.

194. Le champ magnétique terrestre est assimilable à celui d'un courant fermé. — On peut expliquer le champ magnétique de la terre en admettant que les couches superficielles de celle-ci sont le siège de courants électriques convenablement orientés et on obtient une représentation assez exacte des phénomènes magnétiques, au moins sur le continent européen, en supposant l'existence, tout le long de l'équateur magnétique, d'un courant dirigé de l'est à l'ouest. Au-dessus de ce courant, l'aiguille d'inclinaison se tiendra nécessairement horizontale, en tournant son pôle nord vers la gauche du courant, c'est-à-dire vers le nord géographique, et elle se placera, au contraire, dans la verticale aux points où l'axe du courant traversera la surface terrestre, c'est-à-dire aux pôles magnétiques.

195. Assimilation des courants aux feuillets magnétiques. — La forme du champ d'un courant fermé rappelle immédiatement celle d'un feuillet magnétique (§ 189). Ampère a montré, en effet, que *les actions magnétiques d'un courant sont les mêmes que celles d'un feuillet qui aurait pour contour le circuit lui-même et dont la puissance serait proportionnelle à l'intensité du courant.*

Cette découverte a été d'une importance capitale dans les progrès des études électriques, parce qu'elle établit entre les phénomènes d'électricité dynamique et ceux du magnétisme une analogie étroite qui a permis d'appliquer aux uns les propriétés mécaniques des autres.

Nous accepterons donc cette assimilation que l'expérience a vérifiée jusque dans ses dernières conséquences et nous nous en servirons, le cas échéant, pour expliquer les actions électrodynamiques par ce que nous savons des actions magnétiques.

196. Potentiel en un point du champ d'un courant. — La comparaison entre le champ d'un courant et celui du feuillet équivalent nous montre que la face nord de celui-ci sera du côté où un observateur voit le courant tourner en sens inverse des aiguilles d'une montre, puisque les lignes *partent* de la face nord pour aboutir sur la face sud, après avoir contourné le fil conducteur qui forme le contour du feuillet.

Si l'on désigne par ω l'angle solide sous lequel on voit cette face nord d'un point P du champ, et par I l'intensité du courant, la puissance du feuillet équivalent pourra se représenter par kI, et le potentiel du courant au point P aura alors pour

expression $$V = kI\omega.$$

Si le circuit conducteur est plusieurs fois enroulé sur lui-même, le facteur ω comprendra la somme des angles solides sous lesquels on voit du point P les diverses spires du circuit.

197. Champ magnétique d'un courant circulaire. — Le raisonnement que nous avons fait pour obtenir la valeur $\mathcal{3C}$ de la force magnétique au centre d'un feuillet circulaire (§ 191) peut se répéter mot pour mot, dans le cas d'un courant circulaire; mais on arrive immédiatement au résultat en remplaçant, dans l'expression de la force obtenue pour un feuillet, la puissance U de celui-ci par kI.

Au centre d'un courant circulaire, d'intensité I et de rayon r, l'intensité du champ est normale au plan du courant et a pour

valeur : $$\mathcal{3C} = \frac{2\pi kI}{r}.$$

Nous avons, d'ailleurs, fait la remarque que dans la partie médiane du champ les lignes de force étaient parallèles et le champ uniforme; il résulte de là que l'expression précédente convient non seulement au centre du courant, mais aussi à tous les points qui s'en écartent relativement peu.

198. Unité électromagnétique d'intensité de courant. — La formule précédente nous permettrait de définir une nouvelle unité pour la mesure de l'intensité des courants. Si l'on exprime $\mathcal{K}$ en dynes par unité de masse magnétique et r en centimètres, l'unité électromagnétique d'intensité sera celle avec laquelle il faudrait exprimer l'intensité du courant pour que la constante k fût égale à 1. En d'autres termes ce sera *l'intensité d'un courant circulaire, de 1 centimètre de rayon qui exercerait sur l'unité de masse magnétique placée en son centre une force de 2π dynes.*

Si l'on adoptait cette unité, la puissance U du feuillet équivalent à un courant donné serait exprimée par le même nombre que l'intensité de celui-ci.

L'unité électromagnétique de courant une fois définie, on peut définir aussi *l'unité électromagnétique de masse électrique.* C'est la masse électrique que transporte en une seconde un courant ayant l'unité électromagnétique d'intensité.

199. Rapport des unités électromagnétique et électrostatique de masse. — L'expérience montre que, *si l'on exprime l'intensité I du courant en ampères, la puissance U du feuillet équivalent est égale à $\dfrac{I}{10}$,* et il résulte immédiatement de là que *l'unité électromagnétique de courant vaut 10 ampères,* et, par conséquent, que celle de masse électrique vaut 10 coulombs. Or, on sait que le coulomb représente 3×10^9 unités électrostatiques de masse électrique. On voit donc que le rapport de l'unité électromagnétique de masse électrique à l'unité électrostatique a pour valeur 3×10^{10}.

Ce nombre est précisément égal à la vitesse de la lumière exprimée en CGS et cet intéressant résultat a été un des premiers faits qui ont éveillé l'attention des savants sur l'assimilation possible de certains phénomènes électriques aux phénomènes lumineux, telle que nous la retrouverons un peu plus tard.

200. Champ d'une bobine plate. — Lorsque le circuit conducteur est, comme dans la figure 159, enroulé plusieurs fois sur lui-même de façon à former une bobine circulaire dont l'épaisseur est très petite par rapport à son diamètre, le champ dans la région médiane est évidemment proportionnel au nombre n des spires. Si l'intensité I du courant est exprimée en ampères et le rayon moyen r de la bobine en centimètres, le champ dans la partie centrale sera normal au plan de la bobine et aura alors

pour valeur : $$\mathcal{H} = \frac{2 n \pi l}{r} 10^{-1}.$$

201. Champ d'une bobine allongée. Solénoïdes. — Considé-

rons maintenant le cas d'un ensemble de courants de même
sens, de même forme et de même intensité, placés à distance
égale les uns des autres de manière à former une surface cylindrique. On donne le nom de *solénoïde* à ce système et on le
réalise pratiquement en enroulant en hélice sur un cylindre un
fil conducteur entouré d'une enveloppe isolante de coton, de soie
ou de gutta-percha. Lorsque le fil est parcouru par un courant,
chacune des spires joue le rôle d'un circuit fermé, en sorte que
le solénoïde est alors équivalent à une série de feuillets magnétiques équidistants, égaux, et tournant leurs faces de nom contraire en regard.

Celle des faces
terminales où
l'on voit le cou-
rant circuler en
sens inverse des
aiguilles d'une
montre est la
face nord du so-
lénoïde, l'autre
est la face sud.

Si, à l'aide
d'un dispositif fa-
cile à imaginer,
on détermine le

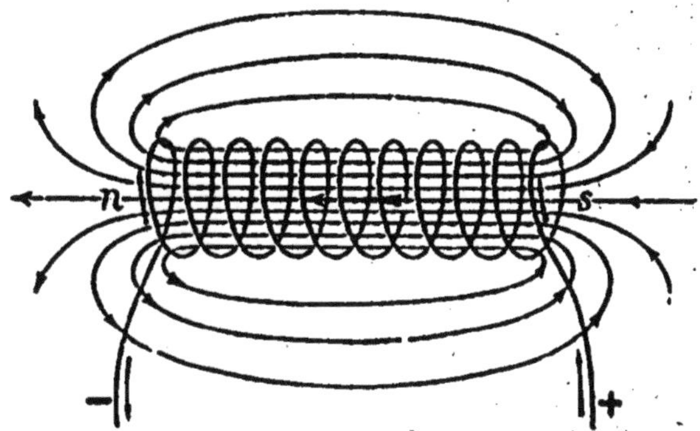

FIG. 161. — CHAMP MAGNÉTIQUE D'UN SOLÉNOÏDE.

Le champ extérieur d'un solénoïde est le même que celui
d'un aimant de même forme dont les faces extrêmes seules
seraient aimantées.

champ d'un tel système par l'expérience du spectre magnétique,
on trouve, comme le représente la figure 161, que les lignes de
force sont des courbes fermées qui sortent *uniquement* par la
face nord, rentrent *uniquement* par la face sud et offrent, à
l'intérieur de la bobine, surtout quand celle-ci est longue et
serrée, l'aspect de lignes droites parallèles.

Le champ *extérieur* du solénoïde est donc le même que celui
d'un barreau dont les faces terminales seules seraient aimantées.
On s'explique cette propriété en remplaçant les courants particulaires par les feuillets magnétiques équivalents et en imaginant que les charges magnétiques intermédiaires voisines, qui
sont égales et de signe contraire, neutralisent leurs actions exté-

rieures, comme cela se passe dans un filet magnétique (§ 180).

Le champ *intérieur* du solénoïde, formé de lignes de force parallèles, est uniforme. On peut aisément en calculer l'intensité $\mathcal{H}$, si l'on suppose la bobine très longue. Pour cela, faisons d'abord la remarque suivante :

Supposons qu'un point se déplace sur l'axe d'un courant fermé d'intensité I et aille de P_1 en P_2 en traversant le circuit c.

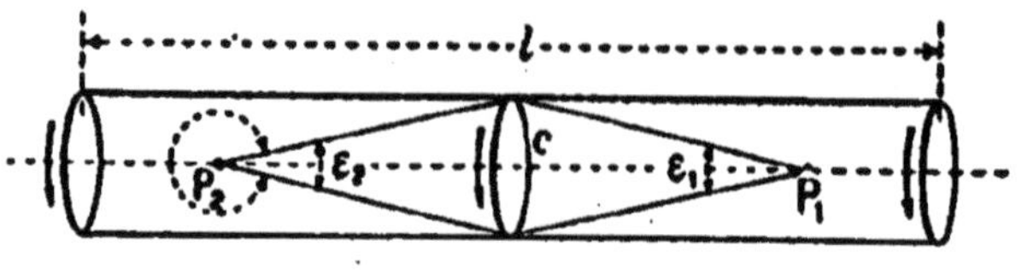

FIG. 162.

Si le courant est orienté dans le sens de la flèche (fig. 162), la face droite du feuillet équivalent sera *nord* et le potentiel en P_1 aura pour valeur, d'après ce qui a été dit aux §§ 189 et 196 :

$$V_1 = kI\varepsilon_1.$$

En passant de P_1 à P_2, le potentiel augmente *d'une façon continue* et il a pour expression en P_2 :

$$V_2 = kI(4\pi - \varepsilon_2).$$

De telle sorte que, si les points P_1 et P_2 sont très éloignés du circuit, la différence $V_2 - V_1$ est sensiblement égale à

$$4\pi kI.$$

Ceci posé, déplaçons d'un bout à l'autre d'une longue bobine, de longueur l, comprenant n spires par centimètre, et parcourue par un courant d'intensité I, un pôle magnétique égal à l'unité. Le travail qu'on aura fourni à ce pôle magnétique sera égal à $\mathcal{H}l$ et équivaudra à l'augmentation de potentiel en passant de la face nord à la face sud de la bobine. Or, le potentiel s'accroît de $4\pi kI$ par chaque spire traversée, et, comme la bobine en comprend nl, on aura, par conséquent :

$$\mathcal{H}l = 4\pi kInl$$

et, par suite : $\qquad \mathcal{H} = 4\pi nkI.$

Si l'on exprime I en ampères, la valeur de k est égale à 10^{-1}, et l'intensité $\mathcal{H}$ du champ est alors exprimée par le nombre

$$\mathcal{H} = 4\pi nI.10^{-1}.$$

On voit, par cette formule, que le champ intérieur d'un solénoïde ne dépend nullement du diamètre des spires, mais uniquement du produit nI que l'on appelle le nombre *d'ampères-tours par centimètre*.

Au point de vue pratique, on confond le produit 4π qui est égal à 12,57 avec le nombre 12,5 et l'on écrit alors :

$$\mathcal{H} = 1,25\,nI.$$

202. Moment magnétique d'un courant fermé. — Par analogie avec ce qui a été dit au § 192 sur le moment magnétique d'un feuillet, on voit immédiatement que le moment magnétique $\mathcal{M}$ d'un courant fermé, ayant une surface S et une intensité de I ampères, aura pour expression :

$$\mathcal{M} = IS.10^{-1}.$$

Si l'on associait dans le même plan deux circuits de même surface et parcourus en sens-contraire par un même courant, on constituerait un système dont le moment magnétique serait nul et qui équivaudrait à deux barreaux aimantés identiques, solidaires et disposés parallèlement. Un tel système rendu mobile ne se dirigerait pas sous l'action de la terre et constituerait un équipage *astatique*.

203. Moment magnétique d'une bobine. — Le moment magnétique d'une bobine cylindrique est égal à la somme des moments de ses spires. Si donc la bobine est formée de N spires de surface S et que l'intensité du courant qui y circule soit de I ampères, l'expression de son moment magnétique sera :

$$\mathcal{M} = NIS.10^{-1}.$$

En remarquant que le volume de la bobine est lS, on voit qu'elle équivaut, au point de vue de ses actions extérieures, à un aimant de même volume dont l'intensité d'aimantation serait :

$$\mathfrak{I} = \frac{\mathcal{M}}{lS}, \qquad \text{c'est-à-dire} \qquad \mathfrak{I} = \frac{NI}{l}.10^{-1}.$$

Comme $\dfrac{N}{l}$ n'est autre chose que le nombre n des spires par centimètre, on peut écrire :

$$\mathfrak{I} = nI.10^{-1}.$$

Comparée à la valeur de l'intensité du champ à l'intérieur de la bobine, cette expression conduit immédiatement à la relation :

$$\mathcal{H} = 4\pi\mathfrak{I}.$$

204. Énergie d'un courant fermé dans un champ magnétique. — Nous avons vu au § 190 que l'énergie potentielle d'un feuillet placé dans un champ magnétique était numériquement égale au produit des nombres qui expriment la puissance U du feuillet et le flux de force Φ qui le traverse en pénétrant par sa face positive :
$$W = U\Phi.$$

Les unités de puissance et de flux dérivant de celles que nous avons admises au début de l'étude du magnétisme pour la masse et la force magnétique, la valeur de W est exprimée en ergs.

Si nous considérons maintenant, dans un champ magnétique, un circuit fermé parcouru par un courant de I ampères et si nous désignons par Φ le flux de force qui le traverse en pénétrant par sa face nord, c'est-à-dire du côté où l'on voit le courant tourner en sens inverse des aiguilles d'une montre, l'énergie potentielle du circuit exprimée en *ergs* sera :

$$W = I\Phi.10^{-1}.$$

Comme le *joule* vaut 10^7 *ergs*, la même énergie, mesurée en *joules*, aura pour expression :

$$W = I\Phi.10^{-8}.$$

Nous aurons maintes fois, dans le reste du cours, l'occasion de nous servir de cette importante formule.

205. Énergie mutuelle de deux feuillets ou de deux courants. — Coefficient d'induction mutuelle. — L'énergie d'un système de deux feuillets, placés dans une position déterminée l'un par rapport à l'autre et dont les puissances sont U et U' est évidemment proportionnelle à ces puissances elles-mêmes et on peut la

représenter par : $\qquad W = MUU'.$

Si l'on désigne par I et I' les intensités, exprimées en ampères, des courants équivalents à ces feuillets, on aura : $U = I.10^{-1}$ et $U' = I'.10^{-1}$. La formule précédente deviendra alors :

$$W^{err} = MII'.10^{-2}.$$

On donne à M le nom de *coefficient d'induction mutuelle* des deux courants. Cette grandeur spéciale dépend uniquement de la position relative des deux circuits et le calcul démontre qu'elle est de même ordre qu'une longueur. *L'unité pratique* de coefficient d'induction serait celui de deux circuits parcourus par des courants de 1 ampère et dont l'ensemble aurait une énergie de 1 joule, c'est-à-dire de 10^7 ergs. Exprimée en CGS, et par conséquent en *centimètres*, cette unité pratique, que l'on nomme le *henry*, obéirait à la relation :

$$10^7 = henry \times 10^{-2},$$

et, d'après cela, on voit que le henry vaut 10^9 centimètres.

Remarque. — Si l'on exprime W en joules, M en henrys, II' en ampères, la formule qui donne l'énergie mutuelle de deux courants devient :

$$W^j = M.II'.10^{-9}.$$

Or on a vu au § 204 que l'énergie en joules d'un circuit parcouru par un courant de I' ampères et placé dans un champ magnétique qui envoie un flux Φ à travers le circuit était

égale à :

$$W^j = I'\Phi.10^{-8}.$$

Il résulte de la comparaison de ces deux formules que l'on a :

$$\Phi = MI.10^{-1}.$$

On peut donc dire que le coefficient d'induction mutuelle M de deux circuits est égal à 10 fois le flux qui traverse l'un d'eux quand l'autre est parcouru par un courant de 1 ampère.

206. Coefficient de self-induction. — Lorsqu'un circuit est parcouru par un courant, il développe dans son voisinage un champ magnétique et le circuit lui-même se trouve, de ce fait, traversé par un certain flux. On appelle *coefficient de self-induction* d'un circuit, et on désigne par L, une grandeur de même ordre qu'un coefficient d'induction mutuelle et qui est numériquement égale à 10 fois la valeur du flux qui traverse le circuit quand il est parcouru par un courant de 1 ampère. Le coefficient de self-induction est constant tant que la forme du circuit reste invariable.

Le flux d'induction propre à travers un circuit parcouru par un courant de I ampère aura donc pour expression :

$$\Phi_i = LI.10^{-1} \text{ (L étant exprimé en } henrys\text{)}.$$

207. Flux total à travers un circuit parcouru par un courant. — Lorsqu'un circuit parcouru par un courant I est placé dans un champ magnétique, le flux total Φ qui traverse le circuit est égal à la somme algébrique du flux d'induction Φ_e provenant du champ extérieur et du flux Φ_i provenant de l'induction propre du circuit. On a donc :

$$\Phi = \Phi_e + LI.10^{-1}.$$

CHAPITRE VI

ÉLECTRODYNAMIQUE

I. ACTION D'UN CHAMP MAGNÉTIQUE SUR UN ÉLÉMENT DE COURANT

208. Phénomènes électrodynamiques. — Lorsqu'un circuit, parcouru par un courant, se trouvera placé dans un champ magnétique et abandonné aux actions de celui-ci, il tendra toujours à prendre la position ou la forme pour laquelle son énergie potentielle est minima. Cela résulte immédiatement du théorème sur la stabilité de l'équilibre d'un système.

Comme l'énergie potentielle est, dans ce cas, proportionnelle au flux de force Φ qui traverse le circuit, on voit donc que la valeur absolue de ce flux tendra à diminuer si les lignes de force pénètrent par la face nord, c'est-à-dire si Φ est positif; et, au contraire, à augmenter, si les lignes de force entrent par la face sud, c'est-à-dire si Φ est négatif.

Le champ magnétique exercera donc sur le circuit certaines actions auxquelles le circuit répondra par des actions égales et contraires sur le champ magnétique lui-même, c'est-à-dire sur les corps qui produisent celui-ci.

209. Action d'un champ magnétique sur un élément de courant. — Il est souvent commode, dans les applications, de considérer l'action générale d'un champ sur un courant fermé comme la résultante des forces qui sollicitent les divers éléments de ce courant. Le raisonnement suivant permet de déterminer le sens et la grandeur de ces forces élémentaires quand on connaît la position de chaque élément de courant dans le champ.

Plaçons-nous, en effet, dans le cas le plus simple et considérons un circuit comprenant une pile et formé de deux branches parallèles, sur lesquelles repose, sans frottement un conducteur transverse qui ferme le circuit (fig. 163). Supposons ce système placé dans un champ uniforme, normal au plan du courant, et dont l'intensité $\mathcal{K}$ soit extrêmement grande par rapport à celle du champ produit par le courant lui-même.

Si le champ et le courant sont orientés comme dans la figure, on voit que les lignes de force pénètrent par la face nord et que, dès lors, le flux Φ qui traverse le circuit tendra à diminuer : il en sera, par conséquent, de même de la surface du circuit, ce qui revient à dire que le conducteur transverse sera sollicité par une force F normale à la direction du champ. Pour maintenir ce conducteur en place, il faudra donc lui appliquer une force F' égale et opposée à F.

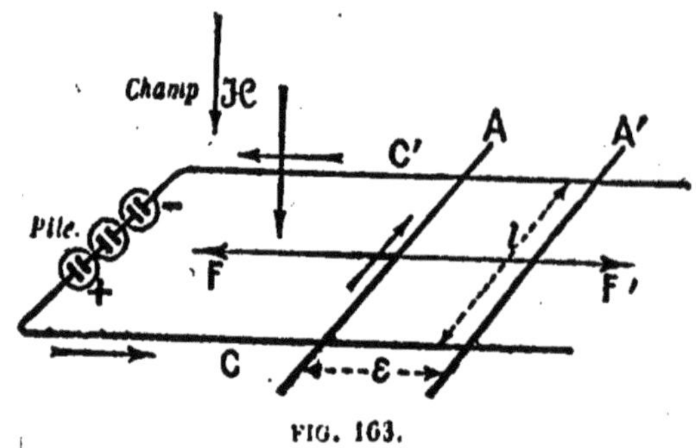

FIG. 163.

Imaginons maintenant que, dans ces conditions, nous imprimions, par une augmentation infiniment faible de F', un petit déplacement ε au conducteur transverse, dont nous désignerons la longueur par l. Nous *fournirons* ainsi un travail égal à $F\varepsilon$, qui servira à augmenter l'énergie potentielle du système. Or, le flux qui traverse le circuit s'est accru de $\mathcal{H}\varepsilon l$, et cela correspond, d'après ce qui a été dit au § 204, à une augmentation

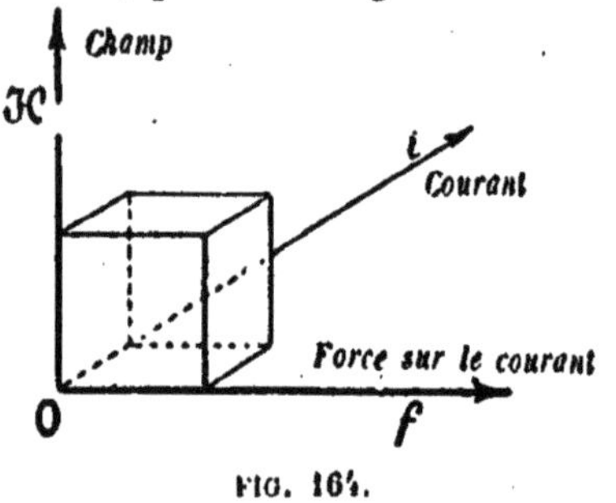

FIG. 164.

d'énergie w, représentée en ergs par

$$w = I\mathcal{H}\varepsilon l.10^{-1}.$$

On a donc

$$F\varepsilon = I\mathcal{H}\varepsilon l.10^{-1}.$$

Il résulte de là que la force qui sollicite l'unité de longueur de courant est exprimée en dynes par la relation

$$\frac{F}{l} = \mathcal{H}l.10^{-1},$$

dans laquelle l'intensité I du courant est donnée en ampères.

Un raisonnement analogue permettrait d'établir que, si l'on change l'une ou l'autre des directions du champ ou du courant, le sens de la force F change aussi; il reste le même si l'on inverse à la fois le champ et le courant.

La figure 164 indique les sens relatifs de la force, du champ et du courant.

On vérifie aisément les propriétés précédentes par l'expérience très simple que voici : un fil conducteur, suspendu à une monture métallique, oscille dans un plan vertical et plonge par son extrémité inférieure dans une rainure contenant du mercure (fig. 165). On dispose de part et d'autre de ce conducteur les branches d'un aimant de telle façon que le champ de celui-ci soit coupé normalement par le plan d'oscillation du fil. On relie la monture supérieure et la rainure contenant le mercure avec les pôles d'une pile et on observe alors que le fil conducteur est rejeté d'un côté ou de l'autre suivant le sens du courant qui le traverse.

210. Action d'un courant sur lui-même. — Nous avons supposé dans le raisonnement qui précède que le champ magnétique dans lequel on place le courant était considérable par rapport à celui du courant lui-même. Si l'on suppose maintenant que l'inverse ait lieu, c'est-à-dire que le circuit soit placé dans un champ extérieur nul ou très faible, le même raisonnement subsiste, mais on voit aisément que la force qui sollicite le conducteur transverse tend toujours à augmenter la surface du circuit. En effet, si l'on suppose le circuit soumis uniquement à l'action de son propre champ, le flux de force Φ, qui entre par la face nord, est négatif et toute diminution d'énergie potentielle correspond alors à une augmentation de la surface du circuit. Il en est de même si l'on change le sens du courant, parce qu'alors on change en même temps la direction du champ.

On vérifie cette propriété par l'expérience suivante :

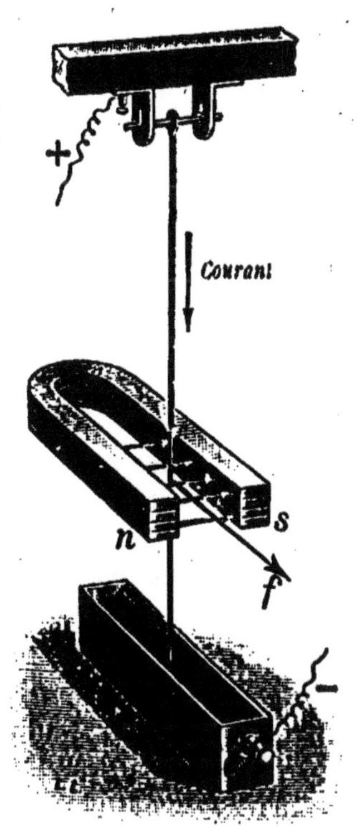

FIG. 165.
ACTION D'UN CHAMP MAGNÉTIQUE
SUR UN COURANT.
Quand on dirige un courant dans un fil mobile passant entre les branches d'un aimant, ce fil se déplace d'un côté ou de l'autre suivant le sens du courant.

Sur une planchette en bois sont pratiquées deux rainures paralléles qui contiennent du mercure et qu'on met en communication électrique par un fil d'aluminium recourbé, flottant sur les surfaces mercurielles. Les rainures sont reliées aux pôles d'une

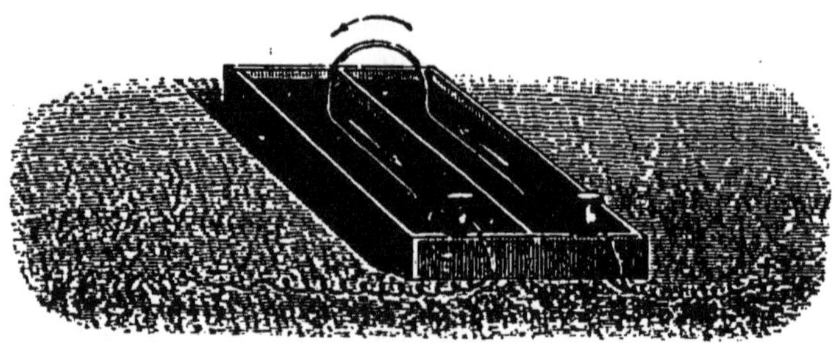

FIG. 166. — ACTION D'UN COURANT SUR LUI-MÊME.
Sous l'action de son propre champ, la surface d'un courant fermé tend toujours à augmenter : le fil d'aluminium qui flotte sur les deux augets s'éloigne toujours des bornes quand le courant passe.

pile par de petites bornes. Quel que soit le sens du courant qui passe dans le circuit, on voit toujours le fil s'éloigner des bornes (fig. 166).

Cela tient à ce que le champ terrestre est très faible; mais le déplacement du fil changerait de sens avec le courant si l'on plaçait au-dessus de l'appareil le pôle d'un aimant de façon à dominer le champ du courant.

211. Action d'un courant sur un champ magnétique extérieur. — En vertu du principe de l'égalité de l'action et de la réaction (§ 1) un courant exerce sur un champ magnétique une action précisément égale et contraire à celle qu'il en reçoit. On s'en assurerait aisément en équilibrant un aimant en fer à cheval suspendu au plateau d'une balance et en constatant que celle-ci s'incline d'un côté ou de l'autre suivant le sens d'un courant dirigé dans un fil conducteur placé entre les branches de l'aimant.

2. ROTATIONS ÉLECTROMAGNÉTIQUES

212. Rotation d'un courant par un aimant. — On peut utiliser les actions réciproques d'un courant et d'un champ magnétique à produire des mouvements de rotation continus, dont nous donnerons quelques exemples choisis parmi les plus simples.

Expérience de Faraday. — Sur un pied à vis calantes est monté un faisceau aimanté vertical, supporté par une colonnette en cuivre qu'une rondelle d'ivoire isole du pied (fig. 167). A cet aimant est fixée une tige de cuivre D que surmonte un petit godet métallique plein de mercure et dans lequel plonge une pointe d'acier. Cette pointe d'acier sert de pivot à une sorte de cadre conducteur ouvert dont les extrémités plongent dans une rainure annulaire contenant du mercure et placée au-dessus de la ligne neutre de l'aimant. En reliant les bornes *a* et *b* aux pôles d'une pile, on peut diriger dans l'équipage mobile un courant qui suit d'abord la tige D et parcourt ensuite les côtés latéraux dans le même

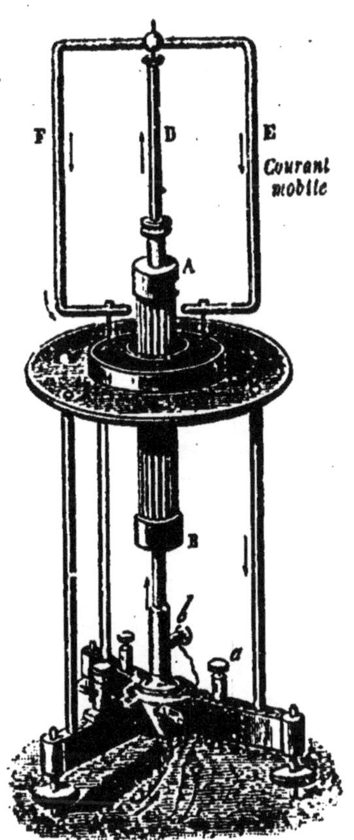

FIG. 167. — ROTATION D'UN COURANT PAR UN AIMANT.

Le champ magnétique de l'aimant AB est coupé par le courant mobile et sollicite celui-ci à tourner toujours dans le même sens.

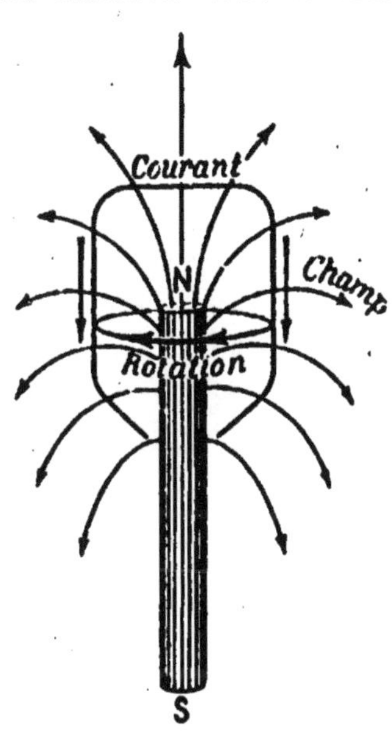

FIG. 168. — FIGURE EXPLICATIVE DE L'EXPÉRIENCE DE FARADAY.

sens. On voit alors l'équipage mobile prendre un rapide mouvement de rotation dont le sens s'inverse quand on inverse le courant, ou quand on retourne bout pour bout le faisceau aimanté.

Pour expliquer ce mouvement, il suffit de remarquer que les éléments du circuit mobile sont, à tout instant, sollicités par une force qui est normale au champ de l'aimant et qui tend à les entraîner constamment dans la même direction, puisque le champ est précisément de révolution autour de l'axe de l'équipage (fig. 168). En se reportant au § 209, on voit aisément que, dans le cas de la figure, la branche E de l'équipage tendrait à se mouvoir d'arrière en avant du plan du tableau.

Roue de Barlow. — Ce dispositif rappelle celui qui nous a servi à constater expérimentalement l'action d'un champ magnétique sur un élément de courant (§ 209). Il se compose d'une roue dentée en cuivre ou d'un disque de même métal, mobiles autour d'un axe horizontal et disposés de façon à toucher constamment, à la partie inférieure, la surface d'un bain de mercure contenu dans un petit auget, placé lui-même entre les branches d'un aimant en fer à cheval (fig. 169). En reliant l'axe de rotation

FIG. 169. — ROUE DE BARLOW.

Quand on met les pôles d'une pile en relation avec l'axe de la roue et avec l'auget de mercure, le champ de l'aimant agit sur le courant qui traverse la roue et met celle-ci en rotation.

et l'auget aux pôles d'une pile, on dirige à travers la roue conductrice un courant qui est toujours sensiblement vertical, c'est-à-dire normal aux lignes de force de l'aimant. Ce courant est constamment rejeté dans le même sens et la roue conductrice prend ainsi un mouvement continu de rotation. Dans le cas de la figure, la flèche indique le sens de cette rotation quand le courant est dirigé de la périphérie vers le centre de la roue.

213. Rotation d'un courant par un courant. — L'expérience se fait à l'aide de l'appareil que représente la figure 170. Le courant parcourt d'abord une bobine circulaire et horizontale qui entoure un vase en cuivre contenant une dissolution conductrice de sulfate de cuivre. En sortant de la bobine, le courant gagne ensuite une colonnette métallique isolée du vase et dressée en son centre. Cette colonnette se termine par une petite capsule remplie de mercure et dans laquelle plonge une pointe d'acier servant de pivot à un équipage mobile. Cet équipage est composé de deux fils de cuivre d'abord horizontaux, puis verticaux, dont les extrémités inférieures, réunies par un anneau de

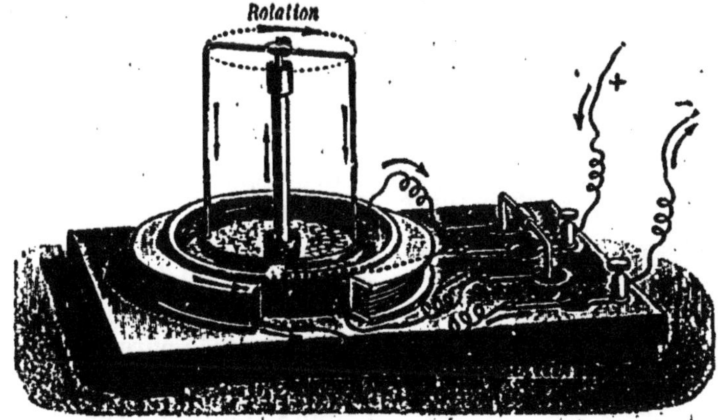

FIG. 170. — ROTATION D'UN COURANT PAR UN COURANT.
Le courant qui circule dans la bobine produit un champ magnétique qui agit sur le courant mobile et lui imprime une rotation continue.

même métal, plongent dans la solution de sulfate ; le courant se partage au pivot, suit dans le même sens les fils verticaux et revient à la pile par l'intermédiaire de la solution saline et du vase qui la contient.

Lorsque le courant passe, il se produit dans le voisinage de la bobine un champ magnétique ; les fils de l'équipage mobile coupent les lignes de force de ce champ et reçoivent alors des impulsions concordantes qui leur impriment un mouvement continu de rotation. Dans le cas de la figure, le sens de ce mouvement serait le même que celui des aiguilles d'une montre.

214. Rotation d'un aimant par un courant. — Dans une large éprouvette remplie de mercure plonge un barreau aimanté, lesté par un morceau de platine (fig. 171). La partie supérieure du barreau dépasse quelque peu le niveau et porte une coupelle remplie de mercure dans laquelle plonge la pointe métallique C. Un courant arrive par la colonne m, gagne le barreau et, de là, rayonne jusqu'à une pièce annulaire en cuivre G, qui plonge dans le mercure et qui est fixée à la colonne n par laquelle le courant retourne à la pile.

Lorsque le courant passe, les lignes de force de l'aimant sont coupées par le courant ; et, comme celui-ci est fixe, ses réactions sur le champ magnétique extérieur obligent le barreau à tourner d'un mouvement continu autour de la pointe C. Pour un courant centrifuge et pour un pôle nord émergent, la rotation se fait dans le sens des aiguilles d'une montre.

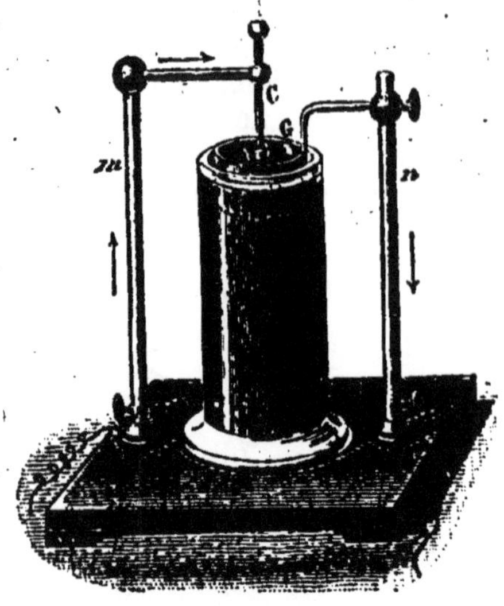

FIG. 171.

ROTATION D'UN AIMANT PAR UN COURANT.

L'aimant, lesté par un morceau de platine, flotte dans le mercure et peut tourner autour d'une pointe C qui amène le courant. Celui-ci rayonne à la surface du mercure et ses réactions sur le champ magnétique déterminent la rotation de l'aimant.

215. Expression de la force contre-électromotrice.

— En l'actionnant par un courant électrique, on pourrait utiliser l'un quelconque des appareils précédents à la production d'un travail. La roue de Barlow, par exemple, pourrait ainsi être employée à soulever un poids suspendu à une corde enroulée autour de l'axe. On se trouverait alors dans le cas où une partie de l'énergie électrique fournie par la pile qui produit le courant est transformée en travail extérieur.

Si, à un moment donné, la rotation devient uniforme, et, en fait, il en sera toujours ainsi à cause des résistances passives qui croissent en même temps que la vitesse, le travail w, fourni au milieu extérieur à chaque seconde, sera constant. Le raisonnement exposé au § 146 s'appliquera alors mot pour mot au cas qui nous occupe ; c'est-à-dire que, au lieu de l'intensité I qu'il aurait, si le système était immobile, le courant prendra une intensité I', plus petite et telle que

$$EI' = I'^2R + w.$$

La chute de potentiel qui régnera entre les bornes du moteur surpassera celle qui correspond à sa résistance d'une quantité e, définie par la relation $w = eI'.$

En portant cette valeur dans l'équation précédente, on obtient :

$$I' = \frac{E - e}{R}.$$

L'intensité I' est donc la même que si la force électromotrice E de la pile se trouvait diminuée de e.

Les considérations développées précédemment permettent d'obtenir une expression très importante de cette force contre-électromotrice e, que la production d'un travail extérieur éveille ainsi dans le circuit de la pile.

D'après ce qui a été dit au paragraphe 204, on voit que, si on désigne par Φ le flux de force coupé par une portion d'un courant de I' ampères, qui se meut dans le sens de la force électro-magnétique qui le sollicite, le travail extérieur produit aura pour valeur, en joules :

$$I'\Phi.10^{-8}.$$

Si le déplacement a duré t secondes, le travail fourni par seconde sera :

$$w = I'\frac{\Phi}{t}.10^{-8}.$$

Comme, d'autre part, $w = I'e$, on voit finalement que e a pour expression, en volts :

$$e = \frac{\Phi}{t}.10^{-8}.$$

3. ACTION DE LA TERRE SUR UN COURANT MOBILE

216. Un courant fermé tend à se placer normalement au méridien magnétique. — Cela résulte immédiatement des actions que le champ magnétique terrestre exerce sur un circuit mobile parcouru par un courant. On sait, en effet, que la position d'équilibre stable de celui-ci correspond au minimum de son énergie potentielle et il découle de ce qui a été dit au § 208 qu'elle est réalisée lorsque les lignes de force du champ pénètrent normalement par la face sud du circuit.

La même propriété s'explique aussi en considérant le courant fermé comme un feuillet magnétique dont l'axe, perpendiculaire au plan du circuit, tend à s'orienter suivant les lignes de force du champ terrestre.

L'expérience se fait à l'aide d'un dispositif imaginé par Ampère : deux petites potences en laiton supportent deux godets métalliques remplis de mercure et placés sur une même verticale (fig. 172). Dans chacun de ceux-ci plonge une pointe d'acier à laquelle est fixée l'une des extrémités d'un fil conducteur formant un circuit plan qui peut ainsi tourner autour d'un axe vertical passant par les deux pointes. Pour diriger un courant dans ce circuit il suffit de mettre les colonnettes qui lui servent de supports en communication avec les pôles d'une pile. Dès que le courant passe, le cadre conducteur s'oriente lentement dans une direction normale à l'aiguille de déclinaison, en tournant vers le nord la face dans laquelle on voit le courant circuler en sens inverse des aiguilles d'une montre.

Dans la partie inférieure du cadre le courant circule alors de l'est à l'ouest.

Si l'on place le cadre dans le méridien magnétique, le moment du couple qui agit sur lui pour le ramener dans sa position d'équilibre a pour valeur :

$$IHS.10^{-1},$$

en désignant par I l'intensité du courant en ampères, par H la composante horizontale du champ terrestre et par S la surface du circuit.

217. Courants astatiques. — Nous avons déjà fait remarquer (§ 202) qu'un circuit mobile et plan formé de deux boucles parcourues en sens contraire par un même courant aurait un moment magnétique nul et par suite ne se dirigerait pas sous l'action de la terre. Un tel système constitue un *équipage astatique* : les figures 173 et 174 en indiquent deux dispositifs très simples

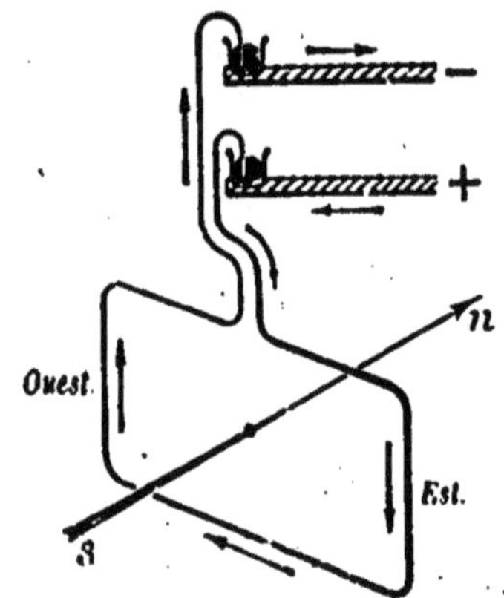

FIG. 172. — ACTION DE LA TERRE SUR UN COURANT.

Un courant mobile s'oriente sous l'action de la terre et se place normalement au méridien magnétique.

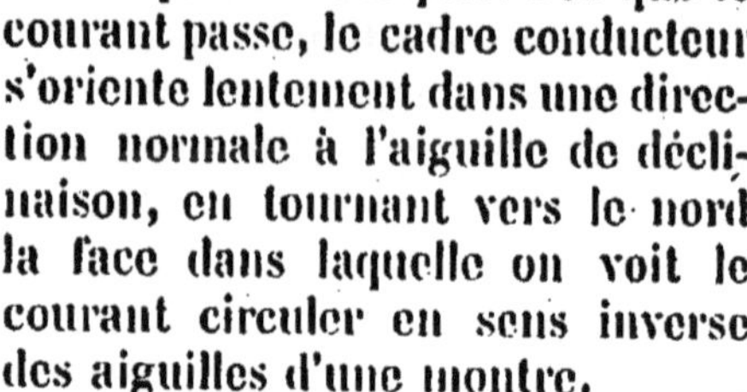

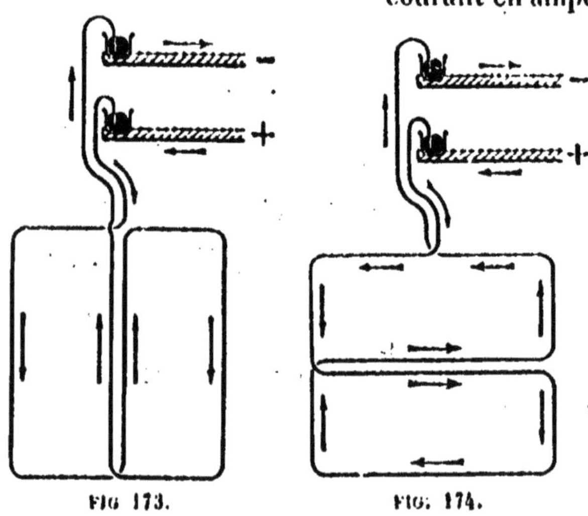

FIG 173. FIG. 174.

CIRCUITS ASTATIQUES.

Ils sont formés de deux boucles d'égale surface qu'un même courant parcourt en sens inverse.

qui conviennent surtout quand on veut étudier les actions qui peuvent s'exercer sur une portion de courant sans être gêné par celle du champ terrestre.

218. Commutateurs. — On a souvent besoin dans les expériences de ce genre de renverser le sens des courants. Pour le faire commodément on emploie de petits appareils nommés *commutateurs*.

Commutateur à mercure. — C'est un des plus simples : il se compose d'une plaque d'ébonite dans laquelle on a creusé quatre trous disposés en carré. Ces

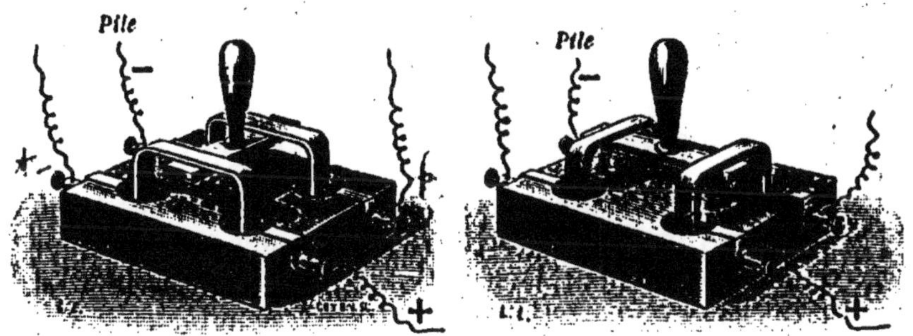

FIG. 175 ET 176. — COMMUTATEUR À MERCURE.

Les gouttes de mercure sont reliées, par paires opposées, d'une part aux pôles de la pile, de l'autre aux extrémités du circuit et le courant s'inverse dans le circuit quand on tourne de 90° les conducteurs de jonction.

trous sont remplis de mercure; deux d'entre eux, placés sur une diagonale, reçoivent les extrémités du circuit où l'on veut diriger le courant ; les deux autres sont reliés aux pôles de la pile; on peut, en outre, réunir les trous deux par deux, suivant les côtés du carré, à l'aide de conducteurs en cuivre qui sont fixés sur une même traverse en bois et dont les extrémités sont légèrement recourbées pour plonger dans le mercure. Les figures 175 et 176 montrent que le courant s'inverse

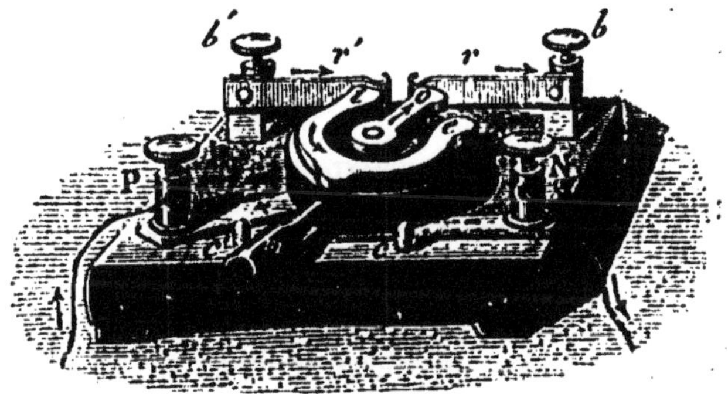

FIG. 177. — COMMUTATEUR DE BERTIN.

Les bornes P et N sont en relation avec les pôles de la pile, tandis que les extrémités du circuit aboutissent aux bornes b et b'. Le courant parcourt le circuit dans un sens ou dans l'autre suivant que l'on pousse à droite ou à gauche la poignée m de la lyre.

dans le circuit lorsqu'on place la traverse à angle droit de la position qu'elle occupe.

Commutateur de Bertin. — Un disque en ébonite peut tourner autour d'un axe métallique vertical, monté sur une planchette en bois, et en communication permanente avec la borne P qui est reliée au pôle positif de la pile (fig. 177). Sur ce disque sont fixées deux pièces de cuivre : l'une, qui a la forme d'une languette O, communique avec l'axe ; l'autre, qui a la forme d'une lyre, touche constamment, sous le disque, une plaque de métal solidaire de la borne N qui est reliée au pôle négatif de la pile.

Les extrémités du circuit arrivent à deux bornes b et b', auxquelles sont adaptés des ressorts de cuivre r et r'. Lorsque la poignée m, qui est fixée au disque, appuie contre le butoir c', le ressort r touche la languette, le ressort r' touche la lyre, et le courant entre dans le circuit par l'extrémité b ; il y pénètre, au contraire, par l'extrémité b' si la poignée m bute contre c.

Lorsque la poignée est à égale distance des butoirs, les ressorts ne sont en contact ni avec la languette, ni avec la lyre, et le courant est interrompu.

4. ACTION DES COURANTS SUR LES COURANTS

219. Loi des courants parallèles. — On déduit des lois de l'électromagnétisme certaines conséquences qui sont relatives à l'action des courants entre eux et dont les énoncés, sans constituer, à proprement parler, des lois nouvelles, sont cependant précieux en bien des cas.

Deux courants parallèles et de même sens s'attirent ; deux courants parallèles et de sens contraire se repoussent.

La façon la plus simple d'expliquer cette propriété consiste à considérer deux circuits parallèles C et C', et à les supposer remplacés par les feuillets magnétiques équivalents (fig. 178). Si les courants circulent dans le même sens, les faces voisines des deux feuillets seront de nom contraire et ceux-ci s'attireront ; si les courants sont inverses, les faces en regard seront de même nom et les feuillets se repousseront.

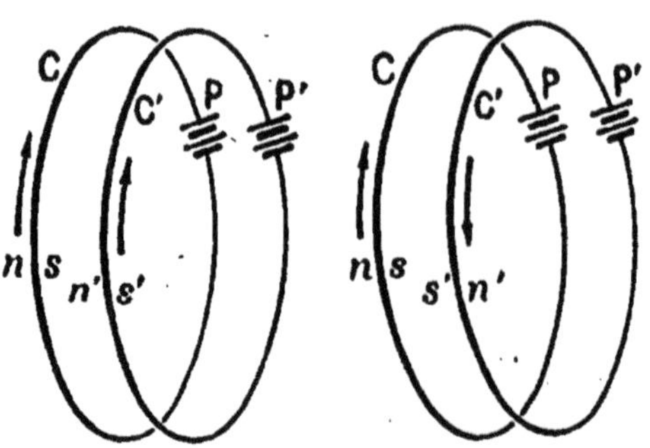

FIG. 178. — LOIS DES COURANTS PARALLÈLES.
En remplaçant deux circuits parallèles par les feuillets magnétiques équivalents, on voit que deux courants de même sens s'attirent et que deux courants de sens contraire se repoussent.

Pour vérifier cette action, on adapte à l'appareil d'Ampère, que nous avons décrit au § 217, un circuit mobile astatique et, de l'un de ses côtés verticaux, on approche l'un des côtés d'une bobine rectangulaire et plate sur laquelle on a enroulé dans le même sens un grand nombre de tours de fil pour *multiplier* l'action (fig. 179).

Si le circuit mobile et la bobine sont parcourus dans leurs parties voisines par des courants de même sens, on verra ces parties s'attirer, et se repousser, au contraire, si les courants y ont des directions inverses.

220. Loi des courants angulaires.

— *Deux courants, dont les directions forment un angle, s'attirent lorsqu'ils se rapprochent ou s'éloignent tous deux du point de croisement. Ils se repoussent si, l'un marchant vers ce point, l'autre s'en éloigne.*

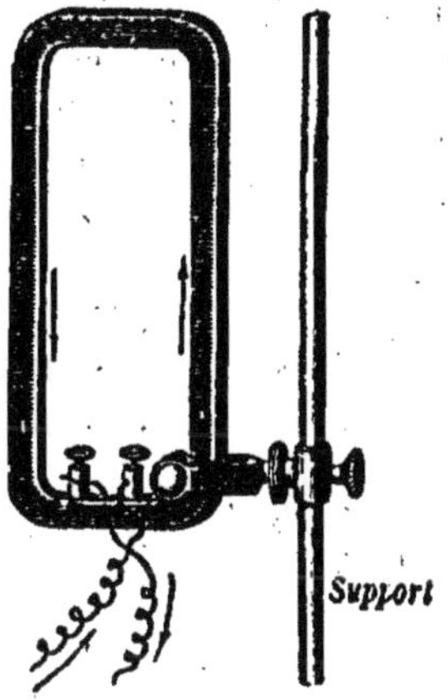

La démonstration de cette propriété est tout aussi simple que la précédente. Considérons deux circuits croisés C et C' (fig. 180); supposons-les remplacés par les feuillets équivalents et soit AB l'intersection de ceux-ci. Lorsque les courants marchent dans le sens des flèches, les parties AC, AC' des feuillets ont des faces contraires en regard et s'attirent; tandis que les parties AC, AP', qui tournent l'une vers l'autre des faces de même nom, se repoussent. Ce sont ces actions que traduit la loi énoncée.

Pour les vérifier, on installe sur l'appareil d'Ampère le circuit astatique de la figure 174, au-dessous duquel on place obliquement l'un des côtés du *multiplicateur*. Dès qu'un courant circule dans la bobine et dans le circuit mobile, on voit celui-ci s'orienter de façon que, dans la partie inférieure, le courant soit parallèle à celui qui parcourt le côté voisin du multiplicateur.

La même vérification résulte aussi de l'expérience sur la rotation d'un courant par un courant (§ 213).

Ampère avait déduit de la loi des courants angulaires que deux portions consécutives d'un même courant doivent se repousser et il avait donné, à l'appui de cette conclusion, l'expérience que nous

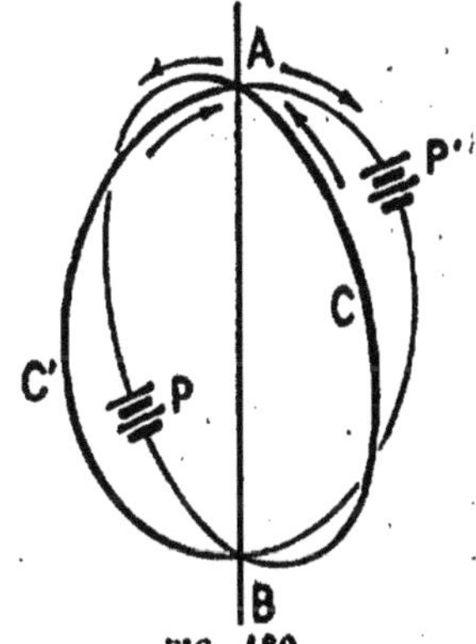

FIG. 179.
CADRE MULTIPLICATEUR.
C'est une bobine rectangulaire sur laquelle on a enroulé dans le même sens un grand nombre de tours de fil pour multiplier l'action extérieure du courant.

FIG. 180.
LOI DES COURANTS CROISÉS.
Deux courants croisés s'attirent quand ils vont dans le même sens par rapport au point de croisement et se repoussent quand ils vont en sens inverse.

avons indiquée § 277. Il est tout au moins probable que ce phénomène existe, mais l'expérience en question ne suffit pas à le démontrer puisqu'elle s'explique facilement par l'action que le champ propre du courant exerce sur le conducteur transverse qui réunit les deux augets de mercure.

221. Loi des courants sinueux. — *Un courant rectiligne a même action qu'un courant sinueux très voisin terminé aux mêmes extrémités.*

Considérons un circuit formé d'une partie rectiligne et d'une partie sinueuse très voisine (fig. 181). Comme la surface apparente du circuit, vu d'un point quelconque du voisinage, est extrêmement petite, son potentiel est sensiblement nul partout : le circuit n'a donc pas de champ extérieur, ce qu'on vérifie d'ailleurs facilement en constatant qu'il ne dévie point l'aiguille aimantée. Cela revient à dire que les actions de la partie sinueuse et de la partie rectiligne, qui sont parcourues par un même courant dans des sens différents, sont partout opposées et se détruisent. Les actions de la partie sinueuse et de la partie rectiligne seraient donc égales si elles étaient parcourues dans le même sens par des courants de même intensité.

FIG. 181.
LOI
DES COURANTS
SINUEUX.
Un courant rectiligne a même action qu'un courant sinueux voisin et terminé aux mêmes extrémités.

5. SOLÉNOÏDES
THÉORIE DU MAGNÉTISME D'AMPÈRE

222. Les solénoïdes possèdent toutes les propriétés des aimants. — Nous avons étudié au § 201 le champ extérieur d'un solénoïde et nous avons démontré, en substance, qu'un tel système de courants était assimilable à un barreau de même forme dont les faces extrêmes *seules* seraient aimantées, la face nord étant celle où l'on voit le courant circuler en sens inverse des aiguilles d'une montre. En suspendant un solénoïde de façon à lui permettre de tourner librement autour d'un axe vertical, on peut montrer qu'il jouit ainsi de toutes les propriétés d'un aimant.

L'expérience se réalise à l'aide du dispositif de la figure 182, qui n'est autre que celui d'Ampère pour les courants mobiles. La bobine cylindrique peut tourner autour d'un axe formé par deux pointes d'acier auxquelles se rattachent les extrémités du fil conducteur et qui sont maintenues dans de petites coupelles métalliques reliées aux pôles de la pile.

Action de la terre sur un solénoïde. — Sous l'action du champ terrestre, le solénoïde s'oriente de telle façon que le plan

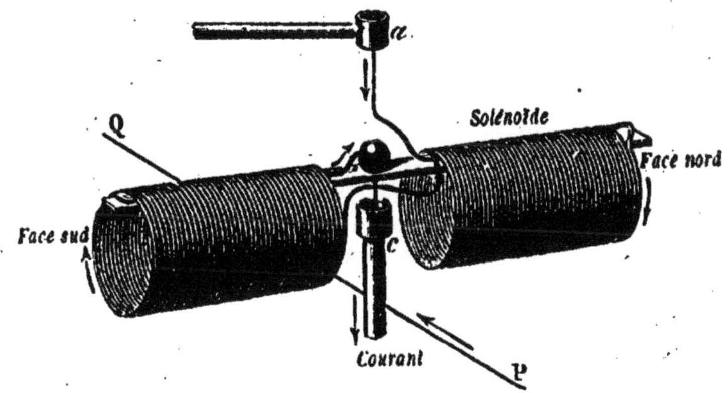

FIG. 182. — ACTION D'UN COURANT SUR UN SOLÉNOÏDE MOBILE.
Le solénoïde se met en croix avec le courant PQ et la face nord du solénoïde se porte à la gauche du courant.

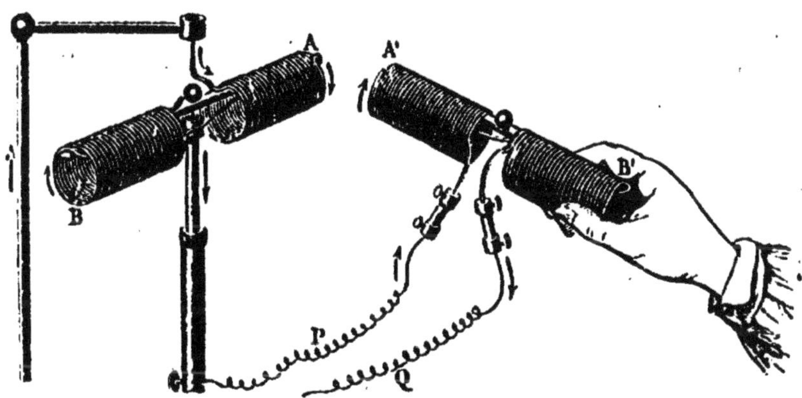

FIG. 183. — ACTIONS MUTUELLES DES SOLÉNOÏDES.
Les actions extérieures des solénoïdes sont les mêmes que celles des aimants : les extrémités de même nom se repoussent, celles de nom contraire s'attirent.

de chaque courant se place normalement au méridien magnétique ; l'axe du solénoïde est alors dirigé suivant la méridienne magnétique, la face nord tournée vers le nord géographique.

Action d'un courant. — Le solénoïde mobile tend à se mettre en croix avec un courant rectiligne PQ disposé dans le voisinage et la face nord du solénoïde se porte à la gauche du courant, conformément à la règle d'Ampère (fig. 182).

Action d'un aimant. — Le pôle nord d'un aimant repousse la face de même nom d'un solénoïde et attire la face de nom contraire.

Action d'un autre solénoïde. — Les extrémités de même nom de deux solénoïdes se repoussent (fig. 183), tandis que les extrémités de nom contraire s'attirent. Les actions réciproques des solénoïdes et des aimants ou de solénoïdes entre eux obéissent donc aux mêmes lois que les actions mutuelles des aimants.

223. Théorie du magnétisme d'Ampère. — Les analogies si remarquables des solénoïdes et des aimants ont conduit Ampère à formuler une théorie de l'aimantation, d'après laquelle les aimants devraient leurs propriétés à des courants circulant autour de leurs molécules.

D'après Ampère, chaque molécule de fer doux ou d'acier serait le siège d'un courant fermé constant, circulant à sa surface. Ces courants existeraient toujours, même avant l'aimantation, aussi bien dans le fer doux que dans l'acier ; seulement, dans l'état neutre, ils se trouveraient orientés d'une façon quelconque et leurs actions extérieures s'annuleraient ainsi mutuellement. L'aimantation n'aurait pour effet que d'orienter systématiquement ces courants particuliers, de telle façon que leurs axes soient dirigés d'un même côté. Les filets magnétiques, que nous avons considérés dans un barreau, constitueraient ainsi autant de solénoïdes étroits présentant d'un même côté de l'aimant leur face nord, c'est-à-dire celle où l'on voit le courant circuler en sens inverse des aiguilles d'une montre. La répulsion mutuelle des faces de même nom suffirait à expliquer l'épanouissement des filets vers les extrémités de l'aimant et la présence apparente de magnétisme libre non seulement sur les faces extrêmes du barreau, mais aussi sur ses faces latérales.

La seule objection que l'on puisse faire à cette théorie, c'est que l'existence de courants permanents paraît, au premier abord, inconciliable avec le principe de la conservation de l'énergie ; mais on peut tourner cette difficulté en imaginant que la résistance électrique intervient seulement lorsque l'électricité passe d'une molécule à l'autre et en supposant que la résistance propre d'une molécule est toujours nulle. De cette façon, les molécules pourraient être le siège de courants qui ne développeraient aucune chaleur et dont l'entretien n'exigerait, par suite, aucune dépense d'énergie. Cette hypothèse est d'autant plus permise que nous ne savons rien ou presque rien sur les propriétés des molécules elles-mêmes.

224. Conséquences de la théorie d'Ampère. — L'assimilation des aimants aux solénoïdes nous conduit immédiatement à appliquer aux premiers l'importante formule que nous avons démontrée au § 203 pour les seconds. Si l'on désigne par $\mathfrak{J}$ l'intensité d'aimantation d'un barreau, la force $\mathfrak{B}$ qui règne à l'intérieur de celui-ci, et à laquelle nous réservons le nom d'*induction*, est dirigée dans le sens même de l'aimantation, et elle a pour expression :

$$\mathfrak{B} = 4\pi\mathfrak{J}.$$

Nous ferons, par la suite, de nombreuses applications de cette relation.

6. AIMANTATION PAR INFLUENCE

225. Aimantation du fer doux dans un champ magnétique.— Lorsqu'on place un morceau de fer doux dans un champ magnétique, il y acquiert toutes les propriétés d'un aimant : du côté où arrivent les lignes de force, il présente une plage sud, et une plage nord du côté où elles s'en vont, de telle sorte que son axe magnétique a sensiblement la même direction que le champ inducteur. Si le

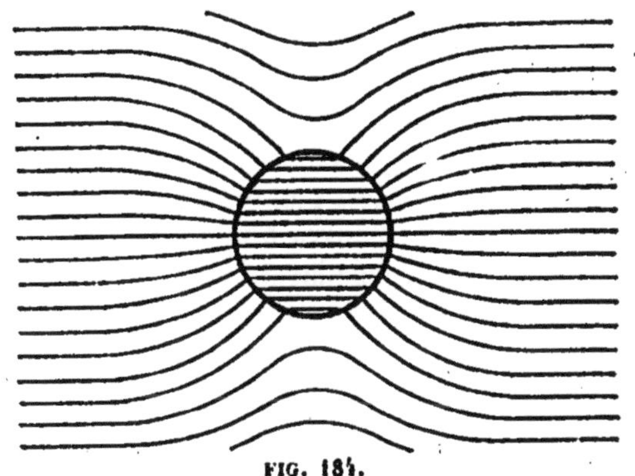

FIG. 184.

AIMANTATION DU FER DOUX DANS UN CHAMP MAGNÉTIQUE. Le morceau de fer doux s'aimante dans la direction du champ inducteur et les lignes de force de celui-ci s'infléchissent de façon à passer en plus grand nombre par le fer doux.

morceau de fer doux a des dimensions suffisantes, on observe, en outre, que le champ inducteur se déforme. *Ses lignes de force s'infléchissent de façon à pénétrer en plus grand nombre dans le fer doux, exactement comme si celui-ci leur offrait un passage plus facile.* La figure 184 montre cet effet dans le cas d'une sphère de fer doux introduite dans un champ uniforme et il est évident que le flux de force qui traverse alors la sphère est plus grand que celui qui passait tout d'abord à travers un cercle de diamètre égal, disposé normalement au champ.

La figure 208 représente la forme que prend le champ d'un aimant en fer à cheval, dont les extrémités en regard sont creusées circulairement, lorsqu'on introduit entre les branches de l'aimant un anneau de fer doux concentrique : toutes les lignes de force passent à travers l'anneau ; si bien que le champ, particulièrement intense entre les pôles de l'aimant et l'anneau, devient nul à l'intérieur de celui-ci.

226. Magnétisme rémanent. — L'aimantation du fer n'est pas permanente : quand le champ inducteur cesse, elle diminue, sans s'évanouir complètement. Mais si le fer est *pur*, ce magnétisme *rémanent*, qui survit à l'influence, est très peu stable et tend à disparaître sous l'action du moindre ébranlement.

Les phénomènes généraux de l'aimantation par influence, tels que nous venons de les décrire, se reproduisent avec d'autres corps que le fer : on les observe aussi, quoique à des degrés différents, pour la fonte, l'acier, le nickel, le cobalt. Le magnétisme rémanent est particulièrement stable pour l'acier trempé : c'est ce qui permet d'obtenir des aimants artificiels. On donne le nom de *force coercitive* à la cause, quelle qu'elle soit, qui maintient indéfiniment sur l'acier, après que l'influence a cessé, une partie du magnétisme que celle-ci y avait développé.

227. Aimantation par les courants. — Il résulte de ce qui précède que l'on pourra aimanter le fer et les autres substances magnétiques en les plaçant dans le voisinage d'un courant, puisque l'on sait que les courants créent autour d'eux un champ magnétique. La découverte de ce mode d'aimantation est due à Arago et c'est assurément une des plus fécondes qui aient été faites en Électricité.

Le procédé le plus efficace pour développer une aimantation bien régulière sur un barreau de fer ou d'acier consiste à placer

FIG. 185. — AIMANTATION PAR LES COURANTS.
On aimante un barreau en le plaçant à l'intérieur d'un solénoïde. Les pôles du barreau apparaissent du côté des faces de même nom du solénoïde.

celui-ci dans le champ uniforme qui existe à l'intérieur d'un solénoïde (§ 201). On enroule un fil conducteur en spires régulières sur un tube de verre, par exemple, et on dispose le barreau à aimanter suivant l'axe de celui-ci. Lorsqu'un courant parcourt le fil, il développe, à l'intérieur du solénoïde, un champ uniforme dirigé de la face sud vers la face nord et le barreau s'aimante alors dans le même sens, c'est-à-dire qu'il présente un pôle nord à la sortie des lignes de force et un pôle sud à l'entrée. Quel que soit l'enroulement du fil, le pôle nord du barreau apparaît ainsi du côté où l'on voit le courant tourner en sens inverse des aiguilles d'une montre (fig. 185).

Il n'est, d'ailleurs, pas nécessaire de faire usage d'un tube de verre : on peut enrouler directement sur le barreau à aimanter, et dans le même sens, une ou plusieurs couches d'un fil conducteur isolé par un revêtement de gutta, de soie, ou même de coton ; puis faire passer le courant dans ce fil.

L'expérience a montré qu'on favorisait l'aimantation en soumettant le barreau à des vibrations ou à de petits chocs répétés, exactement comme s'il s'agissait de vaincre une certaine résistance des particules magnétiques à l'orientation.

Quand on augmente l'intensité du courant, le champ inducteur augmente dans le même rapport ; mais il n'en est pas de même de l'aimantation, pour laquelle il existe un maximum : il n'y a donc aucun intérêt à employer des champs plus intenses que celui qui produit la saturation des barreaux (§ 229).

Lorsqu'on opère sur des tiges d'acier trempé, une grande partie du magnétisme développé persiste après la rupture du courant, c'est-à-dire après la disparition du champ inducteur. C'est par ce procédé que l'on aimante les aiguilles des boussoles et les barreaux qui servent aux expériences de cours.

228. Électro-aimants. — Lorsqu'on aimante, par le même procédé, une tige de fer très doux, on obtient, tant que le courant passe, un aimant beaucoup plus puissant que les aimants ordinaires ; mais à cause de la grande instabilité du magnétisme rémanent, le barreau revient à peu près à l'état neutre lorsque le courant cesse. On donne le nom d'*électro-aimants* à ces aimants temporaires, qui naissent avec le courant inducteur et disparaissent ou changent de sens en même temps que lui.

Les électro-aimants se prêtent à une foule d'applications pratiques : le noyau de fer doux peut être rectiligne ou courbé en fer à cheval (fig. 186).

Dans ce dernier cas, on enroule le fil conducteur isolé en plusieurs couches sur les parties rectilignes du noyau et l'on passe d'une branche à l'autre comme l'indique la figure, c'est-à-dire de telle façon que l'une des bobines soit la continuation de l'autre :

Un observateur qui regarderait alors les extrémités du noyau verrait le courant circuler en sens contraire autour de chacune d'elles; dans ces conditions, les deux bobines ajoutent leurs effets et, quand le courant passe, un pôle nord puissant apparaît à l'extrémité de la branche A, autour de laquelle le courant tourne en sens contraire des aiguilles d'une montre, tandis qu'un pôle sud apparaît à l'autre extrémité du noyau de fer doux.

220. Courbes d'aimantation. — L'intensité d'aimantation $\Im$ d'un barreau est le quotient de son moment magnétique $\mathfrak{M}$ par son volume V. On peut déterminer le moment magnétique et, par suite, l'intensité d'aimantation à l'aide de certaines méthodes, dont la description complète sortirait du cadre de cet ouvrage, mais dont le principe repose sur ce que, toutes choses égales d'ailleurs, l'action extérieure d'un barreau en des points éloignés est proportionnelle à son moment magnétique.

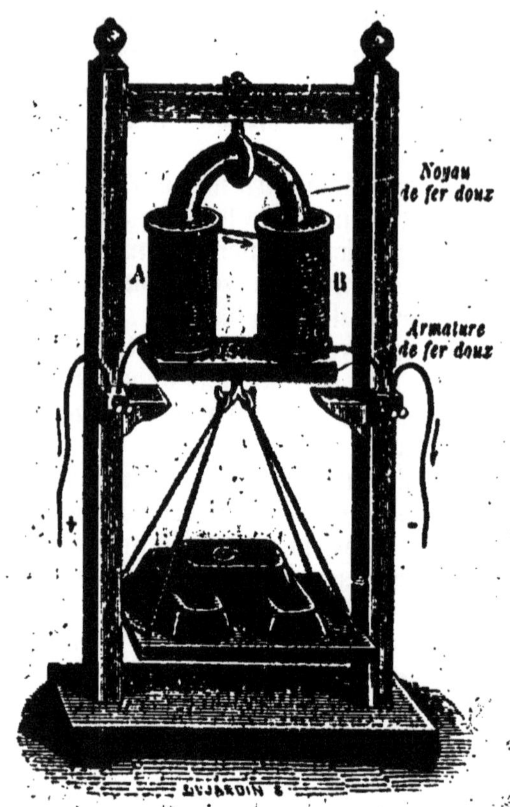

FIG. 186. — ÉLECTRO-AIMANT.

Lorsqu'on dirige un courant dans les bobines qui entourent les parties rectilignes du noyau de fer doux, celui-ci devient un aimant puissant capable de supporter de lourdes charges.

Lorsqu'on place, à l'intérieur d'un solénoïde, un barreau d'une substance magnétique, fer acier ou nickel, *n'ayant jamais été aimantée* et qu'on suit la variation de l'aimantation pour des champs inducteurs progressivement croissants, on observe, pour ces diverses substances, une loi de variation analogue: l'aimantation augmente d'abord très peu avec le champ, puis beaucoup

plus rapidement et, enfin, tend vers un maximum pour des
champs suffisamment puissants.

En prenant pour abscisses les valeurs croissantes du champ et
pour ordonnées les intensités d'aimantation correspondantes, on

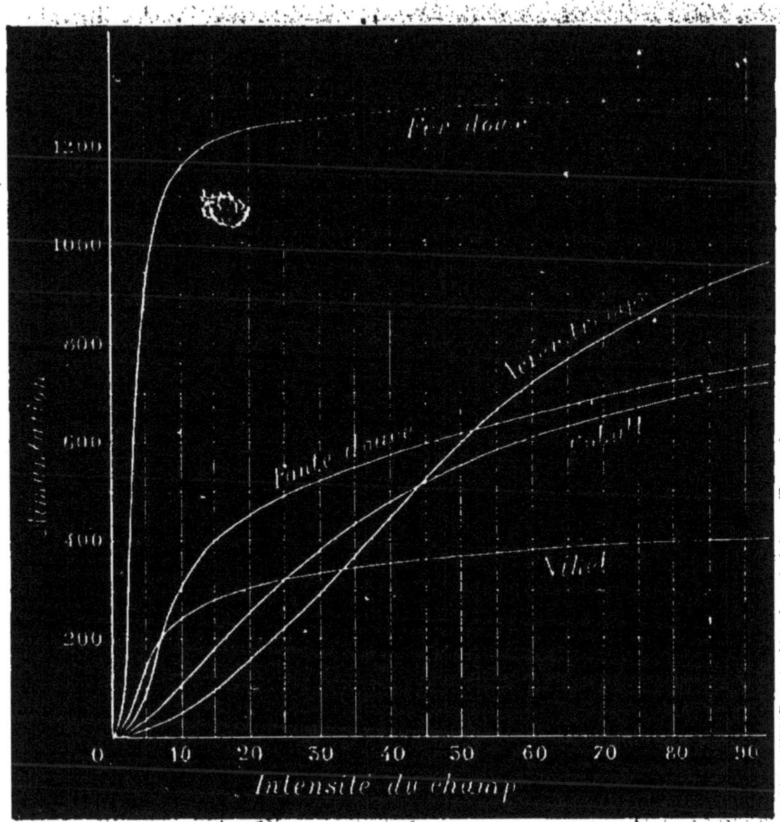

FIG. 187. — COURBES D'AIMANTATION.

De tous les corps, le fer doux est celui qui acquiert la plus forte aimantation dans
un champ magnétique. Cette aimantation tend d'ailleurs vers un maximum et
n'augmente sensiblement plus quand le champ dépasse 10 gauss.

obtient les courbes de la figure 187, que l'on nomme *courbes
d'aimantation* et qui, toutes, présentent un point d'inflexion.

On reconnaît sur ces courbes que, dans un champ de 10 unités,
le fer doux approche de la saturation puisque son intensité
d'aimantation est alors 1150 et qu'elle ne peut dépasser 1300.
On voit aussi que, pour des champs faibles, l'aimantation est
beaucoup plus grande pour le fer doux que pour les autres

substances et enfin que sa limite ne dépasse pas 900 unités pour la fonte et 400 pour le nickel.

Lorsque, après avoir fait croître progressivement le champ, on le fait décroître d'une façon régulière, l'intensité d'aimantation

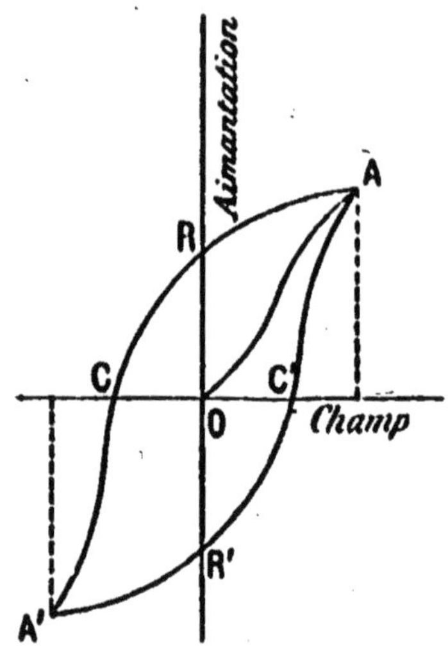

FIG. 188. — COURBE D'HYSTÉRÉSIS. Quand on soumet le fer impur à l'action d'un champ périodique qui passe alternativement par des valeurs égales et contraires, les aimantations correspondantes sont représentées par une courbe fermée ACA'C'A que l'on nomme *cycle magnétique*.

ne repasse pas par les mêmes valeurs, en sorte que, lorsque le champ s'annule, l'aimantation conserve une certaine valeur OR (fig. 188) qui représente le *magnétisme rémanent*. En faisant ensuite agir le champ en sens contraire, on constate que l'aimantation disparaît complètement pour une valeur OC du champ que l'on peut donner comme une mesure de la *force coercitive*.

Enfin, en soumettant le barreau à des champs alternativement égaux et de signe contraire, on observe que la variation de l'aimantation se traduit par une courbe fermée ARCA'R'C'A, à laquelle on donne le nom de *cycle magnétique* et qui est symétrique autour du point O.

Ces phénomènes constituent ce que l'on appelle l'*hystérésis*. Ils ont été étudiés avec grand soin pendant ces dernières années, parce qu'ils consomment une certaine quantité d'énergie et parce qu'ils interviennent dans les machines dynamos où certains organes de fer doux sont soumis périodiquement à des aimantations contraires.

L'expérience montre que ces pièces de fer doux s'échauffent alors : une certaine quantité d'énergie, qui, d'après le calcul, est proportionnelle à l'aire du cycle magnétique, est empruntée au courant électrique, puis transformée en chaleur et, par conséquent, perdue. C'est là un autre exemple de la *dégradation de l'énergie*.

250. Influence de la température. — Toutes choses égales, l'intensité d'aimantation diminue avec la température et disparaît *brusquement* pour une température suffisamment élevée. Le fer, au-dessus de 785°, le nickel, au-dessus de 340°, ne s'aimantent plus et ne conservent plus trace de leurs propriétés magnétiques. Celles-ci s'évanouissent sans transition et ce fait suffit à indiquer que ces substances subissent, aux températures indiquées, un véritable *changement d'état*. D'autres caractéristiques physiques, et en particulier la chaleur spécifique, éprouvent simultanément des variations brusques qui confirment cette hypothèse.

Aux températures ordinaires, le moment magnétique d'un barreau diminue quand la température s'élève; mais, pour de faibles variations de celle-ci, il reprend les mêmes valeurs aux mêmes températures.

231. Coefficient de susceptibilité magnétique. — On peut traduire les propriétés représentées par les courbes d'aimantation à l'aide de coefficients spéciaux, dont l'usage est extrêmement commode dans la pratique.

Nous avons vu (§ 201) que le champ intérieur $\mathcal{K}$ d'un solénoïde, qui présente nI ampères-tours par centimètre, avait pour expression

$$\mathcal{K} = 4\pi nI . 10^{-1}.$$

Si nous plaçons à l'intérieur de ce solénoïde un barreau de fer, il s'aimantera et nous appellerons *coefficient de susceptibilité magné-tique* le rapport $K = \dfrac{\mathfrak{J}}{\mathcal{K}}$ de son intensité d'aimantation $\mathfrak{J}$ au champ inducteur $\mathcal{K}$.

Le calcul montre que l'aimantation $\mathfrak{J}$ et le champ $\mathcal{K}$ sont des grandeurs de même espèce, en sorte que leur rapport K est indépendant de tout système d'unités; mais il varie nécessairement avec la nature du fer et avec la valeur du champ. On peut le calculer à l'aide des courbes d'aimantation, et on reconnaît ainsi que pour chaque substance magnétique, et pour des champs croissants, le coefficient K augmente d'abord, passe par un maximum et décroît ensuite jusqu'à zéro, pour des champs très élevés. Ses valeurs maxima sont environ 250 pour le fer doux, 35 pour l'acier recuit et 30 pour le nickel et la fonte douce.

232. Coefficient de perméabilité magnétique. — L'induc-tion $\mathfrak{B}$ à l'intérieur d'un barreau placé dans le solénoïde, et dont l'intensité d'aimantation est $\mathfrak{J}$, a pour valeur $4\pi\mathfrak{J}$, d'après la théorie d'Ampère (§ 221). Cette force magnétique s'ajoute au champ inducteur $\mathcal{K}$ qui a même direction, de sorte que l'*in-duction totale* $\mathfrak{B}'$ à l'intérieur du barreau a pour expression

$$\mathfrak{B}' = \mathcal{K} + 4\pi\mathfrak{J},$$

On appelle *coefficient de perméabilité magnétique* le rapport

$\overline{\mu} = \dfrac{\mathfrak{B}'}{\mathfrak{K}}$ de la force magnétique totale $\mathfrak{B}'$ au champ inducteur $\mathfrak{K}$,

La formule précédente montre immédiatement que les deux coefficients que nous venons de définir sont reliés entre eux par l'équation
$$\mu = 1 + 4\pi K.$$

Le coefficient μ exprime aussi le rapport des flux de force qui traversent normalement des sections égales, perpendiculaires à l'axe du solénoïde, selon que l'intérieur de celui-ci est occupé par le corps magnétique ou par de l'air.

Le calcul du coefficient μ se fait facilement, d'après les courbes d'aimantation. On trouve ainsi qu'un champ inducteur de 5 unités développe à l'intérieur d'un barreau de fer doux bien recuit une *induction* totale de 10 000 unités. Dans ces conditions le fer doux est 2000 fois plus perméable que l'air.

Pour les champs très élevés, le coefficient μ est faible, parce que K tend vers zéro. Ainsi, pour un champ inducteur de 350 unités, l'*induction* totale produite dans le fer doux est de 19 000 unités; la perméabilité est alors seulement de 54.

233. Flux magnétique d'un électro-aimant. — Supposons, pour simplifier, cet électro-aimant rectiligne. Désignons par l la longueur de la bobine, par N le nombre total de ses spires, par s la section du noyau de fer doux et par μ son coefficient de perméabilité magnétique correspondant à la valeur du champ inducteur $\mathfrak{K}$ que détermine le passage d'un courant de I ampères dans le fil de la bobine.

Le nombre des ampères-tours par centimètre étant $\dfrac{NI}{l}$, le champ inducteur $\mathfrak{K}$ aura pour expression $\mathfrak{K} = 4\pi \dfrac{NI}{l} \cdot 10^{-1}$.

L'*induction* totale aura alors pour valeur
$$\mathfrak{B}' = 4\pi\mu \dfrac{NI}{l} 10^{-1}.$$

Le flux magnétique Φ parcourant le noyau de fer doux, étant égal au produit $\mathfrak{B}'s$, se calculera donc à l'aide de la formule suivante
$$\Phi = 4\pi\mu s \dfrac{NI}{l} 10^{-1}.$$

Cette relation se met sous la forme
$$\Phi = \dfrac{4\pi NI \cdot 10^{-1}}{\left(\dfrac{l}{\mu s}\right)}.$$

Ainsi exprimée, elle présente une certaine analogie avec la formule de Ohm. On donne le nom de *force magnétomotrice* $\mathfrak{F}$ à la grandeur $4\pi NI.10^{-1}$ et celui de *réluctance* $\mathfrak{R}$ à la grandeur $\dfrac{l}{\mu s}$. On a ainsi :

$$Flux = \frac{\text{force magnétomotrice de la bobine}}{\text{réluctance du noyau de fer.}} \quad \text{ou} \quad \Phi = \frac{\mathfrak{F}}{\mathfrak{R}}.$$

254. Substances diamagnétiques. — Certaines substances, comme le bismuth, peuvent aussi acquérir par influence des propriétés magnétiques ; mais, au contraire de ce qui se passe pour le fer ou le nickel, le bismuth s'aimante faiblement et en sens inverse du champ inducteur (fig. 189).

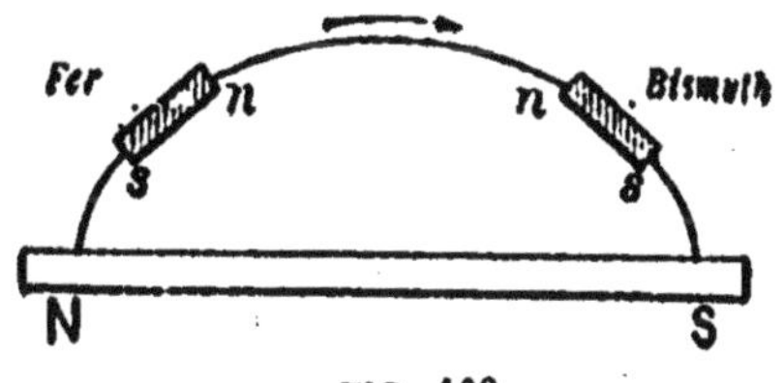

FIG. 189.

PROPRIÉTÉ DES SUBSTANCES DIAMAGNÉTIQUES.
Placé dans un champ magnétique, un barreau de bismuth s'aimante en sens inverse des lignes de force.

Pour toutes les substances qui se comportent comme le bismuth et que l'on nomme substances *diamagnétiques*, le coefficient K est négatif et le coefficient μ est inférieur à l'unité ; c'est-à-dire que ces substances sont moins perméables aux lignes de force que l'air lui-même. Si l'on place une sphère de bismuth dans un champ magnétique uniforme, les lignes de force s'écartent dans son voisinage, comme si elle leur offrait un passage moins facile (fig. 190).

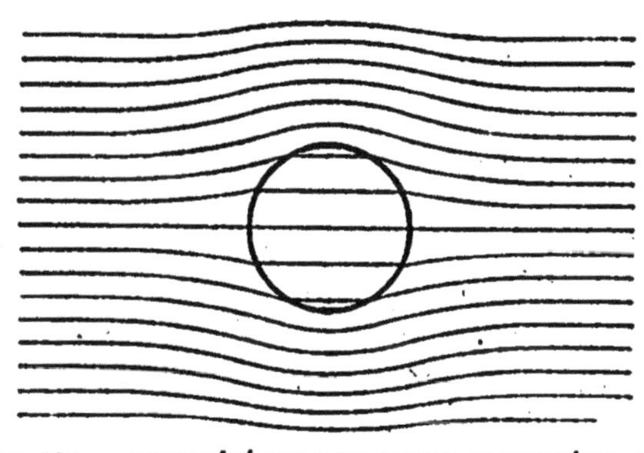

FIG. 190. — PROPRIÉTÉ DES SUBSTANCES DIAMAGNÉTIQUES.
Quand on introduit un morceau de bismuth dans un champ magnétique, les lignes de force s'écartent de façon à passer en moins grand nombre par le bismuth.

Le calcul et l'expérience montrent qu'un barreau cylindrique de bismuth, placé entre les pôles d'un électro-aimant puissant, s'oriente normalement au champ : de là vient le nom de *diamagnétiques* que l'on donne à toutes les substances qui possèdent la même propriété.

CHAPITRE VII

INDUCTION

255. Principe général de l'induction. — Lorsqu'un circuit fermé, parcouru par un courant, est placé dans un champ magnétique et qu'une partie du circuit se déplace de façon à couper les lignes de force du champ, il s'éveille dans ce circuit une force électromotrice dont nous avons donné l'expression au § 215.

Si on désigne par Φ le flux coupé en t secondes par la partie mobile du courant, *quand elle se meut dans le sens de la force que lui imprime le champ extérieur*, la force électromotrice produite tend à diminuer l'intensité du courant, et elle a pour

expression, en *volts* :
$$e = \frac{\Phi}{t} 10^{-8}.$$

La valeur de e est, comme on le voit, indépendante de l'intensité du courant qui est supposé parcourir le circuit et Faraday a reconnu que *cette force électromotrice s'éveille encore dans un circuit à l'état neutre, lorsque le flux magnétique qui traverse ce circuit vient à varier pour une raison quelconque*. Tel est le fait capital de *l'induction*. Si l'on désigne par R la résistance en ohms du circuit entier, l'intensité i du *courant d'induction* qui parcourt celui-ci, pendant les t secondes que dure la variation Φ du flux, aura pour valeur en *ampères* $i = \dfrac{e}{R}$,

c'est-à-dire
$$i = \frac{\Phi}{Rt} 10^{-8}.$$

La quantité d'électricité mise en jeu dans le circuit pendant le même temps, et qui est égale à *it coulombs*, sera donc simplement proportionnelle à la variation Φ du flux, puisque la relation précédente peut s'écrire

$$it = \frac{\Phi}{R} 10^{-8}.$$

Il est facile de voir que *le sens du courant éveillé dans un circuit par une variation du flux magnétique tend toujours à gêner cette variation*. C'est là une conséquence du principe de la conservation de l'énergie.

Quand on répète, en effet, le raisonnement qui nous a conduits à l'expression de la force électromotrice d'induction, en supposant le circuit parcouru d'abord par un courant infiniment faible, on voit que, si la partie mobile du circuit se déplace dans le sens de la force que le champ extérieur exerce sur le courant initial, la variation du flux magnétique déterminera un courant induit de sens contraire à celui-ci, en sorte que l'action du champ sur ce courant induit sera opposée au déplacement de la partie mobile et, par conséquent, gênera la variation du flux.

Toutes les considérations précédentes se vérifient aisément à l'aide de l'appareil que représente la figure 105. On relie les bornes d'un galvanomètre sensible à l'auget rempli de mercure et à la pièce métallique qui supporte la tige mobile. Si l'on déplace alors celle-ci de façon à couper dans un certain sens le champ de l'aimant, le galvanomètre indique un courant de sens constant qui commence et finit en même temps que le déplacement de la tige.

Si l'on fait ensuite revenir celle-ci sur elle-même, de manière à couper le champ en sens contraire, on observe que le courant induit change de sens.

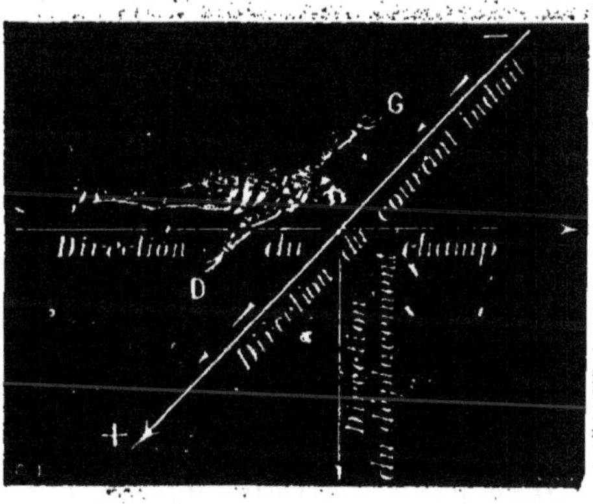

Enfin, si l'on retourne l'aimant face pour face, on inverse le sens des lignes de force et le courant induit produit par un même déplacement s'inverse aussi.

Dans ces divers cas le sens du courant induit peut s'obtenir par la règle suivante :

Lorsqu'un élément de circuit se déplace dans

FIG. 191. — DIRECTION DU COURANT INDUIT.
Quand une portion de circuit se déplace dans un champ magnétique, le courant induit qui s'y éveille est dirigé vers la droite du champ.

un champ magnétique, le courant induit est dirigé de la gauche vers la droite d'un observateur qui serait placé de telle façon que les lignes de force lui entrent par les pieds, lui sortent par la tête et qui regarderait dans la direction où se déplace l'élément de circuit (fig. 191).

236. Lois de Faraday et loi de Lenz. — Si, au lieu de considérer un circuit, dont une partie seulement est mobile dans le champ, on suppose que le circuit tout entier se déplace, le courant induit sera la somme des courants particulaires que détermine l'induction sur chacun des éléments du circuit. La quantité d'électricité mise en jeu sera proportionnelle à la somme algébrique des flux coupés par ceux-ci, c'est-à-dire à la variation du flux total qui traverse le circuit. Il résulte de là que, si l'on désigne par Φ cette variation totale, l'intensité i du courant induit sera encore donnée par la même formule que

précédemment
$$i = \frac{\Phi}{Rt}\, 10^{-8}. \tag{1}$$

On sait que le flux de force Φ qui traverse une surface s a pour

expression
$$\Phi = \mathcal{H}\, s \cos \alpha,$$

en désignant par α l'angle du champ et de la normale à la surface (fig. 192). On voit, d'après cette formule, qu'on peut faire varier Φ de bien des façons : on peut modifier sur place l'intensité $\mathcal{H}$ du champ inducteur; on peut déplacer le circuit dans le champ, ce qui revient à faire varier $\mathcal{H}$ ou α; enfin, on peut déformer le circuit de façon à modifier sa surface s. Mais, dans tous les cas, la formule (1) reste applicable. Quelle que soit

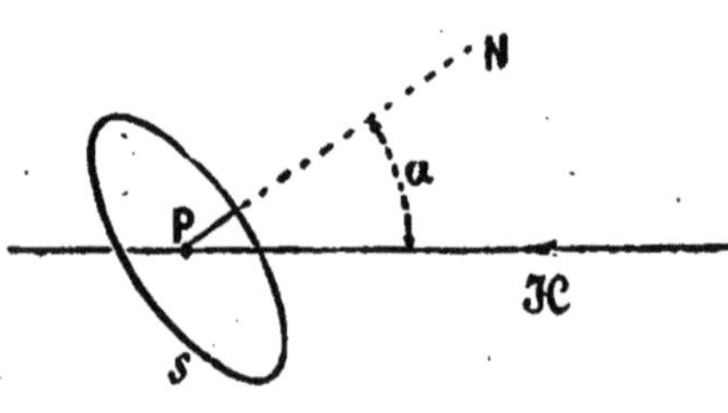

FIG. 192.

la façon dont on les provoque, les phénomènes d'induction obéissent donc aux lois suivantes, que nous appellerons *lois de Faraday*.

I. — *Toute variation dans le flux magnétique qui traverse un circuit fermé détermine dans ce circuit un courant appelé courant induit.*

II. — *La durée du courant induit est celle de la variation du flux.*

III. — *La quantité d'électricité mise en jeu est proportionnelle à la variation du flux et en raison inverse de la résistance du circuit.*

Le sens du courant induit s'obtient par une application de la *loi de Lenz* qui s'énonce ainsi :

Le sens du courant induit est tel que, par son action électro-magnétique, il tend à s'opposer à la variation du flux qui le produit.

257. Vérifications expérimentales. — On peut vérifier les lois que nous venons d'énoncer, à l'aide d'un dispositif très

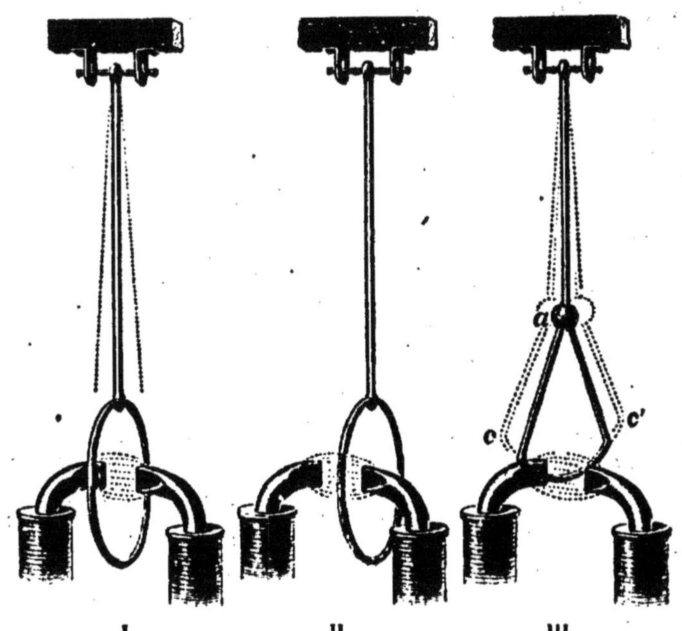

FIG. 193. — VÉRIFICATION DES LOIS DE L'INDUCTION

En faisant osciller des circuits fermés entre les pôles d'un électro-aimant, on observe que les oscillations s'amortissent ou persistent suivant que le flux magnétique à travers le circuit varie ou non.

simple. Un *large* anneau de cuivre est suspendu à une tige qui peut osciller autour d'un axe horizontal, perpendiculaire au plan de l'anneau (fig. 193, I). La tige étant au repos, on dispose un électro-aimant de telle façon que la partie latérale de l'anneau se trouve entre les pôles de l'électro, qui sont très rapprochés (fig. 193, II). Quand aucun courant ne passe dans les bobines et qu'on fait osciller la tige, les oscillations se continuent pendant longtemps ; mais, si on dirige un courant dans l'électro-aimant, on provoque entre ses pôles la formation d'un champ puissant et resserré qui, à chaque oscillation, est coupé alternativement dans un sens et dans l'autre. Le flux magnétique passe donc, tantôt à travers l'anneau et tantôt à l'extérieur, et cette variation détermine dans cet anneau des courants induits alternatifs qui tendent tous à gêner les oscillations : aussi voit-on celles-ci s'amortir *très rapidement*.

L'énergie primitive du système oscillant s'est alors transformée en chaleur dans le circuit, et c'est un nouvel exemple à l'appui du principe de la *dégradation de l'énergie*.

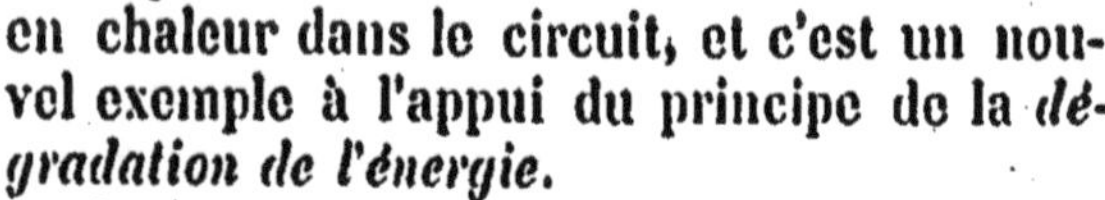

Si maintenant on place les pôles de l'électro au centre de l'anneau et que l'on fasse osciller celui-ci, qui est large, de telle façon que le flux magnétique reste constamment à l'intérieur, on n'observe aucun amortissement autre que celui des frottements de l'axe de suspension, ce qui montre qu'aucun courant induit ne parcourt l'anneau lorsque le flux qui le traverse ne change pas (fig. 193, I).

Semblablement, si on fait osciller entre les pôles de l'aimant le circuit fermé de la figure 193, III, dans lequel le conducteur inférieur est un arc de cercle ayant son centre sur l'axe de suspension, on ne constate aucun amortissement et par conséquent aucun courant induit : le conducteur inférieur glisse, pour ainsi dire, entre les lignes de force et le flux magnétique qui traverse le circuit ne varie pas.

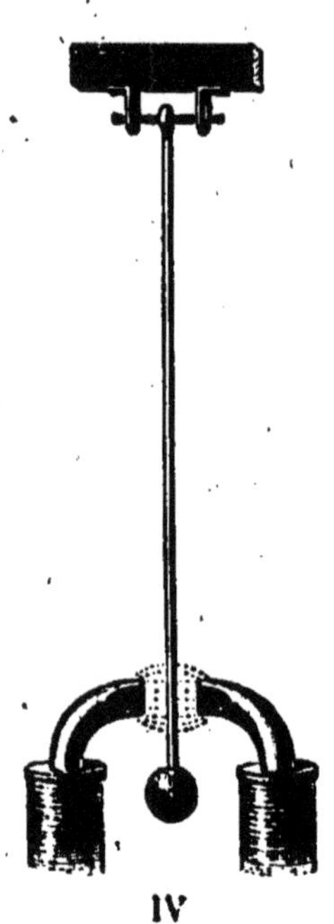
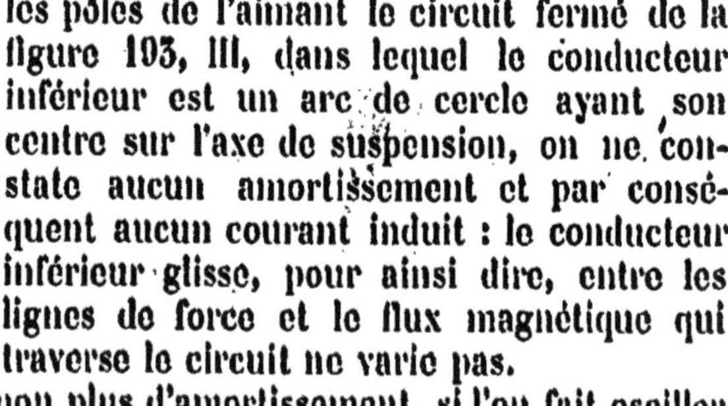

IV

FIG. 193 *bis.*

On n'observe pas non plus d'amortissement, si l'on fait osciller une simple tige conductrice entre les pôles de l'électro (fig. 193 *bis*, IV), parce que le circuit n'est pas fermé et que, dans ces conditions, l'intensité du courant induit est nécessairement nulle puisqu'on doit regarder un circuit ouvert comme présentant une résistance infinie.

238. Emploi d'un noyau de fer doux. — On augmente énormément l'intensité des courants induits dans un circuit, en plaçant à l'intérieur de celui-ci un noyau de fer doux. On a vu, en effet (§ 232), qu'en raison de la perméabilité du fer le flux qui traverse le circuit, quand celui-ci se trouve dans un champ magnétique donné, est considérablement plus grand que si le noyau de fer doux n'existait pas. Ce flux, ainsi exagéré, suit d'ailleurs les variations du champ extérieur, mais ses variations propres sont beaucoup plus grandes, puisqu'elles sont multipliées par la *perméabilité* du fer, et l'intensité des courants induits croît dans le même rapport.

259. Règles pratiques pour déterminer le sens des courants induits. — La loi de Lenz permet d'établir des règles commodes pour la plupart des cas d'induction que l'on rencontre dans la pratique.

On vérifiera aisément ces règles à l'aide de l'appareil que représente la figure 194. Le circuit induit est constitué par une bobine de fil conducteur, dont les extrémités *a* et *a'* sont reliées

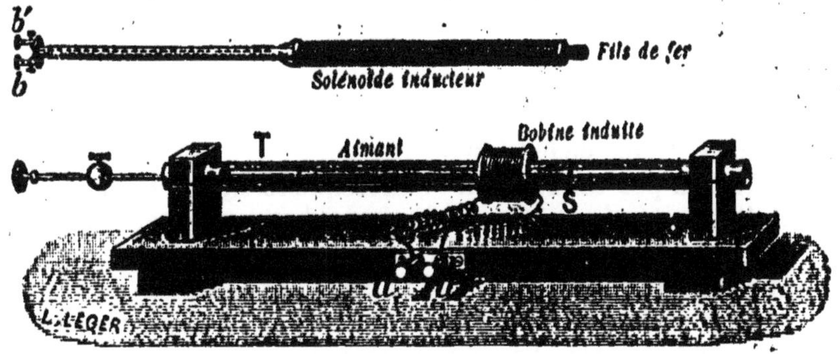

FIG. 194. — APPAREIL POUR L'ÉTUDE DES COURANTS D'INDUCTION.
Cet appareil se compose d'une bobine fermée en *a*, *a'* sur un galvanomètre et à l'intérieur de laquelle on fait varier le champ en y introduisant soit un aimant, soit un solénoïde, soit un électro-aimant rectiligne.

aux bornes d'un galvanomètre. Cette bobine glisse sur un tube de cuivre fendu tout du long et à l'intérieur duquel on peut introduire soit un aimant, soit un solénoïde inducteur dont les extrémités *b* et *b'* communiquent avec les pôles d'une pile.

Induction par un courant. — Si l'on *approche* le solénoïde inducteur de la bobine fermée sur le galvanomètre, le courant induit qui s'éveille dans celle-ci devra tendre à diminuer le flux de force qui la traverse et sera, par conséquent, dirigé *en sens inverse* du courant qui parcourt le solénoïde inducteur. Les deux circuits se repousseront alors, comme le veut la loi de Lenz.

Si l'on *éloigne*, au contraire, la bobine et le solénoïde, le courant induit sera *de même sens* que le courant inducteur; de telle façon que la variation du flux se trouvera alors gênée par l'attraction mutuelle des deux circuits.

Introduisons maintenant le solénoïde dans la bobine induite

et laissons-les fixes l'un par rapport à l'autre. Si nous rompons brusquement le courant dans le solénoïde, le flux qui traversait la bobine disparaît et, tout aussitôt, il se produit dans cette bobine un courant induit qui tend à produire un flux de même sens que celui qui a disparu et qui, par suite, possède la même direction que le courant qui a cessé dans le solénoïde.

Si l'on rétablit le courant dans le solénoïde, on provoque un courant induit de sens inverse.

Il résulte de là que *tout courant qui s'approche ou qui augmente détermine dans un circuit voisin un courant induit inverse;*

Tout courant qui s'éloigne ou qui diminue provoque dans un circuit voisin un courant induit de même sens, c'est-à-dire direct.

Ces effets d'induction sont beaucoup plus intenses lorsqu'on place, soit à l'intérieur du solénoïde, soit dans la bobine induite, un paquet de fils de fer doux.

Induction par un aimant. — Lorsque le champ inducteur est produit par un aimant, les règles précédentes permettent encore d'obtenir le sens du courant induit : il suffit d'assimiler l'aimant à un solénoïde ayant même axe et de se rappeler que l'extrémité nord d'un solénoïde est celle où l'on voit le courant circuler en sens inverse des aiguilles d'une montre.

Pour étudier d'un peu plus près ce mode d'induction, il est nécessaire de se reporter à ce que nous avons dit (§ 181) sur la constitution des aimants et sur leur champ.

A l'extérieur d'un barreau aimanté, les lignes de force vont de la moitié nord à la moitié sud; mais, à l'intérieur, elles suivent les filets magnétiques et vont de la moitié sud à la moitié nord en formant une gerbe resserrée au milieu et étalée vers les extrémités. En raison de la perméabilité du fer, le champ intérieur est d'ailleurs beaucoup plus intense que le champ extérieur. Il résulte de là que, si l'on considère un circuit conducteur entourant l'aimant, la position pour laquelle ce circuit sera traversé par le flux maximum correspondra au milieu C_2 de l'aimant (fig. 105).

Si l'on imagine maintenant que le circuit se déplace de C en C_2, on voit que le flux à travers le circuit augmentera constamment de C_1 en C_2 : le courant induit conservera donc le même sens pendant ce déplacement et la loi de Lenz indique qu'il sera orienté de façon à diminuer le champ inducteur, c'est-à-dire en sens inverse des courants moléculaires de l'aimant.

Au voisinage du milieu de l'aimant, le flux, étant maximum,

varie très peu quand on déplace le circuit et les courants induits sont faibles.

Enfin, quand le circuit se déplace de C_3 en C_4, le flux qui le traverse diminue constamment et le courant induit est dirigé

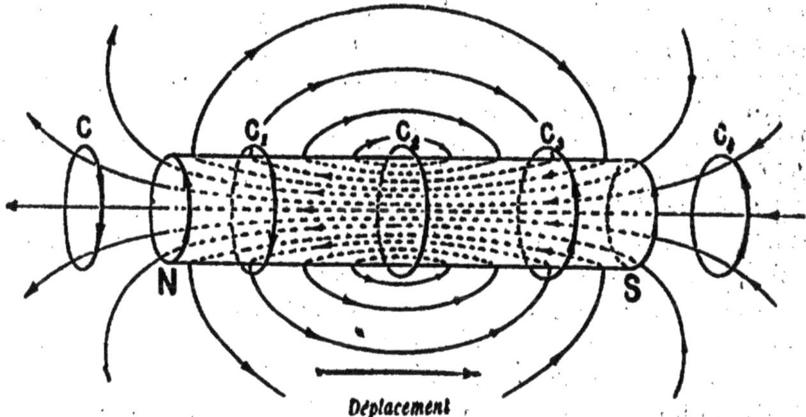

FIG. 195. — INDUCTION PAR UN AIMANT.

Quand le circuit se déplace de C en C_2, le flux qui le traverse augmente et le courant induit qui s'y éveille est dirigé en sens inverse des courants particulaires de l'aimant. De C_2 en C_4 le flux diminue et le courant induit change de sens.

dans le même sens que les courants moléculaires de l'aimant.

En réagissant sur l'aimant inducteur, les courants induits tendent donc toujours à gêner le déplacement du circuit.

Règle du tire-bouchon (Maxwell). — Toutes les règles précédentes sont implicitement contenues dans la suivante :

Considérons un tire-bouchon dirigé suivant le champ qui traverse le circuit induit : nous appellerons sens *positif* le sens dans lequel il faut le faire tourner pour qu'il progresse suivant les lignes de force et sens *négatif* le sens inverse.

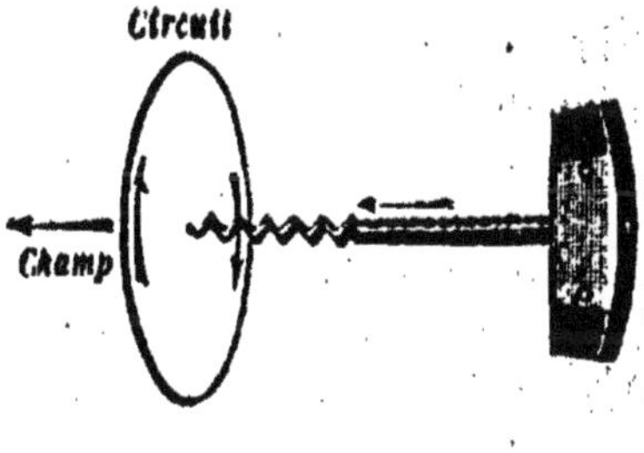

Cela posé :

Lorsque le flux diminue à travers le circuit, le courant induit a lieu dans le sens positif (fig. 196).

Lorsque le flux augmente, le courant induit a lieu dans le sens négatif.

FIG. 196. — RÈGLE DE MAXWELL.

Lorsque le flux à travers le circuit diminue, le courant induit marche dans le sens de la flèche; il marche en sens inverse, si le flux augmente.

240. Self-induction. — Considérons maintenant une bobine unique et mettons-la en relation avec les pôles d'une pile. Au moment où nous fermons le circuit, le courant qui s'établit détermine un flux magnétique dans la bobine et cette variation de flux produit le même effet que si elle était due à un champ extérieur; il s'éveille donc, à ce moment, dans la bobine elle-même un courant qui est de sens contraire au courant principal et qui, par conséquent, diminue l'intensité de celui-ci.

Au contraire, si l'on rompt le courant qui circule dans la bobine, on détermine dans celle-ci la formation d'un courant induit direct qui, cette fois, s'ajoute au courant principal.

Ce phénomène a reçu le nom de *self-induction* et on appelle souvent *extra-courants de rupture* et de *fermeture* les courants induits *direct* et *inverse* qui prennent naissance dans un circuit quand on y supprime ou qu'on y établit un courant.

La self-induction se produit dans tous les circuits, mais surtout dans ceux qui renferment des bobines où le fil est constamment enroulé dans le même sens; on exagère, d'ailleurs, les extra-courants en plaçant dans ces bobines des noyaux de fer doux.

La self-induction empêche le courant qui commence de prendre immédiatement son régime régulier : tout se passe comme si, pendant la période d'établissement, le circuit présentait une *résistance apparente supérieure* à sa résistance réelle. La self-induction augmente, au contraire, l'intensité du courant qui finit, tout comme si, durant la période de disparition du courant, le circuit offrait une *résistance apparente moindre* que sa résistance réelle.

Il résulte de là que les formules de Kirchoff, que nous avons démontrées pour les dérivations dans le régime permanent des courants, ne sauraient s'appliquer au régime variable qui accompagne l'établissement ou la disparition de ceux-ci.

Lorsqu'une induction extérieure éveille dans un circuit un courant induit, celui-ci provoque à son tour dans le circuit même un courant de self-induction auquel il se superpose.

La self-induction tend donc à diminuer les courants induits quand ils s'éveillent et à les augmenter, au contraire, quand ils s'éteignent; mais elle ne modifie pas la quantité d'électricité totale mise en jeu par une variation déterminée du flux extérieur qui traverse le circuit (§ 235).

211. Effets de la self-induction. — Lorsqu'on ouvre le circuit simple d'une pile de quelques éléments de Bunsen, on n'obtient entre les extrémités du fil interrompu qu'une étincelle presque imperceptible ; mais une étincelle plus énergique éclate avec un bruit sec, si l'on a intercalé dans le circuit une bobine contenant un noyau de fer doux, et cet effet doit être attribué à l'extra-courant direct qui s'ajoute au courant principal. D'ailleurs, si, au moment de la rupture du courant, on tient à la main deux poignées métalliques communiquant avec les extrémités de la bobine, on reçoit dans les bras une violente commotion qui est encore due à l'extra-courant direct.

Les quantités d'électricité mises en jeu dans les extra-courants direct et inverse sont égales et contraires, puisqu'elles correspondent à des variations égales et contraires du flux ; mais l'*intensité de l'extra-courant direct est très supérieure à celle de l'autre*. Cela tient à ce que les durées de ces courants, respectivement égales à celles de la rupture et de la fermeture du circuit, sont fort différentes. La rupture complète du courant se fait, en effet, beaucoup plus rapidement que son établissement définitif, parce que celui-ci est retardé par la self-induction elle-même.

Les commotions que produisent les extra-courants inverses sont, d'ailleurs, moins fortes que celles des extra-courants directs.

Expériences de Faraday. — On peut mettre en évidence les extra-courants par des expériences directes, comme l'a fait Faraday.

Les pôles d'une pile communiquent avec les extrémités d'une bobine CC, sur laquelle est disposée une dérivation BD comprenant un galvanomètre G.

Quand le courant passe d'une manière continue, l'aiguille est déviée : on la ramène au zéro et on la maintient à l'aide d'une cale n qui l'empêche de revenir à sa position première, mais qui la laisse libre de l'autre côté (fig. 197, I).

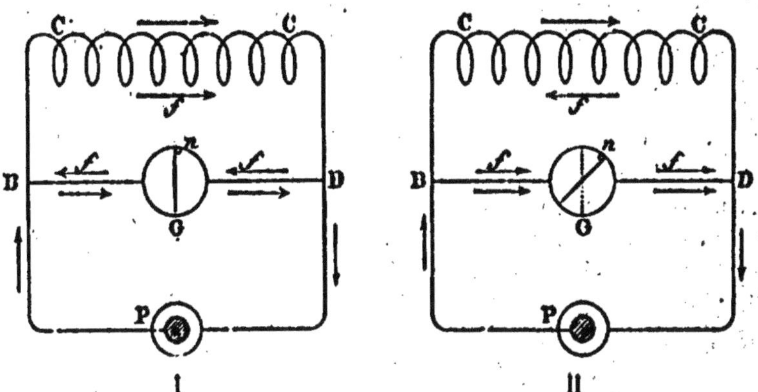

FIG. 197. — EXPÉRIENCES DE FARADAY SUR LA SELF-INDUCTION.

(I) La rupture du courant dans la bobine y détermine la production d'un courant induit direct.

(II) La fermeture du courant produit un courant induit inverse.

Si l'on vient alors à rompre le circuit de la pile, on voit l'aiguille lancée brusquement en sens inverse de sa déviation primitive. La dérivation a donc été parcourue, au moment de la rupture, par un courant *f* qui est inverse de celui qui la traversait tout d'abord et qui, par conséquent, a dû parcourir la bobine elle-même dans le même sens que le courant initial. Ce courant induit de rupture est l'extra-courant direct.

L'aiguille étant maintenant au zéro, ramenons-la dans sa position déviée et assujettissons-la par une cale n qui l'empêche de revenir au zéro (fig. 197, II). Si nous fermons alors le circuit de la pile, l'aiguille sera projetée du côté où elle est libre. Il s'est donc produit au moment de la fermeture un courant induit *f*, qui s'est ajouté au courant principal dans le galvanomètre et qui, par suite, a dû parcourir la bobine en sens inverse de ce courant principal. Ce courant induit est l'extra-courant inverse.

Autre expérience. — Remplaçons le galvanomètre par une lampe électrique et réglons le courant de telle façon que, pendant le régime permanent la lampe éclaire faiblement (fig. 198). Cela posé, le courant étant interrompu, établissons-le brusquement : nous observerons que, pendant un temps très court, la lampe projette un vif éclat : cela tient à ce que, pendant l'établissement du courant, la self-induction semble augmenter la résistance de la bobine ; le courant passe alors de préférence par la dérivation et la lampe brille ainsi plus vivement tant que le régime régulier n'est pas établi.

On donne le nom d'*impédance* à la résistance de la bobine modifiée par l'effet de la self-induction.

Si, maintenant, on arrête brusquement le courant, la lampe s'illumine encore pendant un temps très court. Cet effet est dû, cette fois, à l'extra-courant de rupture qui parcourt la bobine et se ferme sur la dérivation.

Dans toutes ces expériences, on emploie avec avantage un électro-aimant ordinaire comme bobine.

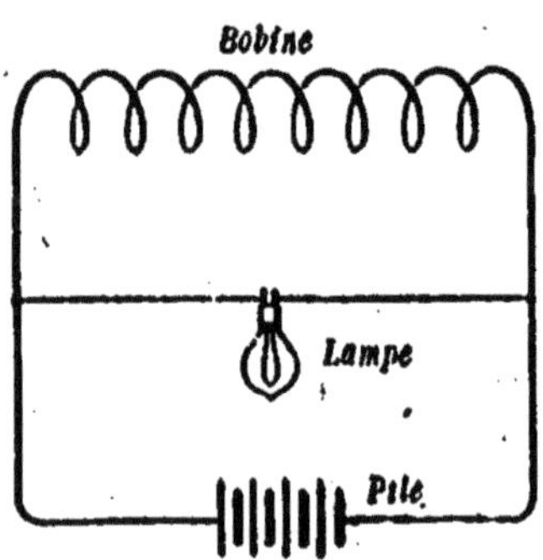

FIG. 198.

EFFET DE LA SELF-INDUCTION.

Au moment de la fermeture ou de la rupture du courant, la lampe montée en dérivation sur la bobine brille plus vivement que pendant le régime régulier du courant.

242. Courants de Foucault. — Jusqu'ici nous n'avons considéré que des circuits linéaires, mais toute variation de flux à travers une masse métallique quelconque provoque dans celle-ci des courants induits qui, suivant la loi de Lenz, tendent toujours à s'opposer à cette variation de flux.

La découverte de ces courants induits est due à Foucault ; on peut les manifester par une expérience extrêmement simple : un disque de cuivre, suspendu à une tige, peut osciller entre les pôles d'un électro-aimant (fig. 199). Lorsque aucun courant ne circule dans les bobines de celui-ci, les oscillations du disque ne s'amortissent que très lentement par les frottements sur l'axe de suspension ; mais, si l'on excite l'électro-aimant en le fermant sur une pile, le disque oscillant s'arrête brusquement, comme s'il avait éprouvé un frottement énergique en coupant le champ.

Si, pendant que le courant passe, on déplace le disque à la main entre les pôles de l'électro, on éprouve la même impression que si le disque se mouvait dans un liquide très visqueux.

Le travail que l'on fournit alors au système se retrouve à l'état de chaleur, exactement comme dans le cas d'un frottement ordinaire. On observe, en effet, que, dans ces conditions, le disque s'échauffe et M. Violle a pu utiliser ce phénomène à la détermination de l'équivalent mécanique de la calorie.

Si l'on pratique dans le disque des traits de scie rapprochés, les courants induits n'y peuvent plus circuler et les oscillations ne s'amortissent plus.

Dans les machines dynamos, les courants de Foucault sont une cause de *dégradation* et, par suite, de *perte* d'énergie; pour les éviter, on remplace les noyaux de fer doux, qui arment intérieurement les bobines induites, par des faisceaux de fils de fer isolés.

On utilise l'induction dans les masses métalliques pour amortir rapidement les oscillations de l'aiguille aimantée d'une boussole ou d'un galvanomètre : on place au-dessous de l'aiguille un disque de cuivre dans lequel les déplacements de l'aimant développent des courants induits qui, par réaction, éteignent promptement les oscillations.

243. Courants continus. — On

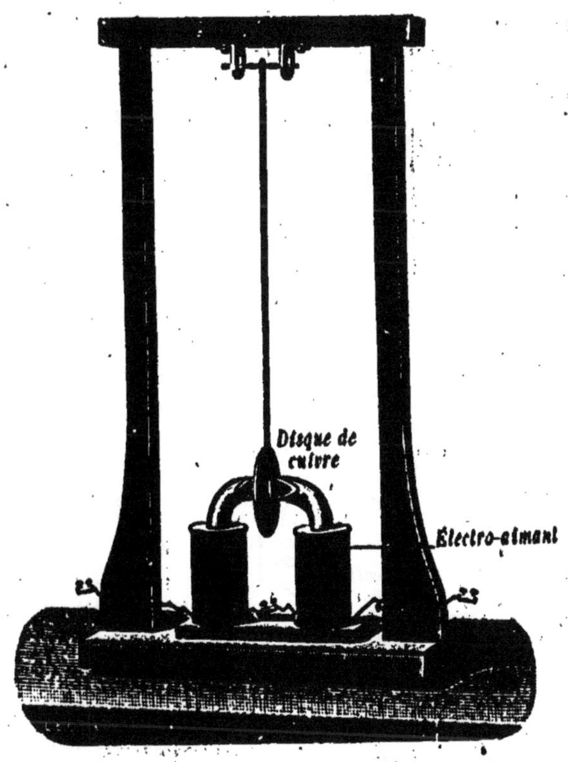

FIG. 199. — INDUCTION DANS LES MASSES MÉTALLIQUES.
Les oscillations du disque de cuivre s'arrêtent brusquement quand on excite l'électro. Cet amortissement est dû aux courants induits qui se produisent dans le disque lorsque celui-ci coupe le champ magnétique interpolaire.

peut utiliser les phénomènes d'induction à la production de courants continus.

Reprenons, en effet, l'appareil que représente la figure 167; mais, au lieu de relier les extrémités du cadre mobile aux pôles d'une pile, rattachons-les, par exemple, aux bornes d'un galvanomètre; si nous faisons alors tourner ce cadre à la main, il est facile de voir que la section des lignes de force développera dans tous les éléments du circuit des courants induits de même sens. Quand la rotation a lieu comme l'indique le schéma 168, le courant induit obtenu circule constamment dans le cadre en sens contraire de celui qui est figuré, puisque, d'après la loi de Lenz, il doit gêner le mouvement du circuit.

On obtiendrait aussi un courant continu si, en laissant le cadre fixe, on faisait tourner l'aimant du même appareil autour de son axe AB.

Enfin, en imprimant à la main une rotation à la roue de Barlow, introduite dans le circuit d'un galvanomètre, on observera encore la production d'un courant induit continu.

L'énergie dépensée pour produire la rotation est *transformée* en énergie électrique.

Si, dans ces divers cas, la rotation est uniforme, l'intensité du courant induit est constante et l'appareil, fermé sur un circuit extérieur, joue le même rôle qu'une pile dont la *force électromotrice* est invariable. La seule différence est que la pile transforme l'énergie chimique en énergie électrique, tandis que les dispositifs que nous venons de décrire transforment en énergie électrique le travail qu'on leur fournit.

La force électromotrice de ces nouveaux *générateurs* d'électricité s'obtiendra en appliquant la formule établie au début de cette étude de l'induction. Pour l'exprimer en *volts*, on calculera le flux coupé dans une seconde et on le divisera par 10^8.

A titre d'exemple, considérons le dispositif connu sous le nom de *disque de Faraday*. C'est un disque métallique qui tourne autour d'un axe que nous supposerons orienté dans le méridien magnétique. La section du champ par les rayons du disque donne naissance à un courant induit continu que l'on peut recueillir en mettant les extrémités d'un circuit en relation avec deux ressorts appliqués sur l'axe et sur le contour du disque (fig. 200).

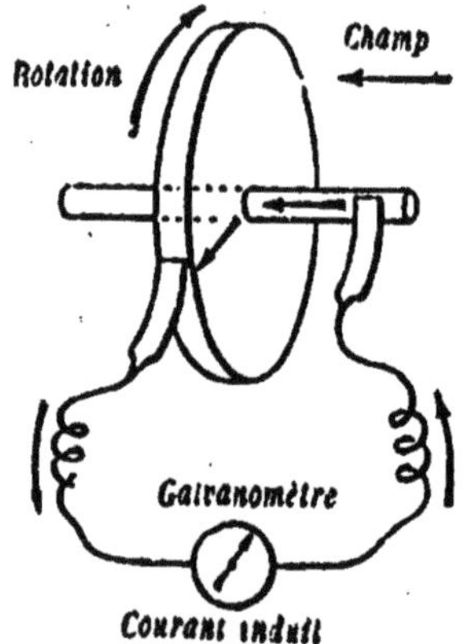

FIG. 200.
DISQUE DE FARADAY.

Le disque tourne normalement au champ et la section de celui-ci provoque alors un courant induit continu que l'on recueille dans un circuit aboutissant à des ressorts appliqués sur l'axe et sur le contour du disque.

Supposons que le disque ait 1 mètre carré de surface et qu'il effectue 1 tour par seconde.

La composante horizontale H du champ terrestre sera normale au disque : on sait qu'elle a environ pour valeur 0,2. Le flux coupé par seconde sera donc

$$HS = 0,2 \times 10^4.$$

La force électromotrice obtenue aura donc pour valeur

$$0,2 \times 10^4 \times 10^{-8} \text{ volts} = 0^{\text{volt}},00002.$$

Si l'on voulait obtenir, à l'aide de cet appareil, un courant de $0^{\text{amp}},01$, il faudrait que la résistance totale du circuit fût égale à $0^{\text{ohm}},002$.

Dans les machines dynamos, on calcule dans chaque cas le flux coupé par une application de la formule du § 233 :

$$flux = \frac{force\ magnétomotrice}{réluctance}.$$

244. Courants alternatifs. — Lorsque le flux magnétique qui traverse un circuit varie et repasse périodiquement par les mêmes valeurs, le circuit est le siège de courants alternatifs qui ont précisément la même période que les variations du flux.

Il est facile d'imaginer un dispositif simple qui nous permette d'expliquer plus complètement la production de ces courants.

Considérons (fig. 201) une bobine de fil conducteur entourant un noyau de fer doux dont le rôle consiste, comme nous l'avons expliqué, à augmenter le flux qui traverse la bobine quand celle-ci est exposée dans un champ magnétique, et par conséquent, à exagérer les courants induits.

Supposons que devant l'une des extrémités de la bobine passent alternativement les deux pôles d'un aimant animé d'une rotation uniforme autour d'un axe qui le traverse en son milieu.

Lorsque le pôle N de l'aimant s'approchera de la bobine, le

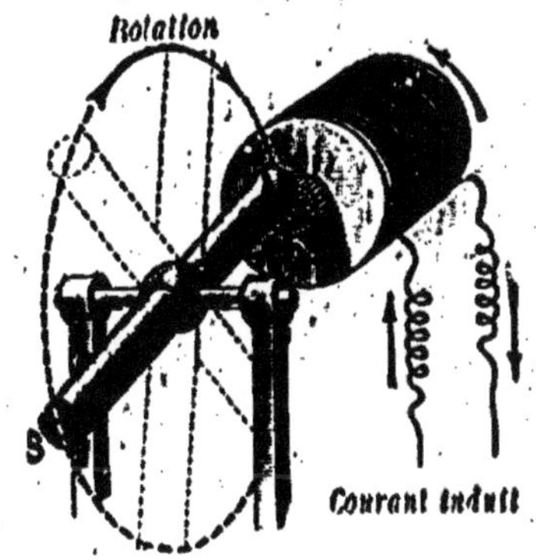

FIG. 201.
PRINCIPE D'UNE MACHINE
À COURANTS ALTERNATIFS.
La bobine induite est enroulée sur un noyau de fer doux. La rotation de l'aimant inducteur développe dans cette bobine des courants induits alternatifs qui changent de sens au moment où les pôles de l'aimant arrivent devant le noyau de fer doux.

flux augmentera dans celle-ci puisque le champ dans lequel elle se trouve deviendra plus intense; la bobine se trouvera alors parcourue par un courant induit dont il est facile d'obtenir le sens par la règle du *tire-bouchon* (§ 239). Si l'on remarque que les lignes de force du champ partent de l'extrémité N du barreau aimanté pour atteindre les parties les plus voisines du noyau de fer doux, on voit aisément que le courant induit circulera dans le sens positif. Ce courant tend à produire à travers la bobine un flux contraire et, par conséquent, à gêner le mouvement du champ inducteur.

Le flux atteindra sa valeur *maxima* lorsque le pôle N de l'aimant se trouvera en regard du noyau de fer doux : à ce moment, les variations du flux restent insensibles pendant quelques instants et le courant induit s'annule.

Dès que le pôle N s'éloigne de la bobine, le flux diminue dans celle-ci : le courant induit reparaît, mais en sens inverse, et il conserve cette nouvelle direction jusqu'à ce que le pôle sud à son tour passe devant la bobine.

On voit ainsi que le flux qui traverse la bobine passe périodiquement par un maximum et par un minimum au moment où les pôles nord et sud arrivent en regard du noyau de fer doux. La bobine est ainsi le siège de courants induits alternatifs qui changent de sens à ce moment et dont l'intensité est maxima lorsque l'aimant tournant est normal à l'axe de la bobine, parce que les variations du flux, qui correspondent à un même angle de rotation, sont alors les plus grandes.

Si les choses se passaient aussi simplement que nous venons de le décrire, et qu'on représente par un graphique le régime de ces courants alternatifs, en portant en abscisses les temps et en ordonnées les valeurs correspondantes de l'intensité, on obtiendrait une courbe ayant à peu près l'allure d'une sinusoïde. Dans la réalité, il n'en est pas tout à fait ainsi, à cause de l'*hystérésis* du fer et de la *self-induction*. Cette dernière intervient pour retarder l'instant où l'un des courants induits finit et où l'autre commence, en sorte que le courant change de signe non pas quand les pôles de l'aimant tournant se trouvent exactement en regard du noyau de fer doux, mais un peu au delà. Par suite de ces influences secondaires la courbe représentative du régime conserve la même période que la précédente, mais elle se trouve légèrement *décalée* par rapport à celle-ci et ses festons sont moins réguliers.

Sous des formes diverses, destinées à en augmenter la puissance, la machine simple que nous venons de décrire se retrouve dans toutes les machines industrielles à courants alternatifs et l'étude de celles-ci se trouvera considérablement abrégée par les considérations précédentes.

245. Induction par la terre. — On peut montrer l'induction par la terre de la façon suivante :

Aux deux bornes d'un galvanomètre sensible fixons les extrémités d'un circuit conducteur formé de deux fils rapprochés. Si nous venons à écarter brusquement ces deux fils de façon à augmenter la surface du circuit, le flux qui traverse celui-ci augmentera aussi en général et le galvanomètre indiquera la production d'un courant induit. On obtiendra un courant induit inverse en rapprochant à nouveau les deux fils.

On peut aussi procéder autrement. Considérons un cadre formé de plusieurs spires et fermé sur un galvanomètre : un certain flux magnétique, dû au champ terrestre uniforme, traverse ce cadre. Si nous le déplaçons parallèlement à lui-même, les lignes de force du champ seront coupées; mais, dans chacune des moitiés du cadre, les courants induits seront identiquement orientés par rapport au champ et à la direction du déplacement : ils circuleront donc en sens inverse dans le cadre lui-même et s'annuleront mutuellement puisque le flux total qui traverse celui-ci ne change pas. Le galvanomètre n'indiquera alors aucun courant.

Il n'en est plus ainsi si l'on fait tourner le cadre autour d'un de ses diamètres, parce qu'alors les courants induits dans les deux moitiés du circuit sont orientés en sens inverse et ajoutent leurs effets dans le cadre.

On réalise l'expérience à l'aide du *cerceau de Delezenne* que représente la figure 202. Le cadre RS est un cercle en bois, sur lequel sont enroulées plusieurs spires de fil conducteur, et qu'une manivelle permet de faire tourner autour d'un de ses diamètres. Un dispositif qui se comprend de lui-même sur la figure permet d'orienter comme on le veut cet axe de rotation.

Supposons, par exemple, que le cerceau soit placé normalement au champ et imprimons-lui une *brusque* rotation de 180 degrés, de façon à le retourner sur lui-même : le flux qui entrait par une face entre finalement par la face opposée et tout se passe comme si l'on avait renversé le champ. La variation de flux est donc égale au double du flux qui traversait tout d'abord le cerceau. Si l'on désigne par $\mathcal{H}$ la valeur du champ, par S la surface des spires, supposée la même pour toutes, et par n le nombre de celles-ci, cette variation de flux aura donc pour valeur $2nS\mathcal{H}$.

La quantité d'électricité mise en jeu dans l'opération et exprimée en coulombs s'obtiendra en divisant ce flux par la résistance R du circuit et par 10^8 : elle aura donc pour valeur :

$$\frac{2nS\mathcal{H}}{10^8 R} \text{ coulombs.}$$

Si, au lieu de faire tourner le cadre de 180 degrés, on lui avait seulement imprimé une rotation de 90 degrés, le flux se

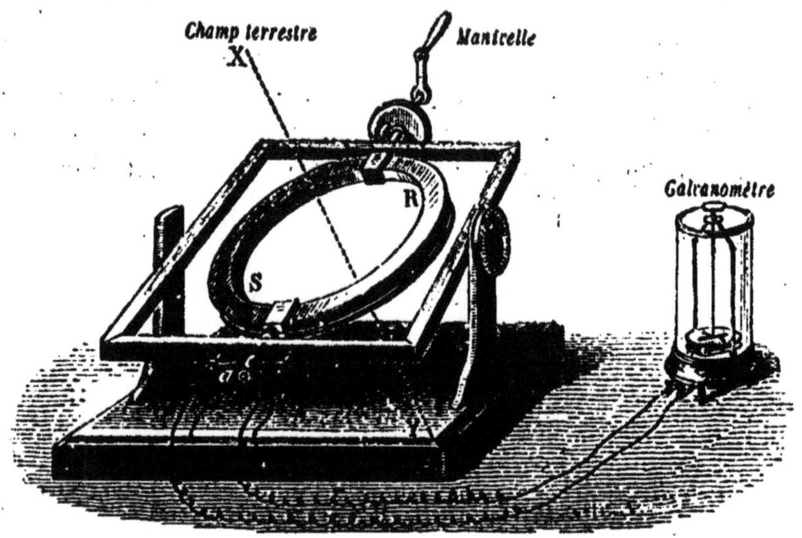

FIG. 202. — CERCEAU DE DELEZENNE.

Lorsque la bobine RS tourne autour d'un axe normal au champ terrestre, les variations du flux qui la traverse y déterminent des courants alternatifs qui changent de sens, au moment où le plan de la bobine est normal au champ.

serait simplement annulé, au lieu de changer de signe, et la quantité d'électricité induite eût été moitié moindre.

Quand la position du cadre n'est pas, au début, normale au champ et qu'on le retourne sur lui-même, les mêmes considérations s'appliquent, à cela près que, dans le calcul de la variation du flux, la valeur $\mathcal{H}$ du champ doit être remplacée par sa composante normale au plan du cadre.

On n'obtiendrait, par conséquent, aucun courant si l'axe de rotation était parallèle au champ.

Courants alternatifs. — Au lieu de faire tourner brusquement le cerceau, imprimons-lui une rotation continue et uniforme. Le flux qui le traverse variera périodiquement et passera, à chaque tour, par un maximum et par un minimum lorsque le plan du cerceau sera normal au méridien magnétique. Il se produira alors dans les spires des courants alternatifs qui changeront de signe pour ces deux positions du cerceau et qui atteindront leur plus grande intensité lorsqu'il sera parallèle au méridien magnétique.

On peut recueillir ces courants de deux façons, soit en leur conservant leur caractère alternatif, soit en les redressant.

Dans le premier cas, on rattache chacune des extrémités du fil conducteur à une bague métallique isolée, montée sur l'axe

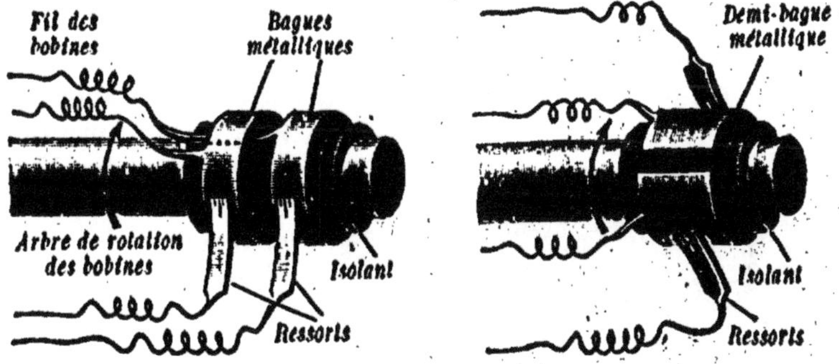

FIG. 203.   FIG. 204.

COLLECTEURS DE COURANTS DANS LES MACHINES A INDUIT TOURNANT.

FIG. 203. — Les extrémités de la bobine induite aboutissent à deux bagues isolées montées sur l'axe de rotation. On recueille des courants *alternatifs* dans le fil qui relie les ressorts.

FIG. 204. — Les extrémités de la bobine induite aboutissent à deux demi-bagues isolées. On recueille des courants *redressés* dans le fil qui réunit les ressorts.

de rotation, et sur laquelle appuie constamment un petit ressort conducteur (fig. 203). Les deux ressorts sont reliés, d'autre part, au circuit extérieur dans lequel on veut diriger les courants alternatifs.

Pour redresser les courants, on attache chacune des extrémités du circuit induit à une des moitiés d'une bague métallique isolée, montée sur l'axe de rotation et fendue suivant deux génératrices opposées (fig. 204). Sur les demi-bagues appuient deux ressorts conducteurs dont les points de contact sont diamétralement opposés. Pour chacun d'eux, le contact passe d'une demi-bague à l'autre précisément au moment même où les courants induits changent de sens dans le cadre : il en résulte que, dans le circuit extérieur qui est fermé sur les ressorts, le courant s'annule périodiquement et passe par des maxima successifs, mais sans jamais changer de sens.

CHAPITRE VIII

MACHINES FONDÉES SUR L'INDUCTION

I. MACHINES A COURANTS CONTINUS

240. Machine magnéto-électrique de Gramme. — Cette machine est le type des machines industrielles à courants continus, et son invention a donné un prodigieux essor aux applications si diverses du courant électrique.

Champ inducteur. — Le champ inducteur est constitué par un aimant en fer à cheval dont les extrémités en regard sont creusées suivant une surface cylindrique normale à la direction des lignes de force. Entre les pôles de l'aimant est placé un cylindre annulaire concentrique en fer doux (fig. 205).

En raison de la très grande perméabilité du fer, les lignes de force qui émanent du pôle nord de l'aimant pénètrent dans la face voisine de l'anneau, s'y

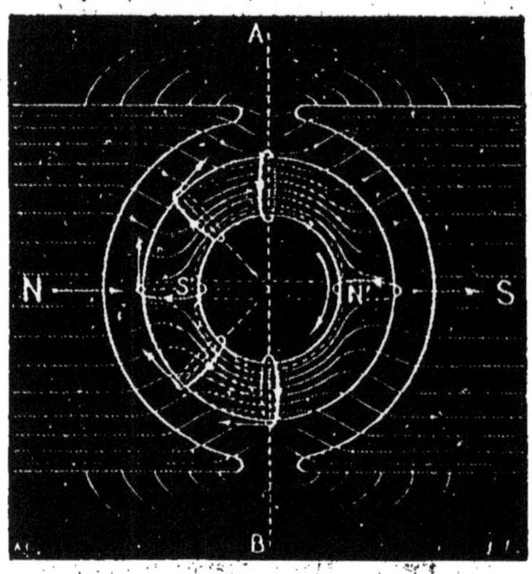

FIG. 205.

CHAMP D'UNE MACHINE DE GRAMME AU REPOS.
Les lignes de force qui vont d'un pôle à l'autre de l'aimant inducteur passent surtout dans l'anneau de fer doux et forment deux faisceaux qui se resserrent dans la région diamétrale AB. C'est dans cette région neutre que le flux de force qui entre par une face déterminée des spires atteint ses valeurs maxima et minima.

partagent en deux faisceaux égaux et ressortent par la face opposée, pour s'absorber enfin au pôle sud. Il résulte de là que, dans les *entre-fers* compris entre l'aimant et l'anneau, le champ est extrêmement intense et à peu près normal aux surfaces en regard; seulement, d'un côté, il est dirigé du pôle nord vers l'anneau et, de l'autre, de l'anneau vers le pôle sud. Nous appellerons *ligne neutre* le diamètre AB qui sépare les deux zones de l'anneau aimantées en sens contraire.

Aucune ligne de force ne traverse le creux de l'anneau et le champ y est, par conséquent, à peu près nul.

Cette distribution se démontre très facilement par l'expérience du spectre magnétique : on dispose l'aimant et son anneau horizontalement et on les recouvre d'une plaque de verre qu'on saupoudre de limaille; celle-ci ne s'oriente point dans le creux, mais elle forme, dans les entre-fers, un faisceau serré de petites lignes normales à leurs parois.

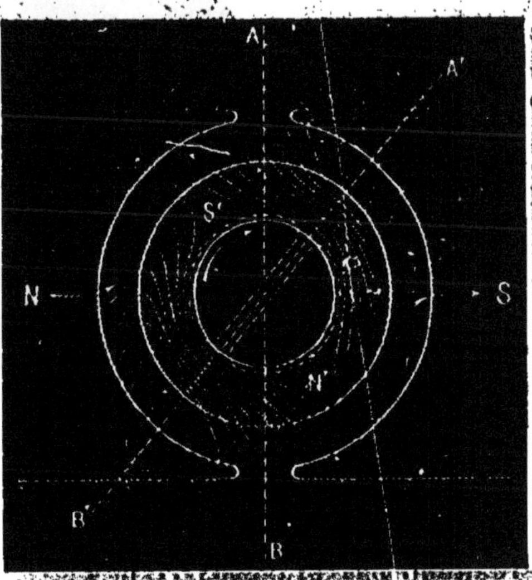

FIG. 206.

CHAMP D'UNE MACHINE DE GRAMME EN ACTIVITÉ. Lorsque la machine fonctionne comme génératrice, la ligne neutre se trouve légèrement entraînée dans le sens de la rotation de l'anneau. Cet effet est dû à la self-induction et à l'hystérésis de l'anneau de fer.

Si l'on suppose maintenant que l'anneau de fer doux tourne autour de son axe, la distribution des lignes de force restera la même, à cela près que l'hystérésis interviendra pour déplacer légèrement la ligne neutre dans le sens même de la rotation (fig. 206).

Pour éviter les courants de Foucault qui, dans ces conditions, se produiraient dans l'anneau, on constitue celui-ci par un fil de fer doux recouvert de vernis et enroulé un grand nombre de fois sur lui-même, de manière à former un faisceau circulaire dont les spires sont isolées les unes des autres.

Circuit induit. — Le circuit induit est un fil de cuivre enroulé dans le même sens tout autour de l'anneau et dont les extrémités se rejoignent (fig. 207). Il est partagé en sections égales, comprenant chacune un même nombre de spires, et aux divers points de partage, c'est-à-dire aux points où finit une section et où commence la suivante, il est soudé à l'un des bras *n* d'une équerre de cuivre dont l'autre bras est parallèle à l'axe de l'anneau. Toutes les équerres sont isolées les unes des autres et fixées sur un bloc de buis qui est monté sur l'axe de

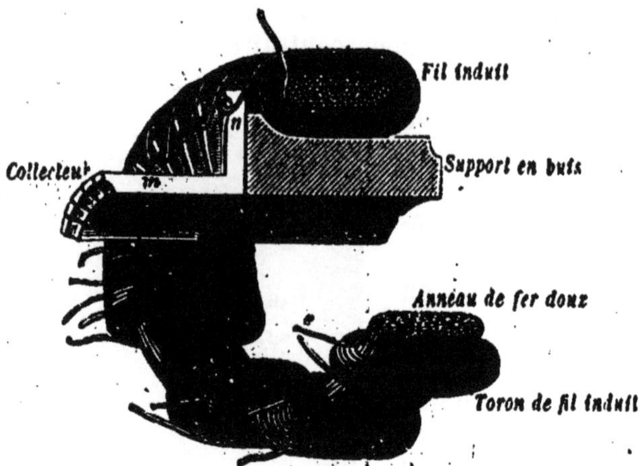

FIG. 207. — ANNEAU DE GRAMME.
Le fil induit, fermé sur lui-même, est enroulé toujours dans le même sens autour de l'anneau de fil de fer doux et il communique de distance en distance avec les lames isolées du collecteur sur lequel s'appuient les balais.

rotation. Les branches *m* des équerres forment une sorte de gaine autour de cet axe, et deux *balais* de fil ou de toile métallique, en cuivre rouge, frottent constamment sur les parties supérieure et inférieure de cette gaine. Ces balais sont montés sur des bornes *c* et *i* (fig. 208), où viennent s'attacher les extrémités du circuit extérieur dans lequel sera dirigé le courant fourni par la machine.

L'ensemble des balais et des équerres porte le nom de *collecteur*.

247. Fonctionnement de la machine comme génératrice. — Lorsqu'on imprime à l'anneau une rotation uniforme autour de son axe, le circuit induit est entraîné dans le champ et l'expérience montre que le circuit extérieur est parcouru par un courant constant, dont le sens dépend, d'ailleurs, du sens de la rotation.

Pour nous rendre compte de ce qui se passe alors, nous pouvons imaginer, puisque cela ne modifie pas le champ inducteur, que l'anneau de fer doux reste immobile et que le circuit induit tout entier glisse sur lui, en entraînant le collecteur.

Supposons, par exemple, que la rotation ait lieu dans le sens dès aiguilles d'une montre et considérons une spire en particulier (fig. 265). Lorsque cette spire passe de l'une des extrémités B de la ligne neutre à l'autre A, en suivant la moitié gauche de l'anneau, la partie rectiligne de cette spire qui se trouve dans

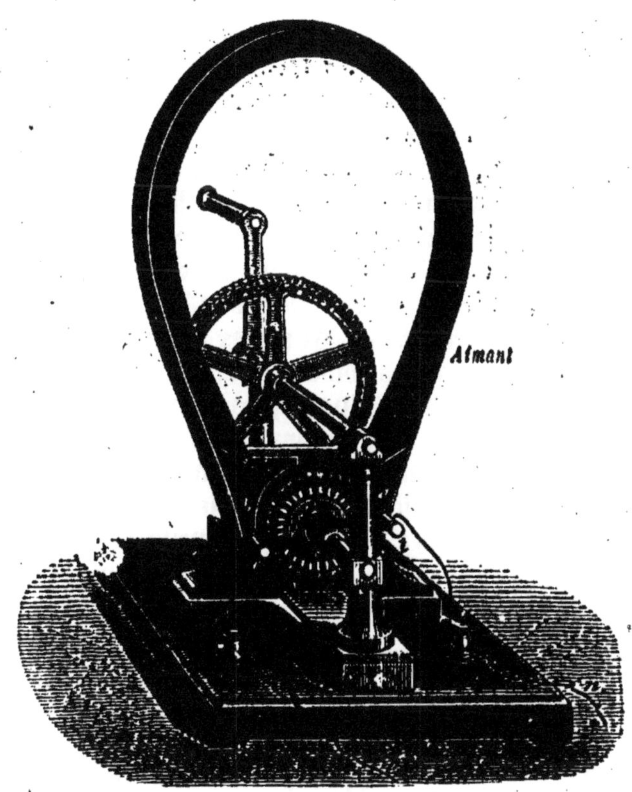

FIG. 208. — MACHINE MAGNÉTO-ÉLECTRIQUE DE GRAMME.
L'anneau tourne entre les pôles d'un aimant en fer à cheval ; les lames du collecteur qui passent sur la ligne neutre touchent deux balais métalliques reliés aux extrémités du circuit extérieur dans lequel on dirige le courant continu de la machine.

l'entre-fer coupe constamment les lignes de force dans le même sens, et elle est, par conséquent, le siège d'un courant induit qui, d'après la règle du § 235, est dirigé d'avant en arrière du plan de la figure. On peut en dire autant de toutes les spires qui se trouvent à gauche de la ligne neutre ; de telle sorte que la moitié gauche du circuit induit est parcourue par un courant qui, suivant le sens de l'enroulement, ira de A vers B ou de B vers A. Supposons, pour fixer les idées, que ce soit de A vers B.

Imaginons maintenant que la spire, continuant son mouvement, revienne de A vers B, en suivant la moitié droite de l'anneau. La règle du § 235 indique alors que, dans la partie du fil comprise dans l'entre-fer, le courant induit changera de sens et sera dirigé d'arrière en avant du plan de la figure. Le même effet se produira pour toutes les spires qui se trouvent à droite de la ligne neutre, et, comme l'enroulement est le même, les deux moitiés du circuit, séparées par cette ligne neutre, se trouveront donc parcourues par des courants de sens contraires, qui iront tous deux de A vers B.

On peut encore présenter autrement la théorie de la machine de Gramme. Remarquons que les lignes de force qui vont d'un pôle de l'aimant inducteur à l'autre passent surtout dans l'anneau de fer doux et qu'elles forment deux faisceaux qui se resserrent dans la région diamétrale AB. C'est dans cette région neutre que le flux traversant les spires atteint ses plus grandes valeurs absolues. On voit aisément que, si l'on considère le flux qui entre par la *même* face d'une spire allant de B vers A sur la moitié gauche de l'anneau, ce flux varie constamment dans le même sens et passe d'une valeur maxima, par exemple, à une autre minima, égale et de signe contraire. Dès lors, pendant ce mouvement, la spire sera toujours parcourue par un courant de même sens et il en sera, d'ailleurs, ainsi pour toutes les spires qui se trouvent à gauche de la ligne AB. Mais, pour toutes celles qui se trouvent à droite, le flux ira en augmentant de A vers B et elles se trouveront, par conséquent, parcourues par un courant de sens contraire.

Grâce au collecteur, les bornes de la machine communiquent toujours avec les points du circuit qui passent sur la ligne neutre. Si ces bornes sont libres, les courants qui parcourent les deux moitiés de l'anneau s'annuleront mutuellement dans le circuit induit ; mais, si on fixe à ces bornes les extrémités d'un circuit extérieur, les deux courants s'ajouteront

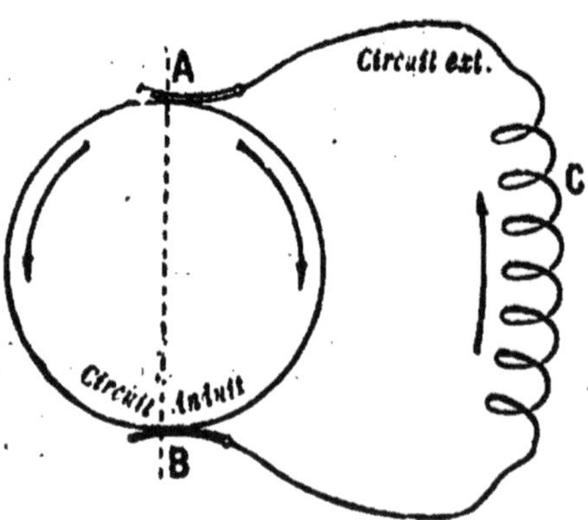

FIG. 209. — MARCHE DES COURANTS DANS LA MACHINE DE GRAMME.

Les courants induits dans les deux moitiés du fil qui entoure l'anneau s'ajoutent dans le circuit extérieur.

dans celui-ci et le parcourront de B vers A (fig. 209). La machine agira alors comme une pile dont B serait le pôle positif et A le pôle négatif.

Pour un champ inducteur déterminé, la force électromotrice obtenue est évidemment proportionnelle à la vitesse, puisqu'elle est en raison directe du flux coupé par seconde.

Le travail qu'on fournit à la machine pour vaincre les réactions de l'induit sur le champ extérieur se retrouvera à l'état d'énergie électrique, et l'on dit alors que la machine fonctionne comme *génératrice*.

Le *rendement*, c'est-à-dire le rapport entre l'énergie électrique recueillie et le travail dépensé pour l'obtenir, peut facilement atteindre 95 pour 100. Les pertes d'énergie sont principalement dues à l'échauffement des circuits, aux courants de Foucault dans les masses métalliques de la machine, à l'hystérésis du noyau de fer et aux frottements des parties tournantes.

Calage des balais. — La ligne neutre est légèrement entraînée dans le sens de la rotation, par suite de l'hystérésis et de la self-induction, et sa position réelle dépend évidemment du régime de la machine : il en est, par conséquent, de même du calage des balais. Pour pouvoir être placés facilement dans la position qui leur convient, ceux-ci sont fixés à l'aide d'isoloirs sur une pièce mobile concentrique au collecteur. On oriente cette pièce et on la cale par une vis de serrage à la place pour laquelle les étincelles qui jaillissent entre les lames du collecteur et les balais sont aussi faibles que possible.

248. Fonctionnement de la machine comme réceptrice. — La machine de Gramme est réversible et elle partage, d'ailleurs, cette propriété avec tous les appareils analogues à la roue de Barlow et dans lesquels un courant peut prendre un mouvement de rotation continue sous l'action d'un champ magnétique extérieur.

Quand on met les balais d'une machine de Gramme en communication avec les pôles d'une pile ou avec les bornes d'une *génératrice*, les deux moitiés du circuit sont parcourues par des courants qui, dans chacune, vont d'un même balai à l'autre. Le champ intense des entre-fers exerce alors sur les parties des spires qui s'y trouvent des forces électro-magnétiques qui sont tangentes à l'anneau et qui concordent pour entraîner celui-ci dans le même sens. On peut utiliser la rotation de l'anneau à la production d'un travail qui est équivalent à l'énergie électrique fournie à la machine : la chute de potentiel qui règne entre les balais surpasse alors celle qui est due à la résistance, d'une quantité *e*, qui représente la force électromotrice inverse (§ 215), et qui est proportionnelle à la vitesse.

Il est bien clair que, pour un même sens de rotation, les courants qui parcourent les spires sont inverses, quand la machine fonctionne comme génératrice et quand elle agit comme réceptrice. Dès lors, si nous accouplons deux machines identiques, en reliant par des fils métalliques leurs balais de même nom, et si nous actionnons directement l'une d'elles, l'autre se mettra à tourner dans le même sens sous l'influence du courant qu'elle recevra et elle transformera en travail la partie de l'énergie électrique développée par la génératrice qui ne se sera pas dépensée en chaleur, le long du circuit intermédiaire. On peut employer pour actionner la génératrice une machine à vapeur, une turbine, etc., et recueillir ainsi sur une réceptrice éloignée une notable partie de l'énergie dépensée. Ainsi se trouve résolu, d'une façon pratique, l'important problème du *transport de l'énergie à distance*, problème sur lequel nous aurons, d'ailleurs, à revenir.

Calage des balais. — La ligne neutre est aussi déplacée dans les réceptrices, mais en sens inverse de la rotation. On observe, en effet, que, pour éviter les étincelles entre le collecteur et les balais, il faut caler ceux-ci un peu en avant du diamètre vertical de l'anneau.

219. Bobine de Siemens. — Le champ magnétique étant nul dans le creux de l'anneau, les parties des spires induites qui y passent ne coupent aucun flux et sont, par conséquent, inactives. C'est pour éviter cet inconvénient que Siemens a imaginé l'enroulement en *tambour*.

Dans la *bobine de Siemens*, le noyau de fer doux est un cylindre formé de rondelles de tôle appliquées les unes contre les autres, et isolées par des feuilles de papier, pour éviter les courants de Foucault. Le circuit induit, fermé sur lui-même, comme dans l'*anneau de Gramme*, est enroulé de la façon que voici : chaque tour de fil traverse diamétralement l'une des bases du cylindre, suit l'une des génératrices, traverse encore diamétralement l'autre base et revient par la génératrice opposée, en formant ainsi une sorte de cadre dont le plan passe par l'axe de rotation de la bobine (fig. 210). Les parties rectilignes des cadres successifs se juxtaposent sur la surface latérale du noyau de fer doux.

Le plus ordinairement, on recouvre ainsi ce noyau de deux couches de fil qu'on enroule de proche en proche en tournant dans le même sens et qui ne forment cependant qu'un seul circuit. Ces deux couches sont divisées en un même nombre de sections égales, dix par exemple, dont chacune communique avec une des vingt lames d'un collecteur analogue à celui de Gramme. Deux lames opposées correspondent à deux sections qui se recouvrent exactement, de telle sorte que, pour aller d'une de ces lames à l'autre, il faut parcourir entièrement l'une ou l'autre des deux couches de fil.

Les courants induits qui se développent dans les parties rectilignes d'un même cadre, lorsque la bobine tourne dans le champ de l'aimant inducteur,

sont toujours concordants et changent de sens au moment où le cadre passe à la ligne neutre. D'ailleurs, on voit aisément que, dans les parties du circuit induit, formées par deux sections qui se recouvrent, ces courants marchent en sens inverse, puisque ces sections sont, en réalité, enroulées en sens contraire *l'une par rapport à l'autre*.

Dès lors, si les balais, auxquels aboutissent les extrémités du circuit extérieur, appuient constamment sur les lames des sections qui passent à la ligne neutre, les courants opposés qui circulent dans les deux couches de fil s'ajouteront dans le circuit extérieur,

Noyau de fer doux

FIG. 210. — BOBINE DE SIEMENS.

Le circuit induit fermé sur lui-même est enroulé en deux couches sur un tambour cylindrique en fer doux. Le plan de chaque cadre de fil est parallèle à l'axe du cylindre qui est aussi l'axe de rotation de la bobine. On recueille le courant à l'aide d'un collecteur analogue à celui de Gramme.

par un effet analogue à ce qui se passe dans l'anneau de Gramme.

L'enroulement en tambour et l'enroulement en spires sont indifféremment employés; cependant l'anneau de Gramme est plus facile à assujettir, et, en cas d'accident, se répare plus facilement que la bobine de Siemens.

250. Dynamos. — Les machines industrielles, que l'on nomme *dynamos*, ne diffèrent des machines magnéto-électriques qu'en ce que l'inducteur, au lieu d'être un aimant, est un système *d'électro-aimants*. On obtient ainsi, à dimensions égales, un champ magnétique plus puissant et, par suite, des courants induits plus intenses.

Les électros sont, la plupart du temps, excités par le courant même de la machine et il suffit alors d'une trace de magnétisme rémanent dans leur noyau, qui est en fonte douce, pour que la machine *s'amorce* d'elle-même. Cette faible aimantation développe, dès que la rotation commence, un courant induit, d'abord peu intense, qui augmente le magnétisme des électros. Le champ inducteur et l'intensité des courants induits s'accroissent ainsi mutuellement et la machine atteint rapidement son régime régulier.

La force électromotrice, pour une vitesse de rotation déterminée, est alors fonction de l'intensité du courant; et le calcul montre que toutes les propriétés de la machine sont connues lorsqu'on connaît la courbe $y = f(I)$ qui représente pour chaque intensité I la valeur de la force électromotrice y relative à une

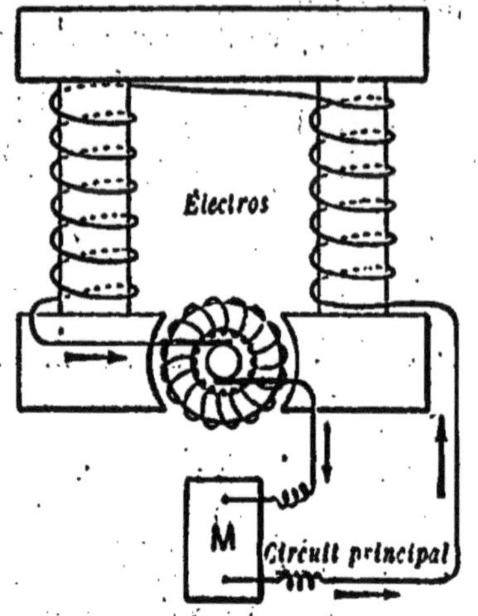

FIG. 211.

EXCITATION D'UNE DYNAMO EN SÉRIE.

Les électros sont excités par un circuit à fil gros dans lequel passe tout le courant fourni par la machine.

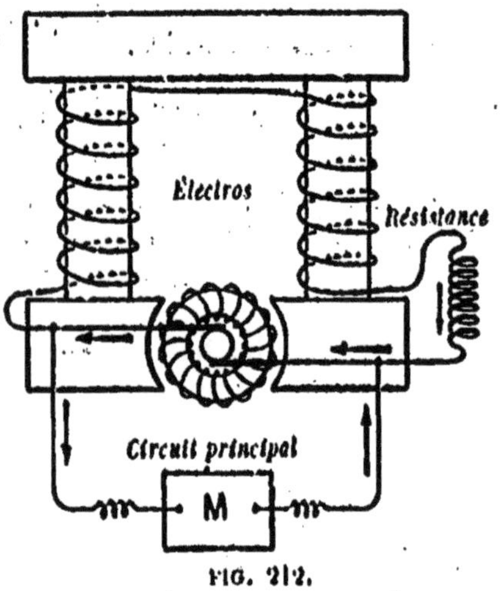

FIG. 212.

EXCITATION D'UNE DYNAMO EN DÉRIVATION.

Les électros sont excités par un circuit de fil fin dont on peut, d'ailleurs, faire varier la résistance et dans lequel ne passe qu'une partie du courant fourni par la machine.

vitesse d'un tour par seconde : cette courbe se nomme la *caractéristique* de la machine.

Excitation des dynamos en série. — La totalité du courant fourni par la machine passe dans le fil des électros (fig. 211), de telle sorte que l'induit, le fil des électros et le conducteur extérieur ne forment qu'un même circuit.

La résistance de l'inducteur est, d'ailleurs, assez faible : on constitue celui-ci par un petit nombre de tours de gros fil.

Pour une même vitesse de rotation, le courant s'affaiblit quand la résistance extérieure augmente; il en est alors de même du champ inducteur et, par suite, de la force électromotrice.

Excitation en dérivation. — Le fil des électros est en dérivation sur le fil de l'induit, de telle sorte que le courant fourni par la machine se partage : une partie circule dans les bobines inductrices, l'autre dans le conducteur extérieur.

Pour ne pas trop affaiblir le courant, on donne à l'inducteur une résistance relativement considérable, en enroulant autour des électros un grand nombre de spires de fil fin (fig. 212).

Lorsque la résistance extérieure augmente, le courant passe de préférence dans la dérivation et accroît le champ inducteur, dès lors, pour une même vitesse de rotation, la force électromotrice augmente en même temps que la résistance extérieure, contrairement à ce qui se passe pour une machine excitée en série.

Excitation compound. — Le calcul montre que, en combinant convenablement sur une même machine les deux modes d'excitation précédents, on peut arriver à rendre indépendante de la résistance extérieure la différence de potentiel qui, pour une vitesse de rotation donnée, règne entre les balais de la machine.

Les dynamos excitées de cette façon ont reçu le nom de *compound* : c'est une d'elles que représente la figure 213.

251. Transport de l'énergie à distance. — Comme nous l'avons indiqué au § 248, cette importante application industrielle

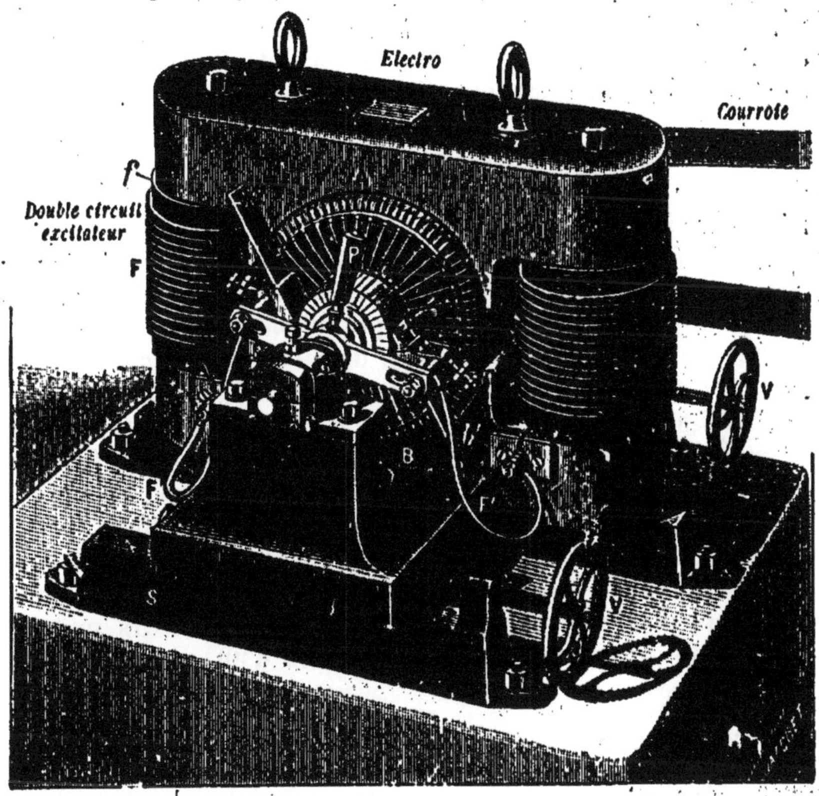

FIG. 213. — DYNAMO COMPOUND.
Sur cette dynamo, on a combiné l'excitation en série et l'excitation en dérivation, de façon à rendre la différence de potentiel entre les balais indépendante du circuit extérieur.

de l'électricité repose sur la réversibilité des machines magnéto-électriques ou dynamo-électriques.

Une turbine ou une machine à vapeur actionne directement une dynamo *génératrice*, et le courant produit anime une dynamo *réceptrice* reliée à la première par des fils conducteurs qui peuvent avoir une grande longueur. On recueille ainsi sur la réceptrice une partie de l'énergie fournie par la génératrice ; le reste se dépense en chaleur, le long du circuit ou dans les frottements des parties tournantes.

L'extension qu'a prise ce mode de transport de l'énergie en ces dernières années est telle qu'il est superflu d'insister sur son importance. Grâce à lui, l'industrie a pu utiliser des chutes d'eau puissantes, mais dans le voisinage desquelles il eût été impossible de construire des usines : captée par une turbine et par une génératrice, l'énergie de ces chutes donne la vie à des établissements souvent fort éloignés mais placés dans de bonnes conditions économiques, au voisinage d'une route ou d'une ligne de chemin de fer, par exemple.

Les grandes usines électriques établies dans les faubourgs d'une ville distribuent aux divers points de celle-ci l'énergie nécessaire à la petite industrie.

Les *trains électriques*, les *tramways à trolley* sont animés par une dynamo réceptrice dont l'anneau est monté sur un des essieux du véhicule. Le courant qui actionne cette dynamo est fourni par une machine puissante dont l'un des balais est relié aux rails de la ligne et dont l'autre communique avec un *conducteur isolé*, disposé parallèlement à la ligne et dans toute sa longueur. Les bornes de la réceptrice sont reliées à des *frotteurs* qui s'appuient constamment sur le conducteur isolé et sur les rails, de façon à emprunter le courant de la génératrice.

Dans les automobiles *électriques*, l'organe moteur est une dynamo actionnée par le courant que donne une batterie d'accumulateurs placés sous le véhicule. Ces accumulateurs sont rechargés ou remplacés après un parcours d'un certain nombre de kilomètres.

232. Coefficient de rendement. — Le coefficient de rendement, dans un transport d'énergie, est le rapport entre le travail utilisable à la réceptrice et l'énergie développée par la génératrice. Il est facile d'en obtenir l'expression, lorsqu'on ne tient pas compte des pertes qui résultent des frottements, des vibrations, des courants de Foucault et de l'hystérésis. Supposons, en effet, qu'un régime régulier se soit établi entre les deux machines ; nous pourrons alors répéter à ce propos un raisonnement analogue à celui qui a été fait au § 118.

Soient I' l'intensité du courant et R la résistance du circuit entier, comprenant le conducteur intermédiaire et les machines elles-mêmes. Si l'on désigne par E la force électromotrice produite par la génératrice et par e la force contre-électromotrice introduite dans le circuit par la réceptrice, le principe de la conservation de l'énergie se traduira par l'équation

$$EI' = eI' + RI'^2.$$

Cette relation exprime que, de l'énergie EI' fournie en une seconde par la génératrice, une partie eI' est recueillie à la réceptrice, tandis que l'autre RI'^2 se dépense en chaleur, le long du circuit.

Le rendement théorique est alors $\dfrac{eI'}{EI'}$, c'est-à-dire $\dfrac{e}{E}$.

On peut, d'ailleurs, en donner une autre expression : supposons que, la génératrice conservant la même vitesse et par suite la même force électromotrice, on *cale* la réceptrice; l'intensité du courant prendra une nouvelle valeur I, telle que

$$EI = RI^2$$

puisque la réceptrice ne fournit plus aucun travail.

On déduit des relations précédentes

$$\frac{E-e}{E} = \frac{I'}{I} \quad \text{et, par conséquent,} \quad \frac{e}{E} = 1 - \frac{I'}{I}.$$

On voit par là que le rendement sera d'autant plus voisin de l'unité que le courant I' sera moindre; c'est-à-dire que le transport sera d'autant plus économique que l'intensité du courant employé sera plus faible.

253. Maximum de puissance utilisable. — On peut aussi se proposer de rechercher quel est le régime d'une réceptrice qui, pour une vitesse déterminée de la génératrice, permet d'utiliser le travail maximum.

En conservant les notations précédentes, on voit que le travail eI' recueilli en une seconde à la réceptrice, quand l'intensité du courant est I', a pour valeur

$$eI' = EI' - RI'^2$$

ou bien, en remplaçant E par RI,

$$eI' = RI'(I - I').$$

Le second membre est un produit de deux facteurs, dont la somme est constante et qui, par suite, est maximum quand les deux facteurs sont égaux,

c'est-à-dire quand $\qquad I' = I - I' \quad \text{ou} \quad I' = \frac{I}{2}.$

Pour utiliser la puissance maxima, il faut donc disposer les outils entraînés par la réceptrice de telle façon que le courant soit la moitié de celui qu'on obtient quand la réceptrice est calée.

Dans ces conditions, le rendement théorique est 0,50.

La force contre-électromotrice e est la moitié de E; si les machines sont identiques, la vitesse de la réceptrice sera alors la moitié de celle de la génératrice.

Enfin, la puissance utilisable maxima a pour valeur

$$\frac{RI^2}{4} \quad \text{ou} \quad \frac{E^2}{4R}.$$

254. Conditions économiques d'un transport d'énergie. — Le problème qu'on a le plus souvent à résoudre dans un transport d'énergie est le suivant : Étant donnée une puissance W, qui doit être utilisée à une certaine distance, comment faut-il établir les appareils et le circuit intermédiaire pour que le rendement soit le meilleur et pour que l'installation soit économique?

C'est là un problème complexe dont il faudra rechercher la solution dans chaque cas particulier, suivant le prix des machines, des fils conducteurs, etc. Cependant, on peut, *a priori*, donner quelques indications générales.

Conservons les notations précédentes. Pour que le rendement soit maximum, il faut que la puissance RI'^2, qui se dégrade le long du circuit, soit aussi faible que possible par rapport à la puissance disponible $W = EI'$.

Or, le rapport $\dfrac{RI'^2}{W}$ s'écrit $\dfrac{RW}{E^2}$.

La perte sera donc d'autant moindre que le rapport $\dfrac{R}{E^2}$ sera plus petit. Lorsque la génératrice et la réceptrice sont très éloignées, l'installation d'un conducteur intermédiaire de faible résistance, c'est-à-dire de gros diamètre, deviendrait onéreuse, en raison du prix élevé du cuivre et des dépenses considérables qu'entraînent la pose et l'isolement d'un conducteur très lourd. On préfère employer des fils ayant seulement quelques millimètres de diamètre ; mais il faut alors, pour éviter une perte trop grande, que la force électromotrice de la génératrice soit aussi élevée que possible.

On peut donc dire, d'une façon générale, que *le transport électrique de l'énergie à longue distance n'est économique que s'il s'effectue sous des potentiels élevés et, par conséquent, sous des intensités relativement faibles.*

Certaines machines industrielles à courant continu donnent jusqu'à 2500 volts. Pour transporter 25 000 watts (environ 33 chevaux), en employant l'une de ces machines comme génératrice, il faudra utiliser un courant de 10 ampères. Si l'on veut que la perte n'excède pas 10 pour 100, il conviendra que la résistance du circuit soit au plus de 25 ohms. Pour une distance de 5 kilomètres, on pourra, dans ces conditions, faire usage d'un fil de cuivre ayant 2 millimètres de diamètre dont le prix sera de 450 francs.

Nous verrons plus loin que l'emploi des courants alternatifs et des transformateurs donne une autre solution du même problème économique.

2. MACHINES A COURANTS ALTERNATIFS

255. Machine de Gramme à courants alternatifs ou Alternateur. — Le principe de toute machine à courants alternatifs a été décrit au § 244. L'organe essentiel est une bobine à noyau de fer doux à travers laquelle le flux d'induction varie périodiquement et qui se trouve alors parcourue par des courants induits allant successivement dans un sens et dans l'autre.

Dans l'alternateur de Gramme, l'induit est fixe; il est constitué par un noyau de fils de fer doux, qui a la forme d'un tambour cylindrique et qui est recouvert de spires conductrices parallèles aux génératrices du cylindre. Ces spires sont partagées en huit sections alternativement enroulées en sens contraires (fig. 214) et chacune de ces *sections* est elle-même divisée en quatre *torons*.

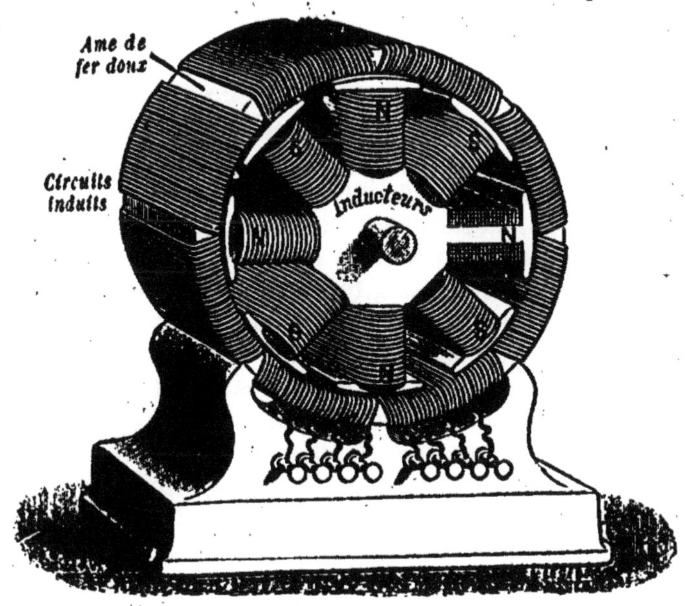

FIG. 214.

MACHINE DE GRAMME À COURANTS ALTERNATIFS.

L'induit, constitué par des spires conductrices enroulées sur un cylindre de fer doux, est fixe. L'inducteur tourne à l'intérieur du cylindre et il est formé de huit électro-aimants, à pôles alternés, excités par une dynamo spéciale. Le fil induit est partagé en sections qu'on peut coupler à volonté.

Les torons de même ordre sont reliés en série et forment ainsi quatre circuits distincts.

L'inducteur est formé de huit électro-aimants à pôles alternés, excités par une dynamo spéciale à courant continu. Cet inducteur tourne à l'intérieur du tambour en entraînant le flux d'induction qui est alors coupé par les parties du fil induit repliées dans le tambour. On voit aisément que, dans chaque toron, l'intensité du courant est maxima au passage des pôles de l'inducteur, puisque c'est alors que le champ coupé a sa valeur la plus grande. Le courant s'inverse dans chaque spire quand elle se trouve à égale distance de deux pôles inducteurs.

Comme les *sections* sont alternativement enroulée en sens

inverse, les huit torons d'un même circuit se trouvent à tout instant dans la même phase d'induction et leurs courants s'ajoutent.

Chacun des quatre circuits est alors parcouru par un courant alternatif dont la période est égale au quart de la durée de rotation de l'inducteur.

On peut, d'ailleurs, s'il en est besoin, coupler les circuits ou même les réunir en un seul.

Des dispositions très diverses ont été, en ces dernières années, données aux alternateurs. D'une manière générale, on a cherché à augmenter à la fois leur puissance et leur force électromotrice. Certains modèles, destinés soit au transport de la force, soit à l'éclairage, développent plusieurs centaines de kilowatts sous des différences de potentiel qui atteignent 3000 volts.

256. Effets des courants alternatifs. — On appelle *fréquence* d'un courant alternatif le nombre de ses périodes par seconde; dans les machines industrielles, cette fréquence est de 60 à 200. Les courants que donnent ces machines se rapprochent plus ou moins de la forme sinusoïdale, suivant que la fréquence est plus ou moins grande, parce que les phénomènes de self-induction interviennent d'autant plus activement que la période est plus courte.

L'intensité moyenne d'un courant alternatif est nulle, puisqu'il ransporte périodiquement des quantités égales d'électricité dans les deux sens; aussi un tel courant ne provoque-t-il aucune décomposition dans un voltamètre.

En revanche, les courants alternatifs échauffent les conducteurs comme les courants continus et peuvent être, par conséquent, utilisés pour l'éclairage. La chaleur dégagée dans un fil résistant étant, en effet, proportionnelle au carré de l'intensité du courant ne dépend nullement du sens de celui-ci.

Pour caractériser commodément les effets d'un courant alternatif, on emploie les désignations suivantes :

On appelle *intensité efficace I* d'un courant alternatif donné l'intensité que devrait avoir un courant continu pour produire dans le même temps le même dégagement de chaleur. Cette intensité efficace se mesure aisément par un procédé calorimétrique.

On appelle *différence de potentiel efficace* entre les points A et B du circuit la quantité E par laquelle il faut multiplier l'intensité efficace I pour avoir la puissance totale disponible entre A et B.

Cette puissance se mesure au moyen d'un appareil spécial nommé *wattmètre* : en la divisant par l'intensité I, on a le voltage efficace E.

257. Emploi d'un alternateur comme réceptrice. — Les machines à courants alternatifs sont réversibles comme celles à courants continus et peuvent être aussi employées comme réceptrices. Les électros, excités par une dynamo indépendante, se mettent à tourner dans un sens ou dans l'autre, d'ailleurs, lorsqu'on lance des courants alternatifs dans les spires enroulées sur le tambour cylindrique. Seulement, comme le nombre des points morts est considérable, ces réceptrices ne démarrent généralement pas en charge ; il faut, avant de leur faire entraîner les outils qu'elles doivent animer, leur communiquer à la main une vitesse voisine de celle qu'elles auront normalement et qui doit être telle qu'à chaque période du courant alternatif deux électros de même nom successifs repassent devant la même spire.

258. Transformation d'une machine à courant continu en alternateur. — Le courant qui parcourt une section déterminée d'un anneau de Gramme change de sens au moment où cette section passe à la ligne neutre et il en résulte que, pendant la rotation de l'anneau, la section est le siège de courants alternatifs. On peut aisément recueillir ceux-ci dans un circuit extérieur : il suffit pour cela de relier les extrémités de la section à deux bagues isolées, montées sur l'arbre de la machine, et contre lesquelles s'appuieront d'une façon permanente deux

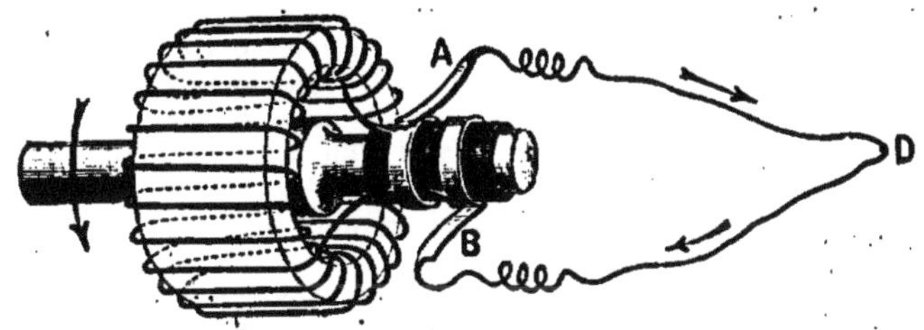

FIG. 215. — TRANSFORMATION D'UNE DYNAMO CONTINUE EN ALTERNATEUR.

On relie deux points diamétralement opposés de l'anneau à deux bagues montées sur l'arbre de rotation et contre lesquelles s'appuient les extrémités du circuit extérieur.

ressorts ou deux balais (fig. 215). Un circuit extérieur aboutissant à ces balais sera nécessairement parcouru par le même courant alternatif que la section considérée.

Il est aisé de voir qu'on obtiendra le même effet en reliant les deux bagues à deux spires diamétralement opposées de l'anneau.

259. Courants polyphasés. — Considérons, par exemple, la disposition que nous venons de décrire. L'intensité du courant qui circule dans le conducteur extérieur varie périodiquement ; mais, à un instant déterminé, elle a la même valeur I en tous les points du circuit ADB (fig. 215). Or, au lieu de dire que la partie DB est alors parcourue, de D vers B, par un courant d'intensité I, nous pouvons tout aussi bien dire qu'elle est parcourue, de B vers D, par un courant d'intensité $-I$ et regarder, par conséquent, les fils AD et BD comme transportant, au même instant, vers le point D, des courants égaux et contraires.

Au lieu d'envisager le conducteur ADB comme le siège d'un même courant sinusoïdal, nous pouvons donc considérer le fil d'aller AD et le fil de retour BD, comme suivis *dans le même sens* par des courants alternatifs égaux, mais *décalés* l'un par rapport à l'autre d'une demi-période.

Une machine Gramme à courants continus pourrait aussi donner des courants *triphasés*, c'est-à-dire décalés les uns par rapport aux autres d'un tiers de période. Si l'on relie à trois viroles distinctes ABC (fig. 216), isolées sur

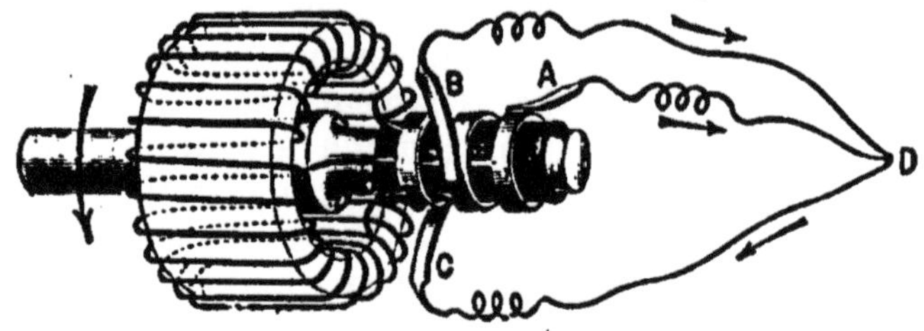

FIG. 216. — MACHINE À COURANTS TRIPHASÉS.

Pour obtenir des courants triphasés, on relie trois points équidistants de l'anneau de Gramme à trois bagues montées sur l'arbre de rotation et contre lesquelles s'appuient les extrémités de trois fils conducteurs reliés par l'autre bout.

l'arbre de la dynamo, trois spires de l'anneau équidistantes et que l'on adapte à des ressorts appuyant sur ces viroles les extrémités de trois fils conducteurs reliés entre eux par l'autre bout, ceux-ci pourront être regardés comme parcourus dans le même sens, vers le point D par exemple, par des courants alternatifs successivement décalés d'un tiers de période. Le calcul montre qu'à *tout instant la somme algébrique des intensités de ces courants est nulle*, de telle sorte que l'un quelconque des fils peut être regardé comme le fil de retour des deux autres.

On construit aussi des dynamos triphasées analogues à l'alternateur de Gramme et dans lesquelles les inducteurs influencent successivement trois circuits distincts, dans l'intervalle d'une même période. Ces machines n'ont ni collecteurs ni balais et c'est un avantage précieux, car l'expérience a montré que, dans les machines à potentiels élevés, ces organes, qui consomment d'ailleurs une partie de l'énergie, étaient rapidement mis hors de service par les étincelles qu'il est presque impossible d'éviter entre les ressorts et les bagues.

260. **Moteurs à champ tournant.** — Voici le principe de ces moteurs dont l'usage se répand de plus en plus dans la pratique industrielle.

Supposons que le fil qui entoure un anneau de Gramme soit simplement fermé sur lui-même et imaginons qu'un aimant inducteur tourne autour de cet anneau en lui présentant toujours le même pôle N (fig. 217). Les parties du fil induit, comprises dans les entre-fers, couperont le champ inducteur et il s'éveillera dans les spires des courants qui réagiront sur ce champ et gêneront son mouvement. Si l'anneau est fixe, l'aimant éprouvera pendant la rotation un frottement apparent et l'énergie dépensée à vaincre celui-ci se dégradera en chaleur dans l'induit. Mais, si l'anneau peut lui-même tourner, ce frottement apparent l'entraînera dans le même sens que le flux inducteur.

Il ne serait pas pratique de réaliser la rotation du champ par la rotation effective d'un aimant, mais on peut l'obtenir autrement :

Si l'on dispose en *étoile* trois bobines enroulées dans le même sens autour d'un noyau de fer doux et qu'on les excite par des courants triphasés, le calcul montre que les champs respectifs de ces bobines se composent comme des mouvements et donnent finalement un champ qui effectue, à chaque période des courants, une rotation complète autour du centre de l'étoile. Il suffit alors de placer dans l'espace compris entre les bobines un anneau de Gramme pour constituer *un moteur à champ tournant* (fig. 218).

Ces moteurs n'ont ni collecteurs ni balais ; ils démarrent en charge comme les réceptrices à courant continu ; enfin ils permettent l'usage économique des transformateurs. Ils offrent ainsi les avantages réunis des dynamos à courants continus et à courants alternatifs.

La seule précaution à prendre dans leur emploi consiste à ne pas brûler l'induit au moment du démarrage. En effet, les courants induits dans l'anneau sont proportionnels à la vitesse relative du champ par rapport à l'anneau. Dès lors, quand celui-ci est au repos et qu'on excite les bobines inductrices, ces courants sont nécessairement plus intenses que pendant la rotation et pourraient fondre le fil de l'anneau. Ce danger est surtout à

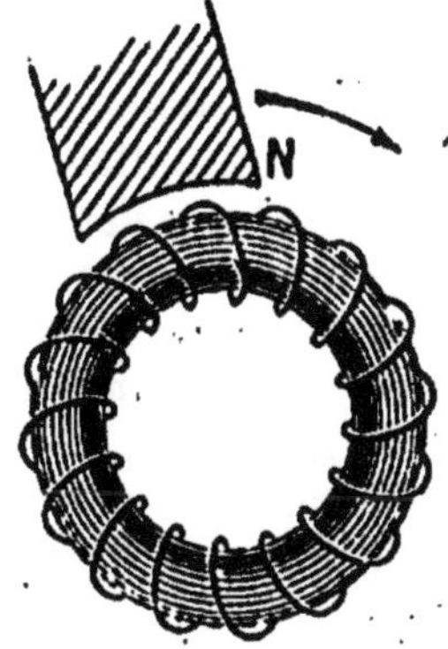

FIG. 217.

PRINCIPE DES MOTEURS À CHAMP TOURNANT.

Lorsqu'un anneau de Gramme est placé dans un champ magnétique tournant, les réactions du champ sur les courants induits qui se développent dans l'anneau impriment à celui-ci une rotation de même sens que celle du champ.

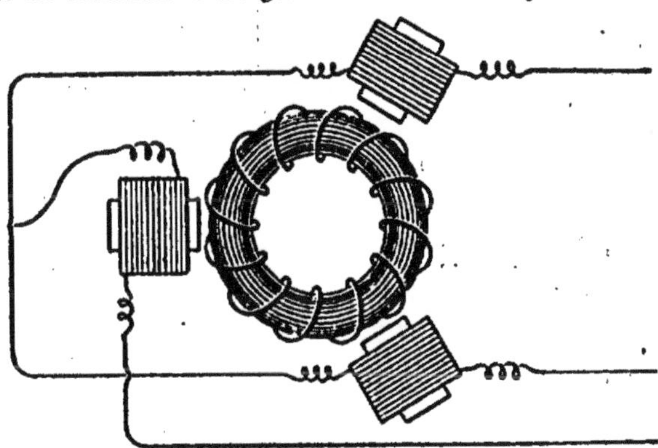

FIG. 218. — RÉCEPTRICE À COURANTS TRIPHASÉS.

C'est une machine à champ tournant dans laquelle la rotation du champ inducteur s'obtient en actionnant par des courants triphasés trois bobines placées en étoile autour de l'induit.

craindre dans les réceptrices puissantes. Pour l'éviter, on introduit, au moment du démarrage, une résistance supplémentaire dans l'induit et on attend pour mettre celui-ci en court-circuit qu'il ait acquis sa vitesse de rotation normale.

3. TRANSFORMATEURS

261. Principe des transformateurs. — Ces appareils se composent essentiellement d'un noyau intérieur de fer doux, constitué par des disques de tôle ou par des cercles de fil de fer empilés les uns sur les autres et noyés dans une substance isolante. Sur ce noyau annulaire sont enroulés deux circuits distincts, divisés le plus souvent en sections qui alternent les unes avec les autres.

Si dans l'un de ces circuits (*circuit primaire*) on dirige un courant alternatif, les variations périodiques de l'aimantation du noyau détermineront dans l'autre circuit (*circuit secondaire*) un courant alternatif de même période. La variation du flux d'induction étant la même pour chaque spire du primaire et du secondaire, les forces électromotrices aux extrémités des circuits sont sensiblement dans le même rapport que les nombres respectifs de leurs spires.

Si donc le primaire comprend moins de tours que le secondaire, la transformation élèvera le *voltage* et inversement.

D'ailleurs, dans un transformateur bien construit, l'hystérésis, les courants de Foucault et l'échauffement des fils restent faibles. On peut donc

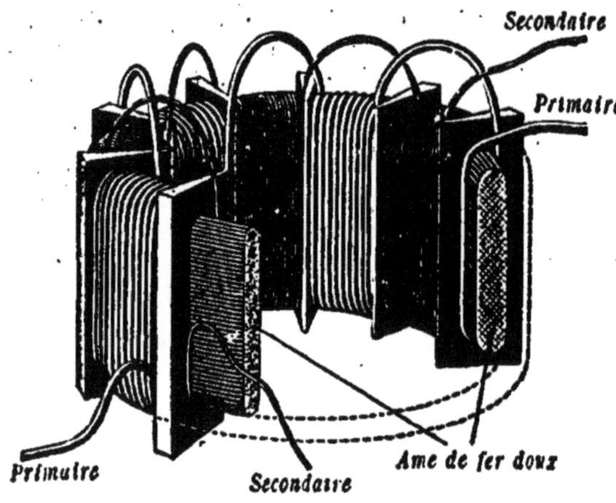

FIG. 219.

COUPE D'UN TRANSFORMATEUR.

Sur un anneau de fil de fer doux sont enroulés deux circuits, l'un à gros fil, l'autre à fil fin. Des courants alternatifs passant dans l'un déterminent dans l'autre des courants induits de même énergie, mais de voltage différent.

admettre que la transformation se fait, à peu près, sans perte d'énergie ; c'est-à-dire que, si les intensités et les forces électromotrices des courants primaire et secondaire sont respectivement

$I_1 I_2, E_1 E_2$, on aura $E_1 I_1 = E_2 I_2$.

Toute élévation du voltage entraînera donc une diminution du

débit et inversement, mais l'énergie disponible restera la même.

On peut, dans un transformateur, prendre l'un ou l'autre des circuits comme primaire et, par conséquent, changer un courant de faible voltage et de grand débit en un courant de haut voltage et de faible débit ou effectuer la transformation inverse.

On retrouve couramment 95 pour 100 de l'énergie du primaire.

La construction d'un transformateur est trop simple pour qu'il y ait lieu de donner à ce sujet beaucoup de détails; la figure 219 montre une coupe et la figure 220 une vue d'ensemble d'un transformateur Zypernowski.

L'industrie utilise d'ailleurs des modèles très différents. Dans certains types, les circuits primaire et secondaire sont enroulés de façon à former l'anneau; le noyau perméable est alors constitué par des fils de fer doux entourant cet anneau.

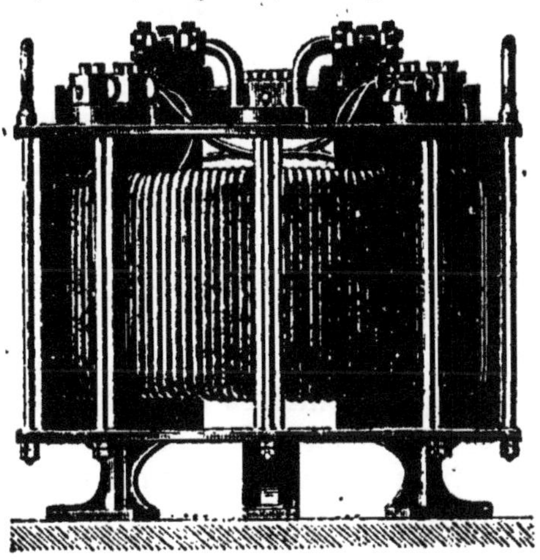

FIG. 220.
VUE D'ENSEMBLE D'UN TRANSFORMATEUR.
Les deux circuits sont divisés en sections qu alternent les unes avec les autres. Les extrémités des circuits aboutissent à des bornes fixées sur le support de l'appareil.

262. Usages des transformateurs. — Nous avons vu qu'un transport de force à longue distance n'était économique qu'autant qu'il s'effectuait sous de hauts voltages et de faibles intensités. Mais, si l'on transporte l'énergie électrique sous des potentiels de 2000 à 3000 volts, il est extrêmement dangereux d'utiliser ces hautes tensions dans les réceptrices, où les fils conducteurs sont nécessairement à la portée de la main : le toucher de ces fils peut, en effet, déterminer des accidents mortels.

Les moteurs électriques les plus employés marchent ordinairement à 100 ou 200 volts.

D'autre part, quand le courant doit servir à l'éclairage, il est difficile de l'employer à haute tension : les lampes électriques fonctionnent à des voltages de 60 à 110 volts et le montage le plus commode consiste à les mettre *en dérivation* sur deux conducteurs principaux présentant la différence de potentiel convenable. L'usage des hauts voltages exigerait le montage *en série* qui est essentiellement fragile, parce que la rupture d'une lampe entraîne l'extinction des autres.

Dans ces conditions, voici comment on installe ordinairement un transport d'énergie :

Pour l'éclairage, on emploie comme génératrices des alternateurs donnant de 2000 à 5000 volts : sous cette tension, le courant est conduit par des fils de bronze soigneusement mis hors de portée, jusqu'à l'endroit où il doit être utilisé. Là, un transformateur ramène la tension à 110 volts en augmentant l'intensité dans le rapport inverse et le courant est alors distribué aux diverses lampes.

Dans un transport de force motrice, il est commode de se servir de génératrices triphasées à haut voltage. Trois fils bien isolés conduisent les courants décalés jusqu'au voisinage des moteurs qu'ils doivent animer et aboutissent à trois transformateurs distincts qui abaissent la tension à 200 volts sans altérer ni la période ni le décalage relatif des courants. Ce n'est qu'après cette transformation que les courants sont dirigés dans les bobines des réceptrices.

4. BOBINE DE RUHMKORFF

265. Description de la bobine de Ruhmkorff. — Cet appareil est un véritable transformateur qui permet d'obtenir, au moyen d'un courant *primaire* de grande intensité et de force électromotrice faible, des courants *secondaires* qui atteignent les voltages élevés des plus puissantes machines électrostatiques. Le circuit inducteur est un fil isolé de gros diamètre, enroulé en deux ou trois couches sur un noyau cylindrique de fer doux, qui, pour éviter les courants de Foucault, est constitué par un faisceau de fils parallèles et isolés.

Le circuit induit recouvre la bobine primaire; il se compose d'un nombre considérable de tours d'un fil très fin dont les extrémités aboutissent à deux bornes P et P' qu'on appelle les *pôles* de la bobine (fig. 221).

Alors que la longueur de l'inducteur est à peine de 40 ou 50 mètres, celle de l'induit peut atteindre 50 000 mètres et même davantage. Il en résulte que l'induction y développera des tensions très considérables : aussi le fil secondaire doit-il être parfaitement isolé pour éviter les étincelles intérieures. Par surcroît de précaution, au lieu d'enrouler ce fil en couches successives parallèles à l'axe, on l'enroule en forme de galettes minces perpendiculaires à l'axe qu'on juxtapose ensuite en les séparant par des cloisons isolantes. On constitue ainsi une *bobine cloisonnée* dans laquelle les tensions iront en croissant d'une extrémité à l'autre sans qu'une différence de potentiel trop grande existe jamais entre deux couches voisines.

Le courant primaire n'est pas alternatif comme dans les autres transformateurs; c'est simplement le courant d'une pile

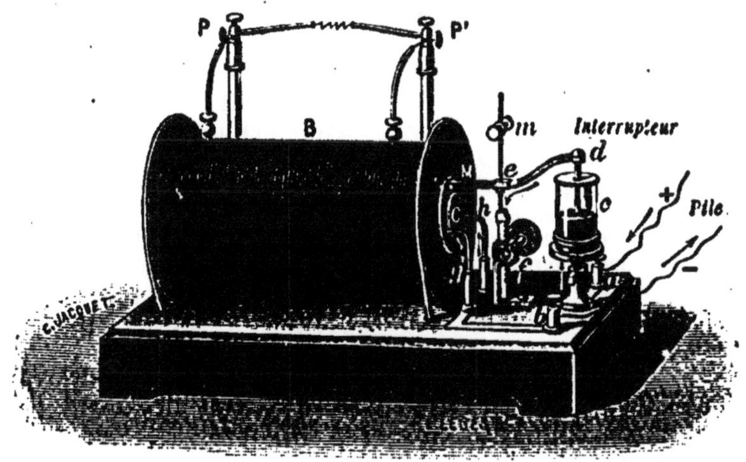

FIG. 221. — BOBINE DE RUHMKORFF MUNIE D'UN INTERRUPTEUR FOUCAULT.
Cet appareil est un transformateur dans lequel le circuit secondaire comprend un grand nombre de tours de fil fin. Le circuit primaire communique avec les pôles d'une pile par l'intermédiaire d'un interrupteur qui rompt et ferme brusquement le courant. Les forces électromotrices développées dans l'induit sont suffisantes pour faire éclater de longues étincelles entre les extrémités P et P' du circuit secondaire.

et l'induction est produite par la rupture et le rétablissement périodiques de ce courant, rupture et rétablissement qui s'obtiennent à l'aide d'un interrupteur automatique.

264. Interrupteurs. — *Interrupteur à marteau.* — Il y a plusieurs modèles d'interrupteurs; le plus simple est l'interrupteur à marteau que représente la figure 222.

L'une des extrémités du fil primaire est directement reliée à l'un des pôles d'une pile; l'autre extrémité aboutit à une colonnette métallique isolée qui porte un petit axe autour duquel peut osciller le *marteau*. Ce marteau est formé d'une tige de laiton terminée par une masse de fer doux, qui se trouve au-dessous du noyau de la bobine.

En temps ordinaire, le marteau repose sur une pièce métallique, que l'on appelle *enclume* et qu'on relie à l'autre pôle de la pile, quand on veut actionner la bobine. Aussitôt que le courant passe dans le primaire, le noyau de fer doux s'aimante et attire la masse de fer doux : le marteau se soulève alors, quitte l'enclume et le courant se trouve rompu. Mais alors, le noyau se désaimantant, le marteau retombe par son poids et le courant primaire se rétablit ; les mêmes phénomènes se répètent ensuite.

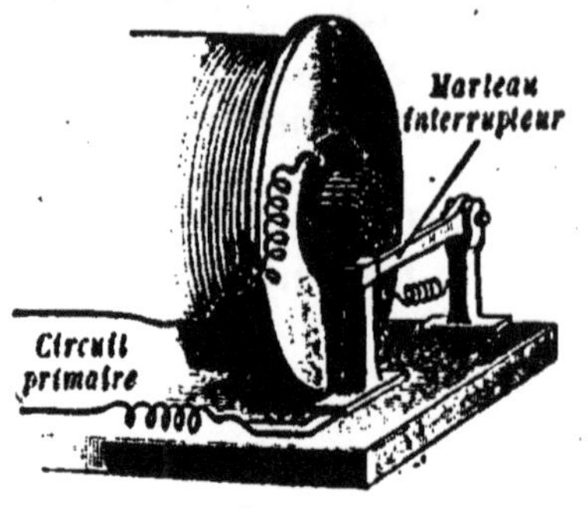

FIG. 221.

INTERRUPTEUR À MARTEAU.

Aussitôt que le courant passe dans le fil primaire, le noyau de fer doux s'aimante, attire le marteau qui se soulève et rompt le courant. Le noyau se désaimante alors, le marteau retombe et le courant primaire se trouve rétabli.

Pour éviter que les étincelles, qui jaillissent entre le marteau et l'enclume au moment de la rupture et qui sont principalement dues à l'extra-courant, ne mettent l'interrupteur hors de service, on garnit de petites pièces de platine les surfaces entre lesquelles se produit l'interruption.

Les différences de potentiel que la rupture ou la fermeture du circuit primaire provoquent entre les extrémités de l'induit sont telles que des étincelles peuvent jaillir dans l'air, à plusieurs centimètres de distance, entre les *pôles* de la bobine.

Interrupteur de Foucault. — Cet appareil se compose d'une lame élastique verticale qui peut osciller autour de son extrémité inférieure et qui entraîne dans son mouvement une tige métallique. Med (fig. 221). Cette tige métallique porte d'un côté une masse de fer doux M, qui se trouve au-dessus du noyau de la bobine, et, de l'autre, une pointe verticale en platine qui touche légèrement la surface d'un bain de mercure recouvert de pétrole et relié au pôle positif de la pile. L'un des bouts du fil inducteur est fixé à la crémaillère qui soutient la lame vibrante et on attache l'autre au pôle négatif de la pile quand on veut actionner la bobine. Dès que le courant passe dans le primaire, le noyau s'aimante et attire la masse de fer M ; le ressort s'infléchit, la pointe sort du mercure, et le courant se trouve alors interrompu. Mais aussitôt le noyau perd son aimantation, le ressort se redresse, la pointe de platine plonge à nouveau dans le mercure et le courant inducteur se rétablit, pour s'interrompre bientôt encore, et ainsi de suite indéfiniment.

Dans certains modèles, le va-et-vient de la lame vibrante est obtenu à l'aide d'un électro-aimant spécial disposé comme celui des sonneries électriques. Dans d'autres, le mouvement alternatif de la pointe qui ferme et qui interrompt le courant est entretenu par un petit moteur électrique.

L'interrupteur de Foucault présente un avantage considérable sur l'interrupteur à marteau. Dans celui-ci, l'étincelle qui jaillit entre le marteau et l'enclume, au moment où ils se séparent, prolonge sensiblement la *durée* de la rupture complète du courant inducteur; à cause de la mauvaise conductibilité du pétrole, on obtient, au contraire, avec l'appareil de Foucault, des interruptions presque instantanées. Comme on sait que l'intensité des courants induits qui correspondent à une même variation du flux est en raison inverse de la durée de cette variation, on comprend que, toutes choses égales, une bobine armée du *foucault* donnera, à chaque rupture du primaire, des étincelles plus longues que si elle fonctionnait avec l'interrupteur à marteau.

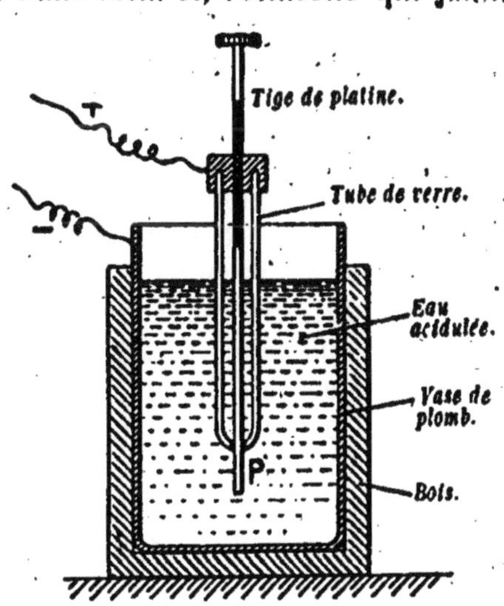

FIG. 223. — INTERRUPTEUR WENHELT.
Lorsqu'on met la tige de platine en communication avec le pôle + d'une pile de 60 volts et le vase en plomb avec le pôle —, il se produit à l'extrémité inférieure de la tige de platine une gaine lumineuse, accompagnée d'un bruit strident qui est dû à de rapides ruptures du courant.

Interrupteur électrolytique. — Le Dr Wenhelt, de Charlottenbourg, a imaginé récemment un interrupteur extrêmement simple. Le principe de cet appareil repose sur un phénomène déjà décrit et étudié par divers expérimentateurs, mais qui était resté jusqu'ici sans utilisation. Dans un vase en plomb contenant de l'eau acidulée au dixième par de l'acide sulfurique (fig. 223), on plonge un fil de platine isolé dans un tube de verre et dépassant d'un centimètre ou deux l'extrémité de ce tube. Si l'on met ce fil en communication avec le *pôle positif* d'une batterie d'accumulateurs de 60 volts environ et le vase en plomb en communication avec le *pôle négatif*, le passage du courant fait rougir le fil de platine au contact du liquide. Il se forme autour de ce fil une gaine lumineuse et il se produit, en même temps, un bruit strident. Le Dr Wenhelt a remarqué que ce phénomène, dont la cause est assez mal expliquée, était accompagné de rapides interruptions du courant et il a eu l'idée d'intercaler cette cuve électrolytique dans le circuit primaire d'une bobine de Ruhmkorff.

Cet interrupteur fonctionne très régulièrement et il permet d'actionner la bobine par des courants alternatifs aussi bien que par des courants continus. L'expérience a montré, en effet, que les interruptions ne se produisent que dans un seul sens, celui pour lequel le fil de platine est un pôle positif.

Suivant la longueur du fil de platine et le voltage de la batterie d'accumulateurs, le nombre des interruptions peut varier de 1500 à 3000 par seconde.

265. Fonctionnement de la bobine. — Dès que le courant primaire commence à s'établir, il se produit dans la bobine induite un courant inverse ; la rupture du primaire détermine, au contraire, la formation d'un courant secondaire direct, en sorte que les pôles P et P′ de la machine sont alternativement positifs et négatifs. Le noyau de fer doux a seulement pour effet de renforcer les courants ainsi obtenus.

Si le circuit induit est fermé sur un conducteur extérieur, celui-ci est alors parcouru par des courants alternatifs ayant la même période que l'interrupteur. Mais, si le circuit induit est ouvert, les différences de tension que présentent ses extrémités, à chaque induction, provoquent entre celles-ci des étincelles identiques à celles que l'on obtient avec les machines électro-statiques.

Lorsque les bouts du fil sont assez rapprochés, ces étincelles passent successivement dans un sens et dans l'autre ; mais, si on les éloigne progressivement, il n'en est plus ainsi. L'expérience montre, en effet, que, *dans chaque cas, il existe une valeur δ de la distance explosive au-dessous de laquelle les décharges éclatent dans les deux sens, mais au-dessus de laquelle le courant induit direct passe seul.*

Dès lors, quand ses pôles sont à une distance supérieure à δ, la bobine fournit un courant interrompu, toujours de même sens et de très petite durée. Pendant les décharges l'un des pôles reste constamment positif, l'autre constamment négatif, et la bobine peut alors être utilisée à la façon d'une machine élec-trostatique.

260. Influence de l'extra-courant de rupture. Condensateur de Fizeau. — Les quantités d'électricité mises en jeu dans les courants induits direct et inverse sont égales et contraires, puisqu'elles correspondent à des variations égales et contraires du flux à travers le circuit secondaire. Il faut donc attribuer la facilité relative avec laquelle passent les décharges directes à ce que l'induction produite par la *rupture* du courant primaire donne des tensions plus élevées et, par conséquent, dure moins de temps que celle qui résulte de son *établissement*. Il est bien clair que tout dispositif qui abrégera encore la durée de la rupture complète du primaire exagérera cette différence et augmentera le voltage de la bobine. Or, chaque fois que le circuit de la pile excitatrice s'interrompt, une petite étincelle éclate au point d'interruption. Cette étincelle est due à l'extra-courant de rupture dans la bobine primaire; elle a l'inconvénient de rendre le milieu conducteur sur son passage et, par conséquent, de retarder la rupture effective du circuit.

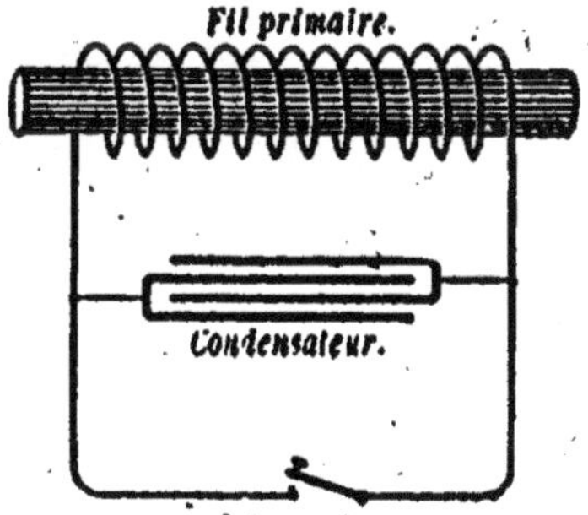

A cause de la mauvaise conductibilité du pétrole, cette étincelle est beaucoup moindre dans l'interrupteur à mercure que dans celui à marteau et l'emploi du dispositif de Foucault constitue, à ce point de vue, un réel perfectionnement; mais ce n'est pas le seul qui ait été apporté à la construction de la bobine de Ruhmkorff.

En 1853, Fizeau imagina de

FIG. 224.
DISPOSITIF DU CONDENSATEUR
DE FIZEAU.

L'électricité mise en jeu dans le primaire par l'extra-courant de rupture, au lieu de franchir à travers l'air la coupure du circuit, est employée à charger momentanément un condensateur de grande capacité. Ce dispositif diminue considérablement l'étincelle de rupture.

supprimer, en fait, l'extra-courant de rupture et par suite son étincelle, en reliant les extrémités du fil primaire respectivement à chacune des armatures d'un condensateur de grande capacité (fig. 224).

Ce condensateur se compose de feuilles d'étain superposées et isolées par des feuilles de papier plus larges qu'on a trempées dans une dissolution de résine. De deux en deux, les feuilles d'étain débordent le papier d'un côté et d'autre (fig. 225). Les feuilles paires sont réunies par une pince et constituent l'une des armatures; les feuilles impaires forment l'autre et le condensateur est logé dans le socle de la bobine.

Au moment de la rupture, le flux d'électricité dû à la self-induction, au lieu de franchir, à travers l'air, la coupure du circuit, charge le condensateur et l'étincelle est considérablement diminuée.

D'ailleurs, quand la force électromotrice de l'extra-courant n'agit plus, le condensateur se décharge à travers le fil primaire, en donnant un courant qui est de sens contraire au courant inducteur disparu. Ce courant auxiliaire a pour effet de

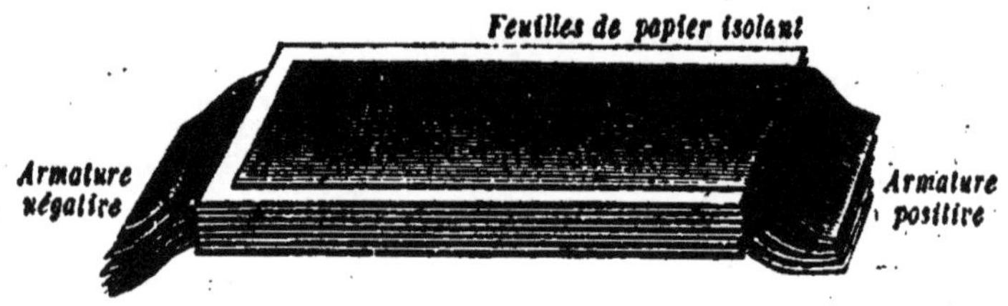

FIG. 225. — CONDENSATEUR DE FIZEAU.

Ce condensateur est logé dans le socle de la bobine. Les armatures sont formées de feuilles d'étain alternées et séparées par des feuilles de papier trempé dans la résine.

désaimanter immédiatement le noyau de fer doux et de supprimer le magnétisme rémanent, ce qui régularise les oscillations de l'interrupteur.

La *distance explosive*, qui est de 4 à 5 centimètres dans les bobines de petit modèle, peut atteindre 30 et même 40 centimètres dans les grosses bobines, dont quelques-unes ont plus de 50 000 mètres de fil induit.

Le *débit* d'une bobine, employée comme machine électrostatique, augmente avec la fréquence des interruptions, mais sans lui être proportionnel : l'expérience a montré que, lorsque la fréquence dépasse une certaine limite (environ 20 dans les modèles courants), la quantité d'électricité mise en jeu à chaque décharge va en diminuant avec le nombre des interruptions par seconde.

267. **Charge d'une batterie. Mesure du débit.** — On peut employer la bobine de Ruhmkorff à charger une batterie de bouteilles de Leyde. Pour cela, on relie les armatures de la batterie aux pôles de la bobine, en ayant soin de laisser sur l'un des fils de jonction une coupure (fig. 226) suffisamment longue pour que les décharges directes passent seules. A chacune des étincelles qui éclatent dans la coupure, le condensateur acquiert une

même quantité d'électricité et la charge finale est ainsi proportionnelle au nombre des étincelles qu'a données la bobine.

Pour mesurer le débit, il suffit d'observer le temps que met la bobine à porter à un potentiel connu une batterie de capacité également connue. On reprend alors le dispositif précédent, mais on a soin de relier, en outre, les armatures du condensateur avec les branches d'un excitateur. Dès que le potentiel atteint sur la batterie une valeur suffisante, une forte étincelle éclate entre les boules de l'excitateur et la batterie se décharge.

La distance des boules de l'excitateur doit être notablement plus petite que la *coupure* : elle repère le potentiel obtenu sur la batterie (§ 96).

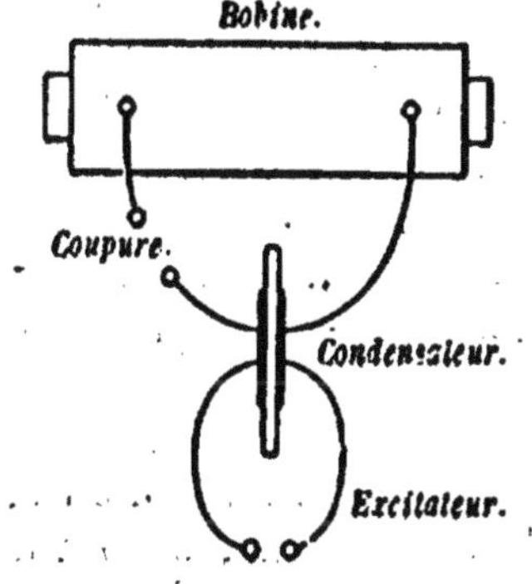

FIG. 223.
CHARGE D'UN CONDENSATEUR AVEC LA BOBINE DE RUHMKORFF.
Quand la distance des pôles est suffisante, les étincelles du courant induit direct la franchissent seules. On peut alors charger un condensateur en mettant ses armatures en communication avec les pôles de la bobine par l'intermédiaire d'un excitateur dont la coupure est assez longue pour arrêter les courants induits inverses.

268. Effets de la bobine de Ruhmkorff.

— Les effets de la bobine de Ruhmkorff sont les mêmes que ceux d'une machine électrostatique ; mais en bien des cas son emploi est plus commode, à cause de ses faibles dimensions et de sa marche régulière et sûre.

On se sert de bobines d'un petit modèle comme appareils médicaux pour provoquer des commotions.

Avec les bobines moyennes, on actionne, dans les laboratoires de Chimie, les eudiomètres ou les ozoniseurs et, d'une manière générale, les tubes dans lesquels on provoque certaines réactions par une *suite* de décharges électriques (formation et décomposition de AzH^3, formation de AzO^3, de $HCAz$, etc.).

C'est le plus souvent avec des bobines de Ruhmkorff qu'on montre les phénomènes de la décharge dans les gaz raréfiés et qu'on fait fonctionner les tubes de Geissler, de Plücker ou de Crookes.

5. COURANTS ALTERNATIFS DE GRANDE FRÉQUENCE.
EXPÉRIENCES DE TESLA

269. Décharge oscillante d'une bouteille de Leyde. — Dans certaines conditions la décharge d'un condensateur peut être oscillante.

Pour faire comprendre ce phénomène sans recourir à une théorie qui ne saurait trouver place dans cet ouvrage, j'userai d'une comparaison avec un phénomène d'hydraulique. Considérons tout d'abord deux vases contenant de l'eau à des niveaux différents et pouvant être mis en communication par un tuyau *long, étroit* et muni d'un robinet. Si l'on vient à ouvrir ce robinet, les niveaux tendront à s'égaliser : le liquide parcourra lentement le tube de jonction, mais son énergie se dépensera en frottements sur les parois de ce tube étroit et l'équilibre final entre les deux branches s'établira ainsi d'une façon *continue*. On dit alors que le système considéré est *apériodique*.

Supposons maintenant que les deux récipients puissent être réunis par un tuyau *large* et *court*. Au moment où l'on établira la communication, le liquide s'abaissera brusquement du côté du niveau le plus élevé et montera dans l'autre ; mais, comme, dans ce mouvement, les frottements ne consomment qu'un travail minime, le système possédera encore la plus grande partie de son énergie mécanique quand les niveaux arriveront sur le même plan : le liquide continuera donc son mouvement et une dénivellation, presque égale à la dénivellation primitive, s'établira en sens inverse de celle-ci ; après quoi le même phénomène se reproduira. Dans ces conditions, le système n'arrivera à son équilibre définitif qu'après une série d'oscillations isochrones, dont l'amplitude ira en décroissant, au fur et à mesure que l'énergie primitive se dégradera par les frottements. On dit alors que le système est *oscillant*.

On peut développer, à propos de la décharge de la bouteille de Leyde, des considérations analogues. Pour opérer cette décharge, c'est-à-dire pour rétablir entre les armatures l'égalité de niveau électrique, on fixe à l'armature externe, par exemple, l'extrémité d'un conducteur auxiliaire et on approche l'autre extrémité de l'armature interne jusqu'à ce qu'une étincelle jaillisse entre elles.

Si le conducteur est un fil métallique *long* et *fin*, non replié sur lui-même, de manière que les effets de self-induction soient très faibles, l'étincelle est *unique* et la décharge est *continue*. Le flux d'électricité qui chargeait les armatures s'est écoulé dans un même sens de l'une à l'autre et l'énergie de la bouteille de Leyde s'est transformée d'un coup en chaleur dans le fil métallique.

Mais si l'on prend comme excitateur un fil peu résistant, c'est-à-dire de *gros diamètre, enroulé plusieurs fois* sur lui-même, de façon à produire une self-induction énergique, la décharge devient *oscillante*. En observant le phénomène dans un miroir tournant, on constate, en effet, que cette décharge donne lieu, non plus à une étincelle unique, mais à une série d'étincelles qui éclatent très rapidement, d'ailleurs, à intervalles réguliers et qui sont de moins en moins brillantes.

L'explication de ce mode de décharge se conçoit assez bien. A la première étincelle correspond un courant électrique qui va de l'armature positive à l'armature négative : ce courant éveille dans les spires du fil excitateur une force électromotrice de self-induction inverse qui fournit une seconde étincelle en sens contraire de la première et ainsi de suite.

Un flux d'électricité *oscille* ainsi d'une des armatures à l'autre, jusqu'à ce que l'énergie primitive ait été dépensée, soit en chaleur le long du circuit, soit en vibrations dans l'étincelle complexe.

Si la résistance de l'excitateur est négligeable, la fréquence des oscillations électriques de la décharge est d'autant plus grande que la capacité de la bouteille est plus faible et que la self-induction, pourtant nécessaire, est moindre. Dans les expériences de M. Tesla, cette fréquence est comprise entre 10 000 et 100 000.

270. Courants alternatifs de grande fréquence et de grande force électromotrice. Expériences de M. Tesla. — M. Tesla s'est servi des courants alternatifs produits par la décharge d'un condensateur pour exciter le primaire d'une bobine et il a, de la sorte, obtenu sur le fil induit des courants qui ont la même fréquence que les oscillations de la décharge et dont la force électromotrice atteint des valeurs extrêmement considérables.

Voici l'un des dispositifs qu'il a employés.

Les armatures d'une bouteille de Leyde sont mises en communication avec les pôles d'une bobine de Ruhmkorff actionnée par une forte pile et on a ménagé sur l'un des fils de jonction une coupure assez longue pour que le courant induit direct la franchisse seul. La charge de la bouteille augmente très vite; dès qu'elle est suffisante, la bouteille se décharge à travers un excitateur formé d'un *gros fil enroulé une dizaine de fois* autour d'un noyau de fer doux (fig. 227). Dans ces conditions les étincelles qui éclatent dans la coupure de l'excitateur sont oscillantes, et le circuit de décharge est ainsi parcouru par des courants alternatifs de grande fréquence et dont la force électromotrice est relativement élevée.

D'autre part, les spires de l'excitateur sont placées à l'intérieur d'un tube de verre sur lequel s'enroule un fil très long et très fin qui constitue le fil secondaire d'une véritable bobine de transformation. Les courants induits qui se développent sur ce fil secondaire auront la même fréquence, mais une force électromotrice beaucoup plus considérable encore que celle des courants qui parcourent les spires du gros fil primaire. On peut ainsi obtenir aisément des tensions de plus de 100 000 volts.

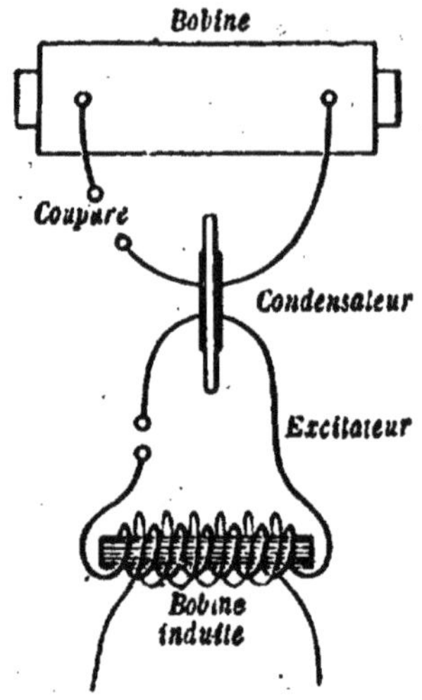

FIG. 227. — DISPOSITIF DES EXPÉRIENCES DE TESLA.

On excite le primaire d'une bobine immergée dans l'huile à l'aide des courants alternatifs extrêmement rapides qui se produisent dans la décharge oscillante d'un condensateur. Ce condensateur est lui-même chargé à l'aide d'une bobine de Ruhmkorff ordinaire.

Pour supporter ces énormes différences de potentiel, les spires de la bobine d'induction doivent être parfaitement isolées les unes des autres; on réalise cette condition en immergeant la bobine dans une cuve d'huile débarrassée de toute trace d'eau.

271. Effets des courants de Tésla. — 1° Les potentiels que l'on obtient sur le fil induit par la décharge sont tellement élevés que les extrémités du fil qui sortent de la cuve d'huile laissent échapper des aigrettes lumineuses sur toute leur longueur.

Si on relie ces extrémités à deux conducteurs C et C' et qu'on éloigne progressivement ceux-ci, on peut obtenir entre eux de très longues étincelles.

2° Ces conducteurs induisent eux-mêmes, à grande distance, les corps voisins. Ainsi, quand on met la borne C à la terre et qu'on fait communiquer avec la borne C' une ampoule de verre contenant un gaz raréfié et muni d'une seule électrode, formée d'une petite sphère de charbon ou de platine, on voit cette électrode s'illuminer vivement; en même temps le verre devient fluorescent, comme dans les tubes de Crookes. Ce dispositif constitue donc une *véritable lampe unipolaire*. En approchant la main ou tout autre conducteur de la lampe, on augmente la capacité de celle-ci et aussi son éclat.

3° Si on relie les extrémités du fil induit à deux larges feuilles métalliques, parallèles et éloignées de quelques mètres, il se produit entre celles-ci un champ électrostatique vibratoire, dont les lignes de force sont sensiblement normales à la surface des plateaux métalliques. En plaçant dans ce champ un tube, formé d'un verre fluorescent et contenant un gaz raréfié, on voit ce tube s'illuminer vivement quand il est dirigé dans le sens des lignes de force; mais l'éclat du tube diminue quand on incline celui-ci et s'éteint presque complètement quand le tube est perpendiculaire au champ.

4° On peut sans aucun danger toucher une pièce métallique communiquant avec les pôles de la bobine et même fermer le circuit par le corps. Des courants alternatifs de même énergie, mais qui feraient seulement quelques centaines d'oscillations par seconde, au lieu d'en faire des centaines de mille, seraient foudroyants.

Peut-être cet effet est-il dû à ce que les nerfs moteurs ne sont plus excités quand la fréquence des oscillations électriques dépasse une certaine limite. Il faudrait alors le rapprocher du fait que les nerfs auditifs restent insensibles à des vibrations sonores dont la hauteur dépasse 20 000 et du fait que les nerfs optiques sont uniquement excités par les oscillations de l'éther dont la période est comprise entre celle du rouge et du violet.

272. Expériences de Hertz.

— La période des oscillations que l'on obtient par la décharge de la bouteille de Leyde est au plus de l'ordre des cent-millièmes de seconde; mais, en réduisant convenablement la capacité des conducteurs entre lesquels oscille le flux d'électricité, le physicien allemand Hertz a pu produire des oscillations dont la période est beaucoup plus courte et de l'ordre des billionièmes de seconde.

L'*excitateur* de Hertz se compose de deux sphères de même rayon ou de deux plaques métalliques égales reliées par une tige conductrice au milieu de laquelle on a ménagé une coupure.

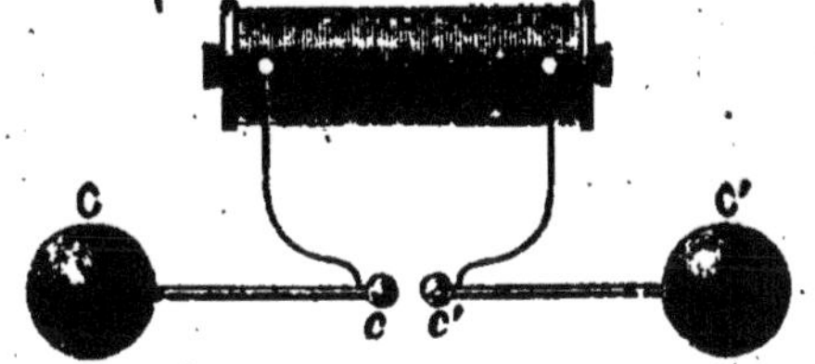

FIG. 228. — EXCITATEUR DE HERTZ.

Les vibrations électriques sont déterminées par les oscillations de la décharge qui se produit quand l'étincelle éclate dans la coupure cc'.

Les extrémités de la tige interrompue sont armées de deux petites boules que l'on met en communication avec les pôles d'une forte bobine de Ruhmkorff (fig. 228).

Lorsqu'on actionne la bobine, le courant induit charge les deux conducteurs dont la différence de potentiel croît alors avec une lenteur relative. La coupure empêche tout d'abord les conducteurs de se décharger, car l'air qui s'y trouve joue le rôle d'isolant; mais, quand la différence de potentiel est assez grande, *l'étincelle de la bobine éclate et fraye un chemin à l'électricité accumulée sur les conducteurs :* la coupure cesse tout d'un coup d'isoler ; dans ces conditions l'excitateur se décharge sur lui-même comme s'il était séparé du reste de la bobine et le flux d'électricité oscille alors de l'un des conducteurs à l'autre. Ces oscillations s'amortissent, il est vrai, assez rapidement ; mais elles se reproduisent à chaque nouvelle interruption du circuit inducteur.

En raison de cet amortissement, il faut, pour que l'excitateur fonctionne bien, que l'étincelle éclate brusquement, dans un temps aussi court que possible par rapport à la durée de l'oscillation elle-même. La pratique a montré qu'il n'en était ainsi qu'autant que les boules, entre lesquelles jaillit l'étincelle, étaient toujours extrêmement polies et placées à une distance convenable. On arrive assez aisément avec un peu d'expérience à distinguer, par l'aspect et par le son, les *bonnes* et les *mauvaises* étincelles.

Dans les excitateurs que l'on construit aujourd'hui, la coupure est placée dans un liquide isolant, huile ou pétrole : on évite ainsi l'oxydation des boules sous l'action des étincelles, oxydation qui dans l'air survient très rapidement et oblige à un polissage trop fréquent de ces pièces.

275. Ondes électriques. — Quand l'excitateur de Hertz est en activité, il n'existe dans la salle où il se trouve aucun morceau de métal, isolé ou non, dont on ne puisse tirer de petites étincelles : elles jaillissent entre deux pièces de monnaie, entre deux clefs que l'on rapproche ; on en tire des conduites d'eau ou de gaz sans que celles-ci soient mises en relation avec l'excitateur.

FIG. 229.
RÉSONNATEUR ÉLECTRIQUE DE HERTZ. C'est un fil métallique contourné en cercle et coupé de façon à former une sorte de micromètre à étincelles.

Pour apprécier l'intensité de cette action électrique en un point donné, Hertz faisait usage d'un fil contourné en cercle et dont les extrémités se terminaient, l'une par une petite boule, l'autre par une pointe mobile, formant ainsi une sorte de micromètre à étincelles (fig. 229). L'emploi de ce petit instrument a conduit l'habile expérimentateur à une des plus importantes découvertes qui aient enrichi le domaine de la science électrique : celles des *ondes électriques*.

Hertz constata que, pour obtenir, en un point donné, l'étincelle la plus longue entre les extrémités du micromètre, il convenait de donner au cadre de celui-ci une grandeur déterminée et ce fait rappelé immédiatement les phénomènes de résonance acoustique. On sait, en effet, que, pour manifester en un point de l'air des vibrations sonores d'une certaine hauteur, on place en ce point un résonnateur de dimensions déterminées qui entre lui-même en activité et renforce considérablement les ondes excitatrices.

Il résulte de là que l'excitateur de Hertz doit être regardé comme un centre d'ébranlement et que le mouvement vibratoire dont il est le siège se propage autour de lui à la façon des ondes sonores. Lorsque le cadre du micromètre a une grandeur convenable, il agit de la même manière qu'un résonnateur acoustique et devient lui-même le siège d'oscillations de même période que les vibrations excitatrices. De là le nom de *résonnateur* que l'on donne, par analogie, au micromètre à étincelles muni de son cadre.

Avec un résonnateur bien réglé, on peut obtenir des étincelles de 7 à 8 millimètres au voisinage de l'excitateur; à 15 ou 20 mètres de distance, les étincelles sont beaucoup plus petites, mais elles sont encore visibles.

On peut aussi rendre sensibles les oscillations hertziennes en se servant d'un tube de Geissler. Comme dans les expériences de Tesla, un tube à gaz raréfié s'illumine, en effet, quand on le place dans le champ d'un excitateur.

Les ondes électriques se propagent à travers les corps mauvais conducteurs; un mur en pierre ne les arrête point; au contraire, une surface métallique, même très mince, entourant l'excitateur, se comporte comme un écran parfait et intercepte complètement toute action.

274. Radioconducteur de M. Branly. — Le résonnateur de Hertz et le tube de Geissler ne sont pas les seuls appareils que l'on puisse employer à l'observation des ondes électriques. M. Branly a imaginé, pour le même usage, un récepteur beaucoup plus sensible et fondé sur un principe tout différent.

La pièce principale de ce récepteur est un tube de verre assez étroit qui contient une petite colonne de limaille métallique, légèrement tassée entre deux plaques conductrices (fig. 230). Quand on intercale cette colonne de limaille dans un circuit contenant une pile et un galvanomètre, on constate qu'elle offre au courant une résistance considérable. Chacun des grains de limaille étant bon conducteur, il semble que l'électricité éprouve une grande difficulté à passer de l'un à l'autre et le galvanomètre n'indique, dans ces conditions, qu'un courant de faible intensité.

Or l'expérience montre que la résistance de la limaille diminue considérablement quand elle est exposée aux ondes hertziennes, exactement comme si celles-ci rendaient plus intime le contact

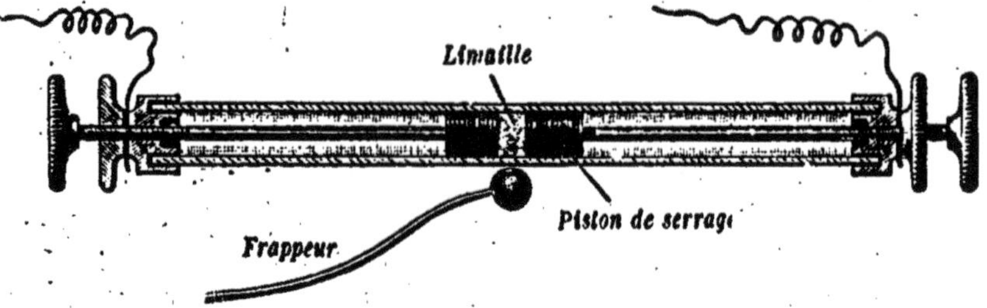

FIG. 230. — RADIOCONDUCTEUR DE BRANLY.

Il est fondé sur ce principe qu'une colonne de limaille métallique présente, en temps ordinaire, une résistance considérable, mais qu'elle devient conductrice si elle reçoit une onde électrique. L'onde passée, un léger choc suffit à faire réapparaître la résistance primitive.

des diverses particules de limaille. Cet effet est d'ailleurs instantané, en sorte que le galvanomètre placé dans le circuit indique brusquement une intensité plus grande, lorsque des ondes électriques viennent à frapper le tube sensible.

La conductibilité de la colonne de limaille subsiste encore, quand les ondes excitatrices ont cessé, mais elle disparaît alors par un *choc* imprimé au tube, pour réapparaître ensuite quand de nouvelles ondes atteindront celui-ci.

Un radioconducteur, intercalé dans le circuit d'une pile, constitue donc un récepteur extrêmement sensible des ondes électriques. Ce dispositif, qui a rendu possible la télégraphie sans fil (§ 316), a été utilisé avec beaucoup de succès à l'étude des phénomènes de réflexion et de réfraction des ondes hertziennes.

275. Analogie des ondes électriques et des ondes lumineuses. — En vue d'expliquer à la fois les phénomènes électriques et lumineux, l'illustre physicien anglais Maxwell a édifié une ingénieuse théorie dont le principe consiste à regarder les actions diverses qui s'observent entre les conducteurs électrisés comme produites par des mouvements élastiques ayant pour siège le diélectrique qui sépare ces conducteurs. D'après les idées de Maxwell, une onde lumineuse est tout à fait assimilable à une suite de perturbations électromagnétiques qui changent de sens un quatrillion de fois par seconde et qui se propagent de proche en proche *par induction* dans les diélectriques et même dans l'air ou le vide interplanétaire.

La découverte de Hertz a apporté à la théorie de Maxwell une vérification expérimentale depuis longtemps attendue. On a pu constater, en effet, dans les ondes électriques, la plupart dés propriétés des ondes lumineuses : réflexion sur des surfaces métalliques, réfraction à travers des prismes ou des lentilles formées de matières isolantes, biréfringence des cristaux, etc. On a répété avec les ondes hertziennes des expériences d'interférences, de diffraction et de polarisation analogues à celles qu'on effectue avec la lumière. En particulier, on a pu, comme dans l'expérience de Fresnel, obtenir des franges fixes, par la combinaison d'ondes réfléchies sur deux miroirs qui font entre eux un petit angle.

Bien plus, les ondes électriques se propagent avec la même vitesse que les ondes lumineuses : les unes et les autres se transmettent donc par le même milieu, l'*éther*, et elles ne diffèrent que par la période de leurs vibrations respectives.

La durée T d'une oscillation est reliée à la vitesse de propagation V et à la longueur λ de l'onde correspondante par la formule générale $\lambda = V T$.

Les ondes électriques sont beaucoup moins rapides que celles de la lumière et ont, par conséquent, une longueur beaucoup plus grande. La longueur d'onde moyenne du spectre visible est d'environ un demi-millième de millimètre: on a caractérisé dans l'extrême spectre calorifique des radiations qui atteignent 8 centièmes de millimètre. Mais les oscillations que donne un excitateur de Hertz ont ordinairement une longueur de plusieurs mètres et les plus petites que l'on ait obtenues sont de 6 millimètres. Celles-ci ont, d'après la formule $\lambda = V T$, une fréquence de 50 billions par seconde. Des vibrations électriques 100 fois plus rapides agiraient sur la pile thermoélectrique; 10000 fois plus rapides, elles impressionneraient la rétine.

On a aujourd'hui caractérisé, dans le spectre infra-rouge, des radiations dont la longueur d'onde atteint près d'un dixième de millimètre et qui possèdent déjà certaines propriétés électriques.

276. Mesure de la vitesse de propagation. — Le fait capital de l'assimilation des ondes lumineuses aux ondes électriques réside dans l'identité de leurs vitesses de propagation. Le procédé employé pour mesurer celle des ondes hertziennes est analogue à un de ceux qui ont été employés pour la vitesse du son. On fait réfléchir sur une paroi métallique les ondes émises par un excitateur, et les ondes incidentes, interférant alors avec les ondes réfléchies, donnent naissance à des ondes stationnaires, séparées par des nœuds, exactement comme font les ondes sonores dans un tuyau *fermé*. On explore alors le champ à l'aide d'un résonnateur de Hertz, disposé de façon à présenter *une capacité et une self-induction bien déterminées.*

Le double de la distance de deux nœuds consécutifs est la longueur d'onde λ qui correspond à la période T du résonnateur; celle-ci se calcule, d'ailleurs, en fonction de la capacité et de la self-induction du résonnateur, par une formule établie par Maxwell, et la vitesse V de propagation est alors exprimée par le quotient $V = \dfrac{\lambda}{T}.$

La propagation des ondes électriques, le long d'un fil conducteur tendu perpendiculairement à l'axe de l'excitateur, se fait comme celles des ondes sonores dans un tuyau *ouvert*; le résonnateur indique encore la production de nœuds et de ventres fixés et l'expérience montre que la vitesse de propagation le long du fil est la même que dans l'air (M. Blondlot).

Si l'on rapproche ce fait de ce que les métaux forment un écran pour les ondes hertziennes, on est conduit à penser que la propagation de ces ondes rapides se fait non plus à travers la matière des conducteurs, mais dans le diélectrique qui les environne; c'est seulement lorsque la fréquence des oscillations est moins grande, qu'une partie de l'énergie électrique qui chemine le long de la surface des conducteurs pénètre à l'intérieur de ceux-ci et s'y convertit en chaleur, et la quantité d'énergie ainsi dégradée est d'autant plus grande que les alternances sont moins rapides. Ainsi s'explique l'échauffement des fils métalliques par le passage des courants alternatifs et des courants continus que donnent les dynamos usuelles.

CHAPITRE IX

MESURES ÉLECTRIQUES

I. MESURE DE L'INTENSITÉ D'UN COURANT CONTINU

277. Principe du galvanomètre. — Le galvanomètre est l'instrument indispensable de la plupart des mesures électriques. Il se compose de deux organes principaux; un *cadre de fil* et un *aimant*. Ces organes sont très rapprochés; l'un d'eux est fixe, l'autre est susceptible d'osciller de part et d'autre d'une position d'équilibre sous l'action d'une force directrice. Lorsqu'un courant circule dans le cadre, l'action réciproque du courant et de l'aimant modifie la force directrice; l'organe mobile s'écarte alors de sa position d'équilibre primitive et la déviation observée permet de repérer l'intensité du courant qui parcourt le cadre.

278. Galvanomètre à aimant mobile. — Sous sa forme la plus simple, il se compose d'un cadre vertical fixe autour duquel on a enroulé un fil conducteur en spires parallèles (fig. 231). Ce cadre est orienté dans le plan du méridien magnétique, de sorte qu'un courant dirigé dans le fil détermine autour de lui la formation d'un champ magnétique qui, dans la partie moyenne du cadre, est uniforme et normal au champ terrestre (§ 193).

Ce champ est, d'ailleurs, proportionnel à l'intensité I du courant et nous désignerons par kI sa valeur dans cette partie moyenne.

Au milieu du cadre se trouve suspendue une aiguille aimantée, mobile dans un plan horizontal et assez petite pour ne pas sortir de la région uniforme du champ. Si aucun courant ne passe dans le galvanomètre, l'aiguille se dirige suivant la méridienne magnétique; mais, quand un courant circule dans le fil, l'aiguille aimantée se trouve soumise non seulement au champ terrestre horizontal H, mais aussi au champ kI de la bobine; elle dévie alors et s'oriente suivant la résultante des deux champs. La direction de cette résultante fait avec la méridienne magnétique un angle α tel que

$$\operatorname{tang} \alpha = \frac{kI}{H}.$$

La tangente de la déviation est donc proportionnelle à l'intensité du courant.

Lorsque les angles sont petits, et dans la pratique on n'utilise guère que ce cas, la tangente se confond avec l'arc et, par

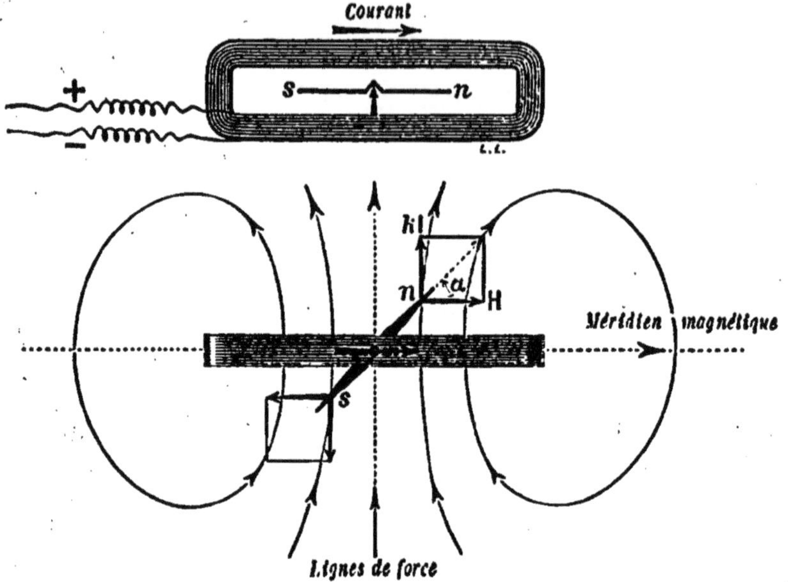

FIG. 231. — PRINCIPE DU GALVANOMÈTRE À AIMANT MOBILE.
Le cadre dans lequel circule le courant est parallèle au méridien magnétique. La position d'équilibre de l'aiguille aimantée en est dirigée suivant la résultante du champ terrestre et du champ propre du cadre. La tangente de la déviation est proportionnelle à l'intensité du courant.

suite, l'intensité du courant est proportionnelle à la déviation.

La déviation observée pour une intensité donnée est théoriquement indépendante du magnétisme de l'aiguille; mais, en fait, les positions d'équilibre de celle-ci seront d'autant mieux déterminées qu'elle sera plus fortement aimantée.

Pour observer les angles d'écart, on fixe sur l'aiguille un petit miroir concave vertical sur lequel on dirige un faisceau de rayons lumineux provenant d'une fente fortement éclairée. Après leur réflexion sur le miroir, ces rayons donnent une image réelle de la fente que l'on reçoit sur une échelle divisée horizontale formant écran. La rotation des rayons réfléchis est le double de la déviation du miroir.

L'appareil est ordinairement porté par un pied à vis calantes et le cadre peut s'orienter dans tous les azimuts. Pour le placer dans le méridien magnétique, on commence par le diriger de telle façon que le passage d'un courant ne détermine aucune déviation de l'aiguille : le cadre se trouve alors perpendiculaire au champ terrestre; il suffit ensuite de le faire tourner de 90 degrés.

279. Tare d'un galvanomètre. — Pour que le galvanomètre puisse donner des indications absolues, il faudrait connaître exactement la valeur de la composante horizontale H et l'intensité k du champ que produit un courant de 1 ampère. Cette dernière quantité dépend de la forme et du nombre des spires et son calcul n'est simple qu'autant que le cadre a la forme d'une bobine circulaire très plate ou excessivement allongée (§ 200 et 201). Dans la plupart des cas, il n'en est pas ainsi; on détermine alors la valeur de $\dfrac{k}{H}$ par le procédé suivant :

Dans le circuit d'une pile on installe un voltamètre à eau ou à azotate d'argent, une résistance variable et le galvanomètre muni, au besoin, d'un *shunt* (§ 284). On fait passer le courant de la pile pendant *un certain temps* dans ces trois appareils et on agit sur la résistance de façon à maintenir constante la déviation α du galvanomètre; dans ces conditions, l'intensité I du courant est nécessairement invariable et on obtient sa valeur en déterminant le poids d'hydrogène ou d'argent libéré pendant l'expérience. On sait, en effet, qu'un ampère dégage en une seconde $0^{cc},1155$ d'hydrogène ou dépose $0^{gr},001118$ d'argent.

La formule $\tan \alpha = \dfrac{k}{H} I$, appliquée à cette détermination, donne la valeur du rapport $\dfrac{k}{H}$. Ce rapport, une fois connu, le galvanomètre permettra de mesurer en valeur absolue l'intensité d'un courant continu quelconque.

280. Sensibilité du galvanomètre. — Pour que l'instrument soit *sensible*, c'est-à-dire pour que la déviation correspondant à une intensité donnée soit considérable, il faut que la valeur du rapport $\dfrac{k}{H}$ soit aussi grande que possible.

La quantité k dépend de la forme des spires et croît avec leur nombre; mais on ne peut multiplier celles-ci sans diminuer le diamètre du fil et accroître sa longueur et, par conséquent, sans augmenter la résistance du galvanomètre, ce qui présente souvent des inconvénients.

En revanche, on peut toujours exagérer la sensibilité d'un

galvanomètre donné en diminuant le champ H qui dirige l'aiguille. On emploie pour cela deux procédés.

Aimant compensateur. — Ce procédé consiste à atténuer le champ terrestre à l'aide d'un aimant auxiliaire que l'on oriente de telle façon que, dans le voisinage de l'aiguille, il produise un champ opposé et presque égal au champ terrestre. Cet aimant compensateur est ordinairement porté par une tige verticale qui surmonte le galvanomètre : une vis de pression permet de le fixer sur cette tige à la hauteur que l'on veut et une vis tangente permet de l'orienter dans tous les azimuts. Dans la pratique, le réglage du galvanomètre s'obtient en disposant cet aimant de telle façon que les oscillations de l'aiguille soient très lentes et que sa position d'équilibre soit parallèle au plan des spires.

Aiguilles astatiques. — Le second procédé pour atténuer l'action directrice est d'employer un système de deux aiguilles de moments presque égaux, fixées parallèlement, mais en sens inverse, aux extrémités d'une tige qui les rend solidaires (fig. 232). Le couple directeur du système n'est que la différence des couples qui agissent sur les deux aiguilles et il peut être ainsi extrêmement réduit.

L'une des aiguilles est placée dans le cadre, l'autre est à l'extérieur et l'on voit aisément que l'action du courant tend à les faire tourner toutes deux dans le même sens. En effet, les pôles qui se trouvent d'un même côté de l'axe de suspension sont de nom contraire, mais ils se trouvent dans des régions où le champ de la bobine a des directions opposées et ils sont, par conséquent, sollicités par des forces concordantes.

On obtient une sensibilité plus grande encore en employant deux cadres superposés dans lesquels le courant circule en sens inverse (fig. 233) et en plaçant dans chacun d'eux une des aiguilles du système astatique. Les actions des deux cadres s'ajoutent évidemment pour imprimer à celui-ci une même rotation.

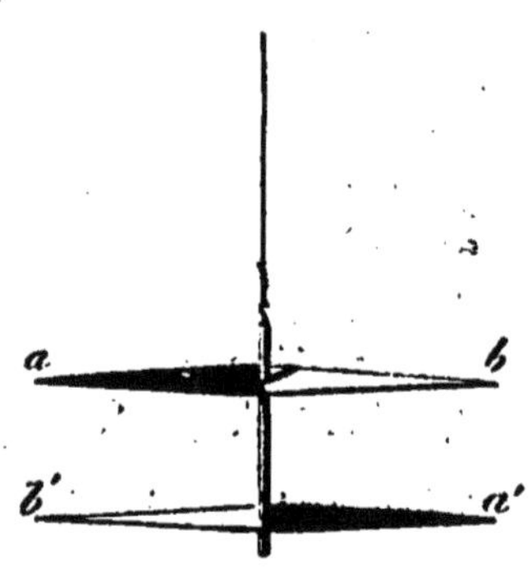

FIG. 232.
AIGUILLES ASTATIQUES.

On augmente la sensibilité du galvanomètre en diminuant l'action directrice de la terre par l'emploi de deux aiguilles solidaires opposées et de moments presque égaux. L'aiguille inférieure seule est dans le cadre; l'autre est au-dessus de telle façon que les actions que leur imprime le courant sont concordantes.

281. Amortissement. — Au moment où on lance un courant dans un galvanomètre, l'équipage mobile reçoit une impulsion et acquiert ainsi une certaine énergie, en raison de laquelle il ne se fixe pas immédiatement dans sa position d'équilibre : il oscille alors autour de celle-ci jusqu'à ce que cette énergie se soit dissipée. Comme la suspension de l'équipage est nécessairement

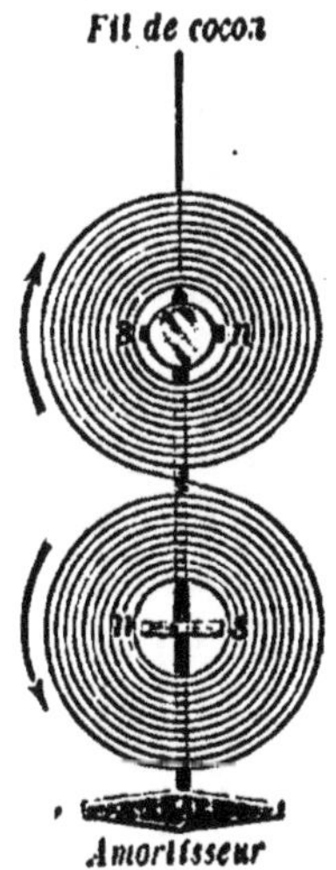

FIG. 233.
DISPOSITIF
DU GALVANOMÈTRE
DE LORD KELVIN.

L'équipage est un système de deux aiguilles astatiques sur chacune desquelles agit une bobine spéciale. Les déviations se mesurent en faisant réfléchir un rayon lumineux sur un miroir appliqué sur l'une des aiguilles.

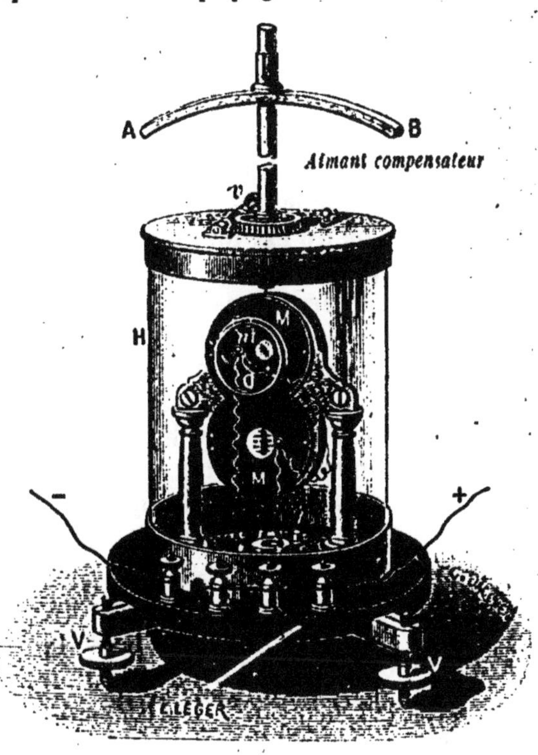

FIG. 234.
GALVANOMÈTRE DE LORD KELVIN.

En déplaçant convenablement l'aimant compensateur on peut orienter le champ directeur parallèlement au plan des spires et lui donner une intensité aussi faible qu'on le désire.

très délicate, ces oscillations se prolongeraient pendant longtemps si on ne les *amortissait* par des dispositifs spéciaux.

Tantôt, on augmente la résistance de l'air en fixant sur l'équipage des palettes très légères en aluminium, ou mieux des ailes de libellules. Tantôt, on entoure les aiguilles d'une masse métallique dans laquelle leurs mouvements développent des courants induits qui, d'après la loi de Lenz, tendent à gêner ces mouvements et qui consomment rapidement l'énergie du système oscillant. Pour utiliser ce mode d'amortissement, il suffit d'enrouler les bobines du galvanomètre sur des noyaux cylindriques en cuivre rouge dans lesquels oscillent les aiguilles.

282. Galvanomètre de Lord Kelvin. — Le type le plus parfait des galvanomètres à aimant mobile est le modèle de Lord Kelvin, que représente la figure 234. Les aiguilles astatiques ont de 7 à 8 millimètres de longueur : ces faibles dimensions permettent de réduire le diamètre et, par conséquent, la résistance des bobines. On peut, d'ailleurs, associer ces bobines en série ou en quantité, ce qui est précieux en bien des cas. On peut même utiliser séparément les deux cadres et se servir, au besoin, de l'instrument comme *appareil différentiel.*

Le galvanomètre est muni d'un aimant compensateur. L'équipage mobile, très léger, est suspendu par un fil de cocon. Les déviations s'observent par la méthode de Poggendorff, à l'aide d'un petit miroir collé sur l'une des aiguilles; les oscillations sont amorties par une lame de mica fixée sur la tige en aluminium qui réunit ces aiguilles.

Le galvanomètre de Lord Kelvin est extrêmement sensible : on peut, sans difficulté, obtenir une déviation appréciable pour un courant de *un millionième* d'ampère.

283. Galvanomètre à cadre mobile. — Le type des instruments de ce genre est le galvanomètre de Deprez et d'Arsonval. Cet appareil, dont le principe se retrouve dans les récepteurs que Lord Kelvin a imaginés pour la télégraphie sous-marine (§ 312), se compose d'un aimant en fer à cheval, fixé verticalement sur un socle. Entre les branches de cet aimant (fig. 235) peut osciller un cadre rectangulaire mince C qui est formé de plusieurs tours de fil isolé et qui est suspendu par deux fils métalliques fins et bien tendus *f.*

Dans sa position d'équilibre, le cadre est parallèle au champ de l'aimant; mais quand, par l'intermédiaire des fils de suspension, on y dirige un courant, les côtés verticaux du cadre sont sollicités par des forces qui tendent à placer celui-ci normalement au champ; le cadre dévie alors jusqu'à ce que l'action électromagnétique soit compensée par la torsion des fils de suspension. L'angle d'écart est sensiblement proportionnel à l'intensité du courant et se mesure par la méthode du miroir.

On augmente la sensibilité de l'appareil en plaçant à l'intérieur du cadre un cylindre de fer doux F maintenu par un support indépendant. Ce cylindre s'aimante par influence et contribue à accroître considérablement le champ coupé par les côtés verticaux du cadre et, par suite, l'action électromagnétique.

La figure 235 représente un modèle destiné aux expériences de cours. L'appareil se fixe au mur; le cadre porte une *large* glace plane *m* devant laquelle se trouve une lentille de 1 mètre de foyer enchâssée dans la paroi antérieure de la cage qui protège l'instrument. Avec une fente de quelques millimètres, éclairée par un bec Auer, on obtient très aisément sur un écran des images dont les déplacements sont visibles pour de nombreux spectateurs.

Lorsque le galvanomètre est fermé sur une résistance faible, il est à peu près *apériodique*, car les courants d'induction dus aux mouvements du cadre dans le champ, qui est très intense, éteignent rapidement les oscillations. Il n'en est plus ainsi lorsque la résistance extérieure est considérable, mais on peut construire un galvanomètre toujours apériodique en appliquant sur le cadre mobile un cadre auxiliaire constamment fermé sur lui-même et dans lequel les courants d'induction auront toujours une grande intensité.

FIG. 235.

GALVANOMÈTRE DEPREZ-D'ARSONVAL.

Lorsqu'on dirige un courant dans le cadre C, celui-ci dévie jusqu'à ce que l'action du champ sur les côtés verticaux du cadre soit compensée par la torsion des fils de suspension.

Le galvanomètre Deprez et d'Arsonval est moins délicat que celui de Lord Kelvin, mais il est aussi moins sensible.

284. Shunts. — Un galvanomètre sensible ne saurait être employé à la mesure de courants quelque peu intenses; d'abord, parce qu'on risquerait de brûler le fil du cadre, ensuite, parce que l'instrument manquerait alors de précision. En effet, l'intensité du courant augmentant comme la *tangente* de la déviation, on voit que, pour des courants intenses, la déviation elle-même sera voisine de 00 degrés et, dans ces conditions, elle n'éprouvera que des variations insignifiantes pour des variations même considérables du courant.

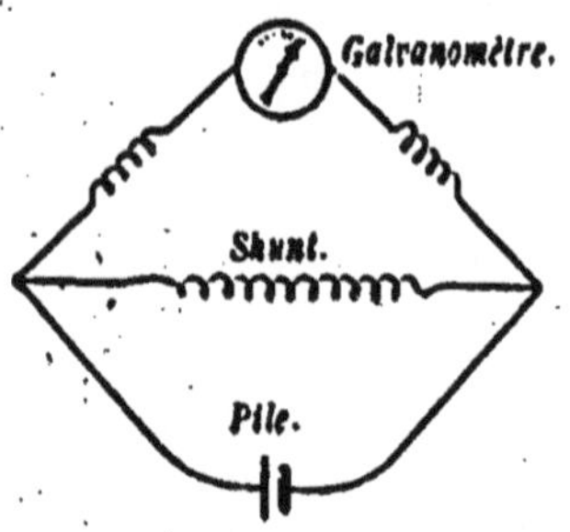

FIG. 236.
DISPOSITIF DU SHUNT.

C'est une dérivation qu'on installe entre les bornes du galvanomètre de façon à réduire dans un rapport connu le courant qui parcourt celui-ci.

FIG. 237. — SHUNT.

Trois résistances respectivement égales à 1/9, 1/99, 1/999 de celle du galvanomètre sont réunies dans une même boîte. Les connexions s'établissent à l'aide de chevilles mobiles comme dans les boîtes de résistance ordinaires.

On évite cet inconvénient par l'emploi du *shunt*. On désigne ainsi une dérivation prise sur les bornes du galvanomètre et qui permet de ne faire passer dans le cadre qu'une fraction connue du courant.

Soient g la résistance du galvanomètre, s celle du shunt, I l'intensité du courant total et i celle du courant qui passe dans le galvanomètre et produit la déviation observée (fig. 236). On a, d'après les lois des courants dérivés (§ 119) :

$$gi = s(I - i),$$

et, par suite,

$$I = \left(\frac{g}{s} + 1\right)i.$$

Si la résistance du shunt est 99 fois moindre que celle du galvanomètre, il ne passera dans celui-ci que le centième du courant total, et dès lors il faudra multiplier par 100 l'intensité du courant observé pour avoir celle du courant total.

Dans la pratique, les galvanomètres sont ordinairement munis de trois shunts dont les résistances sont respectivement $\frac{1}{9}$, $\frac{1}{99}$, $\frac{1}{999}$ de celle du galvanomètre. Ces shunts sont formés par trois bobines de

fil renfermées dans une boîte dont le couvercle est une plaque d'ébonite sur laquelle sont appliquées les bornes et les pièces métalliques qui servent à établir les connexions (fig. 237).

Quand on veut mesurer l'intensité d'un courant, on utilise successivement les shunts $\frac{1}{999}$, $\frac{1}{99}$, $\frac{1}{9}$ jusqu'à ce qu'on obtienne une déviation convenable. Si l'angle d'écart avec le shunt $\frac{1}{9}$ était trop faible, on lancerait directement le courant dans le galvanomètre.

285. Galvanomètres industriels. — Ce sont des appareils robustes et peu encombrants qu'on emploie à la mesure pratique des courants de grande intensité. Ils sont, en général, à cadre fixe et à aimant mobile.

Les modèles Desprez-Carpentier ont l'aspect extérieur d'une boîte cylindrique (fig. 238); l'organe mobile est une petite pièce de fer doux taillée en losange et supportée par un axe monté sur pivots au centre de la boîte. Cette pièce de fer doux est, d'ailleurs, placée entre les pôles de deux aimants recourbés, et elle s'oriente de telle façon que sa grande diagonale soit dirigée parallèlement au champ des aimants. L'axe de la bobine est incliné sur ce champ et le courant la parcourt de manière à ramener l'aiguille parallèlement aux spires

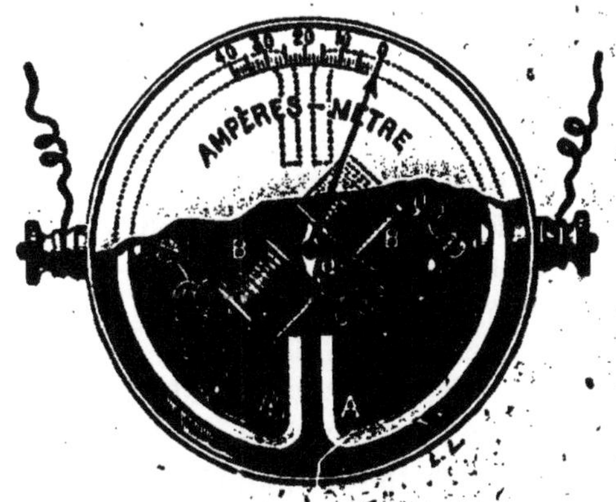

FIG. 238. — GALVANOMÈTRES INDUSTRIELS. L'organe mobile est une petite pièce de fer doux placée dans le champ de deux aimants recourbés et sur laquelle agit un couple de bobines parcourues par le courant qu'il s'agit de mesurer.

du fil : le couple déviant croît alors, comme le couple directeur, avec la déviation du losange aimanté et, dans un intervalle de 30 à 40 degrés, il y a sensiblement proportionnalité entre cette déviation et l'intensité du courant. Une aiguille légère et solidaire du petit aimant mobile repère les angles d'écart sur un cadran divisé.

Ampères-mètre. — Pour qu'un galvanomètre indique l'intensité réelle du courant qui parcourt un circuit, il faut qu'il n'introduise lui-même dans ce circuit qu'une résistance négligeable et, par suite, que son fil soit gros et court. Les instruments industriels de ce genre sont désignés sous le nom d'*ampères-mètre*. Le cadran divisé sur lequel se déplace l'aiguille indicatrice est gradué en ampères par le procédé général qui sert à obtenir la tare d'un galvanomètre (§ 279).

Voltmètres. — Lorsque la résistance g d'un galvanomètre à fil long et fin est extrêmement considérable par rapport à celle d'un circuit dans lequel on l'introduit, il est assez facile de voir que les déviations de l'aiguille repèrent la force électromotrice E des courants dont le circuit est le siége.

Si, en effet, on désigne par r la résistance d'un circuit contenant une force électromotrice E, l'intensité i du courant qui traversera le galvanomètre sera

$$i = \frac{E}{g + r}.$$

Si r est négligeable vis-à-vis de g, cette expression se réduit sensiblement à

$$i = \frac{E}{g},$$

c'est-à-dire que les indications du galvanomètre dépendront uniquement de la force électromotrice E. Un instrument de ce genre porte, dans l'industrie, le nom de *voltmètre*. Le cadran divisé sur lequel se déplace l'aiguille indicatrice est gradué directement en volts.

Pour effectuer cette graduation, on prend sur un conducteur traversé par un courant d'intensité connue I deux points séparés par une résistance également connue R, et on les joint au voltmètre. A l'endroit où s'arrête l'aiguille de celle-ci, on marque la force électromotrice E qu'on déduit de la relation $E = IR$.

286. Électrodynamomètres. — Ces appareils sont fondés sur l'action des courants sur les courants. Ils se composent essentiellement de deux bobines, l'une fixe, l'autre mobile autour d'un axe. La bobine mobile est ordinairement placée à l'intérieur de la bobine fixe et elle est soumise à une force directrice sous l'action de laquelle elle peut osciller de part et d'autre d'une position d'équilibre.

Lorsqu'on dirige un même courant dans les deux bobines, il se produit entre elles une action qui tend à rendre leurs spires parallèles : la force directrice qui sollicite la bobine mobile est alors modifiée, et celle-ci s'écarte de sa position d'équilibre primitive. La déviation ainsi obtenue repère l'intensité du courant et, quand elle ne dépasse pas quelques degrés, elle est sensiblement proportionnelle au carré de cette intensité.

Les électrodynamomètres sont ordinairement moins sensibles

que les galvanomètres, mais ils présentent cependant sur ceux-ci quelques avantages.

En premier lieu, ils peuvent être employés à la mesure de l'intensité moyenne des courants alternatifs ou de leur voltage moyen. En effet, le sens de la déviation reste le même quand le courant s'intervertit simultanément dans les deux bobines. L'industrie construit sur le même principe des *ampères-mètre* et des *voltmètres* destinés à l'observation des courants alternatifs qui sont employés dans l'éclairage ou dans les transports de force.

En second lieu, on peut faire en sorte que le champ terrestre n'influe pas sur l'équilibre de la bobine mobile, et obtenir alors, quand on connaît les dimensions des bobines et la force directrice, des mesures *absolues* d'intensités de courants. C'est le but que s'est proposé M. Pellat en construisant son remarquable électrodynamomètre.

287. Électrodynamomètre absolu de M. Pellat. — Cet appareil peut servir à l'étalonnage de tous les galvanomètres sans qu'il soit besoin de recourir, comme nous l'avons indiqué, à l'emploi d'un voltmètre. La bobine fixe est très longue; elle est horizontale et son axe est dirigé perpendiculairement au méridien magnétique (fig. 239). La bobine mobile est placée au milieu de la bobine fixe et elle est portée par un fléau de balance dont l'arête de suspension est parallèle à la méridienne magnétique, ce qui évite toute influence du champ terrestre sur la position d'équilibre.

FIG. 239.

DISPOSITIF DE L'ÉLECTRODYNAMOMÈTRE PELLAT.

Un même courant parcourt les deux bobines. Les poids qu'il faut placer dans le plateau pour maintenir l'équilibre sont proportionnels au carré de l'intensité.

Quand aucun courant ne passe dans l'appareil, l'axe de la bobine intérieure est vertical, le fléau étant maintenu horizontal par une tare convenable placée dans le plateau P.

Le courant est dirigé dans les bobines de telle façon que le plateau tende à se relever; mais on le maintient en place en lui ajoutant des masses marquées *m*. On établit aisément la relation qui permet de déduire l'intensité I du courant de la valeur de ces masses *m*.

Supposons, en effet, que la bobine fixe soit extrêmement longue et qu'elle comprenne *n* spires par centimètre : le champ intérieur $\mathcal{H}$, produit par un courant de I ampères, aura alors pour expression (§ 201)

$$\mathcal{H} = 4\pi\, nI.10^{-1}.$$

D'autre part, si la bobine mobile contient N spires ayant chacune pour surface S son moment magnétique $\mathfrak{M}$ sera (§ 203)

$$\mathfrak{M} = NIS.10^{-1}.$$

Cette bobine se trouvera donc soumise, quand le courant passera dans l'appareil, à un couple $\mathfrak{M}\mathfrak{H} = 4\pi n NSI^2.10^{-2}$.

Ce couple tend à faire tourner le fléau de la balance autour de son arête de

FIG. 240. — ÉLECTRODYNAMOMÈTRE PELLAT.

L'axe de rotation du fléau est orienté dans le méridien magnétique et les positions d'équilibre du fléau se repèrent à l'aide d'un viseur à réticule.

suspension; pour maintenir l'équilibre, il faut et il suffit que le moment des poids supplémentaires ajoutés dans le plateau soit précisément égal à $\mathfrak{M}\mathfrak{H}$.

Si l'on désigne par L le bras de levier du plateau, on aura donc

$$mgL = 4\pi nSI^2.10^{-2};$$

on tire de là $\qquad I = 10\sqrt{\dfrac{gL}{4\pi\, nNS}}\sqrt{m}\qquad$ et enfin $\qquad I = C\sqrt{m}$

en désignant par C une constante de l'appareil.

La figure 240 montre une vue d'ensemble de l'électrodynamomètre de M. Pellat.

2. APPLICATIONS DU GALVANOMÈTRE

288. Mesure de l'intensité du champ terrestre. — L'appareil dont nous nous servirons porte le nom de *boussole des tangentes.*

Une petite aiguille aimantée, montée sur un pivot vertical, est placée au centre d'une bobine circulaire très plate M, comprenant une seule couche de fil, enroulé avec une grande régularité (fig. 241). L'instrument est porté par des vis calantes et il peut tourner autour de l'axe d'un cercle azimutal, ce qui permet de rendre vertical le plan de la bobine M et de l'orienter dans le méridien magnétique. Pour cela, on l'oriente d'abord dans un plan rectangulaire, ce qu'on reconnaît à ce que le passage d'un courant ne dévie pas l'aiguille, puis on fait tourner de 90° le plan de la bobine.

L'appareil étant ainsi réglé, on l'intercale avec un voltamètre à azotate d'argent et une résistance variable dans le circuit d'une pile. On agit sur cette résistance de manière à maintenir constante la déviation α de l'aiguille aimantée. Le poids d'argent déposé pendant la durée de l'expérience permet de calculer l'intensité I du courant qui a parcouru la bobine. D'autre part, si l'on désigne par r le rayon des spires et par n leur nombre, le champ propre de la bobine dans la région centrale est (§ 200)

$$\mathcal{K} = \frac{2\pi n I}{r} 10^{-1}.$$

Ce champ se compose avec le champ terrestre H et leur résultante fait avec la méridienne magnétique un angle α, tel que

$$\tang \alpha = \frac{\mathcal{K}}{H}.$$

On a donc

$$\tang \alpha = \frac{2\pi n I}{r H} 10^{-1}.$$

Cette relation permet d'obtenir la valeur de H.

L'intensité elle-même du champ terrestre s'obtient

FIG. 241. — BOUSSOLE DES TANGENTES.
Elle se compose d'une bobine circulaire M, au centre de laquelle est suspendue une petite aiguille aimantée. En orientant la bobine dans le méridien magnétique et en observant la déviation qu'imprime à l'aiguille un courant d'intensité connue, on peut déterminer la valeur du champ terrestre.

en divisant la valeur H de sa composante horizontale par le cosinus de l'inclinaison.

A Paris, au 1er janvier 1900, la composante H avait pour valeur 0,1969 ; elle augmente d'environ 0,0002 par année.

A travers la France, la composante H croît du nord au sud (0,189 à Lille ; 0,223 à Marseille) et *les lignes d'égale composante horizontale* sont, comme celles d'égale inclinaison, sensiblement orientées du sud-ouest au nord-est.

289. Mesure d'une quantité d'électricité. — Considérons un galvanomètre dont l'organe mobile ait des oscillations très longues et, autant que possible, dépourvues d'amortissement. Prenons l'appareil au repos ; dirigeons à travers le fil du cadre une décharge électrique et supposons que la décharge soit terminée avant que l'organe mobile ait eu le temps de se déplacer d'une manière sensible. Dans ces conditions, la décharge fournit une certaine énergie à l'équipage et celui-ci est lancé hors de sa position d'équilibre. Le calcul montre que l'arc d'impulsion α est proportionnel à la quantité q d'électricité mise en mouvement ; de sorte que, en désignant par K une constante particulière à l'instrument, on peut écrire $q = K\alpha$.

Un galvanomètre de ce genre, c'est-à-dire *à oscillations lentes et faiblement amorties*, porte le nom de *galvanomètre balistique*.

Pour déterminer la constante K, il suffit d'observer l'impulsion qui correspond à une quantité connue d'électricité. Pour cela on met le galvanomètre en communication avec un cerceau de Delezenne, placé tout d'abord normalement à la méridienne magnétique et auquel on imprime une brusque rotation de 180°. On a vu (§ 245) que, dans ces conditions, la variation du flux d'induction à travers le cerceau mettait en jeu une quantité d'électricité qui, exprimée en coulombs, avait pour valeur

$$\frac{2\,n\,S\,H}{10^8\,R},$$

n désignant le nombre des spires, S la surface commune de celles-ci et R leur résistance totale.

La valeur de la constante K une fois déterminée, on pourra employer le galvanomètre balistique à mesurer la charge d'un condensateur et, par suite, sa capacité, s'il avait été tout d'abord porté à un potentiel connu.

On pourra utiliser aussi le galvanomètre balistique à la mesure des flux d'induction à travers une surface. On mettra le cadre qui définit cette surface en communication avec le galvanomètre et on supprimera ou on établira *brusquement* le flux à travers la surface. La variation Φ du flux s'obtiendra en multipliant la quantité d'électricité mise en jeu par 10^8 fois la résistance R du cadre soumis à l'induction (§ 235).

Enfin, on pourra employer un procédé analogue pour explorer un champ magnétique : il suffira d'y retourner face pour face un cadre de dimensions et de résistance connues et d'observer l'impulsion au galvanomètre balistique. L'intensité du champ, dans une direction normale au cadre, s'obtiendra en divisant le flux d'induction par 2 fois la surface de ce cadre.

C'est par des méthodes fondées sur le même principe qu'ont été déterminées les courbes d'aimantation indiquées au § 220.

3. MESURE DES RÉSISTANCES

200. Boîtes de résistances. — L'*ohm*, unité pratique de résistance, est la résistance d'un conducteur qui serait traversé par un courant de 1 ampère, lorsque ses deux extrémités présentent une différence de potentiel de 1 volt.

Des recherches expérimentales, dont l'exposition sortirait du cadre de cet ouvrage, ont établi que *l'ohm peut être représenté par la résistance d'une colonne cylindrique de mercure à 0°, de 1 millimètre carré de section et de 106cm,3 de longueur. Ce résultat*

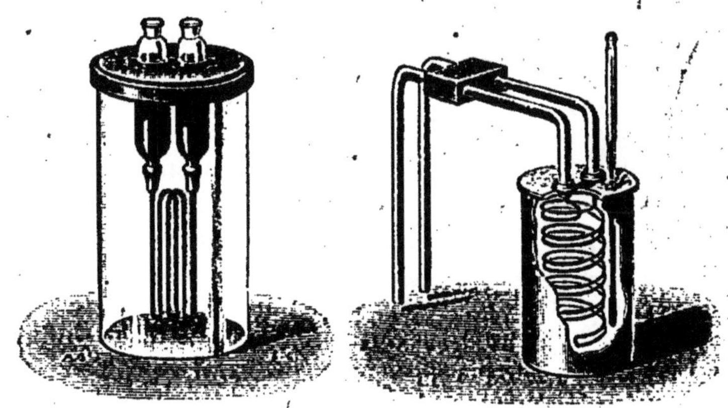

FIG. 242. — ÉTALONS PRATIQUES DE RÉSISTANCE.
On se sert comme étalons de l'ohm tantôt d'un tube rempli de mercure et soigneusement calibré dont les extrémités aboutissent à deux larges godets ; tantôt d'un fil de maillechort soudé à deux grosses tiges de cuivre.

acquis, la construction d'un ohm étalon se réduit, au fond, à calibrer un tube et à le remplir d'une quantité convenable de mercure.

Les *étalons pratiques* sont constitués par un tube de verre plusieurs fois replié sur lui-même, de façon qu'on puisse l'entourer de glace fondante. Les extrémités du tube aboutissent à deux larges godets remplis de mercure qui servent de prises (fig. 242).

La résistance du mercure dans le verre varie sensiblement avec la température; cette variation est donnée par la formule

$$R = R_0 \, (1 + 0{,}000\,865 \; t + 0{,}000\,001\,12 \; t^2).$$

On construit aussi des copies de l'ohm en fil de maillechort. Ce fil contourné en spirale est enfermé dans une boîte de métal remplie de paraffine ou de pétrole et dont la température est donnée par un thermomètre. Les extrémités du fil aboutissent à deux grosses tiges en cuivre rouge qui servent de prises.

La résistance réelle de ces copies en maillechort est liée à la température par la formule

$$R = R_0 \, (1 + 0{,}000\,44 \; t).$$

En utilisant la méthode de comparaison qui sera décrite au paragraphe suivant, on peut construire des multiples et des sous-multiples de l'ohm et associer ensuite ces résistances à la façon d'une boîte de poids : on constitue ainsi des *boîtes de résistances*.

Chacune de ces résistances est formée d'un fil de maillechort enroulé sur une bobine après avoir été replié sur lui-même, disposi-tif qui a pour effet de réduire considérable-ment la self-induction (fig. 243). Les extrémi-tés d'une même bobine

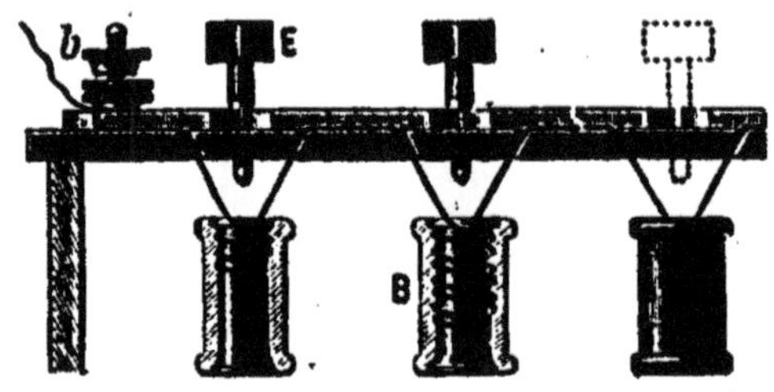

FIG. 243.

DISPOSITIF DES BOÎTES DE RÉSISTANCES.

Les bobines résistantes sont placées les unes à la suite des autres et réunies par de larges pièces métalliques. En introduisant une cheville de laiton entre deux pièces voisines, on supprime la résistance correspondante.

aboutissent à deux pièces de cuivre fixées sur une plaque d'ébo-nite et laissant entre elles un intervalle qu'on peut boucher avec une cheville métallique. Toutes ces pièces sont placées les unes à la suite des autres; les dernières portent des bornes auxquelles on attache les extrémités du fil qui amène le courant. Lorsque toutes les chevilles sont en place, le courant passe tout entier dans la barre formée par les pièces de contact dont la résis-tance est négligeable; il suffit d'enlever une cheville pour intro-duire dans le circuit la résistance correspondante (fig. 244).

Les boîtes de résistances sont disposées comme les boîtes de poids et permettent de réaliser unité par unité toutes les résistances de 1 à 10 000 ohms. Elles sont étalonnées pour une tem-

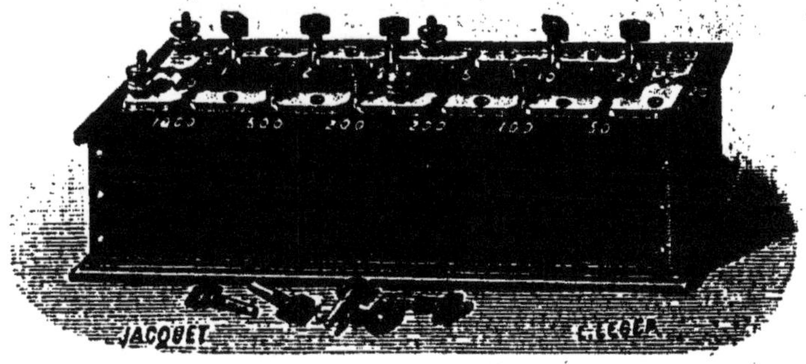

FIG. 244. — BOÎTE DE RÉSISTANCES.

On réunit dans une même boîte une série de multiples de l'ohm offrant les mêmes combinaisons qu'une boîte de poids ordinaire.

pérature déterminée ; pour les autres, il faut effectuer une correction d'après la formule qui a été donnée plus haut.

291. Pont de Wheatstone. — C'est le dispositif le plus employé pour comparer deux résistances ; en voici le principe :

Quatre résistances r, R, R', r' sont placées bout à bout, en chaîne fermée, comme les quatre côtés d'une sorte de parallélogramme (fig. 245). Deux jonctions opposées A et B sont mises en communication avec les pôles d'une pile ; les deux autres C et C' sont réunies par un fil dans lequel est intercalé un galvanomètre.

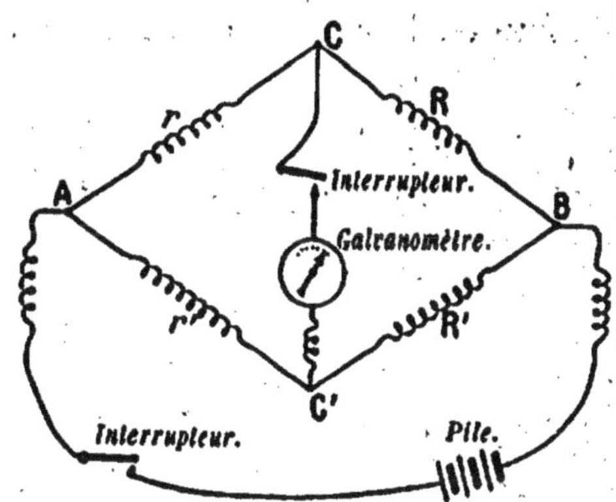

FIG. 245. — DISPOSITIF DU PONT DE WHEATSTONE.
Quand les résistances $rRr'R'$ sont réglées de façon qu'aucun courant ne traverse le pont CC', le produit des résistances opposées est le même.

Lorsque les quatre résistances sont réglées de telle façon qu'aucun courant ne circule dans le *pont* C C', il existe entre elles une relation très simple. En effet, les points C C' sont alors au même potentiel et le courant a même intensité i dans les branches r et R ; même intensité i' dans les branches r' et R'. En outre, la chute de potentiel a des valeurs égales de A en C et de

A en C' et des valeurs égales aussi de C en B et de C' en B. On a donc
$$i\,r = i'\,r' \quad \text{et} \quad i\,R = i'\,R'.$$

En divisant ces deux relations membre à membre, on obtient
$$\frac{r}{R} = \frac{r'}{R'}.$$

Donc, *s'il ne passe aucun courant dans le pont, le produit des résistances des côtés opposés du quadrilatère est le même de part et d'autre.*

Lorsqu'on veut mesurer une résistance R, on place en r et r' des résistances dont le rapport est connu; et, en R', une boîte de résistances graduées. On cherche alors sur celle-ci la combinaison R' pour laquelle l'aiguille du galvanomètre ne bouge pas quand on interrompt ou quand on ferme le pont. La résistance cherchée a alors pour valeur
$$R = \frac{r}{r'}\,R'.$$

Si cette résistance à mesurer est faible, on place 10 ohms en r et 100 ou même 1000 ohms en r'. La valeur de R est alors le dixième ou le centième de R'. On fait l'inverse pour les résistances fortes; et, grâce à cet artifice, une boîte de 10 000 ohms permet de mesurer toutes les résistances comprises entre un centième d'ohm et un million d'ohms.

Remarques. — I. Pour des déterminations qui ne comportent pas une précision excessive, il est commode de remplacer le galvanomètre par un récepteur téléphonique (§ 313) qui reste muet lorsque aucun courant ne parcourt le *pont* et qu'on actionne l'interrupteur de celui-ci.

On peut aussi employer comme appareil de zéro l'électromètre capillaire de Lippmann (§ 66). Cet appareil convient très bien lorsque les résistances à mesurer sont considérables, comme c'est le cas pour les solutions salines. Il faut seulement avoir soin, pour éviter les effets de la polarisation, de choisir comme prises de résistance deux lames du métal qui entre dans la composition du sel dissous.

II. En général, la résistance d'un conducteur augmente légèrement avec la température, et nous avons indiqué deux exemples de ce fait au paragraphe précédent. Pour les conducteurs métalliques, cette variation est assez régulière et on l'a maintes fois utilisée pour le repérage des températures et, en particulier, des températures très basses.

4. MESURE DE LA FORCE ÉLECTROMOTRICE D'UNE PILE

292. Méthode d'opposition. — On peut comparer deux forces électromotrices à l'aide de l'électromètre à quadrants (§ 65) ; mais on peut aussi le faire par la méthode d'opposition dont voici le principe.

Une batterie auxiliaire de quelques piles Daniell ou de quelques accumulateurs est fermée sur une résistance de 10 000 ohms, constituée par deux boîtes de résistances pour l'une desquelles toutes les chevilles sont enlevées, tandis qu'elles sont toutes en place pour l'autre. Dans ces conditions, le débit des piles est très

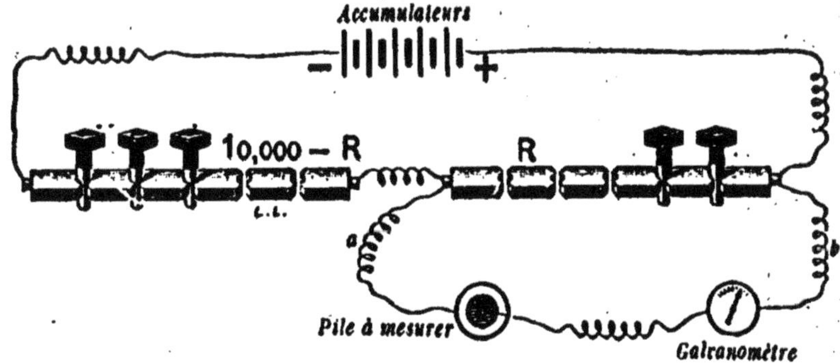

FIG. 246. — MESURE DE LA FORCE ÉLECTROMOTRICE D'UNE PILE.
On mesure une force électromotrice en lui opposant une force électromotrice égale prise entre deux points d'un circuit parcouru par un courant constant.

faible, la polarisation négligeable et l'intensité i du courant qui parcourt le circuit conserve très longtemps la même valeur.

Aux deux bornes de la boîte inactive sont fixés deux fils a et b (fig. 246) : si on enlève la cheville de cette boîte qui correspond à la résistance R et qu'on supprime en même temps une résistance égale sur l'autre boîte, l'intensité du courant ne change pas, puisque la résistance totale reste la même ; mais il se produit entre les fils a et b une différence de potentiel égale à Ri, c'est-à-dire proportionnelle à la résistance R utilisée.

On *oppose* cette différence de potentiel qui peut varier à volonté à la force électromotrice d'une pile P dont les pôles sont reliés aux fils a et b ; et, pour constater l'égalité, on se sert d'un galvanomètre ou d'un électromètre capillaire qu'on intercale dans le circuit de la pile P.

Quand on a déterminé de la sorte la résistance R pour laquelle l'instrument reste au zéro, on recommence l'expérience avec la pile P' qu'il s'agit de comparer à P, et on obtient une nouvelle résistance R'. Les forces électromotrices des deux piles sont respectivement proportionnelles aux valeurs de R et R' :

$$\frac{E}{E'} = \frac{R}{R'}.$$

Pour *mesurer* une force électromotrice en valeur absolue, il suffit de la comparer, par ce procédé, à celle qui règne aux extrémités d'un conducteur de résistance connue, parcouru par un courant d'intensité connue, ou même à celle d'un étalon Latimer-Clark (§ 144).

Résistance intérieure d'une pile. — Soient E la force électromotrice d'une pile et r sa résistance intérieure. Si nous fermons cette pile sur une résistance connue R, l'intensité du courant qui parcourra le circuit sera donnée par la formule de Ohm

$$E = (R + r)\,I.$$

La différence de potentiel e aux extrémités de la résistance R aura pour valeur
$$e = RI.$$

On aura donc
$$\frac{E}{e} = \frac{R + r}{R}.$$

Cette formule permettra de calculer la résistance r si l'on a mesuré le rapport $\frac{E}{e}$, à l'aide de la méthode d'opposition, par exemple.

CHAPITRE X

APPLICATIONS DE L'ÉLECTRICITÉ

I. APPLICATIONS DE L'ÉLECTROLYSE

293. Galvanoplastie. — Les phénomènes de la décomposition des sels par les courants ont reçu d'importantes applications industrielles, parmi lesquelles nous citerons la *galvanoplastie*, la *métallurgie électrique* et *l'électrochimie*.

La galvanoplastie a pour objet de recouvrir une surface d'une couche bien adhérente d'un métal en précipitant électriquement celui-ci d'une de ses solutions salines.

Dans la pratique, on utilise presque uniquement le cuivre, le nickel, l'argent, l'or et le platine à cause de leur grande inaltérabilité.

L'objet à métalliser est pris comme électrode négative ; si sa surface n'est pas conductrice par elle-même, on la rend conductrice en la frottant avec de la plombagine. On l'immerge dans un bain constitué par une solution saline du métal à déposer et on choisit comme électrode positive une plaque du même métal. Celle-ci se dissout au fur et à mesure que l'électrode négative se recouvre et la concentration du bain reste constante (fig. 247).

L'expérience a établi, dans chaque cas, quelles sont les conditions de concentration, de température et de densité de courant qui donnent les dépôts les plus unis et les plus adhérents.

Il est à remarquer que l'opération n'exige que des forces électromotrices très faibles. Il se produit, en effet, dans la cuve galvanoplastique, deux actions chimiques égales et contraires et le travail proprement dit de l'électrolyse est sensiblement nul : la seule énergie que réclame l'opération est celle qui correspond à la résistance de l'électrolyte lui-même.

Dans les établissements importants, l'électricité est fournie par des accumulateurs ou par une dynamo à courant continu, construite de façon à donner une grande intensité sous une faible chute de potentiel, 8 à 10 volts. Les bains sont montés en dérivation. Les couches métalliques sont, après leur dépôt, soumises à un *brunissage* qui donne à leur surface un fin poli.

Pour les petites opérations de galvanoplastie, on peut même employer un dispositif qui n'est au fond qu'une pile Daniell

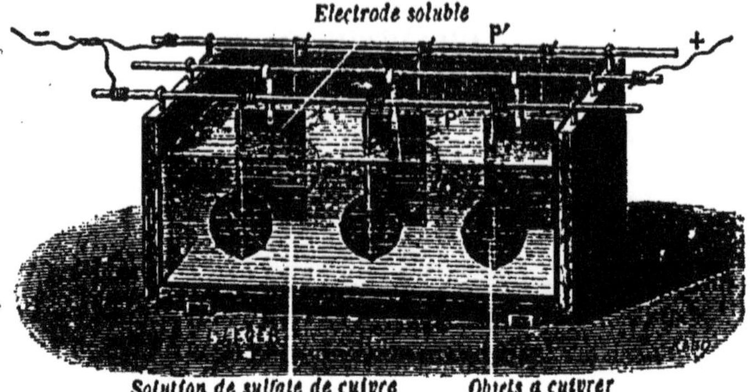

FIG. 247. — CUVE ÉLECTROLYTIQUE.

L'objet à métalliser est pris comme électrode négative et placé dans une solution saline du métal à déposer ; on choisit comme électrode positive une plaque de ce métal.

fermée sur elle-même et dont l'objet à métalliser forme le pôle positif (fig. 248). La cuve contient une solution de sulfate de cuivre qu'on maintient saturée en y plaçant quelques sacs rem-

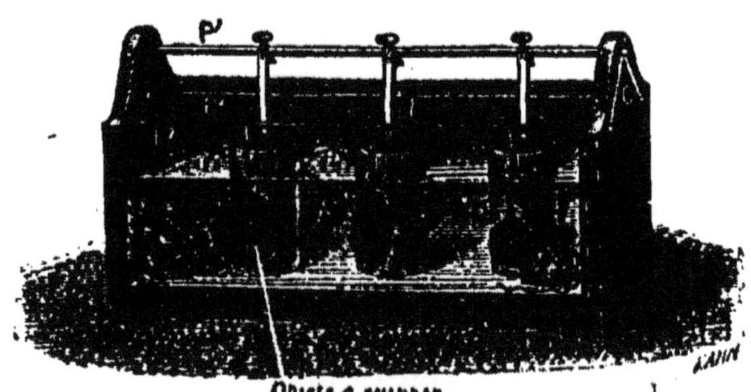

FIG. 248. — APPAREIL SIMPLE DE GALVANOPLASTIE.

C'est une sorte de pile Daniell fermée sur elle-même et dont l'objet à métalliser forme le pôle positif. Le pôle négatif est constitué par des lames de zinc placées dans des vases poreux remplis d'eau acidulée.

plis de cristaux. Au milieu de la cuve se trouvent des vases poreux renfermant de l'eau acidulée dans laquelle plonge une lame de zinc formant le pôle négatif de la pile. Les lames de zinc sont réunies aux tiges métalliques qui supportent les objets à cuivrer.

On a vu, à propos de la pile Daniell (§ 142), l'explication du dépôt métallique qui se forme, dans ces conditions, sur le pôle positif.

Cuivrage. — On l'emploie pour protéger contre la rouille les candélabres et les statues en fonte. Le bain galvanoplastique est une solution saturée de sulfate de cuivre acidulée par de l'acide sulfurique. L'intensité du courant doit être d'environ 200 ampères par mètre carré. Pour que le dépôt soit bien adhérent il est indispensable que la surface de l'objet ait été préalablement bien décapée.

Nickelage. — Le nickelage a pris depuis quelques années un développement considérable. Les pièces métalliques (laiton ou fer) à recouvrir de nickel doivent être d'abord soigneusement polies, puis débarrassées de toute substance grasse et placées comme cathode dans une solution à 8° Baumé de sulfate double de nickel et d'ammoniaque. L'anode soluble est une lame de nickel.

Argenture. — Le bain d'argenture est une solution de cyanure double d'argent et de potassium contenant de 10 à 20 grammes d'argent par litre. L'anode est une lame d'argent. Le courant doit avoir une intensité de 50 ampères par mètre carré de cathode. L'opération se fait à froid.

Dorure. — Un des bains les plus employés est une solution contenant, par litre, 5 grammes de cyanure de potassium et 1 gramme de chlorure d'or. Ce bain doit être maintenu pendant l'opération à une température de 75° environ. L'intensité du courant doit être très faible, 10 ampères par mètre carré.

Moulage galvanique. — On peut reproduire par voie électrique l'une des faces d'une médaille. Pour cela, on en prend l'empreinte avec de la *gutta-percha*, qui se ramollit aisément sous l'action de la chaleur et reprend à froid une assez grande dureté. On recouvre cette empreinte de plombagine, de manière à rendre la surface conductrice et on l'emploie comme cathode dans une dissolution de sulfate de cuivre. On arrête l'opération quand la couche de cuivre a acquis une épaisseur suffisante et on la détache de l'empreinte.

On emploie un procédé analogue pour reproduire les gravures sur bois, quand on veut conserver la planche originale. Le cliché de cuivre est aciéré à sa surface, puis renforcé par derrière à l'aide d'une couche d'alliage fusible, et, en cet état, il peut servir à de nombreux tirages.

204. Électrométallurgie. — *Affinage du cuivre*. — On se sert de l'électrolyse pour affiner le cuivre assez impur que l'on obtient par le traitement métallurgique proprement dit. Ce cuivre, coulé en plaques, est placé comme électrode positive dans un bain de sulfate de cuivre. Le courant électrique transporte le métal pur sur une lame mince de cuivre formant l'électrode négative tandis que les impuretés tombent au fond de la cuve.

Préparation de l'aluminium. — On prépare aujourd'hui de

très grandes quantités d'aluminium par des méthodes électrochimiques. Nous nous contenterons de citer l'une d'elles, la méthode Héroult; l'alumine est fondue par la chaleur développée par le passage d'un courant d'une très grande intensité, et électrolysée.

L'appareil consiste en une cuve cylindrique en fer B garnie de charbon intérieurement (fig. 249); l'électrode positive C est en charbon aggloméré. Le bain est formé d'un mélange d'alumine et de cryolithe. L'aluminium se rassemble au fond de la cuve d'où on l'extrait de temps en temps par un trou de coulée.

En ajoutant du cuivre dans la cuve, on peut, par le même procédé, préparer un *bronze d'aluminium* qui est remarquable par sa belle couleur dorée et son inaltérabilité.

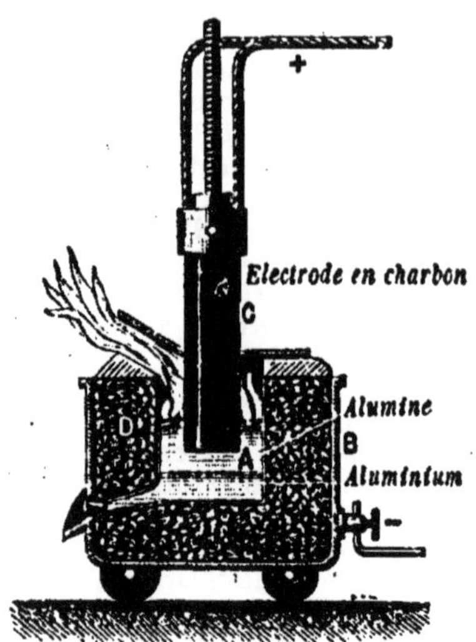

FIG. 249.
PRÉPARATION ÉLECTROLYTIQUE
DE L'ALUMINIUM.

L'alumine est fondue et électrolysée par un courant très intense. L'aluminium se rassemble au fond de la cuve.

295. Électrochimie. — Les procédés électriques prennent, depuis quelques années, dans l'industrie chimique, une importance de plus en plus considérable.

Quand on électrolyse une solution de sel marin, on met en liberté du *chlore* à l'électrode positive et de la *soude* à l'électrode négative. Suivant les conditions dans lesquelles on laisse ensuite ces substances réagir l'une sur l'autre, on peut obtenir un hypochlorite décolorant ou un chlorate. Cette méthode de fabrication est déjà appliquée avec succès dans quelques usines.

On emploie un procédé analogue pour le blanchiment de la pâte à papier.

Enfin, on a utilisé le même ordre de phénomènes dans l'industrie nouvelle du tannage électrique.

2. ÉCLAIRAGE ÉLECTRIQUE

296. Éclairage par incandescence. — On utilise pour l'éclairage soit *l'incandescence d'un fil par un courant*, soit le phénomène de *l'arc voltaïque*.

La lampe à incandescence est une application directe des lois de Joule (§ 120). Inventée à peu près simultanément par Edison et par Swann, elle se compose d'un filament de charbon contourné en boucle ou en spirale et enfermé dans une ampoule où l'on a fait le vide. Ce filament de charbon est parcouru par un courant continu ou alternatif qui le porte au rouge blanc, sans que sa combustion soit possible, puisqu'il n'y a pas d'oxygène dans l'espace qui l'entoure (fig. 250).

Le fil de charbon a la grosseur d'un crin de cheval; c'est une fibre de bambou qui a été calcinée à haute température, en vase clos. Ses deux bouts sont soudés à des fils de platine qui traversent le fond de l'ampoule et aboutissent à deux contacts métalliques amenant le courant. La raréfaction est poussée dans l'ampoule jusqu'à un ou deux centièmes de millimètre. Dans certains modèles, cette ampoule est remplie d'un gaz hydrocarboné dans lequel la combustion ne peut s'effectuer.

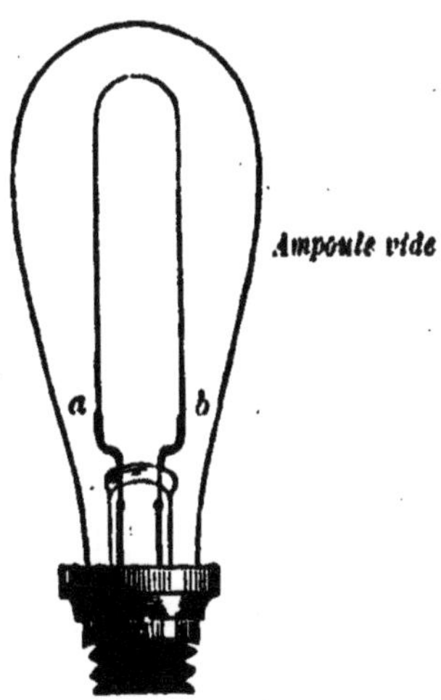

FIG. 250. — LAMPE ÉLECTRIQUE À INCANDESCENCE.

Elle se compose d'un filament de charbon contourné en boucle et placé dans une enceinte vide d'air. Ce filament est porté à l'incandescence par un courant continu ou alternatif.

La lampe est munie d'un pas de vis ou d'une monture à baïonnette qui permet de la fixer sur des supports appropriés.

Les lampes d'une même installation sont le plus souvent montées en dérivation, c'est-à-dire qu'elles sont toutes reliées à deux conducteurs principaux amenant le courant sous un voltage convenable. De cette façon le courant principal se partage entre les lampes et la rupture de l'une d'elles n'empêche pas les autres de fonctionner.

L'unité pratique d'intensité lumineuse est la *bougie décimale* : c'est le vingtième de l'unité *violle*, qui est l'intensité normale d'un centimètre carré de platine à sa température de fusion. Le *carcel* est une ancienne unité d'intensité lumineuse qui vaut un peu moins de 10 bougies.

On construit des lampes de puissances très différentes, depuis les *petites lampes* de 1 à 8 bougies qui fonctionnent à 2 ampères sous un voltage de 5 à 30 volts, jusqu'aux *grosses lampes* de 150 à 1000 bougies qui s'allument sous un voltage de 110 volts et qui exigent de 6 à 25 ampères.

Le modèle le plus employé est la lampe *dite de 16 bougies* qu'on actionne avec un courant de 0,8 ampère, sous une différence de potentiel de 100 volts.

D'après ces données, on voit que cette lampe, quand elle est en activité, a une résistance de 125 ohms et qu'elle consomme $100 \times 0,8 = 80$ joules par seconde. Il faut donc pour l'allumer disposer d'une puissance de 80 watts, c'est-à-dire de 5 watts par bougie.

Le même calcul, appliqué aux autres lampes, montre que la puissance absorbée par bougie est moindre pour les grosses et plus forte, au contraire, pour les petites. Le prix de revient de ce mode d'éclairage est donc d'autant plus élevé que la lumière est répartie en un plus grand nombre de foyers.

Une faible partie de l'énergie consommée par une lampe à incandescence, 5 pour 100 environ, est transformée en radiations lumineuses; le reste se perd en radiations calorifiques obscures. Ajoutons néanmoins que, à égalité d'intensité, une lampe à incandescence chauffe environ 10 fois moins qu'une lampe à gaz et que ce n'est pas là un des moindres avantages de l'éclairage électrique.

La durée normale d'une lampe de 16 bougies est de 1000 à 2000 heures.

297. Arc voltaïque.

Le phénomène de l'arc voltaïque fut observé pour la première fois par Davy. Ayant attaché deux baguettes de charbon aux pôles d'une pile de 2000 éléments en série et les ayant écartées après les avoir mises au contact, il vit éclater entre elles une lumière éblouissante. Cette lumière persista jusqu'à 10 centimètres; mais, au delà, elle s'éteignit et pour la rallumer il fallut revenir au contact comme au début.

Le phénomène peut s'expliquer : au moment où les baguettes vont être séparées, elles ne se touchent que par quelques points; une vive incandescence se produit alors dans la région du contact qui est très résistante et l'air environnant s'échauffe. Or l'air chaud est conducteur : tant que la distance des baguettes reste petite, le courant continue donc à la franchir à travers l'air qu'il maintient incandescent.

Pour répéter l'expérience, il suffit de disposer d'une force électromotrice de 35 à 80 volts et d'une intensité de 10 ampères environ. Le procédé le plus commode pour étudier en détail l'aspect du phénomène consiste à projeter son image sur un écran à l'aide d'une lentille convergente. On reconnaît alors que l'arc lui-même est beaucoup moins éclatant que les pointes des charbons, et, en particulier, que celle du charbon positif; on

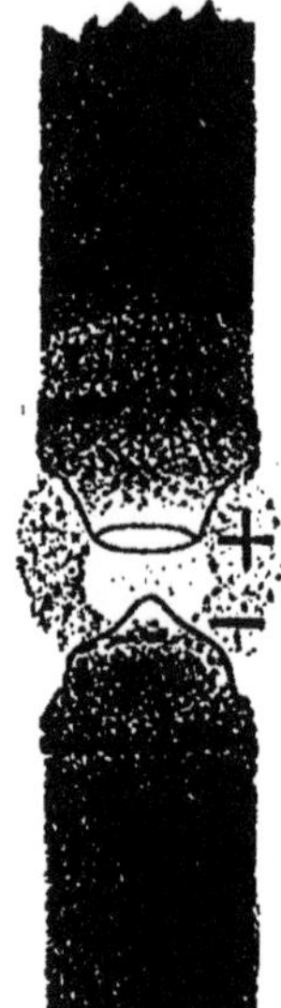

FIG. 251.

ARC ÉLECTRIQUE.

Quand on sépare et qu'on maintient à faible distance deux baguettes de charbon réunies aux pôles d'une pile de 50 volts, il se produit entre elles une vive lumière qui porte le nom d'arc électrique. Tout porte à croire que le phénomène est accompagné d'une ébullition du carbone.

voit, d'ailleurs, que celui-ci se creuse en forme de cratère tandis que le charbon négatif s'allonge en pointe et l'on constate nettement un transport de matière de l'un à l'autre dans le sens du courant (fig. 251). Au reste, le charbon positif s'use deux fois plus vite que l'autre.

Un résultat capital découle des recherches calorimétriques qui ont eu pour objet de déterminer la température de l'arc : c'est que *la température de la pointe positive est toujours la même,* aussi bien pour les arcs faibles que pour les plus puissants : on l'évalue à 3500° (M. Violle). Ce fait indique évidemment que cette pointe est le siège d'un changement d'état bien défini, qui ne peut être que l'*ébullition* du carbone.

L'arc lui-même est constitué par un mélange d'air et de vapeur de carbone dont la température est au moins de 3500° ; il constitue un conducteur très résistant dans lequel le courant développe, d'après la loi de Joule, une grande quantité de chaleur.

Il résulte de là que l'énergie consommée par le phénomène se compose de deux parties, l'une employée à la volatilisation du carbone, l'autre transformée en chaleur dans l'arc lui-même. Au travail de volatilisation correspond une force électromotrice inverse et constante (§ 121), qui est d'environ 35 volts ; à l'effet Joule correspond une autre force électromotrice qui dépend de l'intensité du courant et de l'écart des charbons. La différence de potentiel entre ceux-ci est donc la somme de ces deux forces électromotrices, l'une fixe, l'autre variable ; elle n'est, par conséquent, jamais inférieure à 35 volts, et ce fait explique pourquoi on ne peut pas obtenir d'arc avec une pile de Bunsen comptant moins de 20 éléments.

208. Application de l'arc voltaïque à l'éclairage. — *Lampes à régulateur.* — L'arc électrique a été appliqué sous deux formes à l'éclairage : *la lampe à régulateur* et *la bougie Jablochkoff.*

Dans la lampe à régulateur, les deux charbons[1] sont verticaux et placés l'un au-dessus de l'autre. L'arc est produit soit par des courants alternatifs, soit par des courants continus ; dans ce dernier cas, l'éclairement est maximum quand le charbon positif est celui du haut.

On obtient une belle lumière avec un courant de 10 ampères et une différence de potentiel de 50 volts aux bornes de la lampe. L'*intensité moyenne* de l'arc est alors de 100 carcels ou 2000 bou-

---

1. Ces charbons sont des baguettes cylindriques qu'on obtient en faisant passer à la filière et en calcinant ensuite en vase clos une pâte épaisse composée de coke pulvérisé, de noir de fumée, de gomme et de sirop de sucre.

gies; la puissance consommée est de 500 watts, soit 0ʷ,25 par bougie. L'éclairage par l'arc est donc beaucoup plus économique que l'incandescence; dans ce cas encore, ce sont les foyers les plus puissants qui dépensent relativement le moins.

La grosse difficulté de l'éclairage par l'arc consiste à maintenir constante la distance des charbons malgré leur usure progressive; il existe aujourd'hui un très grand nombre de régulateurs qui permettent d'obtenir ce résultat. Bien que leurs dispositifs soient très variés, leur principe est généralement le même et consiste à utiliser l'augmentation de résistance qui se produit dans l'arc à mesure que sa longueur augmente.

On peut décrire comme type le régulateur suivant, pour les courants continus : les deux charbons sont portés par des pièces qu'un mouvement d'horlogerie tend à rapprocher (fig. 252). Ce mouvement d'horlogerie, qui n'est pas représenté sur la figure, porte une roue d'échappement qu'un butoir, fixé à l'extrémité d'un levier, peut arrêter ou laisser libre. En dérivation sur les bornes de la lampe, se trouve disposé un électro-aimant dont la résistance a été calculée de telle façon que, si l'arc est dans son régime normal, l'attraction de l'électro sur une pièce de fer doux, fixée au levier, est moindre que celle d'un ressort qui agit en sens inverse sur ce levier. Dans ces conditions le butoir arrête la roue d'échappement et le mouvement d'horlogerie se trouve immobilisé. Mais lorsque, par l'usure des charbons, la résistance de l'arc s'accroît, l'intensité du courant dérivé qui circule dans l'électro augmente aussi et l'attraction de celui-ci devient suffisante pour dégager la roue d'échappement : le mouvement d'horlogerie rapproche alors les charbons qui reprennent leur distance normale; à ce moment, le levier se détache et immobilise à nouveau la roue d'échappement.

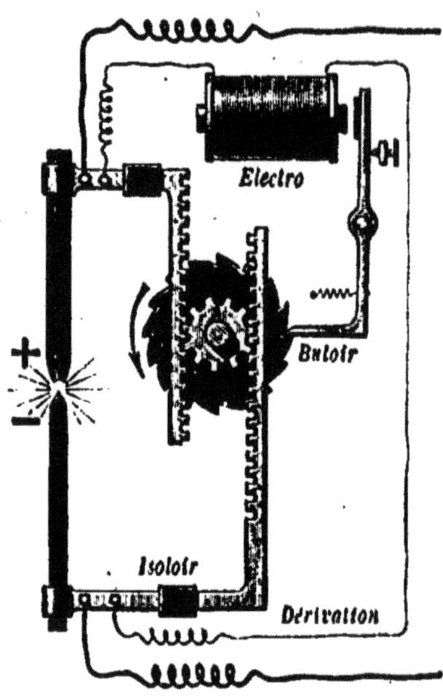

FIG. 252. — RÉGULATEUR D'ARC POUR COURANT CONTINU.

Quand la distance des charbons et, par suite, la résistance de l'arc augmentent, le courant qui circule dans l'électro s'accroît et celui-ci agit alors sur un levier qui décale un mouvement d'horlogerie ramenant les charbons à bonne distance.

Bougie Jablochkoff. — La bougie Jablochkoff dispense de l'emploi d'un régulateur. Les deux charbons sont verticaux et parallèles; mais, afin que l'arc ne puisse jaillir qu'à leurs extrémités libres, ils sont séparés sur toute leur longueur par un corps isolant, formé d'un mélange aggluté de plâtre et de kaolin (fig. 255). Ce mélange fuse et se volatilise à la température élevée de l'arc et les pointes des charbons se dégagent ainsi progressivement à mesure que ceux-ci se consument. La partie inférieure de la bougie est prise

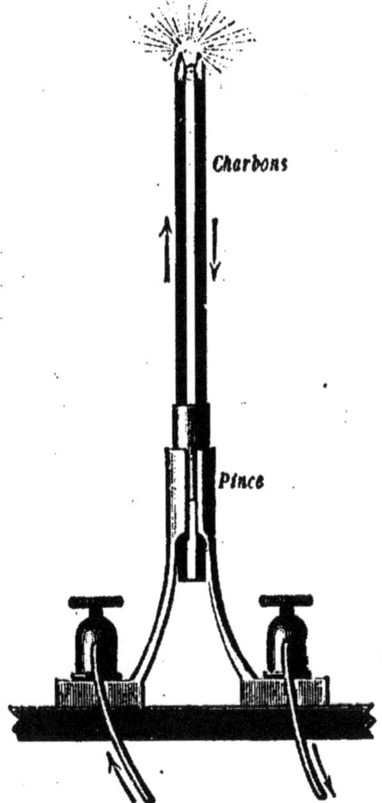

FIG. 253. — BOUGIE JABLOCHKOFF.

L'arc éclate entre deux baguettes de charbon séparées par du kaolin qui fuse et se volatilise à mesure que les baguettes se consument.

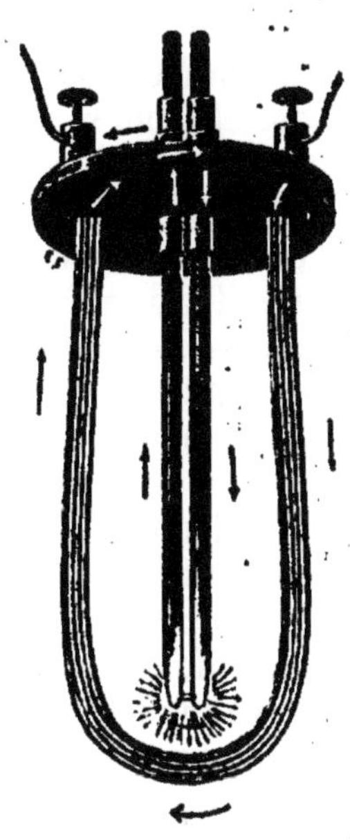

FIG. 254. — BRULEUR JAMIN.

L'arc est maintenu à l'extrémité des baguettes de charbon par une action électromagnétique que détermine le courant lui-même en passant dans un circuit auxiliaire entourant les charbons.

dans une sorte de pince, dont les branches amènent le courant et qui est fixée sur un socle isolant.

Afin d'éviter l'usure inégale des charbons, il faut employer des *courants alternatifs*.

Pour allumer la bougie, il suffit d'établir pendant quelques secondes la continuité entre les charbons en touchant l'extrémité de ceux-ci avec une baguette de lampe à arc. Quand la bougie doit être allumée à distance, on place à son sommet une amorce formée d'un fil métallique ou d'un filament de charbon.

Les bougies de 25 centimètres durent deux heures; elles donnent environ 40 carcels et consomment 8 ampères sous 45 volts.

Pour éviter la main-d'œuvre du changement de bougie dans un même foyer, on en monte plusieurs en dérivation; la résistance des amorces, très variable d'une bougie à l'autre, suffit à produire l'allumage successif.

Brûleur Jamin. — Cet appareil n'est plus guère employé, mais il est remarquable par son principe ingénieux. L'arc électrique est fixé aux extrémités des charbons parallèles par une simple action électrodynamique. Le courant circule plusieurs fois autour des charbons, avant d'y entrer, de manière que les portions qui sont en regard soient de même sens. Le circuit extérieur forme ainsi un champ magnétique qui chasse constamment l'arc vers les pointes et l'y maintient (fig. 254).

299. Application de l'arc à la production des hautes températures. — *Four électrique.* — La haute température de l'arc électrique, qui est d'ailleurs la plus élevée de celles que nous sachions produire, a été utilisée dans la construction du *four électrique.* Cet appareil se compose d'une enceinte en charbon, logée au milieu d'un bloc de pierre calcaire, et à l'intérieur de laquelle on fait jaillir un arc électrique entre deux grosses électrodes en charbon (fig. 255).

Les fours de laboratoire fonctionnent avec un courant de 50 ampères sous 80 volts et consomment ainsi de 3 à 4 chevaux; mais on en a employé dans lesquels l'intensité dépassait 1000 ampères sous 80 volts.

Aux températures élevées que l'on obtient dans ces appareils, les substances les plus réfractaires, la silice et la chaux même, sont fondues et volatilisées; les oxydes les plus stables, comme ceux de chrome et de manganèse, sont réduits par le charbon (M. Moissan); il en est de même de la chaux et de la baryte qui se transforment en carbures métalliques utilisés pour la préparation du gaz acétylène.

D'une manière générale, les affinités chimiques des corps, à la température de l'arc, sont tout à fait différentes de celles que nous observons ordinairement : l'azote, par exemple, entre alors en combinaison avec la plus grande facilité. Le four électrique a ainsi permis de réaliser un grand nombre de réactions jusqu'alors inconnues : c'est toute une chimie nouvelle qu'il a inaugurée.

Soudure électrique. — On a aussi appliqué l'arc électrique à la soudure autogène des métaux. Pour souder deux plaques de tôle on les réunit bord à bord et on les met en relation avec l'un des pôles d'une machine à 110 volts. On promène alors le

FIG. 255. — FOUR ÉLECTRIQUE.

Cet appareil qui permet d'obtenir des températures dépassant, peut-être 3500° se compose d'une enceinte en charbon, logée au milieu d'un bloc de calcaire et à l'intérieur de laquelle on fait jaillir un arc électrique entre deux grosses électrodes en charbon.

long de la jointure une baguette de charbon communiquant à l'autre pôle : l'arc électrique qui éclate entre cette baguette et les plaques fond celles-ci sur les bords et les soude intimement.

3. TÉLÉGRAPHIE — TÉLÉPHONIE

500. Principe de la transmission électrique des signaux à distance. — La transmission instantanée de la pensée entre deux stations très éloignées est assurément une des applications les plus heureuses et les plus importantes de l'électricité. En voici le principe

Les deux stations sont réunies par un même circuit conducteur parcouru par un courant et dans lequel sont intercalés, à chaque station, un *transmetteur*, qui permet d'imprimer au courant des variations d'intensité, et un *récepteur*, qui manifeste ces variations. En agissant d'une façon déterminée sur le transmetteur de l'une des stations, on peut ainsi communiquer instantanément au récepteur de l'autre des signaux convenus.

Dans les *télégraphes* proprement dits, ces signaux répondent aux diverses lettres de l'alphabet. Dans les *téléphones*, c'est la parole même qui est reproduite.

301. Dispositif du télégraphe simple. — Les procédés de télégraphie diffèrent par leurs appareils de transmission et de réception, mais l'installation générale de ceux-ci reste la même. En premier lieu, les deux postes sont symétriques et chacun d'eux est disposé de telle façon que, son transmetteur étant inactif, son récepteur soit toujours prêt à fonctionner. En second lieu, les deux stations sont reliées par un *seul* fil métallique isolé, que l'on nomme le *fil de ligne*; après avoir parcouru les piles et les appareils de chaque poste, le courant est conduit à la terre par de larges plaques de cuivre enfouies dans une région humide du sol. C'est donc la terre qui fait office de *fil de retour*: on économise ainsi un fil de ligne et l'on réduit de moitié la résistance du circuit, car la résistance propre de la terre peut être regardée comme négligeable, si les communications avec le sol sont bien établies.

FIG. 256. — MANIPULATEUR MORSE.

C'est un simple levier qui permet de lancer ou de supprimer à volonté le courant de la pile dans le fil de ligne.

Dans un grand nombre d'appareils télégraphiques, le transmetteur est un simple *interrupteur*, connu sous le nom de *clé de Morse*, qui permet d'établir ou de rompre à volonté le circuit. Le fil de ligne aboutit à un levier métallique fixé sur une planchette et qu'un ressort *r* maintient soulevé en temps ordinaire. Quand on appuie sur la poignée, la pointe *a* touche l'enclume *b* qui communique avec la pile et le courant est lancé dans la ligne (fig. 256). Quand on cesse d'appuyer, le ressort *r* relève le levier et le courant se trouve interrompu.

La figure 257 indique comment sont établies à chaque poste

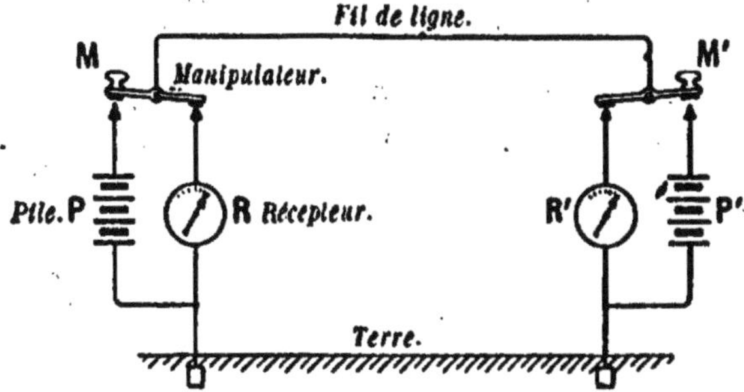

FIG. 257. — MONTAGE SIMPLE D'UN TÉLÉGRAPHE.
Les deux postes sont symétriques et chacun d'eux est disposé de telle façon que son transmetteur étant inactif, son récepteur soit toujours prêt à recevoir les signaux émis par l'autre poste.

les connexions d'un appareil télégraphique simple, muni d'une *clé de Morse*.

502. Montage en duplex. — Dans ce dispositif, qui permet d'envoyer *simultanément* deux dépêches en sens contraire par le *même fil de ligne*, le récepteur de chaque poste communique d'une façon permanente avec le fil de ligne et la terre ; il est toujours prêt à recevoir les signaux de l'autre poste ;

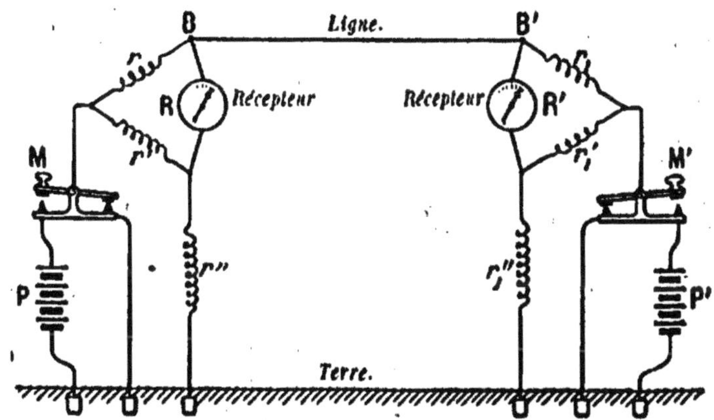

FIG. 258. — MONTAGE EN DUPLEX.
Ce dispositif permet d'envoyer simultanément deux dépêches en sens contraire par le même fil de ligne. Il consiste à régler à chaque poste les résistances *r* de telle façon que le récepteur soit insensible au jeu du manipulateur du même poste et n'indique, par conséquent, que les signaux qu'il reçoit de l'autre.

mais il est disposé de façon à n'être pas mis en action par le transmetteur du même poste.

Les connexions sont établies comme l'indique la figure 258.

Pour régler le duplex, on remplace d'abord les récepteurs par des galvano-mètres, puis on modifie les résistances r, r', r'' de telle façon que, le manipu-lateur M étant abaissé, aucun courant, venu de la pile P, ne passe dans le *pont* sur lequel se trouve le galvanomètre R. On a, d'ailleurs, vu, à propos du pont de Wheatstone, que cette condition était réalisable. On règle, de même, les résistances r_1, r'_1, r''_1, de manière que le jeu de l'interrupteur M' n'intéresse pas le galvanomètre R'. Cela fait, on substitue les récepteurs aux galvano-mètres et l'appareil se trouve réglé. Chacun des récepteurs enregistre alors la dépêche envoyée par le poste opposé, même quand les transmetteurs fonc-tionnent simultanément.

303. Fils de ligne. — La communication électrique entre deux stations s'établit par des *lignes aériennes, souterraines* ou *sous-marines.*

On emploie ordinairement pour les *lignes aériennes* un fil de fer galvanisé de 3 à 5 mil-limètres de diamètre, suivant la longueur de la ligne. Ce fil est maintenu, de distance en distance, par des supports iso-lants en porcelaine, qui ont la forme de cloche, afin que leur paroi intérieure reste toujours sèche, et qui sont fixés à la partie supérieure de poteaux, plantés à des intervalles de 50 à 100 mètres (fig. 259).

FIG. 259. — LIGNE AÉRIENNE.
C'est un fil de fer galvanisé maintenu de distance en distance par des supports de porcelaine en forme de cloche.

Dans la traversée des grandes villes, les lignes sont, la plupart du temps, *souterraines.* Elles sont constituées par des fils de cuivre entourés d'une épaisse couche de gutta-percha, recou-

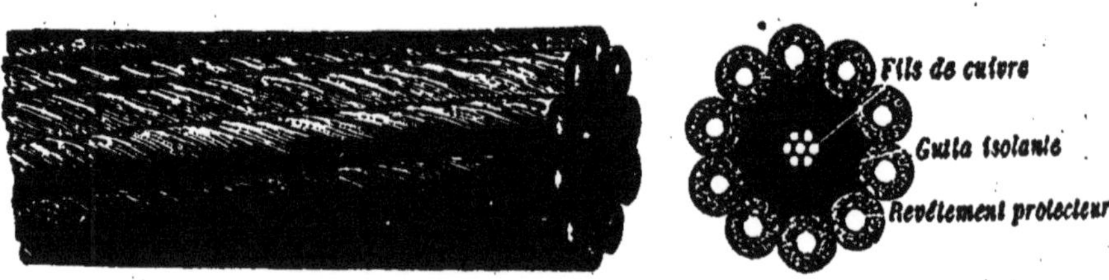

FIG. 260. — LIGNE SOUS-MARINE.
C'est un câble de fils de cuivre entourés de gutta et protégés par un revêtement de fils de fer enveloppés de chanvre goudronné.

verte elle-même d'un *guipage* de coton. Ces câbles sont, en outre, protégés par une enveloppe métallique, qui est en plomb lorsqu'ils doivent être installés dans des tunnels ou dans des égouts, et en fer lorsqu'ils doivent être placés en pleine terre.

Les lignes *sous-marines* sont constituées par un toron de fils de cuivre entouré de plusieurs couches de gutta, puis d'une couche de jute et enfin d'une armature de fils de fer, enroulés en hélice et enveloppés eux-mêmes de chanvre goudronné (fig. 260).

L'armature protectrice du câble est renforcée au voisinage des côtes pour lui permettre de résister aux frottements contre les rochers; elle est relativement plus faible pour les grands fonds où la mer est toujours calme même pendant les plus fortes tempêtes.

Dans son ensemble, un câble sous-marin constitue un véritable condensateur dont la capacité est considérable, et ce fait a, comme nous le verrons, une grande importance au point de vue de la transmission des signaux télégraphiques.

304. Piles. — On emploie le plus souvent au service des lignes télégraphiques la *pile Callaud* qui est une modification de celle de Daniell et qui est remarquable par sa constance et la facilité de son entretien. Dans les grands centres, on fait maintenant usage d'*accumulateurs* chargés au moyen de machines dynamos.

Enfin, pour les lignes dont le trafic est peu important, on se sert de la *pile Leclanché.*

Les courants utilisés ont une assez faible intensité, 15 milliampères environ au départ et 5 à 10 milliampères seulement à l'arrivée, en raison des pertes dues à l'imparfait isolement de la ligne, pertes qui dépendent, d'ailleurs, de l'état de l'atmosphère.

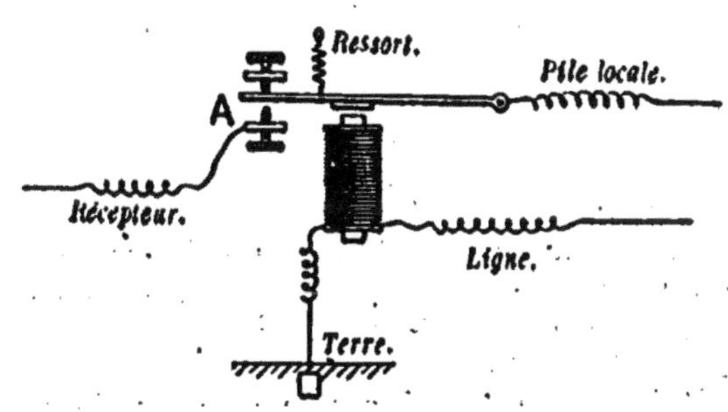

FIG. 261. — DISPOSITIF D'UN RELAIS.
Le courant affaibli qui parcourt la ligne actionne un électro-aimant dont le jeu lance dans les récepteurs le courant plus intense d'une pile locale.

305. Relais. — Si les deux stations qui correspondent sont trop éloignées, il peut même arriver que le courant ne soit plus assez fort pour actionner directement les récepteurs. A l'aide d'un *relais*, on substitue alors dans ceux-ci le courant d'une pile locale au courant de ligne.

La pièce essentielle d'un relais est un électro-aimant très sensible qui reçoit le courant de ligne et dont l'armature de fer doux pivote autour d'un axe (fig. 261). En temps ordinaire, cette armature est maintenue éloignée du noyau par un ressort; mais aussitôt qu'un courant, même très faible, parcourt la ligne, l'armature est attirée et il s'établit alors en A un contact qui lance dans le récepteur le courant d'une pile locale suffisamment puissante. Le relais transmet ainsi au récepteur toutes les phases de passage et d'intermittence du manipulateur d'émission.

306. Appareils de transmission. — Après avoir décrit les dispositifs communs à toutes les installations télégraphiques, nous allons sommairement passer en revue les principaux appareils de transmission employés. Ce sont les *appareils de Morse*, de *Bréguet*, de *Hughes*, et enfin ceux de *Lord Kelvin* pour les communications sous-marines.

307. Télégraphe inscripteur de Morse. — Le *transmetteur* est celui que nous avons déjà décrit sous le nom de *clé de Morse*.

L'organe essentiel du *récepteur* est un électro-aimant E agissant sur une pièce de fer doux A, fixée vers l'une des extrémités d'un levier qui peut tourner autour de l'axe O et dont l'autre

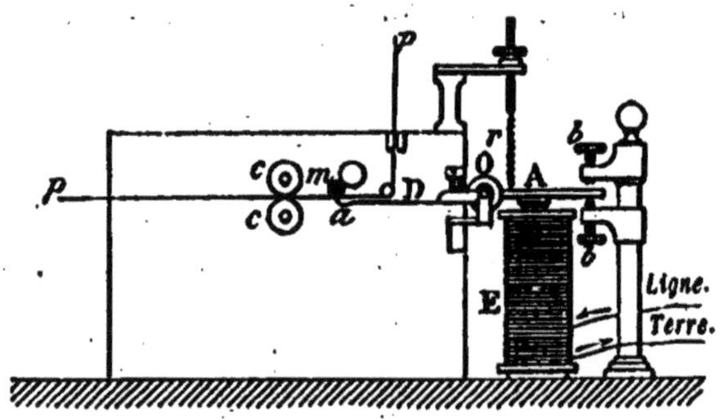

FIG. 262. — DISPOSITIF D'UN RÉCEPTEUR MORSE.

Quand l'électro reçoit un courant, il attire la pièce de fer doux A. L'extrémité *a* du levier A*n* se relève alors et applique la band   de papier qui se déroule contre une molette *m* continuellement chargée d'encre. On obtient des traits ou des points suivant la durée du courant.

extrémité se termine par une partie relevée *a* (fig. 262). En temps ordinaire, un ressort *r* maintient la pièce de fer doux éloignée de l'électro; mais, lorsque celui-ci reçoit par le fil de ligne le courant du poste d'émission, la pièce de fer doux est *vivement* attirée et l'extrémité *a* se soulève. Ce mouvement a pour effet d'appliquer contre une *molette m*, chargée d'encre, une bande de papier que déroule un mouvement d'horlogerie. Sur cette bande de papier, la molette trace un *trait* ou un *point* suivant la durée de l'attraction, et l'on reproduit les diverses lettres de l'alphabet par une combinaison conventionnelle de traits et de points.

Le mécanisme qui déroule régulièrement la bande de papier est très simple : cette bande de papier est serrée entre deux cylindres dont l'un est mis en mouvement par un appareil d'horlogerie et dont l'autre est libre sur son axe; les deux cylindres

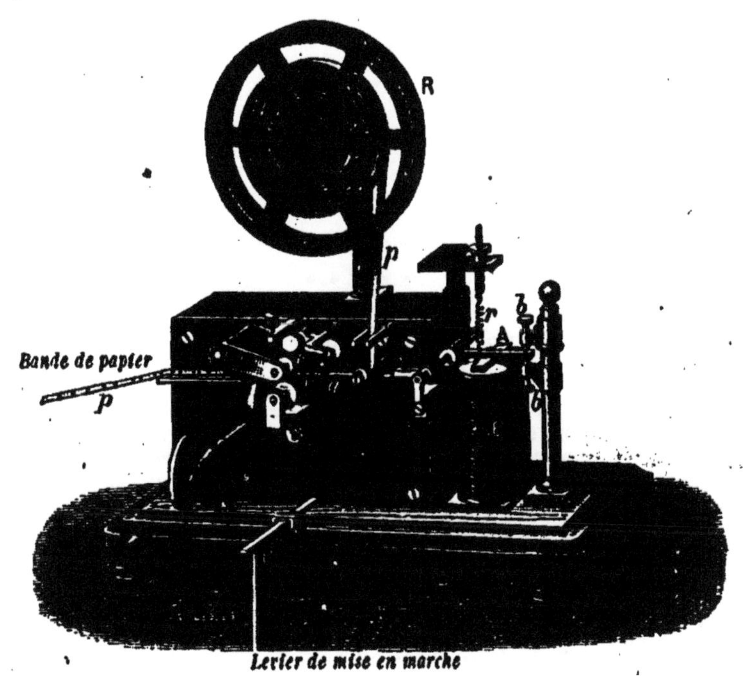

FIG. 263. — VUE D'ENSEMBLE D'UN RÉCEPTEUR MORSE.
La boîte de l'appareil contient un mouvement d'horlogerie qui déroule régulièrement la bande de papier.

tournent nécessairement en sens inverse et entraînent la bande de papier, à la façon d'un petit laminoir.

L'encrage de la molette s'obtient à l'aide d'un tambour qui est recouvert d'une étoffe imbibée d'encre à la glycérine et qui tourne en entraînant la molette contre laquelle il s'appuie constamment.

L'appareil est complété par des butoirs à vis *b* qui limitent la

course du levier et par une clef qui permet d'arrêter à volonté
le mouvement d'horlogerie.

FIG. 264. — ALPHABET MORSE.

308. Télégraphe à cadran de Bréguet. — *Transmetteur.* — L'appareil
d'émission se compose d'un cadran horizontal fixe portant gravées les 25 lettres
de l'alphabet et une croix entre A et Z (fig. 265). Au centre de ce cadran est
une poignée que l'on peut tourner à la main de façon à l'amener sur l'une
quelconque des lettres et qui entraine dans son mouvement un cercle dans
lequel a été creusée une rainure festonnée présentant 13 creux et 13 saillies.
Dans cette rainure s'engage l'une des extrémités d'un levier coudé qui oscille
autour du point O et dont l'autre extrémité se termine par une lame flexible.
Quand la manette court sur le cadran, le levier est alternativement poussé
dans un sens ou dans l'autre, suivant qu'il touche un creux ou une saillie, et
la lame flexible vient alternativement au contact de l'une ou l'autre des
bornes *ab*. Or le levier est d'une façon permanente en communication avec le
fil de ligne; la borne *a* est reliée à la pile, la borne *b* au récepteur du même
poste; de cette façon, quand la lame flexible touche *a*, le courant est lancé
dans la ligne; quand elle touche *b*, le courant est interrompu, mais le récepteur
est prêt à recevoir les signaux de l'autre poste.

En particulier, le courant est supprimé lorsque la manette est sur la
croix. Dès lors, si l'on amène cette manette sur la lettre N, par exemple, dont
le numéro d'ordre est 14, le courant éprouvera une suite de ruptures et de
fermetures alternatives dont le nombre total sera précisément 14.

Récepteur. — L'appareil de réception se compose d'un cadran vertical semblable à celui du transmetteur et au centre duquel tourne une aiguille
indicatrice qui avance d'une lettre toutes les fois que le courant est établi ou
supprimé dans le récepteur. Cette aiguille suit donc exactement les mouvements de la manette du poste d'émission et s'arrête, par conséquent, sur les
mêmes lettres que celle-ci. Les dépêches se transmettent en faisant une pose

quelque peu prolongée sur chaque lettre d'un même mot et en revenant à la croix entre chaque mot.

Voici le dispositif mécanique du récepteur : un ressort d'horlogerie sollicite constamment l'aiguille à tourner dans le même sens; mais les mouvements de celle-ci sont commandés par deux roues d'échappement montées sur l'axe même de l'aiguille. Ces roues portent chacune 13 dents et elles sont disposées

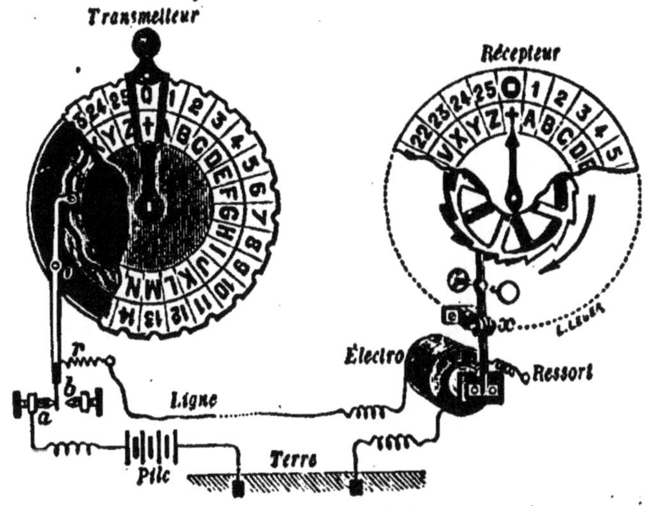

FIG. 265. — DISPOSITIF D'UN TÉLÉGRAPHE BRÉGUET.

Quand la manette du transmetteur parcourt le cadran, le courant est successivement lancé et supprimé dans la ligne. A chacune de ces alternatives, l'aiguille du récepteur avance d'une lettre et suit, par conséquent, le mouvement même de la manette du transmetteur.

de telle façon que les dents de l'une se trouvent dans l'intervalle des dents de l'autre. Une languette qui oscille autour d'un axe x peut, d'ailleurs, buter contre l'une ou l'autre des roues et immobiliser ainsi l'aiguille. Lorsque cette languette effectue une oscillation, la dent contre laquelle elle butait d'abord échappe, mais l'aiguille ne fait que 1/26 de tour, parce que la languette vient presque aussitôt buter contre la dent suivante de l'autre roue; en sorte que, si la languette effectue n allées ou venues successives, l'aiguille parcourt l'intervalle de n lettres sur le cadran. Or, le butoir constitue le petit bras d'un levier qui est mobile autour de x et dont le grand bras, armé d'une pièce de fer doux, est soumis à l'action d'un électro-aimant et sollicité, d'autre part, par un ressort antagoniste.

Il suffit alors de diriger dans l'électro le courant brisé envoyé par le poste d'émission pour donner à l'aiguille du récepteur le même mouvement que la manette expéditrice.

Cet appareil a l'inconvénient de ne laisser aucune trace des dépêches; mais sa manœuvre a le précieux avantage de n'exiger aucun apprentissage et d'être extrêmement simple. Aussi est-il employé presque exclusivement entre les gares de chemin de fer et sur les petites lignes locales.

309. Télégraphe imprimant de Hughes. — *Transmetteur*. — L'appareil d'émission se compose d'un clavier analogue à celui d'un piano et comprenant 26 touches, dont une est blanche, tandis que sur les autres sont inscrites les diverses lettres de l'alphabet. Ces 26 touches sont reliées par des leviers à autant de tiges métalliques verticales, nommées *goujons*, qui se soulèvent chacune quand on appuie sur la touche correspondante. Ces *goujons* sont en communication permanente avec une pile et ils sont rangés sur un cercle au centre duquel se trouve un arbre vertical qu'un mécanisme d'horlogerie fait tourner d'un mouvement uniforme, à la vitesse d'un ou deux tours par seconde et qui est constamment relié au fil de ligne. Cet arbre porte un bras horizontal ou *chariot* qui passe un peu au-dessus du plan des *goujons*. Quand un de ceux-ci est soulevé, il est rencontré par le chariot dans son mouvement de rotation et ce contact lance un courant très court dans la ligne. Si nous appuyons sur la touche blanche, puis sur une lettre dont le numéro d'ordre est n, nous enverrons donc dans la ligne deux flux électriques à un intervalle de temps qui correspond à une rotation du chariot égale à $n/26$ de tour.

Récepteur. — La pièce essentielle de l'appareil de réception est *une roue verticale*, la roue des types, *qui tourne avec la même vitesse que le chariot transmetteur* et sur le pourtour de laquelle sont marquées en relief les 25 lettres de l'alphabet, sans cesse imprégnées d'encre grasse ; un espace vide, un *blanc*, est compris entre A et Z.

Chaque fois qu'on lance un flux dans le fil de ligne, ce flux actionne un électro-aimant qui soulève une bande de papier et l'appuie vivement contre la roue des types. La bande retombe presque aussitôt ; mais elle a pris l'empreinte de la lettre qui se trouvait à la partie inférieure de la roue des types au moment où l'électro est entré en action et cette impression a été, d'ailleurs, tellement rapide que le mouvement de la roue n'a pas été altéré. En retombant, la bande de papier avance quelque peu, de manière que la lettre suivante s'imprimera à la suite de la première. Or, si l'on suppose que le blanc de la roue des types corresponde à la touche blanche du clavier expéditeur et que les mouvements de cette roue et du chariot d'émission soient absolument synchrones, il est visible qu'une lettre d'ordre n, envoyée après le blanc, actionnera l'électro quand la roue des types aura fait $n/26$ de tour à partir du blanc, c'est-à-dire au moment précis où la même lettre se trouvera au bas de la roue et cette lettre se trouvera alors saisie au passage par la bande de papier.

Pour envoyer une dépêche, l'employé expéditeur manœuvrera

donc le transmetteur comme il le ferait d'une machine à écrire.

Le fonctionnement de cet appareil télégraphique exige que les mouvements du chariot et de la roue des types soient absolument identiques aux deux stations. Pour s'en assurer, on envoie cinq ou six fois de suite une même lettre convenue d'avance, H par exemple, et l'employé du poste récepteur modifie la vitesse de rotation et le calage de la roue des types jusqu'à ce qu'elle imprime toujours cette même lettre. On peut alors envoyer successivement un grand nombre de dépêches sans avoir à recommencer le réglage.

Le maniement de cet appareil demande des employés exercés, mais la transmission est environ trois fois plus rapide qu'avec le Morse, puisqu'il suffit pour chaque lettre d'un seul signal. Le télégraphe de Hughes qui a, en outre, le précieux avantage d'imprimer la dépêche, est employé en France sur toutes les grandes lignes.

310. Télégraphe multiple de Baudot. — La durée propre d'un signal expédié par le manipulateur de Hughes est assez courte par rapport à l'intervalle de temps qui s'écoule entre la transmission de deux signaux consécutifs; aussi les périodes d'inactivité du fil de ligne sont-elles relativement considérables par rapport à ses périodes d'action. M. Baudot a imaginé un appareil qui augmente considérablement la rapidité des communications et qui consiste essentiellement à mettre le fil de ligne, pendant ses périodes de repos, au service de plusieurs autres appareils télégraphiques de Hughes.

Pour cela, les deux stations sont munies de six appareils différents, et, à chacune d'elles, est installé un *distributeur*, constitué par un chariot tournant qui effectue une rotation complète dans le temps que met un employé à préparer l'envoi de deux lettres consécutives. Les deux distributeurs marchent avec un synchronisme parfait et mettent successivement le fil de ligne en relation avec les divers appareils télégraphiques, en sorte que chacun de ceux-ci ne possède la ligne que pendant 1/6 de tour du distributeur; mais ce temps est suffisant pour que l'expédition de la dépêche se fasse correctement, pourvu qu'à chaque appareil l'employé saisisse, pour envoyer un signal, le moment où le distributeur parcourt le secteur efficace qui lui correspond.

Grâce à ce dispositif, on peut expédier par le même fil de ligne jusqu'à 80 mots à la minute. Le télégraphe de Morse, monté en simple (fig. 257), atteindrait à peine une vitesse 10 fois moindre.

311. Appareils accessoires. — *Sonneries.* — Les installations télégraphiques que nous venons de décrire sont complétées par quelques organes accessoires, tels que *sonneries* et *parafoudres.*

La sonnerie électrique est utilisée, sur les lignes à faible trafic, pour prévenir le poste auquel on expédie. Elle se compose essentiellement d'un petit électro-aimant dont le fil communique d'une part avec la ligne et, d'autre part, avec une lame d'acier élastique qui porte l'armature a de l'électro et qui, en temps ordinaire, touche une pièce de laiton c, en relation avec le sol (fig. 266).

Lorsqu'on lance un courant dans le fil de ligne, l'électro-aimant attire vivement l'armature et le marteau P frappe le timbre et le fait résonner. Mais, tout aussitôt, le contact cesse entre l'armature et la pièce c; le courant est alors interrompu et la lame élastique revient en arrière; le courant passe à nouveau et ainsi de suite. Les chocs sur le timbre se répètent donc, à intervalles rapprochés, tant que dure le courant dans la sonnerie.

L'appel entendu, l'employé du poste d'arrivée établit, à l'aide d'un commu-

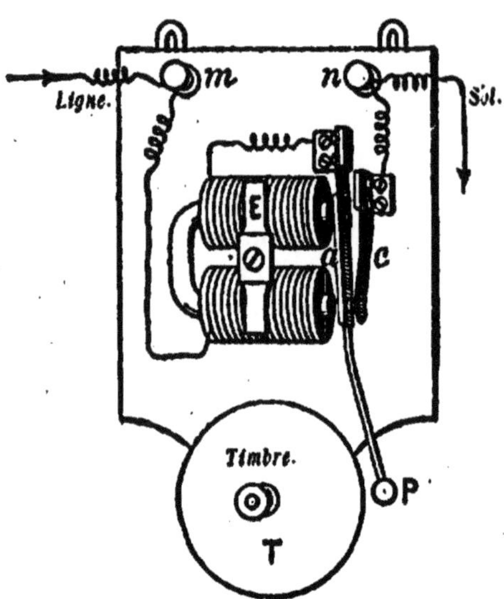

FIG. 266. — SONNERIE D'APPEL.

L'armature de l'électro est portée par une lame élastique et les connexions sont établies de telle sorte que le courant soit rompu aussitôt que cette armature est attirée. Il en résulte une vibration de la lame et des chocs répétés du marteau sur le timbre.

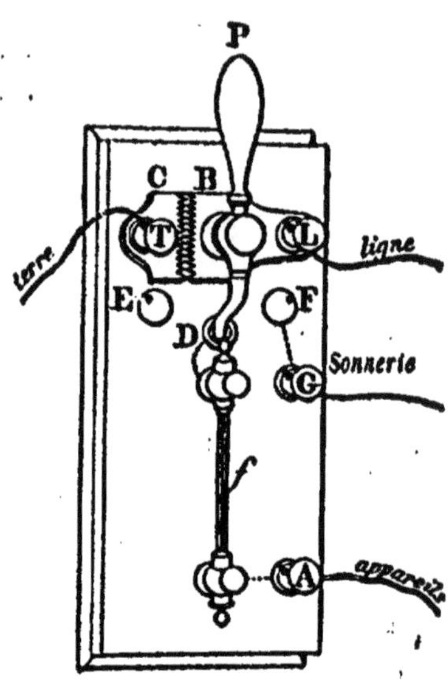

FIG. 267.

COMMUTATEUR DE TÉLÉGRAPHE.

En tournant la manette P on met le fil de ligne en communication soit avec la sonnerie, soit avec le récepteur, soit même avec la terre dans le cas d'orage.

lateur P (fig. 267), la communication entre la ligne et les récepteurs et reçoit alors la dépêche.

Ce dispositif est connu sous le nom de *sonnerie à trembleur*; on l'utilise aussi dans les installations téléphoniques et pour le service des appartements.

Paratonnerre. — Dans les temps d'orage, les lignes télégraphiques s'électrisent par influence et deviennent le siège de courants accidentels qui troublent profondément les communications et sont parfois assez intenses pour détériorer les appareils et pour mettre en danger les employés qui les manœuvrent. On évite ces accidents en plaçant entre l'extrémité du fil de ligne et les appareils un *coupe-circuit*, formé d'un fil de fer très fin f que protège un tube de verre. Ce fil, qui a une assez grande résistance et une faible masse, peut fondre sous l'action d'un courant plus intense que ceux qui animent d'ordinaire les récepteurs, mais insuffisant cependant pour détériorer ceux-ci. Dès lois, si la tension sur la ligne devient trop grande, toute communication se trouvera interrompue par la fusion du coupe-circuit, avant que les appareils aient subi le moindre mal[1].

Mais, afin d'éviter tout danger, il faut, en outre, offrir aux décharges un chemin facile vers la terre. Pour cela, le fil de ligne aboutit à une plaque B tout près de laquelle s'en trouve une autre C, qui communique avec le sol. Les deux plaques sont armées de pointes fines sur les bords en regard, en sorte que, si la tension sur la ligne devient excessive, les décharges éclatent aisément entre les plaques et l'électricité se perd dans la terre.

Pour plus de sûreté, il est d'ailleurs prudent de renoncer en temps d'orage à l'emploi des appareils et de mettre d'une façon permanente la ligne en relation avec la terre en poussant le commutateur sur le contact E.

312. Télégraphie sous-marine. — *Siphon recorder*. — La télégraphie sous-marine présente des difficultés toutes spéciales, à cause de la grande résistance et surtout de la capacité considérable des lignes. Un câble sous-marin forme, en effet, un immense condensateur dont l'armature interne est le fil de cuivre et l'armature externe l'enveloppe protectrice de fer et la mer elle-même. Il en résulte que, si on y lance un courant très court, le flux d'électricité se dépense, chemin faisant, à charger le câble qui se décharge ensuite lentement; et de la sorte, au lieu de recevoir à l'extrémité du câble un flux brusque, on observe un courant *qui dure plusieurs secondes* et qui va en augmentant, puis en diminuant. Pour envoyer un second signal, on ne peut pas attendre que le câble se soit entièrement déchargé, ce serait trop long : on y lance immédiatement après chaque flux un flux contraire qui neutralise la ligne; mais, dans ces conditions, il n'arrive au bout de celle-ci qu'un courant extrêmement faible, incapable d'actionner les récepteurs ordinaires.

On a d'abord employé comme récepteur le galvanomètre à miroir de Lord Kelvin. Suivant qu'à la station de départ on envoie dans la ligne un flux positif ou un flux négatif, l'image lumineuse se déplace dans un sens ou dans l'autre et l'on peut combiner ces déviations, comme on combine les *traits* et les *points* dans le télégraphe Morse, de façon à reproduire un alphabet conventionnel.

Mais ce récepteur est d'une observation fatigante et il offre tous les inconvénients des appareils à signaux fugitifs. Lord Kelvin, à qui sont dus la plupart des progrès de la télégraphie

___

1. Dans toutes les installations industrielles et, en particulier, dans celles d'éclairage, on fait aussi usage de *coupe-circuits* qui sont destinés à protéger les appareils contre une augmentation accidentelle du courant qui les traverse. Ces coupe-circuits sont des fils de plomb dont la section se calcule à raison de 0,127$^{mm^2}$ par ampère.

sous-marine, en a inventé un autre qui permet d'inscrire la dépêche sur une bande de papier et qui est depuis longtemps entré dans la pratique, sous le nom de *siphon recorder* (siphon enregistreur).

Le courant de la ligne arrive par deux fils extrêmement flexibles dans un cadre rectangulaire *b* (fig. 268), formé d'un grand nombre de tours de fil fin. Ce cadre est suspendu par un fil de cocon et il est maintenu dans une position d'équilibre par deux autres brins de cocon *f*, attachés à sa partie inférieure et tendus eux-mêmes par deux petites masses pesantes *m* qui s'appuient contre une paroi *z* légèrement inclinée. Ce dispositif a l'avantage de rendre le cadre apériodique et de ne le soumettre qu'à un couple directeur extrêmement faible produit par la torsion du système des deux fils.

Les côtés verticaux du cadre se trouvent dans le champ magnétique compris entre les branches d'un aimant puissant NS et une pièce de fer doux fixe X. En raison de l'intensité de ce champ et de la délicatesse du mode de suspension, le cadre se déplace sous l'action des courants les plus faibles et dévie d'un côté ou de l'autre, suivant le sens de ceux-ci. De plus, comme il est apériodique, ses mouvements sont très brusques et très nets.

L'appareil enregistreur est constitué par un siphon capillaire

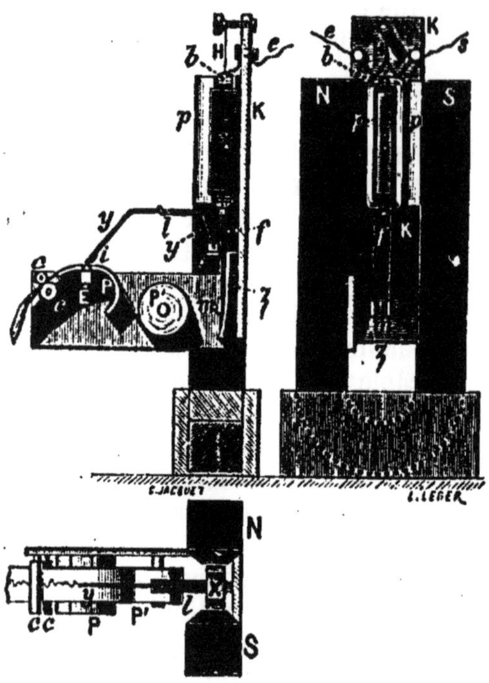

FIG. 268.

SIPHON RECORDER (coupe, élévation et projection).

Le flux électrique qui parcourt la ligne circule dans un cadre apériodique *b* placé dans un champ magnétique puissant. Le cadre entraîne un petit siphon *y* chargé d'encre qui inscrit ses déplacements sur une bande de papier qu'un mouvement d'horlogerie déroule régulièrement.

en verre *yy*, fixé à la partie inférieure du cadre et entraîné par celui-ci. La petite branche du siphon plonge dans un vase *a* contenant une encre très fluide; l'autre *affleure, sans la toucher,* la surface d'une bande de papier déroulée par un mécanisme d'horlogerie et tendue sur un tambour P. Quand le siphon a été amorcé une première fois, il se forme à l'extrémité de la grande branche une petite goutte capillaire, très voisine de la bande de papier. Un petit électro E, actionné par un courant intermittent, agit, d'autre part, sur une parcelle de fer doux collée en *i* sur le siphon et imprime à celui-ci des oscillations verticales, à chacune desquelles la goutte seule touche la bande de papier. Si donc celle-ci se déroule pendant que le cadre oscille, le siphon tracera, sans apporter aucun frottement à l'équipage mobile, une ligne brisée pointillée, sur laquelle un point de l'alphabet Morse est représenté par une impulsion à droite et un *trait* par une impulsion à gauche.

La vitesse moyenne de la transmission sur les longs câbles est de 12 à 15 mots par minute.

313. Téléphone. — Le téléphone, imaginé par Graham Bell, permet de transmettre la parole à de grandes distances et repose sur un principe tout différent de celui des appareils de télégraphie que nous venons de décrire : on peut le regarder comme une véritable machine magnéto-électrique.

Il se compose essentiellement d'une plaque ronde, en tôle mince P (fig. 269), serrée par son bord dans la monture de l'appareil et occupant le fond d'une embouchure en bois ou en ébonite. A une faible distance derrière cette plaque, se trouve un aimant en fer à cheval dont chacune des extrémités polaires est entourée d'une petite bobine de fil fin E. Les deux bobines sont enroulées comme celles d'un électro-aimant ordinaire; elles font partie du même circuit et sont reliées par un fil d'aller et un fil de retour à celles d'un appareil exactement semblable qui servira de *récepteur.*

Lorsqu'on parle devant l'embouchure, les vibrations de la parole se communiquent à la plaque qui, en se rapprochant et en s'éloignant de l'aimant, modifie le magnétisme de celui-ci et, par conséquent, le flux magnétique qui traverse les bobines. Celles-ci sont alors parcourues par une série de courants induits directs et inverses qui, en passant dans les bobines du récepteur, reproduisent sur son aimant les mêmes variations de magnétisme et déterminent, par suite, les mêmes vibrations dans la plaque de tôle voisine. En plaçant le récepteur près de l'oreille, on entend alors avec son timbre, mais avec une intensité moindre, la voix émise devant le téléphone transmetteur.

Le système est réversible : l'un ou l'autre des deux appareils associés peut servir indifféremment de récepteur ou de transmetteur.

Les courants mis en jeu ne dépassent guère quelques cent-millièmes d'ampère. Le téléphone peut donc être regardé comme un instrument relativement sensible que l'on peut souvent employer avec avantage pour observer des courants intermittents et très faibles. On peut en faire, notamment, l'application au pont de Wheatstone, comme appareil de zéro.

Pour simple qu'elle soit, la théorie qui précède n'est pas à l'abri de toute critique : l'expérience montre, en effet, que l'on peut prendre la plaque de tôle plus ou moins épaisse, ou même la supprimer, sans cesser d'entendre. Ce seul fait suffit à prouver que le fonctionnement de l'appareil est plus compliqué que

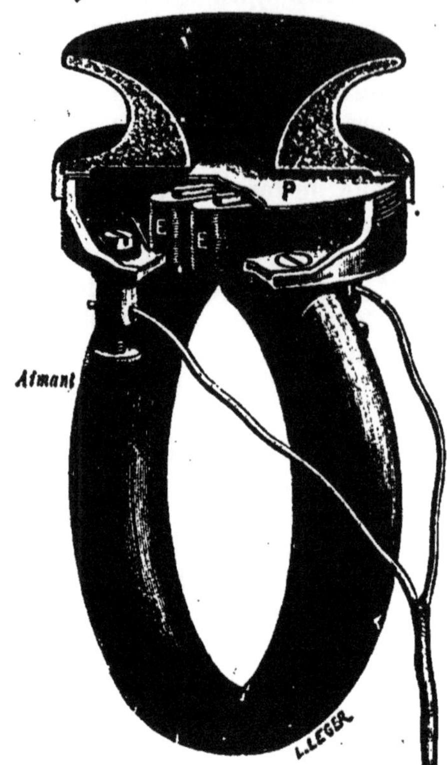

FIG. 269. — TÉLÉPHONE.

Lorsqu'on parle dans l'embouchure, les déplacements de la plaque de fer doux P modifient le magnétisme de l'aimant et provoquent dans les bobines E des courants induits qui, transmis à un appareil récepteur identique, provoquent des vibrations synchrones de sa plaque de fer doux et reproduisent la parole.

nous ne l'avons dit et que ses diverses parties jouent un rôle encore mal connu dans la transmission de la parole à distance.

314. Microphone. — Avec deux téléphones associés on correspond difficilement au delà de quelques centaines de mètres ; mais on peut reproduire la parole à plusieurs centaines de kilomètres en employant des *microphones* comme transmetteurs.

Le microphone, dont l'invention est due à Hughes, est d'une simplicité et d'une précision étonnantes. Une baguette de charbon, terminée en pointe à ses deux extrémités, est placée, *sans être serrée*, entre deux petits blocs de charbon, fixés sur une planchette et creusés pour permettre à la baguette de ballotter sous la moindre impulsion. Ce système de charbons fait partie d'un circuit comprenant une pile et un téléphone (fig. 270).

Sous l'action d'un courant permanent, le téléphone reste muet, mais si l'on communique des vibrations, si légères soient-elles,

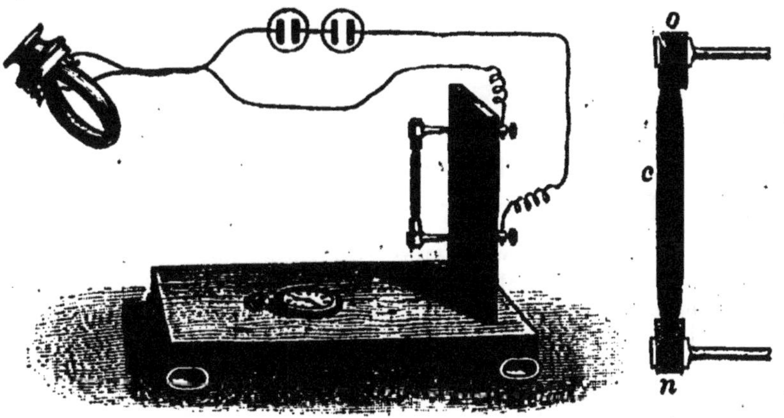

FIG. 270. — MICROPHONE (détail et installation).

C'est une baguette de charbon *c* qui est placée sans être serrée entre deux appuis en charbon *o* et *n*. Elle fait partie d'un circuit qui comprend une pile et un téléphone. Les moindres vibrations font varier la résistance du microphone et, par suite, l'intensité du courant ; elles peuvent ainsi être perçues dans le téléphone.

à la planchette, la baguette de charbon oscille dans ses supports, en modifiant chaque fois la résistance aux points de contact et le courant subit alors des variations d'intensité qui mettent en vibration la plaque du téléphone. Ce dispositif est tellement sensible qu'on peut entendre à plusieurs mètres de distance les moindres mouvements d'une mouche placée sur le support de l'appareil, et de là vient le nom de *microphone* qu'on lui a donné. Bien plus, si l'on parle devant la planchette d'un microphone, les déplacements de la baguette suivent les vibrations de la parole et l'expérience montre que le téléphone reproduit alors, avec son timbre propre, la voix émise.

Il importe évidemment de soustraire l'instrument aux vibrations accidentelles des corps voisins ; on y parvient aisément en le plaçant sur des tubes en caoutchouc, qui étouffent, pour ainsi dire, ces vibrations.

515. Installation d'une ligne téléphonique. — L'emploi d'un

microphone, au lieu d'un téléphone ordinaire, comme transmetteur, a pour effet d'utiliser des courants plus intenses et

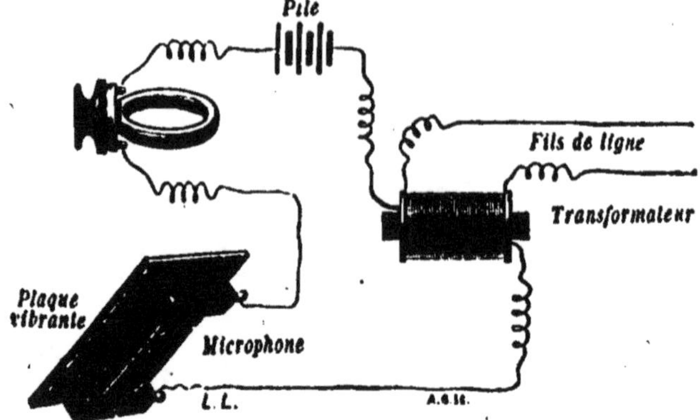

FIG. 271. — INSTALLATION D'UNE LIGNE TÉLÉPHONIQUE.
Les deux stations sont identiques. A chacune d'elles, un microphone est fixé derrière une planchette en sapin devant laquelle on parle. Ce microphone fait partie
d'un circuit qui comprend une pile, un récepteur téléphonique et le primaire d'une
bobine de transformation dont le secondaire est relié aux deux fils de ligne.

permet, par conséquent, de correspondre à de plus grandes distances qu'avec deux téléphones associés. Pour augmenter encore
la portée des appareils, Edison a eu l'idée d'amoindrir les pertes d'énergie le long de la ligne, en appliquant aux courants induits les règles d'un transport de force ordinaire, c'est-à-dire en élevant le voltage au départ, quitte à l'abaisser à l'arrivée. La figure 271 représente la disposition schématique d'un poste téléphonique.

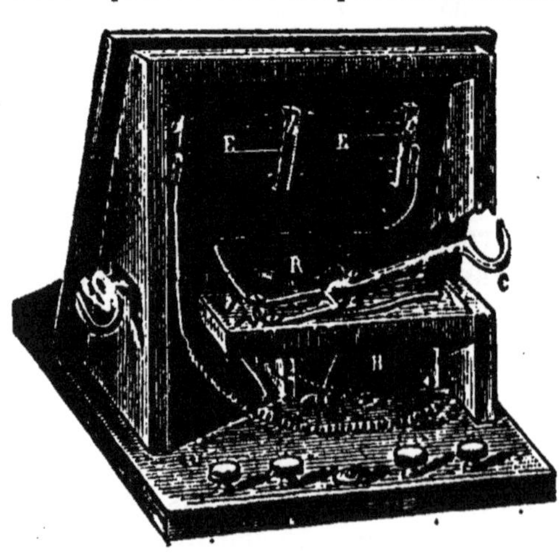

FIG. 272. — POSTE ADER VU PAR-DESSOUS.
Le microphone fixé sous la plaque vibrante D se
voit en E; la bobine de transformation est placée
en B.

Le microphone, formé d'une série de baguettes de charbon, est fixé derrière une planchette en sapin devant laquelle on
parle et il fait partie du circuit d'une pile comprenant, en

outre, les récepteurs du même poste et le primaire d'une petite bobine de transformation dont le secondaire est relié aux deux fils de ligne.

Les figures 272 et 273 montrent le modèle le plus employé sur les lignes françaises. Le microphone se voit en E et la bobine d'induction en B. L'appareil est, en outre, complété par une

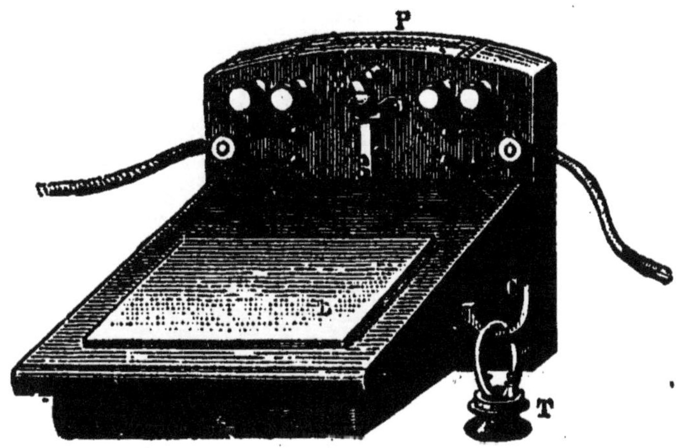

FIG. 273. — POSTE ADER.

En temps ordinaire, le fil de ligne communique avec une sonnerie d'appel ; mais, quand on enlève le récepteur pour le mettre à l'oreille, le crochet C se relève et les connexions s'établissent comme dans la figure 271.

sonnerie qui, en temps ordinaire, est en relation avec la ligne. Quand on entend un appel, on décroche le récepteur pour le porter à l'oreille ; le support à crochet, se relevant alors, établit les connexions comme elles sont indiquées dans la figure 271 et l'appareil est prêt pour la conversation.

On sait que, depuis quelques années, toutes les grandes villes de France sont reliées entre elles par un service téléphonique.

La sensibilité d'un microphone dépend, pour une grande part, de la pression des charbons sur leurs appuis ; aussi, dans les transmissions à grande distance, est-il indispensable de pouvoir régler cette pression à volonté. Dans le microphone d'Arsonval (fig. 274), les charbons sont verticaux et portent une petite chemise C en fer doux ; derrière les charbons se trouve un aimant A porté par une plaque flexible que l'on peut approcher ou éloigner à l'aide d'une vis V. Cet aimant attire les enveloppes de fer qui recouvrent les charbons et applique plus ou moins fortement ceux-ci sur leurs supports.

316. Télégraphie sans fil. — Ce mode de communication à distance, qui, grâce aux travaux de Marconi et de Popoff, est presque

entré dans le domaine pratique, est une application immédiate
des si curieuses propriétés que présentent les radioconducteurs

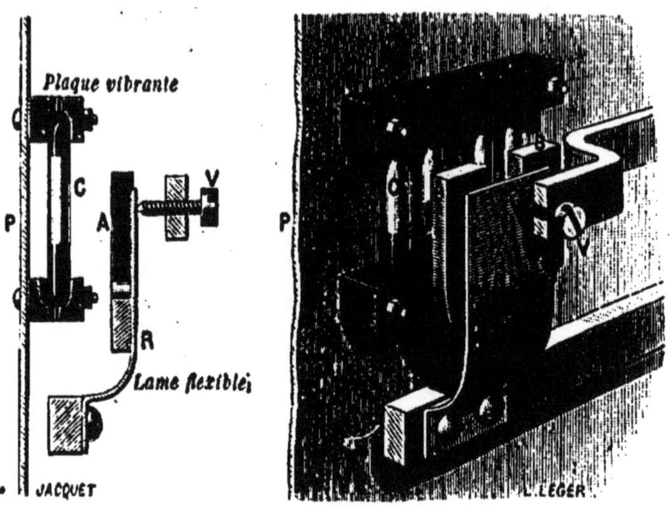

FIG. 274. — MICROPHONE D'ARSONVAL (coupe et perspective).
On règle la pression des charbons sur leurs appuis en approchant plus ou moins à
l'aide de la vis V un aimant A qui agit sur une chemise de fer doux C fixée sur
les charbons.

de M. Branly. En France, M. Ducretet a donné aux appareils une
forme simple qui facilite grandement leur emploi.

Le *transmetteur* est une forte bobine de Ruhmkorff, dont le fil
secondaire se termine aux branches d'un excitateur de Hertz
(§ 272). Un interrupteur à main permet de mettre à volonté le
fil primaire en circuit avec une batterie d'accumulateurs, dont
le courant est alternativement rompu et rétabli par un vibrateur
de Foucault qui n'a pas été représenté sur la figure 275. En agissant sur ce manipulateur, on peut actionner la bobine pendant
un temps plus ou moins long et obtenir ainsi, entre les boules de
l'excitateur, des séries plus ou moins nombreuses d'étincelles,
c'est-à-dire, en somme, des émissions brèves ou prolongées d'ondes
électriques. Ces ondes électriques se propagent dans le milieu
environnant avec la vitesse de la lumière, et, pour les envoyer au
loin, on met l'une des boules de l'excitateur au sol, et on relie
l'autre à un mât vertical et isolé qui sert de *radiateur* (fig. 275).

L'organe essentiel du *récepteur* est un tube de Branly dont
l'une des extrémités est à la terre et dont l'autre communique
avec une antenne verticale qui fait office de *collecteur* et qui

conduit au radioconducteur les ondes qu'elle reçoit (fig. 276). Le tube à limaille est intercalé dans un circuit qui comprend

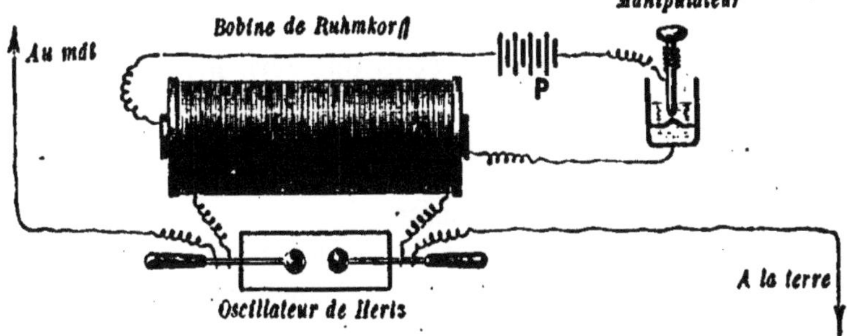

FIG. 275. — TRANSMETTEUR DU TÉLÉGRAPHE SANS FIL.
C'est une forte bobine de Ruhmkorff armée d'un excitateur de Hertz dont l'une des branches est à la terre et dont l'autre est en relation avec une antenne verticale faisant office de radiateur.

une pile p et un relais. En temps ordinaire, le courant est insuffisant pour actionner l'électro de ce relais; mais lorsque, sous l'action d'une onde électrique, la résistance du tube de limaille

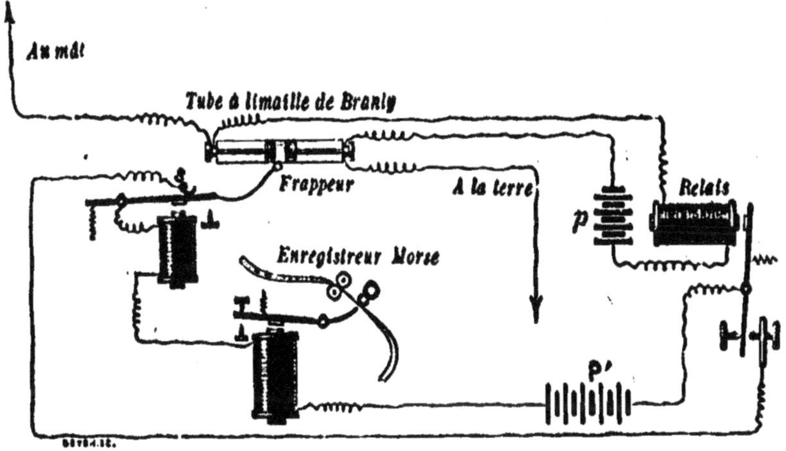

FIG. 276. — RÉCEPTEUR DU TÉLÉGRAPHE SANS FIL.
La pièce essentielle est un tube de Branly qui est en relation avec la terre et avec une antenne réceptrice. A l'arrivée d'une onde, le tube devient conducteur et laisse passer le courant d'un relais dont le jeu actionne un récepteur Morse. Aussitôt après, le choc d'un petit frappeur redonne au tube sa résistance première.

l'action d'une onde électrique, la résistance du tube de limaille diminue, l'intensité du courant augmente brusquement et le relais ferme alors le circuit d'une pile locale P' qui anime un *récepteur* Morse et un *frappeur* automatique disposé comme le trembleur d'une sonnerie. Le récepteur inscrit l'onde, mais tout aussitôt le courant se trouve interrompu par le déplacement du trembleur qui, en revenant à sa position primitive, frappe légèrement le tube à limaille et lui rend sa résistance première.

Lorsque le radioconducteur reçoit une série prolongée d'ondes électriques, le récepteur Morse marque sur la bande de papier qui se déroule une file de points très rapprochés qui ont l'apparence d'un trait et on peut, de cette façon, reproduire les signaux conventionnels de l'alphabet Morse.

On a pu utiliser les appareils de télégraphie sans fil pour correspondre à une distance de 50 kilomètres. En remplaçant l'électro du relais par un simple récepteur téléphonique, cette portée a été presque doublée.

On augmente, d'ailleurs, considérablement l'intensité des ondes en concentrant les rayons électriques dans la direction du récepteur. On y parvient, quoique d'une façon assez imparfaite encore, à l'aide d'une lentille d'ébonite enchâssée dans la paroi antérieure d'une boîte en métal qui entoure les boules de l'excitateur et qui forme écran pour toutes les autres directions.

Les services que peut rendre la télégraphie sans fil sont trop évidents pour qu'il y ait lieu d'insister sur l'importance de sa découverte. On peut notamment l'appliquer à la transmission des signaux aux navires en mer, aux communications entre divers corps d'armée en campagne, etc.

INDEX ANALYTIQUE

TABLE DES MATIÈRES

17363. — Imprimerie Lahure, rue de Fleurus, 9, à Paris.

9 782016 175293